国家出版基金项目

Comparative Animal Breeding

动物比较育种学

吴常信　等编著

中国农业大学出版社

·北京·

内容简介

本书首次在国内外用《动物比较育种学》的书名出版。作者以独特的思维方式——"创新来自灵感，灵感源于实践"来认识、分析当前畜禽育种中存在的问题，并提出解决问题的建议和方法。本书内容中，比较与创新、畜禽育种的要点和难点、混合家系亲缘相关、数量性状隐性有利基因的选择、畜禽保种优化方案以及群体平均亲缘相关与群体有效大小互为反比的证明，都是在其他有关动物育种的书中所没有的。在"育种的核心是选种，选种的关键是提高选择的准确性"的思想指导下，从群体和分子两个层面介绍"过去成功、现在有效"的方法，不一味追求"分子"。因为这是一本关于畜禽育种的书，要学以致用，不是在写文献综述。

本书的读者对象主要是高等农业院校的教师和研究生，以及农业科研院所的研究人员。

图书在版编目（CIP）数据

动物比较育种学 / 吴常信等编著. —北京：中国农业大学出版社，2021.2
ISBN 978-7-5655-2530-8

Ⅰ.①动…　Ⅱ.①吴…　Ⅲ.①畜禽育种　Ⅳ.①S813.2

中国版本图书馆CIP数据核字（2021）第 039778 号

书　名	动物比较育种学
作　者	吴常信　等编著

策划编辑	康昊婷　董夫才	责任编辑	林孝栋　康昊婷
封面设计	郑　川		
出版发行	中国农业大学出版社		
社　址	北京市海淀区圆明园西路 2 号	邮政编码	100193
电　话	发行部 010-62818525，8625	读者服务部 010-62732336	
	编辑部 010-62732617，2618	出版部 010-62733440	
网　址	http://www.caupress.cn	E-mail cbsszs@cau.edu.cn	
经　销	新华书店		
印　刷	涿州市星河印刷有限公司		
版　次	2021 年 3 月第 1 版　2021 年 3 月第 1 次印刷		
规　格	889 mm×1194 mm　16 开本　25.75 印张　560 千字		
定　价	148.00 元		

编著人员

编著 吴常信（中国农业大学）

参编 邓学梅（中国农业大学）

张　浩（中国农业大学）

吴克亮（中国农业大学）

赵春江（中国农业大学）

谨以此书献给

吴仲贤先生诞生 110 周年

吴仲贤先生是我国动物数量遗传科学奠基人。他的专著《统计遗传学》是我国数量遗传和动物育种领域的经典之作。吴仲贤先生为我国畜禽种业的发展和人才培养做出了重大贡献。

自　序

　　想来想去，这本书的序还是由我自己写最合适。原因是我也常给别人的书写序，除少数几本以外，都是由作者先起草，让我修改后签上字，就算是我替这本书作序了。与其说我先起草再请某位院士签名，那还不如我自己写来得真切，所以叫做"自序"。

　　在写此书的过程中，凌遥老师还真的找到了听我第一次讲"动物比较育种学"这门课的胡晓湘同学整理的笔记，那已经是1996年的事了。时光荏苒，转眼24年过去了，晓湘同学也早就是教授了。

　　那么当时我怎么会想起要开这样一门课呢？还真不是想"标新立异"，用前人没有用过的课程名称来开一门新课，可以说是一种"灵感"，觉得"家畜育种学"一般都是总论，讲一些基本原理和育种方法；也有分总论和各论两册的，总论是总论，各论是各论，互相间基本没有什么联系，编书的也是两套作者。但我总觉得畜禽育种有共性问题，也有个性问题，既可以把不同畜种的育种问题做纵向的联系，也可以根据某个性状在不同畜种中的特点做横向比较。我能够有这样的联想是与我有不同的家畜家禽生产实践的感性认识有很大关系。我对马、奶牛、绵羊、猪、鸡、鸭等不同畜种的生产，都有过相当长时间的劳动实践经历。

　　马：经历过喂马、放马、骑马、配马、长途骑乘运输等实践活动；还在涿州农场担任过马班副班长。

　　奶牛：访遍北京市东、南、西、北郊主要奶牛场，收集数据，和甘肃农业大学张斌老师一起为北京市种公牛站制订全市公牛集中后的育种值排队；还和宁国杰老师一起到东北、华北、西北地区主要国营奶牛场收集数据，经过统计分析提出"北方黑白花奶牛品种标准"。

　　绵羊：在内蒙古锡林郭勒盟五一牧场带领学生毕业实习，参加绵羊鉴定、放牧、补饲、剪毛、药浴等生产环节；参与内蒙古细毛羊和云南半细毛羊的部分育种工作；建立了我国第一个绵羊育种资料数据库。

猪：在本校试验站猪场养过猪；为东北旺农场设计养猪场；到保定种猪场采购河北定县猪，火车零担运回；到沈阳农业大学购买苏联大白猪，整车皮运回；到加拿大挑选"双肌臀"大约克猪，发现有的猪是从商品群中挑出来的，以次充好。

鸡：在北京德胜门外六铺炕孵化场带领学生实习，学习大规模人工孵化；在本校试验站鸡场担任技术员，为吴仲贤教授设计近交系育种用的活动鸡舍；做过雌激素性反转试验和不同禽种的蛋白移换无性杂交；还做过公鸡精液电泳试验，否定了用电泳方法能分离哺乳动物 X、Y 两种不同精子进行性别控制的说法。

鸭：下放北京青龙桥鸭场，熟练掌握饲养管理、种鸭放河、土法孵化、人工填鸭等技术；受农业部畜牧局委托，主持在我校昌平试验站进行的樱桃谷鸭和北京鸭生长发育性能测定；作为大会主持人之一，出席 1988 年北京国际水禽会议。

我还是相信有"灵感"的。有一次在外地做学术报告，题目是"创新来自灵感，灵感源于实践"。报告后有人提问，你这样说是不是可以理解为"创新来自实践"？我想了一想说"不行"，同样参加实践的人，有的人能创新，有的人创不出新，关键是没有"灵感"。那么什么是"灵感"呢？我认为"灵感"就是"灵机一动"，或是思维过程中突然迸发出的火花。如从只言片语中受到启发（藏鸡低氧适应研究）；从习以为常中发现新问题（去势对鸡性反转的影响）；"举一反三"（从矮秆水稻想到小型蛋鸡育种）；"触类旁通"（通过外国育成白太湖猪的事例，提出我国同样可以育成瘦肉型地方猪种）；从比较中学习国外的或前人的育种经验（如基因组选择在不同畜种中应用的作用）。

我曾经建议营养组的老师编一本《动物比较营养学》，不知他们是否有兴趣。当然也不是什么书都可以加上"比较"两字，恐怕很难编一本《比较生物学》或《比较遗传学》，因为这些研究领域太广，比较不过来。

总之，"动物比较育种学"的精髓是透过现象看本质和具体问题具体分析。我做学问的态度是，一要学习、二要诚信、三要创新、四要自信，切忌人云亦云。

吴常信

2021 年 2 月于北京

前　言

　　一直考虑"前言"是用第一人称还是用第三人称。在"自序"中已经用了第一人称，所以前言还是用第三人称好，虽然还是"我"写的。

　　这本名叫《动物比较育种学》的书，吴常信编著了第一章至第八章，其中邓学梅参与了第五章"分子层面的选种方法"部分内容的编写；吴克亮参编了第八章第六节"群体遗传多样性度量指标"。吴克亮还编写了第九章"肉用动物育种"和第十章"乳用动物育种"两章，吴常信做了修改并补充了肉鸡育种一节。张浩编写了第十一章"毛皮用动物育种"和第十三章"蛋禽育种"两章。赵春江完成了第十二章"马属家畜育种"的编写。

　　这本书除了突出"比较育种"的思想外，还有几个特点：

　　一、在后五章中每章都以重点家畜为代表，用较多的篇幅介绍，以突出重点。其他畜种通过比较，举一反三。如猪作为肉用动物代表，奶牛作为乳用动物代表，绵羊作为毛皮用动物代表，马作为马属家畜代表，蛋鸡作为蛋禽代表。

　　二、不同畜种都有突出的重点内容。如猪通过配套系的正反两个方向的"双向选择"来提高纯种的生产性能，还提出了不同于奶牛基因组选择的策略；奶牛则重点介绍美国百余年来奶牛育种的遗传评定方法和性能测定数据的采集，以及根据育种目标变化的需要，不断修改和更新体型－生产指数（TPI）；马属家畜育种详细介绍了纯血马登记和血统鉴定，尽管这两个过程相当复杂，但坚持做了就会有效果。

　　品种或良种登记在畜牧种业中不是可有可无的工作，要有具体的部门来抓，无论是行政管理部门还是协会、学会，或者再成立一个什么委员会。我国好像都有过，但最后没有看到有什么明显的效果。也许是宣传不够，做了工作，没有发布，或发布不够广泛，别人不知道。

三、某些育种方法的创新。①混合家系亲缘相关系数，一个新的遗传参数；②数量性状隐性有利基因的选择，一种新的选种方法；③"闭锁"与"开放"相结合的繁育体系，一种新的繁育体系；④畜禽保种优化设计，一种新的遗传资源保存方法；⑤"先选后留"与"先留后选"相结合的二阶段选择方法，一项新的蛋鸡选种技术；⑥引进猪种成套推广和多点核心群选育，一种新的猪引种与选育策略；⑦节粮小型蛋鸡"农大褐3号"的育成，一项新的育种成果。

四、一些超常规的设想。例如怎样打破选择极限，鸡的性别控制，一头母猪一年生产1 500 kg瘦肉的措施，骡子生育，以及染色体编辑等。

这本书也存在编写上的某些困难和缺点。从内容看，第一至八章是基础篇，相当于是总论；第九至十三章是实用篇，相当于各论。如各种家畜的选择目标和选种方法，就会有重复的地方。这里的区别是，在总论中是点到为止，在各论中是具体展开。书里也有脱节的地方，如总论中介绍了基因组选择，而在应用最多的奶牛育种部分，就没有再介绍。原因是基因组选择从理论、方法、应用都是从奶牛中来到奶牛中去的，这类的文章和书已经很多了，没有必要再多处重复。

还有一个问题是参考文献、资料和图片的引用。我们尽量都写明出处。如毛皮用动物等畜禽的照片和远缘杂交示意图中的照片，绝大部分都是引自"国家畜禽遗传资源委员会"组编的《中国畜禽遗传资源志》，或编著者们课件的PPT。

可能有读者会注意到各章最后列出的不是"参考文献"而是"参考资料"，因为有一部分资料是来自作者的学术报告和课件，虽然没有正式出版，但还是有参考意义的，以后出版数字教材都可以在网上找到。还有少数未发表的论文，在征得作者同意后，也被列为参考资料。参考资料中"自引"的比较多，因为是编著，编是参考别人的东西，著是作者自己的东西。

再是，有些是作者在国际会议上报告的论文，内容上和国内发表的论文有重复之处，这不属于"一稿两投"，因为未出版的会议论文集与期刊论文内容的重复是允许的。

要致谢的单位和个人很多，这里只是有重点地致谢。

首先要感谢国家出版基金委，经过专家评议能批准此书立项，同时也要感谢推荐此书申请出版基金的黄路生和李德发两位院士，尽管当时他们还没有看到全书初稿，但出于对编著者们的信任，作了推荐。相信以后在他们阅读了此书，哪怕只是看一两章后，就会感到他们的推荐是非常值得的。

　　第二要感谢中国农业大学出版社，十几年前就约稿了，而编著者迟迟不能应允，是因为还想再等等，看还有什么好的内容补充，如用影像技术区别公蛋母蛋，鸡的冷冻精液技术，肉鸡的基因组选择策略以及真正有效而没有负面作用能应用于畜禽数量性状遗传改良的分子育种技术等。有的恐怕是等不及了，所以只有把书先写出来，其他的只能是边研究边等了。

　　第三要感谢对本书出版的编辑、设计、排版、校对和印刷部门的同志们，一本书的外观也很重要，封面设计是给读者的第一印象，排版格式、图表的清晰程度等都反映一本书的质量问题，要让读者看起来赏心悦目。

　　第四要感谢张勤教授，他帮助解释了BLUP和基因组选择中的几个疑点。

　　最后还要感谢为这本书出版付出辛勤劳动的后勤工作老师们，特别要提到的是本实验室的凌遥老师和鲍海港老师，他们为我（这里只能用"我"了）这个不会打字而且上网查资料有困难的老人，提供了有效的帮助。

编著者

2021 年 2 月

目 录

CONTENTS

绪　　论

"动物比较育种学"属于动物或家畜育种学的范畴，是有目的地用"比较"的思维来认识动物育种、分析动物育种中存在的问题和提出解决问题的思路和方法的科学。

一、育种学与现代种业

（一）现代畜禽种业的"三进三出"（图0-1）

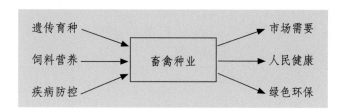

图0-1　现代畜禽种业的"三进三出"

也可以再加上"投入""产出"，成为"四进四出"，或是再加点什么，成为"五进五出"，这都没有关系。但"三进三出"是必需的，也就是说可以增加，但不能减少。

（二）畜禽育种三要素

（1）正确的理论指导——遗传学、进化论、系统生物学。

（2）科学的技术支撑——群体水平的育种技术，细胞、分子水平的育种技术。

（3）丰富的遗传资源——家养动物资源、野生动物资源。不要一听说野生动物就害怕，不能吃、不能猎杀，不过做科学研究还是可以的。大熊猫、金丝猴不都在研究吗？

这里也可以再加一两条，成为四要素或五要素，但上面这三条是必需的。

二、育种学与比较育种学

（一）动物育种概念的发展

（1）育成新品种（20 世纪 50 ～ 60 年代）

（2）从遗传上改良畜种（20 世纪 70 ～ 80 年代）

（3）与市场需要相结合，强调经济效益（20 世纪 90 年代后）

（4）现代育种概念：从遗传上改良畜种，并使其达到最大经济效益。

当然，有能力育成新品种、新品系，即使不能应用于生产，也是育种工作，不过最好能与市场和企业需求相结合。

（二）动物比较育种学

1. 畜种间比较

如奶牛的泌乳和鸡的产蛋，都是限性性状，两者的育种有相同点和不同点。

2. 性状间比较

如高遗传力性状和低遗传力性状，要用不同的选择方法。

3. 选种方法的比较

如群体层面的选种方法和分子层面的选种方法如何有效地结合。

4. 繁育体系的比较

如纯种繁育体系、杂交繁育体系和多重繁育体系都在什么情况下应用。

5. 基因间比较

如高原与低地畜禽耐低氧基因的比较；鸡和鸭的绿壳蛋（青壳蛋）基因的比较。

6. 遗传（基因型）与环境互作的比较

如不同环境下的育种策略的比较。

7. 同一选择方法在不同畜种中应用的比较

如基因组选择对奶牛、肉牛、猪、毛用羊、肉用羊、蛋鸡、肉鸡选种效果的分析与比较。

三、新中国成立以来畜禽育种科技的发展历程

（一）前 30 年（1949—1978，新中国成立到改革开放）

1. 1949 年—1956 年

（1）学派之争

20 世纪 50 年代初期主要是学习苏联阶段，当时的口号是"一边倒"，倒向苏联，要"全盘学苏联"。当时的本科教材都是从苏联翻译过来的，介绍的畜禽品种主要也是

苏联品种。如：

马：奥尔洛夫快步马、阿哈－捷金马、苏维埃重挽马；牛：科斯特罗姆奶牛；羊：阿茨堪尼亚美利奴羊；猪：乌克兰草原大白猪；鸭：咔叽－康贝尔鸭等。

学习苏联对新中国成立后我国早期的畜禽育种有很好的借鉴作用，但也有失误之处。在生命科学中学习苏联的最大失误是用李森科（苏联列宁农业科学院院士）错误的遗传学理论指导育种实践，否认基因理论，否认有具体的遗传物质，认为"有机体的一点一滴都能遗传"。当时在国内掀起了批判"孟德尔－摩尔根遗传学"的浪潮，把原来的"遗传学"说成是"反动的""唯心的""形而上学的"，所有有关高校都停止了原来"遗传学"的教学，取而代之的是"米丘林遗传学"。

（2）青岛遗传学座谈会

1956 年 5 月，党中央及时拨乱反正，提出了在学术问题上要提倡"百家争鸣"和"百花齐放"的"双百"方针。

同年 8 月，在中宣部领导、中国科学院和高等教育部联合组织下，在青岛召开了遗传学座谈会，主要议题是：遗传的物质基础；环境与遗传变异的关系——获得性能否遗传；遗传与个体发育；遗传与系统发育。会上"米派"与"摩派"的遗传学家畅所欲言、各抒己见。尽管多数学术问题没有达到一致的看法，但把加在"摩派"头上的"反动的""唯心的""形而上学的"帽子摘掉了！

如果我们回想一下，DNA 双螺旋结构早在 1953 年就已发现，而我们却在 3 年以后还在争论是否有遗传的物质基础。

2. 1956 年—1966 年（"双百方针"提出到"文革"前）

（1）"困难"时期的努力

尽管这期间经历了"三年困难"时期（1959—1961），我国高校和科研院所的畜禽遗传育种工作者仍在孜孜不倦地为人才培养和科学研究做出贡献。如 1961 年北京农业大学吴仲贤教授主编出版了《动物遗传学》。各级畜牧行政管理部门技术人员也继续对地方品种资源进行保护和改良。

（2）育种工作不能停

这一阶段主要的育种技术措施有：

① 本品种选育提高

我国畜禽品种资源丰富，各地都有保护和选育提高的任务，对有些濒危畜种还进行了提纯复壮工作。

② 地方品种杂交改良

如粗毛羊改良为细毛羊、半细毛羊；役用黄牛改良为肉用或肉乳兼用牛；地方品种马改良为较大体型马，提高役用能力等。

③ 普遍开展了家畜人工授精技术

3. 1966 年—1976 年（"文革"十年内乱）

不停也得停！不仅是畜禽育种工作，其他各行各业也都处于混乱和停滞状态，严重影响了全国政治、经济、文化、教育、科研事业。

（二）后 40 年（1979 年改革开放以来）

经过两年的"拨乱反正"，迎来了 1979 年的改革开放。

1. 有关法律、法规的颁布与实施

（1）《中华人民共和国畜牧法》（2005 年 12 月 29 日全国人民代表大会常务委员会第十九次会议通过，2006 年 7 月 1 日实施。）

畜牧法对畜禽遗传资源保护和种畜禽品种选育都有明确规定。

（2）《畜禽遗传资源保种场保护区和基因库管理办法》（2006 年 5 月 30 日农业部第 13 次常务会议审议通过，2006 年 7 月 1 日起施行。）

（3）《中国国家级畜禽遗传资源保护名录》（2006 年 6 月 2 日农业部确定了 138 个畜禽品种为国家级畜禽遗传资源保护品种，2014 年 2 月 14 日农业部进行了修订。）

（4）《畜禽新品种配套系审定和畜禽遗传资源鉴定办法》（2006 年 5 月 30 日农业部第 13 次常务会议审议通过，2006 年 7 月 1 日起施行。）

（5）全国畜禽遗传改良计划

《中国奶牛群体遗传改良计划（2008—2020 年）》，2008.4

《全国生猪遗传改良计划（2009—2020 年）》，2009.8

《全国肉牛遗传改良计划（2011—2025 年）》，2011.11

《全国蛋鸡遗传改良计划（2012—2020 年）》，2012.12

《全国肉鸡遗传改良计划（2014—2025 年）》，2014.3

《全国肉羊遗传改良计划（2015—2025 年）》，2015.6

《全国水禽遗传改良计划（2020—2035 年）》，2019.4

"全国蜜蜂遗传改良计划工作会议"于 2018 年 4 月 23—25 日在江苏省苏州市召开。

（6）《畜禽标识和养殖档案管理办法》（2006 年 6 月 16 日农业部第 14 次常务会议审议通过，2006 年 7 月 1 日起施行。）

（7）《优良种畜登记规则》（2006 年 5 月 30 日农业部第 13 次常务会议审议通过，2006 年 7 月 1 日起施行。）

这些法律法规的颁布与实施为畜禽种业的健康发展提供了政策保障。

2. 政府和民间组织

（1）国家畜禽遗传资源委员会

（2）各种畜禽的育种委员会，育种协作组

（3）各级畜牧兽医学会及其分会

这些机构很大程度上推动了我国畜禽种业的发展，机构内的广大科技人员为畜禽种业的发展提供了重大的技术支撑。

3. 国家农业产业技术体系

奶牛、肉牛、猪、毛用羊、肉用羊、蛋鸡、肉鸡、兔等产业技术体系都有遗传育种研究室和岗位，以及相关的综合试验站，对解决我国畜禽种业的瓶颈问题起了重要作用。

4. 畜禽遗传资源调查和《中国畜禽遗传资源志》的出版（1986，2011）

两次调查，摸清家底，为发展我国畜禽种业提供了基础性的重要信息。

《中国畜禽遗传资源志》共分7册（图0-2）：猪志，牛志，羊志，家禽志，马驴驼志，特种畜禽志和蜜蜂志。

图0-2 《中国畜禽遗传资源志》封面

5. 育成了一大批畜禽新品种配套系

截至2018年，通过国家审定的新品种和配套系有：猪40个，牛11个，羊29个，鸡81个，鸭6个，鹅3个，马驴驼17个，特种经济动物15个。共计202个（不计蜜蜂）。

6. 主要技术措施

（1）群体层面的育种技术

①提出了系统保种理论与优化保种设计；②数量性状的遗传改良，遗传参数、育种值、选择指数、相关性状选择；③从理论和实践上解决了"引种—退化—再引种—再退化"的问题；④杂交和杂种优势利用；⑤良种繁育体系的建立。

（2）分子层面的育种技术

①数量性状基因座（QTL）和标记辅助选择（MAS）；②全基因组关联分析（GWAS）；③基因组选择（GS）；④基因编辑（GE）；⑤分子进化（ME）。

四、今后的努力

（一）畜禽种业要继续努力自主创新

新中国成立 70 多年以来，特别是改革开放 40 多年以来，畜禽种业和其他产业一样，有着突飞猛进的发展，取得了一个又一个的成就。成绩说明过去，放眼未来仍是海阔天空，有许多事情需要我们继续努力奋斗。

农业农村部种业管理司和全国畜牧总站在 2019 年 7 月召开了"国家畜禽良种联合攻关计划（2019—2022 年）"会议，吹响了我国畜禽良种持续发展的新号角。

计划中明确提出"种业是国家战略性、基础性核心产业。畜禽良种对畜牧业发展的贡献率超过 40%，是提升畜牧业核心竞争力的重要体现。"尤其令人鼓舞的是提出了"……加快培育一批具有自主知识产权的突破性畜禽新品种，保障主要畜禽品种有效供给，提升我国种业国际竞争力……"，这也是畜禽遗传育种工作者的心愿。

特别是，在 2020 年 12 月中央经济工作会议上明确指出："要加强种质资源保护和利用……有序推进生物育种产业化应用，要开展种源'卡脖子'技术攻关，立志打一场种业翻身仗。"为今后畜禽种业的发展提出了新目标、新任务。

（二）向在畜禽种业中做出重要贡献的老一辈科学家们学习

在这里让我们共同缅怀新中国成立以来，为我国畜禽育种做出重要贡献的几位先辈。我们会在巨人的肩膀上，站得更高，看得更远，再接再厉，努力工作，为我国畜禽种业发展做出贡献。（以汉语拼音字母顺序排列）

董光明（1917—2001）陕西长安人

畜牧学家，马育种学家，西北农林科技大学教授。主持"关中马培育的研究""关中马标准化研究""关中驴标准化研究"等科研项目。育成了著名品种——"关中马"，荣获 1983 年陕西省科技进步一等奖，1984 年农牧渔业部科技进步二等奖。

刘荫武（1916—1990）河南尉氏人

畜牧学家，奶山羊育种学家，西北农林科技大学教授。致力于改良全国奶山羊品种，培育出了"西农萨能奶山羊"高产群，达到国际先进水平。获 1978 年全国科学大会奖，1981 年获农业部农牧技术改进科技进步一等奖。

刘震乙（1921—2011）*河南新郑人*

畜牧学家，动物遗传育种学家，内蒙古农业大学教授。由他主持和参加的中国黑白花奶牛选育、三北防护林地区农业综合区划、三河牛新品种培育、内蒙古白绒山羊选育等 10 余项科研成果分别获国家和自治区级科技进步一、二等奖。曾主编《家畜育种学》（1983，1989）。

邱怀（1915—1999）*福建上杭人*

畜牧学家，牛育种学家，西北农林科技大学教授。长期从事黄牛改良工作。参与及主持编写《养牛学》《牛生产学》《中国黄牛》《中国牛品种志》等教材和著作。曾任全国黄牛选育协作组副主任委员兼秘书长，《黄牛杂志》主编。

邱祥聘（1917—2016）*四川雅安人*

畜牧学家，家禽育种学家，四川农业大学教授。主持的"成都白鸡新品种选育和育种方法研究"被授予四川省科技进步一等奖。主持制订了我国第一个"家禽生产性能指标名称和计算方法"（试行），并在我国率先进行鸡快慢羽自别雌雄研究。担任《中国家禽品种志》《家禽学》等著作主编，曾任全国家禽育种委员会主任、中国家禽研究会理事长。

盛志廉（1925—2013）*上海人*

畜牧学家，数量遗传学家，东北农业大学教授。曾任中国畜牧兽医学会动物遗传育种学分会理事长。举办多期数量遗传学讲习班，创建动物数量遗传研究协作组，创新性地提出畜禽遗传资源的系统保种理论与方法。主编《数量遗传学》（1994，1999）。

汤逸人（1910—1978）*浙江杭州人*

畜牧学家，绵羊育种学家，中国农业大学教授，我国家畜生态学科的创始人。他指导内蒙古细毛羊和新疆细毛羊的育种工作。主编了《英汉畜牧科技词典》，对我国畜牧科学技术的提高，起到了很大的作用。

吴仲贤（1911—2007）*湖北汉川人*

畜牧学家，数量遗传学家，中国农业大学教授，我国动物数量遗传学科奠基人。他运用数学和统计学的原理，把评定畜禽数量性状的遗传值公式化，并用"杂种遗传力"的概念，提出杂种优势预测的新方法。他的专著《统计遗传学》是我国数量遗传和动物育种领域的经典之作。

杨山（1926—1998）*辽宁昌图人*

畜牧学家，家禽育种学家，东北农业大学教授。育成了我国著名的滨白鸡系列品种，"滨白 42""滨白 584""自别 3 号"和肉鸡新品种"龙白 901"。主编《养禽学》《家禽生产学》等著作。曾任中国畜牧兽医学会家禽学分会理事长。

张龙志（1910—1986）陕西榆林人

畜牧学家，猪育种学家，山西农业大学教授。培育出山西黑猪新品种，提出了适合我国实际的猪饲养标准和饲养方法，为我国的养猪事业的发展做出了贡献。

张照（1913—1998）江苏无锡人

畜牧学家，猪育种学家，扬州大学教授。致力于养猪学教学和我国地方品种猪的研究50余年，确立了华北、华中过渡型地方猪种的理论依据，倡立我国六大类型猪种的划分新标准。1991年主编了专著《中国太湖猪》。

张仲葛（1913—1999）广东东莞人

畜牧学家，猪育种学家，中国农业大学教授。系统挖掘整理了中国畜禽品种资源和畜牧兽医科技史，取得重要成果；建立了养猪学教学体系，讲授"养猪学"课程，内容理论联系实际、语言生动，深受学生欢迎。

郑丕留（1911—2004）江苏太仓人

畜牧学家，畜禽遗传资源学家，中国农业科学院畜牧科学研究所原所长。主持了我国家畜家禽品种资源的调查，主编了《中国家畜家禽品种志》，为发展我国畜牧业做出了重要贡献。他还是我国家畜人工授精技术的开拓者和传播者。

他们的事业也都后继有人，他们的学生和学生的学生，有许多已是畜禽种业发展的领军人才和骨干力量。让我们把老一辈人传给我们的接力棒一代一代地再传下去。

参考资料

1. 中国科学院和高等教育部. 遗传学座谈会发言记录（1956年8月10—25日于青岛）. 北京：科学出版社，1957.

2. 吴常信. 中国畜禽种业科技70年. 首届畜禽种业高峰论坛，青岛，2019.

3. 吴常信."动物比较育种学"课程讲稿（PPT），绪论.

第一章 比较与创新

目　录

01

第一章
比较与创新

有比较才有鉴别，有比较才有创新

一、从比较中发现问题

科学研究离不开"比较"，如试验与对照就是比较，显著性检验的本质就是与"零假设"比较，鸡蛋孵化率的高低与海拔高度有关，海拔越高孵化率越低，这也是比较。

2002年，赴西藏考察时，据介绍在林芝地区（海拔3000m左右），某次孵化时入孵了3000个罗曼鸡种蛋，只孵出了3只小鸡。这虽然和种蛋的保存、运输有关，但孵化率低总是事实。不过在3000个蛋中，终究还有3只小鸡能在低氧条件下完成胚胎发育的全过程。这就为在低氧条件下研究鸡胚胎低氧适应的生理和遗传的基础问题创造了可能。

二、从比较中分析问题

通过课题组老师和研究生们的努力，中国农业大学动物遗传资源与分子育种实验室建立起胚胎低氧研究实验平台，自行设计并研制了可控式模拟低氧孵化机（图1-1），创造了在平原地区研究鸡胚胎低氧发育的实验条件。为了对比，另制一台孵化机运到林芝地区做增氧孵化试验，通过不同孵化阶段的增氧试验，把低地鸡（lowland chicken）种蛋的孵化率

图1-1 自动化低氧模拟孵化机（左）和
自动化增氧孵化机（右）

提高到接近平原地区的孵化水平。证明了高海拔地区鸡胚胎死亡率高的主要原因是低气压造成的低氧环境。

三、通过比较提出解决问题的方法

研究发现，低地鸡的种蛋到高原孵化的胚胎死亡率高，而在低地孵化出来的雏鸡，运到高海拔地区饲养的成活率和藏鸡并无显著差异，说明低氧环境对胚胎发育的影响要大于孵出后的雏鸡。这样就可以把种蛋安排在低地孵化（如成都，平均海拔 500 m），出雏后再运到高原饲养（如拉萨，平均海拔 3 600 m）。

第二节
创新的内涵

创新主要是指自主创新，也就是有自主知识产权的创新。包括新技术、新设计、新工艺、新产品、有价值的发明专利、优秀的科研论文、高质量的鉴定成果等。自主创新可分为 3 种类型：

一、原始创新

原始创新是指前所未有的、通过自己研发所取得的创新成果。也可以是通过自己的努力在主要技术上比前人有很大的改进和提高的，或是技术被国外垄断，通过国人努力而打破垄断的，这些都是原始创新。

例如在遗传资源保护的理论上，解决了保种群体大小、世代间隔长短、公母畜最佳性别比例和可允许的近交程度等一系列群体遗传的理论问题就是原始创新。

二、集成创新

集成创新从某个单项技术而言并不是新的，但经过创新的思维和有效的组装产生了前所未有的效果。例如在遗传资源保护的技术上，把计算机技术、分子生物技术、实验动物模拟和地理信息系统等综合应用于畜禽遗传资源的保护与管理就是集成创新。

三、引进、消化吸收再创新

引进、消化吸收再创新在引进国外先进技术或产品的基础上，根据国情或市场需要进行改造，生产出新的产品。我国许多畜禽新品种的育成，就是在引进国外高产品种的基础上，结合实际情况进行杂交或纯繁育成的。

第三节 通过比较育成节粮小型蛋鸡——原始创新

一、两度攻关

（一）"六五"攻关

"六五"国家科技攻关计划的宗旨和目标是针对国民经济的需要，解决各行业的重大科技问题，促使科技能够快速地转化为生产力。1983年初，国家经委和国家科委组织各有关部门和地方进行了技术经济的论证，确定了农业、能源、材料、机电、交通、新技术等8个方面的38个项目。其中"农畜育种技术及繁育体系"等7个项目被列为对国民经济全局关系重大的重中之重项目。

在蛋鸡课题中参加攻关的有京白1号、2号、3号；滨白1号、2号；农昌1号、2号；B4、B6和红育10个鸡种。攻关指标是72周龄入舍鸡产蛋量14.5 kg，当时外国蛋鸡的生产水平约为16 kg。由于"六五"攻关是在"六五"中期即1983年启动的，到1985年底结束，只有两年多一点的时间，对蛋鸡也就是选择2个世代。到1986年2月全国验收时，除"红育"外，其他鸡种都顺利通过。各组鸡种的平均产蛋量15 kg，但当时国外蛋鸡产蛋水平已达17 kg。

（二）"七五"攻关

"七五"攻关在时间上是完整的（1986—1990年），蛋鸡攻关组把完成指标定在17 kg。5年要提高2 kg，实属不易。5年攻关结束，在性能测定的条件下，各鸡种都达标，有的还超过在国内饲养的国外引进鸡种水平，如北京农业大学在昌平鸡场培育的"农昌1号"的产蛋量略高于作为对照的加拿大雪佛公司"星杂579"，可是当时国外主要育种公司的蛋鸡水平已达18 kg。

二、走自己的路

经过两次攻关，国内自己选育的蛋鸡鸡种，虽然在产蛋性能上有所提高，但总是赶不上国外高产品种。分析原因，我国自行选育的主要鸡种还是从国外引进的白壳蛋、褐壳蛋、粉壳蛋的父母代或是商品鸡中选育的。选育方法也是参考国外育种公司的方法，技术上没有创新。

（一）高产与高效的比较

现代畜禽育种是"从遗传上改良畜种并使其达到最大的经济效益"。有的时候高产和高效是一致的，但有的时候高产不一定会有高效，这一点在农作物生产中是常见的，丰产不一定多赚钱，因为有一个市场问题。动物生产中饲料占总成本的60%以上，如果也能像作物生产中利用矮秆基因节省茎秆消耗的能量，不就能够提高生产效率了吗？

（二）矮小型基因的选择

有些基因会导致鸡体型变小，如 *Cp* 基因是常染色体上使胫部变短的基因，有隐性致死效应，影响种蛋孵化率。*dw* 基因是性染色体上影响生长激素受体的一个基因，能使长骨缩短，体型变小，对生活力没有影响。还有其他的几个矮小型基因，通过比较选择了 *dw* 基因。

（三）*dw* 基因在蛋鸡和肉鸡育种中的作用的比较

国外育种公司曾推出带有 *dw* 基因的速生型肉鸡配套系。他们把 *dw* 基因引入父母代母鸡中，使母鸡体型、体重变小，同时减少了前期产双黄蛋的数量，既节省了饲料，又提高了合格种蛋率。

我们考虑上述肉鸡中的配套模式只是对父母代种鸡场有利，对商品肉鸡场不利，即使终端父本是正常体型（DwDw），但商品鸡中有一半公鸡是 Dwdw 型，尽管表型为正常体型，但 *dw* 基因的存在会影响增重，使饲养肉鸡的商品鸡场或农户收入减少了。这里我们要特别提到中国农业大学单崇浩教授，在攻关小组讨论方案的时候是他首先提出要使商品蛋鸡带有 *dw* 基因，因为商品蛋鸡饲养量大，节省饲料的作用也大，这就是"节粮小型蛋鸡"的由来。

（四）节粮小型蛋鸡的效益比较

小型蛋鸡是通过节粮来提高经济效益的：

1. 小型蛋鸡生产每 kg 鸡蛋所消耗的饲料比进口的高产蛋鸡少，节省了饲养成本。

2. 同样一幢鸡舍的养鸡数比普通体型的蛋鸡多，提高了鸡舍的利用率和劳动生产率。

3. 小型蛋鸡比高产蛋鸡 72 周龄的产蛋量要少 1.0 ～ 1.5 kg，但可节省 8 ～ 10 kg 饲料。

4. 虽然淘汰鸡的体重小，但整幢鸡舍淘汰鸡由于提高了饲养密度，收入并不低。

在当时的市场条件下，每只小型蛋鸡比一般高产蛋鸡可多盈利 8 ～ 10 元人民币。

三、节粮小型蛋鸡的成果与推广

经过 8 年（1990—1997）的选育，成功地将矮小型（*dw*）基因引入中型褐壳蛋鸡，育成了小型蛋鸡的纯系和商用配套系。这种蛋鸡体型小、耗料少、料蛋比可达 2.1∶1，

图 1-2　节粮小型褐壳蛋鸡——农大褐 3 号

超过同期国际上高产蛋鸡的水平，对我国利用有限饲料资源生产更多的鸡蛋有重要意义。该项成果"节粮小型褐壳蛋鸡——农大褐 3 号"（图 1-2）于 1998 年获农业部科技进步二等奖，同年获由国家科技部等 5 单位联合颁发的国家重点新产品证书。1999 年该成果"节粮小型褐壳蛋鸡的选育"又获国家科技进步二等奖。

如今节粮小型蛋鸡已在全国范围内大量推广，每年平均推广近 8 000 万只。节粮小型蛋鸡的育成和推广在国内外首次实现了小型蛋鸡规模化生产，属原始创新。

第四节
闭锁与开放相结合的猪育种体系——集成创新

一、闭锁群继代选育

20 世纪 70 年代中期，加拿大弗雷丁（Fredeen）教授把他的拉康比（Lacombe）猪的育种过程介绍到我国后，经过我国一些养猪专家的总结，把这一过程称为"闭锁群继代选育"。简要地说，根据育种计划从不同基础群中选出 8 ～ 10 头公猪和 40 ～ 50 头母猪组成零世代（G_0）核心群，之后根据生产成绩，从零世代选择后的群体中再选留 8 ～ 10 头公猪和 40 ～ 50 头母猪组成一世代（G_1）核心群。如此代代闭锁选育直到达到育种目标，即告新品种育成，一般需要 6 ～ 8 个世代。

由于"闭锁群继代选育"所需要的猪群和投资都比较少，猪育种专家几乎人人都能选育，再加上弗雷丁教授亲自来中国讲学，所以深得大家欢迎。长期以来，我国育成的某某白猪、某某黑猪、某某花猪等新品种（系）大多采用此法。

但这种方法也存在一些缺点，这是与蛋鸡育种比较得到的。① 在蛋鸡育种中经常是上百只公鸡和几千只母鸡组成家系，群体要比猪育种中大得多，但几个世代闭锁下来，都成了少数几只公鸡的后代，遗传基础越来越窄。② 如果要保持多个血统，则每个血统中选择压降低，几代后生产性能很难再有明显的提高。③ 如果起始群体 G_0 是一个杂交群体，如拉康比猪的基础群是由三个品种组成的，那么在稳定品种（系）的外形特征时要付出更高的代价，因为在外形不符合育种要求的猪中有不少是生产性能表现很好的个体。

二、开放核心群育种体系

"开放核心群育种体系"（open nucleus breeding system,ONBS）最早是从澳大利亚绵羊育种实践中提出的。一般的育种体系像一个正放着的三角形，顶部是核心群（育种群），中部是扩繁群（制种群），基部是生产群（商品群）。过去认为这一自上而下的遗传传递过程是不能逆转的，也就是基因流动的方向只能是从核心群到扩繁群，再到生产群。核心群种畜只能在核心群中选育更新。后来发现在扩繁群甚至在生产群中也有部分母羊的羊毛产量和品质都很好，有的绵羊育种者又从生产群中选出优秀母羊进入扩繁群，从扩繁群中选出优秀母羊进入核心群。公羊仍从核心群中经过本身、同胞（半同胞）和后裔测定选留。实践证明在绵羊育种中用"开放核心群育种体系"要比没有基因逆向流动的"闭锁群继代选育"育种体系效果好。

三、用对照公猪解决场间遗传联系

参比乳用种公牛的跨国后裔测定的方法，用各场提供的待测公猪，互为对照，在各场都有后代，建立场间遗传联系。

现以5个猪场共同测定同一品种的5头公猪为例。

其过程是：①每个猪场各选一头优秀公猪待测。②各场选出30头月龄相近的供测母猪，分成5组，每组6头。③对母猪作同期发情处理。④输精，5个猪场的每头公猪配各场的6头母猪。⑤产仔，每场可产仔30窝，每窝选3头发育良好的青年公猪做个体性能测定。⑥每场需30×3＝90个测定猪位做场内测定。⑦5个猪场共有450个测定猪位。⑧测定结束后做育种值排队，既有450头青年公猪性能测定的育种值，又有5头公猪后裔测定的育种值。

由于5头公猪来自5个不同的猪场，而每头公猪在不同猪场都有后代，互相形成对照，建立起了场间遗传联系。如要进行胴体和肉质性状评定，可在3头全同胞中选1头做屠宰测定。

四、对我国猪育种工作改革的启示

从蛋鸡育种中发现了闭锁群继代选育存在的问题；从绵羊育种中受到开放核心群育种的启发；从奶牛跨国后裔测定中找到了解决问题的方法。改变了现在种猪"场内测定"和"测定站测定"的做法，有利于养猪企业间的联合育种，是一个很好的集成创新的例子。

第五节
从技术上解决引进种畜退化问题——引进、消化吸收再创新

新中国成立以来，几乎每年都要从国外大量引进种畜、种禽。引进后不久生产性能发生退化，即便是能维持引种时的水平，但外国育种公司很快又有更好的品种推出，于是需要再次引进。从企业角度看"高价进，高价出"照样能赚钱，但从国家层面看，特别是一个拥有 14 亿人口的大国，没有能与外国相抗衡的高产、优质、高效的畜禽品种，是有一定的风险。我国农业行政主管部门对种业的发展一贯给予高度重视，如农业农村部在《国家畜禽良种联合攻关计划（2019—2022 年）》中明确提出"加快培育一批具有自主知识产权的突破性畜禽新品种，保障主要畜禽品种有效供给，提升我国种业国际竞争力……"。作为高等农业院校的老师，应当要教会学生如何从技术上解决"引种—退化—再引种—再退化"的问题。下面以"双肌臀"猪的引种、选育与推广为例来解答这一问题。

一、"双肌臀"猪的由来

"双肌臀"猪（double muscling rump pig）是指在外形上猪的后躯特别发达，经济价值高的肉块比例大，瘦肉率高。中国地方猪种一般不具有这一特性，国外的几个有名品种也不是每头猪都是"双肌臀"，引种时要严格挑选才能达到一定数量。

在以往的出国考察中，加拿大的大白猪双肌臀表型明显的比例较大（图 1-3）。于是在执行农业部"948"项目"种畜育种材料和新技术的引进"时就到加拿大买猪，该项目于 1996 年立项，1997 年实现引种。

图 1-3 "双肌臀"大白猪

二、引种

引种就是要解决长期以来"引种—退化—再引种—再退化"的问题，而且生产性

能的主要指标要不低于今后引进猪种的同期水平。

在引种合同中明确了引进猪种要符合"双肌臀"要求，而且要有系谱和亲代的生产性能记录。由于加拿大最初提供选猪的猪场"双肌臀"猪的数量太少，后来通过谈判在加拿大西部和东部又各选了 2 个猪场，其中包括以前考察过的"双肌臀"比例较大的猪场。

在引种数量上，一次引种太多或太少都不好，如一次引种数量过多，猪的平均质量越低；如一次引种数量太少，在今后的选育中容易产生近亲。引进猪种的最低数量，每个品种应不少于 8 ～ 10 头公猪和 40 ～ 50 头母猪。在实际操作中还要根据引种经费来确定数量。当时引进的数量是公猪 14 头（无亲缘关系），母猪 40 头（有两对全同胞）。在选猪时应当超过这个数，因为在加拿大集中隔离检疫过程中会有淘汰。

三、扩繁推广

引进的猪种在上海口岸按防疫要求进行隔离观察，隔离期满后按原实施方案落户江西省原种猪场。为了尽量保持遗传差异，扩繁时根据猪的来源采用先同一猪场的猪配种，再同一地区内两个猪场的猪相互配种，最后东、西部来的猪再作两个地区间的互换互配。每头猪的来源、系谱、与其配种的公（母）猪都详细记录，出生后都按育种要求分阶段选种。

当时国内"双肌臀"猪还很少，要购买的单位很多。为了可以比较育种效果，提出了"成套推广"模式。一套猪包括 8 头公猪（不少于 6 个血统）和 32 头母猪（不少于 12 个血统），每套猪之间都有一部分相同血统的公猪和母猪，以建立场间遗传联系。

四、多点核心群选育与联合育种

由于"成套推广"建立了"多点核心群选育"的模式，各引种单位组织起联合育种组，统一育种目标、选种方法，每年召开一次技术交流会，如活体测膘、人工授精、性能测定、育种软件、兽医防疫等，同时在交流会上还可以分析养猪生产形势，共享市场信息。

引种后两年，在全国 15 个省市共推广了 17 套，有的猪场也按此模式作"二级推广"，数量越来越多。

通过联合育种还建立了猪的个体性能测定（场内），同胞测定（场间）和后裔测定（江西省原种猪场）相结合的模式，充分利用了各场的记录资料，提高了选种的准确性。根据各场记录的统计数据整理，引种后第 7 年（2004）平均生产性能为：达 100 kg 体重的日龄 132.6 d，背膘厚 8 mm，瘦肉率 70%，料重比 2.28∶1，初产活仔 9.61 头，经产活仔 11.14 头。这些指标都达到当时再次引进国外种猪的水平。2005 年，获农业部全国农牧渔业丰收奖。这是一个很好的引进消化吸收再创新的例子，但是好景不长。

五、新问题的产生

尽管从技术上解决了"引种—退化—再引种—再退化"的问题，但由于以下原因，联合育种在 10 年后消失。

1. 市场的波动。养猪业受市场影响，盈利时各猪场的积极性高，对猪群各阶段的生产成绩、测定记录，相关数据的整理、上传等育种工作还能按要求进行，但赔钱时有的猪场对育种就没有兴趣，把资料员也撤了。

2. 体制的变化。当时参加联合育种的多数单位是国营种猪场，转制以后，换了领导，如江西省原种猪场就转成企业单位，新领导对育种不感兴趣，认为育种花时间，眼前看不到好处，不如买猪卖猪赚钱来得更快。

3. 遗传联系越来越少。原种猪场转制后，已经不按原来育种计划进行成套推广，各场间也就失去了遗传联系。

六、对解决问题的建议

育种学家自己不可能有大型猪场，所以只能以"建议"的方式提出自己的意见。时间又过去了 10 年，也有了新的"联合育种"形式，例如全国种猪遗传评估中心、国家猪产业技术体系等，但还是没有我国自己的能和外国育种公司相抗衡的猪育种公司。

猪育种公司，这里是说真正做猪育种的公司，而不是买卖外国猪的公司。我们不是关门主义者，引进国外的种畜和育种新技术是完全必要的，一直也是那么做的，但引进后要立足国内，有所创新，不能重复地多次引进，有的甚至是低水平的引进。希望再过 10 年，到 2030 年，能看到向外国出口种猪的中国猪育种公司。

参考资料

1. 吴常信. 创新来自灵感，灵感源于实践. 中国畜牧兽医学会第十七次全国动物遗传育种学术讨论会，成都，2013.

2. 吴常信. 成长之路：实践、创新、诚信. 中国农业大学名家论坛，北京，2011.

3. 吴常信. 科学创新与科研诚信. 国防科技大学第三期全军研究生导师培训班，长沙，2015.

4. 吴常信. 走出"引种—退化—再引种—再退化"的怪圈. 中国猪业，2012,7（04）：10.

第二章　育种目标与选择性状

目　录

第二章
育种目标与选择性状

第一节
育种目标

做什么事情都要有一个目标。育种工作也一样，你是想育成一个新品种呢还是要育成一个配套系？或者你只是想在现有品种的基础上选育提高。这一切都要服从市场经济的规律。但有时你还需要一些远见，因为你以当前的市场需要来育种，很可能在你刚育成新品种时市场已经发生了变化。最好是能够有一些超前意识，如果新产品能够开拓新的市场需求，也就能引领市场发展需要。例如20年前育成的农大小型蛋鸡，由于体型小、耗料少，料蛋比超过国际上优秀普通型蛋鸡的水平，对我国利用有限饲料资源生产更多的鸡蛋具有重要意义，这是超前的。该项成果于1999年获国家科技进步二等奖。在20年后的今天，国外普通型高产蛋鸡由于产蛋数多，料蛋比已接近小型蛋鸡的水平，带有 dw 基因的小型蛋鸡已无明显优势。现在就要从产蛋率、蛋重、死淘率、饲料消耗和蛋的品质以及健康、绿色环保等因素，全面考虑新的蛋鸡品种或配套系的育成。

现代动物育种并不是一定要育成新品种，而是从遗传上改良畜种，使其达到最大的经济效益。当前PSY，是猪育种和生产中的一项重要指标，即每头母猪每年提供的断奶仔猪数。后来又进一步提出MSY，即每头母猪每年提供的上市肉猪数，这就包括了猪在生长期的遗传潜力和肥育期的猪场管理水平。是否还能更超前一些，就是每头母猪每年提供的瘦肉量，这是一个很过硬的指标。例如能否用10年的时间来实现每头母猪每年产瘦肉1.5 t的"超级猪"计划。

第二节
选择性状分类

从不同的角度可以对所研究的性状（trait, character）做出不同的分类。

一、质量性状和数量性状

（一）质量性状（qualitative trait）

这里所说的"质量"与质量好坏无关，而是性质的意思。也可以叫做定性性状或单位性状（unit trait）。质量性状的遗传基础是单个或少数几个基因，它的表型变异是间断的。如牛的无角与有角，兔的白化与有色。

（二）数量性状（quantitative trait）

数量性状是可以计数或度量的性状。它的遗传基础是多基因（polygene），表型变异是连续的。如牛的产奶量，猪的日增重。

二、简单性状和复杂性状

（一）简单（遗传）性状（simply-inherited trait）

这是质量性状的另一种表述。这类性状只受很少数基因的控制，而且几乎不受环境变化的影响。如孟德尔豌豆试验中所列举的性状都是简单（遗传）性状。

（二）复杂性状（complex trait）

这类性状受多个基因的作用，而且易受遗传或非遗传因素的影响，使性状表现更为复杂。复杂性状一词多在医学上使用。如糖尿病，它的发病原因既有遗传因素，又有饮食、运动等环境因素，而糖尿病的表现又有不同类型和不同程度。

近年来在农业动植物的数量遗传研究中也出现用复杂性状名词的情况，那么数量性状和复杂性状在概念上究竟有什么区别呢？我们认为，受多基因决定的性状都是复杂性状，而复杂性状中可用数字表达的是数量性状。在农业动植物遗传育种中多数与生产有关的经济性状（economic trait）都是数量性状。所以如果不是有特殊原因，还是用数量性状表述为好。

三、阈性状和分类性状

（一）阈性状（threshold trait）

阈性状的遗传基础是多基因，表型变异是间断的。它也可由几个阈值把性状划分成几个等级，如羊的一胎产羔数，可以分成 0，1，2 和 2 以上 4 个等级。最极端的是一个阈值的性状，称为"全或无"性状（all or none trait），如存活与死亡，发病与不发病等。

（二）分类性状（categorical trait）

这类性状可归为质量性状，遗传基础是少数基因，表型变异是间断的。例如根据人类的 ABO 血型系统，可以把所有人群的每个个体分为 A 型、B 型、O 型和 AB 型。当然，由单基因决定的孟德尔遗传的性状，显性与隐性也可看成是分类性状。

由上可见，性状的划分不是绝对的，ABO 血型既是分类性状，又是质量性状，而且还是简单（遗传）性状。又如鸡蛋的绿壳基因是由显性的 O 基因决定，但绿色的程度可以分为不同等级，而且受其他基因背景的影响，在白壳蛋鸡中 Oo 表现为浅绿色，在褐壳蛋鸡中 Oo 表现为黄绿色。

四、寻找"第四类"性状

如果我们根据遗传基础和表型变异来分析所研究的性状，至今已经明确了 3 类性状：

（一）质量性状
它的遗传基础是单基因或是少数几对基因，表型变异是间断的。

（二）数量性状
它的遗传基础是多基因，表型变异是连续的。

（三）阈性状
它的遗传基础是多基因，表型变异是间断的。

那么是否也应该有一类性状，它的遗传基础是单基因而表型变异是连续的呢？过去的书上没有定义过。问学生这个问题，有的学生回答鸡的矮小型基因 dw，它的遗传基础是单基因，但仔细度量胫部的跗骨长度，每只鸡不一样，就是连续变异。也有的学生回答绿壳蛋的蛋壳颜色受单基因 O 控制，但颜色的深浅是连续变异的。这不是我们想要知道的答案。因为 dw 基因和 O 基因已经定义为单基因，它们在染色体上的位置和基因序列也都清楚，跗长和蛋壳颜色程度上的变异可能受其他微效基因的影响，否则第一类性状中有相当一部分通过数量化都可以看成是第四类性状了。这里我们试图用"相关性状"作为第四类性状，也就是我们要选择的目标性状是一个数量性状，但直接选择的是一个受单基因控制且与该目标性状高度相关的质量性状。如能找到这样的基因就可以通过转基因或基因编辑的手段来提高数量性状的表达。

第三节
畜禽育种中选择的主要性状

畜禽育种中普遍要考虑的是动物的生产力、生活力和繁殖能力，对于肉、蛋、奶等的经济性状还要考虑饲料报酬。

一、肉用动物

这里所说的肉用动物是指猪、肉牛、肉羊、肉兔、肉禽等。主要的选择性状有：

（一）生长速度

衡量生长速度的主要指标是增重，也就是到达上市日龄（周龄、月龄）的活重。有的家畜还要进一步考虑胴体重、瘦肉率甚至优质肉块的比例与重量。

（二）肉质

1. 客观标准

肉质的客观标准有物理学标准，如嫩度、颜色、酸度、持水性等；化学标准，如游离脂肪酸、游离氨基酸等；生物学标准，如存放一定时间后的细菌数以及对人体有害的其他物质的检出。

2. 主观标准

主观标准就是通常所说的色、香、味，主要是用感官判断，如用视觉判断肉色，用嗅觉判断香味或异味，用舌上的味蕾判断好吃不好吃。这是一个很难统一的标准，因人、因地区、因国家而异。对于这些风味物质的鉴定，很多情况下使用品尝打分的方法。

对于一些受主基因或单基因控制的肉质性状来说，选择是比较容易的，如影响猪PSE肉的氟烷敏感基因，影响鸡蛋品质的鱼腥味基因等。但是多数情况下，影响肉质风味的因素很多，如饲料、保存期、保存方式等多种非遗传因素的影响，就很难用选种的方法来改进了。

二、乳用动物

最有代表性的乳用动物是奶牛，当然还有奶山羊、奶水牛等。物以稀为贵，马奶、驴奶也很值钱，最贵的恐怕要算骆驼奶了，1 kg骆驼奶要卖上百元钱。一头骆驼一天也就产 1～2 kg 奶，真不知道这些奶高价卖给人喝了以后，骆驼宝宝怎么办？不过人总是有办法的，用牛奶喂小骆驼，让骆驼妈妈给人挤出高价奶还是很划算的。乳用动物选择的主要性状有：

（一）产奶量

对产奶量的选择，最成功的是奶牛。例如北京市的奶牛，从 20 世纪六七十年代到现在，产奶量就从 4 000 kg 提高到 8 000 kg，整整翻了一番。当然引进高产种牛是一个办法，但也不能忽略选择的作用，因为几乎是同一个时期国外乳业发达国家的产量也翻了一番，产奶量从 5 000 kg 提高到 10 000 kg。

（二）乳成分

不同畜种的奶，成分有所不同，如水牛奶的乳脂率远高于普通牛奶。一般认为不同畜种乳成分的组成是自然选择的结果，母乳是最好的幼畜（仔畜）早期食品，特别是初乳。根据分析，乳成分主要包括水分和干物质，而干物质中又可细分为乳蛋白、乳脂肪、乳糖、矿物质和维生素等。一般来说产奶量和乳成分率是负相关的关系，产奶量和乳成分量是正相关的关系，选种时要予以考虑。

三、毛皮动物

这里是指家养动物的毛和皮，如绵羊的毛根据用途就有细毛、半细毛、地毯毛，山羊主要利用绒毛；皮用的主要有裘皮和羔皮。现在牧民冬季也不外出放牧，已经很少看到有穿"老羊皮袄"的人了。兔也是生产毛和皮的主要家畜，如长毛兔和皮兔（獭兔）。

（一）毛用

1. 产毛量

产毛量分污毛和净毛，所以净毛率是一个重要的经济性状。

2. 毛品质

根据产品要求，毛长、毛密、细度、强度等都是重要性状，在同一类型的羊群中选种最重要的是羊毛的同质性和均匀度。

（二）皮用

对羊和兔，皮张的面积和花纹都是要选择的性状，根据不同品种和不同用途来确定选种的时间和标准。如滩羊的"二毛皮"就是在羔羊出生后 30 d 左右屠宰取皮加工而成的。

四、蛋禽

蛋禽主要包括蛋鸡和蛋鸭。据统计，禽蛋中 85% 是鸡蛋。蛋鸡育种技术往往可以作为蛋鸭育种的参考。

（一）产蛋量与产蛋率

产蛋量是指产蛋数和蛋重的乘积；产蛋率是指鸡群产蛋数和鸡数之比。在蛋鸡育种中入舍鸡产蛋数（HH）要比饲养日产蛋数（HD）更重要，因为 HH 高既反映了鸡群的繁殖力，又反映了鸡群的生活力和鸡场人员的管理水平。

（二）蛋品质

1. 外观品质

鸡蛋上市后，顾客首先看到的是其外观性状，如蛋壳颜色、蛋重大小、有无"暗斑"、裂缝等。国外超市中鸡蛋都标明蛋的大小型号和出场日期（周数），1 周后鸡蛋就要下架，第 6 天时就会降价出售。

2. 内部品质

鸡蛋内部品质的测定有多项指标，同一日龄蛋的蛋白高度被认为是蛋品质的一项重要指标。不同蛋壳颜色蛋的营养成分经常被宣传成重要卖点，但还缺乏有效的数据支持。因为任何一种蛋壳颜色的受精蛋在正常饲料、饲养管理和孵化技术条件下，都能孵出健康的雏鸡。

五、竞技动物和观赏动物

（一）竞技动物

在哺乳动物中主要是马，在家禽中则主要是斗鸡。竞技动物的速度、技巧、格斗能力很大程度受后天环境的影响，训练和调教起了很大作用。如养在中国农业大学实验鸡场的斗鸡，笼养三代后已全部丧失斗性，把两只公鸡从笼中取出放在平地上，毫无打斗意识，即使再放入一只母鸡，三只斗鸡都能够和平共处，漫步场院觅食。

经过训练，原本不是竞技动物也能参加比赛项目，如小猪经过训练后可以参加游泳和短距离跑。这样说来是否遗传育种就不起作用了呢？其实不然。在竞技马中，体型结构是可以遗传的，再是赛马的速度资料和亲缘关系等，经过长期的积累可以计算出遗传力的高低，为选种提供遗传依据。

（二）观赏动物

1. 伴侣动物

广义上的观赏动物也包括伴侣动物，主要是犬和猫。有时候马也算上，特别是训练有素的矮马，据说可康复儿童的抑郁症和多动症。犬和猫的品种、变种极多，这充分证明了达尔文的人工选择下家养动物的变异要远远超过自然选择的学说。

2. 观赏鱼类和鸟类

这已经离开畜禽的范围了。但总的来说观赏动物的选择性状是根据要求选择其特色。在繁殖过程中特别要注意新的突变导致新的性状，通过选育产生新的品种。

第四节
畜禽育种的要点和难点

一、要点

育种工作的要点多为一般的共性问题，如：

（一）育种方案的制订

一个育种方案除考虑本章提到的育种目标、选择性状外，还要提出对不同性状的选择方法和有利于今后产品推广的繁育体系。选择或选种方法以及繁育体系将在以后的相关章节中介绍。

（二）品种（良种）登记

品种（良种）登记往往是由有关行政部门或以联合育种形式的联盟，再是由有关学会、协会来主持进行的一项育种措施，需要有专人负责，按要求进行各种数据的登录。良种登记主要在家畜中进行，家禽由于数量大、品种多、世代间隔短、群体周转快等因素，良种登记有一定困难。本书第十二章将通过对纯血马登记的介绍，了解良种登记的重要性和方法。

（三）遗传资源保存

看起来资源保存好像不是一个育种问题，但如果育种工作者不关心遗传资源，那么由谁来关心呢？动物遗传资源保存的顶层设计是政府有关部门；科学的、理论的保种方案应由科研人员提出；对保种方案进行具体的、有效的实施应以企业为主体来完成。关于动物遗传资源保存的理论与方法，本书将在第八章中予以详述。

二、难点

不同畜种育种的难点有所不同，所以是一个个性问题，下面分别按畜种生产性能的方向予以讨论。

（一）肉用家畜（以猪为例）

1. 繁殖力

猪是多仔（胎）动物，窝产仔数的多少直接影响 PSY 和 MSY 等育种的重要指标。但在对产仔数的选择上每代的改进都很慢，即使在产仔数多的窝中留种，后代母猪产仔数也很难提高。

原因分析：猪产仔数是一个低遗传力性状，根据数量遗传学公式

$$\Delta G = \frac{h^2 s}{G_i} \qquad （式2-1）$$

公式（2-1）表示，每年遗传改进（ΔG）和遗传力（h^2）与选择差（s）的乘积成正比，与世代间隔（G_i）成反比。猪产仔数的遗传力约为0.1，所以用表型值选择改进很慢。再者，同一窝的产仔数多，则每头小猪的初生重就小，也就是它在胎儿期发育受到不利影响，这种效应能影响到出生后。

解决办法：如果想通过纯繁选择提高窝产仔数困难很大，但通过和高产仔数的品种杂交，可以解决这个问题，因为低遗传力性状多数为"杂优"性状，对加性效应选择的效果差，对非加性效应选择的效果好。这也是在三系配套生产商品猪时，父母代母本都是二元杂种母猪的原因。

2. 肉质风味

由于对风味物质的选择还没有客观标准，选择的困难很大，而且育种目标和选择方法脱节，目标是要"肉好吃"，但目前还没有一种选择方法可以包括这一性状，即使用品尝评分加以数量化，也算不出遗传力，纳入不了选择指数。

不是说"土猪肉"比"洋猪肉"好吃吗？那就来分析对比土猪肉和洋猪肉。许多人做过多次对比，分析出了一大堆不同猪种在风味物质上有差异的数据，特别是分析出了许多带有苯环的芳香族物质。但是这些差异还是不能说明肉好吃不好吃的问题。

解决办法：① 一般认为不同畜种肉的风味的差异很大程度上来自于脂肪，所以对脂肪的选择有利于帮助风味的改进。以猪为例，根据脂肪的分布可分为皮下脂肪（膘厚）、腹部脂肪（板油和网油）和肌内肌间脂肪。由于不同部位脂肪的沉积受不同脂肪酶的影响，所以对不同脂肪酶活性的分析数据，可以纳入选择指数中。② "土洋结合"，如对外来瘦肉型猪导入25%的大型地方猪血统，带来的相关反应是有可能增加脂肪和降低增重速度。

3. 引进猪种的退化

我国几乎每年都从国外猪育种公司进口杜、长、大等猪种，有的在我国的外资公司或外资控股的合资公司，都希望每年有更多的种猪向中国出售，宣传可以不出国门就买到外种猪，还可以发给优质外种猪的证书云云。作为育种材料或更新血统从国外进口种猪是必要的，但不应误听宣传，认为买来的都是好的，多次重复引进的例子不在少数。引进后由于不重视选育或选育方法不当往往发生品种退化，于是再次引进。

解决办法：本书在第一章"引进、消化吸收再创新"中就以"双肌臀"大白猪的引种选育与推广为例，提出"多点核心群选育"与"种猪联合性能测定"等方法，解决了"引种—退化—再引种—再退化"的技术问题。

（二）乳用家畜（以奶牛为例）

1. 高产奶牛配种困难

由于泌乳素与雌激素的拮抗作用，对高产奶牛产后发情和排卵都会受到影响，容易产生久配不孕现象。

解决办法：改进饲养管理，如干乳期饲养管理、产后饲养管理等，此外还要提高配种技术，用直肠把握或仪器仪表确定最佳输精时间。

2. 奶牛世代间隔长

奶牛选种一般多用后裔测定，这样势必延长世代间隔，影响选种进展。后来改用半姐妹测定，但准确性没有后裔测定高。现在多用基因组选择，对青年公牛做一个初步判断，先用于采精冷冻，以后再结合半姐妹和后裔成绩予以评定，这样做的结果大大提高了选种效率。

3. 奶的产量与成分

奶的产量和成分往往呈负相关，如高产奶牛的乳脂率、乳蛋白率低。不过高产奶牛的乳脂量和乳蛋白量高，总的来说还是养高产奶牛划算。但对消费者来说你喝一杯牛奶如果乳脂率、乳蛋白率低，就会显得牛奶稀，口感不佳。所以矛盾总是会有的，看你站在什么角度考虑问题了。

（三）毛皮动物（以毛用绵羊为代表）

1. 羊毛的同质性和均匀度

由于羊毛产品和毛纺工业的需要，对被毛的要求是同质毛，如同质细毛、同质半细毛。一只羊身上既有细毛又有粗毛，称为异质毛，根据选种要求不能留作种用。在细毛羊、半细毛羊选种中还要求羊毛纤维镜检为无髓毛。

羊毛的均匀度是指同一只羊身上各部位的羊毛细度是否均匀。主要是鉴定体侧部位，因为头部、四肢和腹部的毛都作为下脚料单独分装。

对解决羊毛的同质性和均匀度问题关键是靠选种，特别是对种公羊的选择，主要方法是个体选择加后裔测定，并参考同一家系中的半同胞个体。如能找到与同质性和均匀度相关的 QTL 也可作基因组选择，但其准确性还有待验证。

2. 公羔的早期选种

绵羊的产毛量和羊毛品质性状都要在剪毛后才有记录，一般要经过一两年。有的牧场在羔羊出生后选体重大、毛卷细的公羔作为培养对象，用两只泌乳母羊哺乳。于是这只公羔体重就要比其他同龄羊长得快，长大后外观体格健壮，颇得领导和参观者好评。这一做法是缺乏遗传学依据的。对初生羔羊来说，早期选种主要靠系谱（父母成绩）、遗传标记辅助选择和基因组选择，当然前提是要找到和生产性能有关的基因或标记。

（四）蛋禽（以蛋鸡为例）

1. 蛋数与蛋重

这是两个负相关的性状，应如何选择？

答：固定蛋重选蛋数。

2. 配套系中父系与母系应如何选择？

答：父系选蛋数，母系固定蛋重选蛋数。

3. 在保持一年一个世代的情况下，如何提高选择的准确性？

答：（1）用简化合并选择，即合并个体与家系成绩；

（2）"先选后留"与"先留后选"相结合，即公鸡"先选后留"，母鸡"先留后选"。

（五）肉禽（以肉鸡为例）

1. 种鸡限饲

肉鸡种鸡如不限饲就成了商品鸡，到性成熟时体重太大，公鸡母鸡的繁殖力都大大下降，所以肉种鸡必须限饲。但对于选种群来说，过早限饲使得早期生长速度快的个体得不到表现，增加了选择错误的概率。

解决办法：要根据鸡群实际情况制订种鸡限饲标准，如父母代种鸡两周龄开始限饲；选育群可以推迟到 3 周龄选种，留种后开始限饲，也可以公鸡在 3 周龄选种，母鸡在 4 周龄选种，选种前自由采食。这里说的肉鸡是指速生型肉鸡，地方鸡无论公母一般都不限饲。但笼养条件下，种鸡应根据体重适当限饲。

2. 商品鸡均匀度

用于杂交配套的系不能太多，4 系、5 系配套都会降低商品鸡的均匀度。在 3 系配套的情况下，要提高终端父系的纯合度。

3. 速生型肉鸡母系的选择

速生型肉鸡母系也要求产蛋性能好，可以提供更多的雏鸡。但往往产蛋和增重有一定矛盾，解决的办法是在母系鸡选种时对产蛋数设置上限，也就是不留产蛋数很高的母鸡，因为它们会影响后代的生长速度，一般上限可设在平均数 +2 个标准差，约淘汰产蛋数最多的 2% ～ 3% 的鸡。

4. 优质型肉鸡肉质的选择

优质型肉鸡多为地方品种，既然认为是土鸡好吃，就不必花时间来啃改进肉质这块硬骨头了。如果是土洋结合，又要鸡长得快又要肉好吃，那就母鸡用土鸡、公鸡用含有 1/2 土鸡血统的杂种鸡，使商品鸡含有 75% 的土鸡血统。不过从我们的研究结果看，反交更好。用 1/2 土鸡血统的杂种鸡做母本，用土鸡公鸡做父本，因为杂种鸡做母本比纯种土鸡产蛋多。

参考资料

1. 吴仲贤，吴常信，盛志廉，等. 世界遗传学应用于动物生产的进展和动态. 中国畜牧杂志，1986（6）.

2. 吴常信. 关于引进鸡种育种规划的建议. 中国家禽，1988，03：3-4.

3. 杨宁，吴常信. 动物育种目标的系统评估原理及其应用. 中国农业科学，1994，27（1）：70-78.

4. 吴常信. "动物比较育种学" 课程讲稿（PPT），第一章 育种目标与选择性状.

第三章 育种参数

目 录

第三章
育种参数

育种需要各种数据，其中直接和育种有关的数据是育种参数。考虑到读者都有一定的统计学基础知识，所以这一章育种参数主要是要搞清楚基本概念、容易产生的错误和在育种实践中的灵活应用。总之，育种工作要心中有"数"，才能做到手中有"术"。

这里先要复习几个统计学的概念。根据研究目的所确定的全体研究对象称为总体，其中的一个研究对象称为个体；从总体中抽取的一部分个体组成的集合称为样本。有时候总体中个体的数量很大，只能抽取其中一部分个体作为样本来研究，这样就有一个根据样本估计总体的准确性问题，也就是如何控制随机误差与系统误差来提高样本估计总体的精确性和准确性。这要通过科学的试验设计来完成。

总的来说，样本与总体的关系是"用样本推断总体"；参数与统计量的关系是"用统计量来估计参数"。

本章公式没有严格区分参数用希腊字母，统计量用英文字母，而是按一般的习惯用法，想来不会造成误解。

表型参数及其应用

一、平均数（mean）

$$\bar{x} = \frac{\sum x}{n} \qquad (式3-1)$$

由于公式中的符号为一般统计学中常见符号，就不再一一定义。公式（3-1）为算术平均数，其他平均数的形式在具体应用时介绍。

平均数在统计学中的概念是群体（样本）的集中性；在育种学的概念是群体（样本）的代表性。我们到育种场／畜牧场去考察或实习，首先要了解的是畜群的平均生产性能，这代表这个群体的生产水平。这里要区别，是全群的平均数还是选种后留种群的平均数，这两者的差异很大，也就是育种学中的选择差（selection deviation）。

二、方差与标准差（variance and standard deviation）

方差：

$$\sigma^2 = \frac{\sum (x - \bar{x})^2}{n-1} \qquad （式 3-2）$$

标准差：

$$\sigma = \pm \sqrt{\frac{\sum (x - \bar{x})^2}{n-1}} \qquad （式 3-3）$$

方差的单位是某个数量性状单位的平方，如体重的方差则为 kg^2，而标准差在开平方后又回复到原来的单位 kg。方差和标准差在统计学中的概念代表群体的离散性；在育种学中的概念是代表群体的整齐性。

1. 平均数和标准差这两个在统计学中最简单的统计量，在育种学中却是很重要的两个表型参数。我们可以通过这两个参数的大小对所观察的群体做出初步遗传评价（表 3-1）。

表 3-1　平均数、标准差对群体的初步遗传评价

平均数（$\bar{x}$）	标准差（S. D.）	遗传评价
高	大	高产品种杂交的 F_2 群体
高	小	高度选育的品种或其杂交的 F_1
低	大	地方品种
低	小	近交系

2. 平均数和标准差还可以判断一个试验数据是否可靠。至少看到过两个这样的分子试验结果，其标准差大于平均数，这是极其少见的现象。只有两种可能：一是样本数太少，二是样本分析的结果差异太大。即使是三个样本分析得到 20，60，100 三个差异很大的数据，标准差也不会大于平均数。那么这样的试验结果怎么能可信呢？解决的办法是扩大样本，重复试验。

三、平均数、标准差与正态分布（mean, standard deviation and normal distribution）

正态分布是一种连续随机变量的概率分布。图 3-1 是均数为零，方差为 1 的标准

正态分布曲线。

由于方差为 1，所以标准差也为 1，图 3-1 表示在平均数加减 1 个标准差时，正态曲线下的面积为 68.26%；加减 2 个标准差时，正态曲线下的面积为 95.45%；加减 3 个标准差时，正态曲线下的面积为 99.73%，几乎涵盖了整个群体。

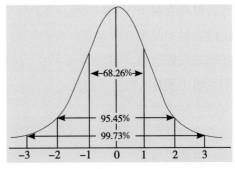

图 3-1　$\mu = 0$，$\sigma^2 = 1$ 的标准正态分布曲线

应用举例：

某国育种公司向我国提供的乳用公牛系谱资料中，某头公牛本场后裔测定成绩为产奶量 9 000 kg，乳脂率 3.8%。建议我国购买该公司的冷冻精液。从资料中了解到该公牛所在场有 1 000 头泌乳牛，平均产奶 7 000 kg，乳脂率 3.4%。根据以往对奶牛表型参数的了解，一个泌乳期产奶量 10 000 kg 以下的牛群，经产牛产奶量的标准差约为 1 000 kg，各胎次平均乳脂率的标准差约为 0.2%。假设两个数量性状都服从正态分布，如图 3-2 所示。

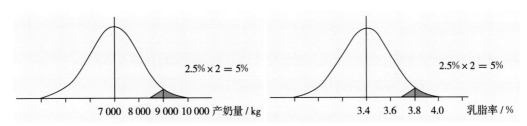

图 3-2　牛群产奶量和乳脂率的正态分布示意图

且产奶量和乳脂率之间不相关，则两个独立事件同时发生的概率是：

$$5\% \times 5\% = \frac{25}{10\,000} = \frac{2.5}{1\,000}$$

即 1 000 头母牛中大约只有 3 头达到上述水平。由于产奶量和乳脂率是负相关，而且是公牛后裔测定（女儿平均）的成绩，达到上述水平几乎是不可能的。所以进口国外种公牛或冷冻精液需从不同育种公司资料中仔细分析，慎重比较，不要轻易相信。

四、相关系数（correlation coefficient）

$$r_{xy} = \frac{\sigma_{xy}}{\sigma_x \sigma_y} \qquad （式 3-4）$$

公式（3-4）表示，任何两个变量（x, y）的相关系数，分子是两个变量的协方差，分母是两个变量的标准差相乘。

相关系数的统计学概念是两个变量之间的相关关系；育种学的概念是两个性状之

间的相互关系。相关系数的范围在正1和负1之间。在育种中应用相关系数进行选种时，不但要做相关系数的显著性检验，而且还要看相关系数数值的大小。在统计学中有时把相关系数分为弱相关、中等相关和强相关，这是很必要的，因为如果根据一个显著的弱相关系数对两个性状做相关选择，效果不会好。例如北京某奶牛场的技术人员在生产中发现腹围大的奶牛产奶量高，认为消化系统发育好，能吃下更多的饲草饲料，所以产奶量高。我们统计了440头第一胎乳牛的腹围（x）和305 d产奶量（y），计算的相关系数为0.11。查表，当自由度为400以上500以下时，P值为0.05的显著水平是0.098，P值为0.01的显著水平是0.128，所以0.11的相关系数在0.05的显著水平是显著的，即腹围和产奶量之间有显著的正相关。那么在生产中是否能用腹围大小来选择产奶量呢，我们的答复是否定的，因为相关系数的绝对值太小，选错的可能性很大。

统计学中对弱、中、强相关的划分并没有很准确的依据，只是把数轴分成6等分，两端的1/3为正或负的强相关，中间靠近零的1/3为正或负的弱相关，其余的1/3为中等相关，如图3-3所示。

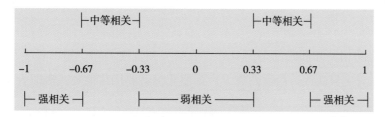

图3-3 相关系数强弱的划分

又例如，20世纪80年代前，参照国外育种公司的介绍，蛋种鸡的留种是根据母鸡43周龄的产蛋数，即早期记录选种，以保证一年一个世代。我们在北京白鸡原种鸡场统计分析结果是43周龄的产蛋数和72周龄的产蛋数的相关系数为0.6，是一个显著的中等程度的正相关。据此选种，能取得相当好的育种效果，但还是有一部分前期产蛋少而后期产蛋多的鸡被淘汰了，所以这一选种方法还有改进的余地。我们采用对母鸡"先留后选"的方法，即全部母鸡在女儿18周龄转群时再选，这时母鸡已有65周龄的产蛋记录，与72周龄的相关系数为0.85，是一个显著的强相关，提高了选种的准确性。目前国内多数蛋鸡育种场都采用这一方法。

五、回归系数（regression coefficient）

$$b_{yx} = \frac{\sigma_{xy}}{\sigma_x^2} \qquad (\text{式 } 3\text{-}5)$$

$$b_{xy} = \frac{\sigma_{xy}}{\sigma_y^2} \qquad (\text{式 } 3\text{-}6)$$

公式（3-5）中，b_{yx} 是以 x 为自变量的回归系数，也叫做变量 y 对变量 x 的回归；

公式（3-6）中，b_{xy} 是以 y 为自变量的回归系数，也叫做变量 x 对变量 y 的回归。

回归系数的统计学概念是两个变量之间的依存关系，它的育种学概念是两个性状之间的因果关系。从回归系数的公式看，分子是两个变量的协方差，分母是自变量的方差。相关系数是平行关系，两个变量只有一个相关系数（$r_{xy} = r_{yx}$）；回归系数是因果关系，两个变量可以有两个回归系数（$b_{xy} \neq b_{yx}$）。

当 x 和 y 两个变量互为因果时，两个回归系数都有意义，如问每公斤饲料（x）可以生产多少公斤牛奶（y），则有回归系数 b_{yx}；要问生产每公斤牛奶（y）需要消耗多少公斤饲料（x），则有回归系数 b_{xy}。一个回归系数是否有育种学的意义，要看具体情况而定，如根据表型值（P）估计育种值（A）时，遗传力就是育种值对表型值的回归系数（$h^2 = b_{AP}$）这时表型值是自变量，育种值是应变量，可以根据表型值来估计育种值，所以 b_{AP} 是有意义的。而 b_{PA} 就没有意义，因为不可能先有育种值再来估计表型值。但如能用分子生物技术，先测得基因型值，则可从初生或幼年家畜的基因型值来估计成年时的表型值，从而实现早期选种，这时 b_{PA} 就有意义。如基因组选择中可对幼畜作基因组育种值排队。

本章介绍的相关和回归都是简单的直线相关和直线回归，超出直线范围的就要用其他方法，如对生长曲线、泌乳曲线、产蛋曲线等就要用其他公式来拟合。

第二节 遗传参数及其应用

一、重复力（repeatability）

（一）计算公式

$$r_e = \frac{\sigma_G^2 + \sigma_{Eg}^2}{\sigma_P^2} \qquad\qquad （式3-7）$$

重复力的数量遗传学概念是表型方差（σ_P^2）中遗传方差（σ_G^2）和一般环境方差（σ_{Eg}^2）部分。一般环境方差对个体的影响往往是永久性的，如动物在胚胎期的发育受阻，往往会影响到终身，因此把它并入遗传方差作为分子来处理。根据公式（3-7）是计算不出重复力的，因为 σ_G^2 和 σ_{Eg}^2 都没有具体数值可以代入，所以要做统计学处理。

重复力的统计学概念是性状多次度量值之间的组内相关系数，计算公式是

$$t = \frac{MS_b - MS_w}{MS_b + (n_0 - 1)MS_w}$$ （式 3-8）

公式（3-8）中，t 为组内相关系数，MS_b 为组间均方，MS_w 为组内均方，n_0 为样本数不等时的加权平均数。

$$n_0 = \frac{1}{m-1}\left[\sum n_i - \frac{\sum n_i^2}{\sum n_i}\right]$$ （式 3-9）

公式（3-9）中，m 为组数，n 为各组样本数，i 为 1，2，…，k。

计算重复力的实例可参考吴常信主编的《动物遗传学》第二版，高等教育出版社 2015 年版，第 286-288 页。

（二）应用

重复力在育种中的应用主要有以下两点：

1. 确定性状度量次数

重复力低的性状需要多次度量才能反映某头家畜的实际生产性能，重复力高的性状多次度量并不能增加太多的选种准确性（表 3-2）。

表 3-2　性状不同重复力所需要的度量次数（参考值）

重复力（r_e）	度量次数
0.9 以上	1
0.7～0.8	2～3
0.5～0.6	4～5
0.3～0.4	6～7
0.1～0.2	8～9

2. 估计个体终生可能生产力

计算公式为：

$$\hat{P}_x = \frac{nr_e}{1+(n-1)r_e}(P_n - \bar{P}) + \bar{P}$$ （式 3-10）

公式（3-10）中，$\hat{P}_x$ 为个体 x 的终生可能生产力，P_n 为个体 x 的 n 次度量均值，$\bar{P}$ 为全群平均数，n 为度量次数，r_e 为重复力。

二、遗传力（heritability）

（一）计算公式

$$h^2 = \frac{\sigma_A^2}{\sigma_P^2}$$ （式 3-11）

遗传力的数量遗传学概念是表型方差（σ_P^2）中的加性方差（σ_A^2）部分。由于 σ_A^2 未知，所以用公式（3-11）不能计算出具体的遗传力。遗传力的统计学概念是性状育种值对表型值的回归系数 $h^2 = b_{AP}$，即表型值改变时育种值会怎样相应的改变。计算遗传力可用亲子回归法或同胞相关法，这些都应该是数量遗传学的内容，就不在这里介绍了。具体参考吴常信主编《动物遗传学》第二版，高等教育出版社 2015 年版，第 288-293 页。

（二）应用

遗传力在育种中的应用通常有以下 4 个方面：

1. 预测选择效果

$$R = Sh^2 \qquad （式 3-12）$$

公式（3-12）中，R 为选择反应，表示选择一代后的遗传进展；S 为选择差，即留种群体平均数与全群平均数之差，留种率越低，选择差越大；h^2 为性状的遗传力。

2. 确定选择方法

遗传力高的性状个体选择有效；遗传力低的性状家系选择优于个体选择；如为中等程度的遗传力，可结合个体成绩与家系成绩进行选择，就有合并选择。一般认为 $h^2 < 0.2$ 为低遗传力性状；$0.2 \leqslant h^2 < 0.5$ 为中等遗传力性状；$h^2 \geqslant 0.5$ 为高遗传力性状。

3. 估计个体的育种值

$$\hat{A}_x = h^2(P_x - \bar{P}) + \bar{P} \qquad （式 3-13）$$

公式（3-13）中，$\hat{A}_x$ 为个体 x 的估计育种值，P_x 为个体 x 的表型值，$\bar{P}$ 为群体平均值，h^2 为性状的遗传力。

如个体有 n 次记录，则

$$h_n^2 = \frac{nh^2}{1 + (n-1)r_e} \qquad （式 3-14）$$

公式（3-14）中，h_n^2 为 n 次记录的遗传力，r_e 为 n 次记录的重复力。

4. 制定性状间无相关时的选择指数

$$I = \sum_{i=1}^{n} a_i h_i^2 \frac{P_i}{\bar{P}_i} \qquad （式 3-15）$$

公式（3-15）中，I 为选择指数，n 为选择性状个数，a_i 为第 i 个性状的经济权重，h_i^2 为第 i 个性状的遗传力，P_i 为个体第 i 个性状的表型值，$\bar{P}_i$ 为第 i 个性状的群体平均数。

三、遗传相关（genetic correlation）

（一）计算公式

$$r_A = \frac{\mathrm{Cov}\, A_x A_y}{\sigma_{A_x} \sigma_{A_y}} \qquad （式 3-16）$$

公式（3-16）中，r_A 为遗传相关，即 x 和 y 两个性状育种值之间的相关；分子 $\mathrm{Cov}A_x A_y$

为 x 和 y 两个性状育种值的协方差；分母为两个性状育种值标准差的乘积。遗传相关的计算可以根据亲子资料，也可以根据同胞、半同胞资料，具体计算方法可参考吴常信主编《动物遗传学》第二版，高等教育出版社 2015 年版，第 293-297 页。

遗传相关显著性检验的公式和计算都很复杂，而且要求有大量的数据才能计算出一个比较可靠的遗传相关系数。计算实例可参考吴仲贤《统计遗传学》，科学出版社 1977 年版，第 154-160 页。

遗传相关的遗传学依据是决定两个性状的基因连锁或是某个基因的一因多效。

（二）应用

遗传相关的应用主要有以下两个方面：

1. 间接选择

利用容易度量的性状对不易度量的性状做间接选择；利用幼畜的某些性状与成年家畜主要经济性状的遗传相关做早期选择；可对同一性状在两种不同环境条件下的选择做出评估。

2. 制定性状间有相关时的选择指数

$$I = \sum_{i=1}^{n} b_i P_i \qquad （式 3-17）$$

公式（3-17）中，I 为选择指数，n 为选择性状个数，P_i 为第 i 个性状的表型值，b_i 为第 i 个性状的待定系数。待定系数 b 的计算需要一些矩阵代数知识。

$$\underline{b} = \underline{P}^{-1} \underline{G} \underline{a} \qquad （式 3-18）$$

公式（3-18）中，$\underline{b}$ 为待定系数向量，$\underline{P}^{-1}$ 为 $\underline{P}$ 的逆矩阵，$\underline{P}$ 为表型方差、协方差矩阵，$\underline{G}$ 为遗传方差、协方差矩阵，$\underline{a}$ 为经济权重向量。

计算这些矩阵所需要的参数，包括性状的标准差（σ_P）、性状的遗传力（h^2）、性状间的表型相关（r_P）、性状间的遗传相关（r_A）和性状的经济权重（a）（具体计算例子见本书第四章）。

四、亲缘相关（genetic relationship）

（一）亲缘系数

亲缘系数即亲缘相关系数，是指两个个体由于共同祖先造成的血缘上的相关关系，所以它是一项遗传参数。它的计算公式是：

$$R_{xy} = \sum \left(\frac{1}{2} \right)^{n_1 + n_2} \qquad （式 3-19）$$

公式（3-19）中，R_{xy} 为个体 x 与 y 的亲缘相关，n_1 为个体 x 到共同祖先的世代数，n_2 为个体 y 到共同祖先的世代数。

如共同祖先为由亲缘关系父母产生的后代，即有一定程度的近交系数，这时计算 R_{xy} 的公式还要有些改变。

（二）近交系数（inbreeding coefficient）

近交系数是有亲缘关系的父母产生的后代，从双亲的共同祖先中得到相同基因的概率。它的计算公式是：

$$F_x = \left[\left(\frac{1}{2} \right)^{n_1+n_2+1} (1+F_A) \right] \tag{式 3-20}$$

公式（3-20）中，F_x 为个体 x 的近交系数，n_1 为共同祖先到个体 x 父亲的世代数，n_2 为共同祖先到个体 x 母亲的世代数，F_A 为共同祖先 A 本身的近交系数。如 A 不是近交个体，即 $F_A = 0$，则公式为：

$$F_x = \left(\frac{1}{2} \right)^{n_1+n_2+1} \tag{式 3-21}$$

比较公式（3-19）和公式（3-21），当 $F_A = 0$ 时 $F_x = \frac{1}{2} R_{xy}$。即个体 x 的近交系数是其双亲亲缘系数的 $\frac{1}{2}$。

如双亲和共同祖先本身都有近交，则公式（3-19）还需做出以下改变：

$$R_{xy} = \frac{\sum \left[\left(\frac{1}{2} \right)^{n_1+n_2} (1+F_A) \right]}{\sqrt{(1+F_x)(1+F_y)}} \tag{式 3-22}$$

公式（3-22）中，F_x，F_y，F_A 分别为个体 x，y，A 各自的近交系数，如 F_x，F_y，F_A 都等于零，就是公式（3-19）。在遗传育种中最常用的亲缘相关是亲子、祖孙、全同胞、半同胞，更远的亲缘相关很少用到。

第三节
混合家系亲缘相关及其应用

在一般的数量遗传学教科书中，遗传参数只包括重复力、遗传力和遗传相关三项。其原因之一是从表型方差的剖分出发，可以顺理成章地得到上面所说的三项参数，亲缘相关虽然也是遗传参数，但不属于同一个方差剖分体系；其原因之二是通常所说的亲缘相关虽然经常在遗传与育种的公式中出现，但亲子或全同胞之间的亲缘相关是 0.5，祖孙或半同胞之间的亲缘相关是 0.25，已经是一个常数，因此在遗传参数中用不着研究。但是在一个既有全同胞又有半同胞的"混合家系"中，亲缘相关就不是一个常数。这种家系在猪、兔、禽、鱼、蚕等多仔动物的育种中经常会遇到，它由一个雄亲与数个雌亲相配所组成，又叫"一公畜家系"（a sire family）。家系中同一雌亲的后代是全同胞，不同雌亲的后代是半同胞。这样一个家系的亲缘相关随着配种的雌亲数和每个雌亲的后代数不同而变化。

一、公式的推导

为了简便，这里先提出一个近似公式，其实这个计算"全同胞－半同胞"家系平均亲缘相关的近似公式是从理论公式推导而来的。

$$\bar{r}=\frac{d+1}{4d} \qquad （式3-23）$$

公式（3-23）中，$\bar{r}$ 为混合家系中的平均亲缘相关，d 为与雄亲配种的雌亲数。

推导过程：

假定一个雄亲与 d 个雌亲交配，每个雌亲都生有 n 个后代，那么总的后代数就是 dn。如果从后代中随机抽出两个配对，根据组合公式就有 C_{dn}^2 种组合，所以总对子数：

$$C_{dn}^2=\frac{dn(dn-1)}{2}$$

其中，全同胞对子数：

$$dC_n^2=\frac{dn(n-1)}{2}$$

半同胞对子数：

$$C_{dn}^2-dC_n^2=\frac{dn(dn-n)}{2}$$

已知全同胞间的亲缘相关是 0.5，半同胞间的亲缘相关是 0.25，所以混合家系的平均亲缘相关是

$$\bar{r}=\frac{0.5\big[dn(n-1)\big]+0.25\big[dn(dn-n)\big]}{dn(dn-1)}$$

经整理后

$$\bar{r}=\frac{0.5(n-1)+0.25n(d-1)}{dn-1} \qquad （式3-24）$$

公式（3-24）就是在每个雌亲都有 n 个后代时，混合家系的平均亲缘相关。可以看出，当 $d=1$ 时，$r=0.5$，即一个雌亲的后代都是全同胞；当 $n=1$ 时，$r=0.25$，即每个雌亲都只有一个后代时，家系中都是半同胞，如同在单胎动物中所组成的家系那样；当后代数 n 很大时，$n-1$ 接近 n，$dn-1$ 接近 dn，这时

$$\bar{r}=\frac{0.5n+0.25n(d-1)}{dn}=\frac{2+d-1}{4d}=\frac{d+1}{4d}$$

这就是一开始提到的近似公式（3-23），而公式（3-24）为计算混合家系亲缘相关的理论公式。

事实上，即使在 n 不是很大时，用公式（3-23）的计算结果已经很接近公式（3-24）了。例如在 1 只公鸡与 10 只母鸡所组成的家系中（$d = 10$），从每只母鸡中都留种 5 只后代（$n = 5$），用理论公式计算的亲缘相关是

$$\bar{r} = \frac{0.5(5-1) + 0.25(5)(10-1)}{(10)(5) - 1} = 0.270$$

用近似公式计算的结果是 $\bar{r} = \frac{10+1}{4(10)} = 0.275$，略高于理论公式。

二、雌亲后代数目不等

上述推导是假定每个雌亲的后代数目相等的情况，而事实上雌亲的繁殖力是有差异的。这时近似公式是否还能应用？

下例证明，只要雌亲间后代数目相差不是很悬殊，近似公式的计算结果与理论公式十分接近，而这一例子本身也提供了即使是在后代数目相差悬殊时的计算方法。

例：根据表 3-3 资料计算群体平均亲缘相关。

表 3-3　雌亲后代数目不等的情况

雌亲号	a	b	c	d	e	总数
后代数	10	20	13	18	15	76

总对子数：$C_{76}^2 = \frac{(76)(75)}{2} = 2\,850$

全同胞对子数：$C_{10}^2 + C_{20}^2 + C_{13}^2 + C_{18}^2 + C_{15}^2 = 45 + 190 + 78 + 153 + 105 = 571$

半同胞对子数：$2\,850 - 571 = 2\,279$

所以，亲缘相关 $\bar{r} = \frac{0.5(571) + 0.25(2\,279)}{2\,850} = 0.300\,1$

用近似公式计算 $\bar{r} = \frac{d+1}{4d} = \frac{6}{20} = 0.30$，结果十分接近。

三、对后代做随机抽样

在育种工作中，有时不可能或不必要对全部后代进行观察，而是用样本代表总体。这时近似公式是否适用于样本？

在随机抽样时，每个后代都有同样的机会进入样本。但在某个已确定的样本中，有可能某些雌亲的后代多，某些雌亲的后代少。例如在 5 个雌亲的后代群中，每个雌亲都随机抽取 5 个个体，这时就会有 7 种不同的情况（不考虑雌亲的序号），而且每种情况的亲缘相关各不相同（表 3-4）。

表 3-4 5 个后代在样本中的分布及其亲缘相关

抽样情况	雌亲					全同胞对数	半同胞对数	亲缘相关
	a	b	c	d	e			
1	5	0	0	0	0	10	0	0.5
2	4	1	0	0	0	6	4	0.4
3	3	2	0	0	0	4	6	0.35
4	3	1	1	0	0	3	7	0.325
5	2	2	1	0	0	2	8	0.3
6	2	1	1	1	0	1	9	0.275
7	1	1	1	1	1	0	10	0.25

由于上述 7 种情况出现的概率不同，所以不能用一般的平均数来表示这一家系的亲缘相关，而是要对这 7 种情况作不同的加权。为了使问题简化，我们假定每个雌亲有 5 个后代，这样就成为一个从 25 个后代的群体中，一次抽取 5 个个体的组合问题了。在表 3-5 中列出了每种抽样情况可能出现的频数，这些频数就是不同抽样情况的加权系数。

表 3-5 中的总计频数应当等于在 25 个后代中一次任取 5 个的组合数

$$C_{25}^5 = \frac{25!}{5!\ (25-5)!} = 53\ 130$$

表 3-5 不同抽样情况出现的频数

抽样情况	雌亲内频数	雌亲间频数	总频数
1	1	5	5
2	25	20	500
3	100	20	2 000
4	250	30	7 500
5	500	30	15 000
6	1 250	20	25 000
7	3 125	1	3 125
总计			53 130

雌亲内频数就是在每个雌亲的 5 个后代中可能组合的情况。以第 2 种抽样情况为例（表 3-4），在雌亲 a 中抽得 4 个后代，在雌亲 b 中抽得 1 个后代，前者有 $C_5^4 = 5$ 种抽法，后者有 $C_5^1 = 5$ 种抽法。根据概率相乘定律，这种情况在雌亲 a 和 b 同时发生时就有 5×5 = 25 种抽法。雌亲间频数就是在考虑到雌亲的次序（或编号）时，各种情况的组合还会增加。仍以第 2 种抽样情况为例，"4" 可能出现在 5 个雌亲中的任何一

个，它的组合就是 $C_5^1 = 5$；"1"虽然也可能出现在任一雌亲中，但当5个雌亲中已经有一个出现了"4"的前提下，"1"就只能出现在其余4个雌亲中的1个了，它的组合就是 $C_4^1 = 4$。所以可能的组合数就是 $5 \times 4 = 20$。每种抽样情况的总频数就是雌亲内频数和雌亲间频数的乘积。

在做了上述分析后，根据表3-4和表3-5就可以计算样本的平均亲缘相关

$$r = \frac{0.5 \times 5 + 0.4 \times 500 + \cdots + 0.25 \times 3\,125}{53\,130} = 0.29$$

如用近似公式计算

$$r = \frac{d+1}{4d} = \frac{6}{20} = 0.30$$

结果仍相当接近。

至于在后代数目不等的情况下，用近似公式计算的效果已经在前面验证，该结论在抽样的条件下也成立。

四、多个混合家系组成的群体平均亲缘相关

如一个群体由多个混合家系组成，那么在这个群体中随机取出两个个体，它们的亲缘相关就会有全同胞（$r = 0.5$）、半同胞（$r = 0.25$）和非同胞（$r = 0$）三种可能。这时，理论公式

$$\bar{R} = \frac{0.5sdC_n^2 + 0.25(sC_{dn}^2 - sdC_n^2)}{C_{sdn}^2}$$

$$= \frac{0.5sdn(n-1) + 0.25[sdn(dn-1) - sdn(n-1)]}{sdn(sdn-1)}$$

$$= \frac{0.5(n-1) + 0.25n(d-1)}{sdn-1} \qquad （式3-25）$$

近似公式

$$\bar{R} = \frac{1}{4s} + \frac{1}{4sd} = \frac{1}{4s} + \frac{1}{4D} \qquad （式3-26）$$

$\bar{R}$：多个混合家系组成的群体平均亲缘相关

s：群体中公畜数

d：每头公畜配种的母畜数

n：每头母畜的仔畜数

D：群体中母畜总数

五、混合家系亲缘相关的应用

混合家系亲缘相关是一项新的遗传参数。它的应用有以下两个方面：

1. 简化公式 $\bar{r}=\dfrac{d+1}{4d}$ 和 $\bar{R}=\dfrac{1}{4s}+\dfrac{1}{4D}$ 中，平均亲缘相关只与雄亲数和与配雌亲数有关，而与每个雌亲所生的后代数 n 无关。这就可以在雌亲产下仔畜前对后代群体的亲缘相关做出估计，甚至在做选配计划时即可预测。

2. 在计算遗传力、重复力和估计个体育种值时，凡是要用到亲缘系数 r 的公式中，如果资料来自混合家系，则要用 $\bar{r}$ 代替 r。例如，用混合家系资料作后裔测验时，由于遗传力为育种值对表型值的回归系数，而有：

$$b_{AP}=\frac{0.5nh^2}{1+(n-1)r_e}=\frac{0.5nh^2}{1+(n-1)\bar{r}h^2}$$

则估计个体育种值的公式为：

$$\hat{A}_x=\frac{0.5nh^2}{1+(n-1)\bar{r}h^2}(\bar{P}_{MS}-\bar{P})+\bar{P} \qquad （式3-27）$$

公式（3-27）中，$\bar{P}_{MS}$ 为子代混合家系表型值平均数，$\bar{P}$ 为同期畜群表型值平均数，$\bar{r}$ 为混合家系的平均亲缘相关。

参考资料

1. 吴仲贤. 统计遗传学. 北京：科学出版社，1977.

2. 吴常信. 动物遗传学. 2 版. 北京：高等教育出版社，2015.

3. 吴常信. "动物比较育种学"课程讲稿（PPT），第二章 育种参数.

4. 吴常信. 计算"全同胞-半同胞"混合家系亲缘相关的近似公式. 北京农业大学学报，1981，7（2）：71-76.

5. 吴常信. 混合家系亲缘相关公式的几种形式与应用. 北京农业大学学报，1985，11（3）：345-354.

6. 张文灿. 太湖猪的表型、遗传参数和选择指数研究. 动物数量遗传通讯，1982.

7. Wu Changhsin. An approximate formula for estimating genetic relationship in a sire family. 1986,3rd World Congress on Genetics Applied to Livestock Production. Proceedings Vol. 12.

第四章 群体层面的选种方法

目 录

第四章
群体层面的选种方法

育种，归根结底是"选出好的种畜，使其产生好的后代。"所以育种的核心是选种，选种的关键是准确性。什么选种方法好？能比传统方法提高多少准确性？这样说法的事实根据是什么？是计算机模拟还是后裔测定？是两种不同方法的对比试验结果？还是说新方法选择一代的效果比上一代用老方法有了提高？都要有一个明确的交代。一个好的选种方法应当考虑准确、简便、成本低、效益好，这样才能在生产实践中易于推广使用。

群体层面的选种方法是在群体遗传学、数量遗传学和进化论的基础上建立起来的。本章介绍的第一节至第四节为选择原理，第五节至第十节是具体的选种方法。

第一节
选种的理论依据

一、自然选择与人工选择

生物的进化是自然选择作用于可遗传变异的结果，而动植物育种是人工选择作用于可遗传变异的结果。两者有相同的地方，也有不同的地方。自然界的进化现象，一方面给我们提供了一些启示，可以促进育种工作的进行；另一方面由于自然选择与人工选择在大多数的情况下是有矛盾的，给育种工作也造成了一些困难。因此，需要将自然选择与人工选择加以比较，了解它们之间的差异，使育种工作得以更有效地进行。

（一）不同的目的

自然选择多半是为了生物本身的利益，而人工选择则是为了人类的利益。对生物本身来说，人类的利益往往对它们是有害的。例如特别高产的畜禽易患病，因为从自然的角度来看，这些高产畜禽是极不正常的。

人工选择有明确的目标，不但要注意当前的利益，而且也要考虑到将来的利益；自然选择有一定的盲目性，只顾当前利益，能造成生物进化，也能使生物趋向灭亡。

（二）不同的方向

自然选择是比较单调的。例如野生动物多半是野灰色，或是与环境背景相同的颜色；人工选择则是多样化的，由人工培养出来的动植物品种、变种要比野生的多得多，而且有些是极端发展的类型，如奶牛、蛋鸡、肉猪，这些在自然条件下都不可能生存。

（三）不同的效果

自然选择只作用于表型，人工选择可作用于基因型，因而更为有效。自然选择不但涉及种内的关系，也可能涉及种间的关系；人工选择主要涉及种内的关系，如同在家畜和作物的育种中。当然人工选择中也可以涉及种间的关系，如远缘杂交，但这总是少数情况。

（四）不同的速度

自然选择的效果缓慢，对某些变异的固定需要几十代、几百代、甚至更长的时间；人工选择的效果要快得多，往往几代就能固定。自然选择作用于适应性的所有性状，而人工选择着重在对人类有利的某些性状，特别是对这些性状的遗传力和遗传相关的了解，更加快了选择的进展。

二、改变"遗传的自动调节"

凡是做过选种工作的人都会有这样的经验，当选择了若干代以后，如果选择停止，群体又很快恢复到原有状态。偶尔也会观察到这种现象，当家养家畜返回到野生生活后，即使能够生存下来，一两代以后，体型就会发生明显改变，朝着野生种的方向发展。总的来说，在进行人工选择的时候，如果涉的性状是与适应性有关，自然选择往往会阻碍我们的努力，或多或少地抵消人工选择的效果。这种现象叫做"遗传的自动调节"，即家畜朝着有利于自身的方向发展。为了改变这种自动调节，可以从以下几个方面考虑。

（一）保持特殊的环境

由于人工选择，要改进生物朝着对人类有利的方向发展，也就是要提高它们的生产性能。这就要给予并保持特殊的、有别于自然的环境条件，如营养、畜舍、管理措施等，使选择得到的特性能够发挥出来，并在此基础上做进一步选择，以期取得新的改进。

（二）提高群体的平均数

我们知道，群体平均数反映群体的基因型值平均数。这就要求我们以群体的改进作为育种目标，而不仅仅是以个体的改进作为育种目标。这时，即使受自然选择保守作用的影响，群体的生产性能也只能向着较高的平均数回归。

（三）坚持不懈地选择

有时短短一两代的选择效果不明显，但如果能坚持继续选择下去，就可以产生明显效果。或者选择开始时虽然有效，但效果不稳定，要是能继续选择，效果亦可稳定。原因是开始选出的高产基因型，没有修饰基因的支持，或者没有达到一定的阈值，因而性能不稳定，而经过多代的选择和重组，稳定的高产基因型可以出现。最初，自然选择阻碍了我们的努力，当群体发生了广泛而深刻的变化以后，人工选择的作用已大大超过自然选择。

（四）改进选择方法

育种中，往往在开始几代的选择效果明显，但后来要进一步提高就困难了。例如奶牛的泌乳期产奶量达到 9 000 kg，蛋鸡的 72 周龄产蛋达到 320 个时，遗传改进的难度就增加了。这说明原有的选择方法已接近其极限，需要用更先进、更有效的方法来代替，或是通过杂交，利用杂种优势来提供高产的商品家畜。

三、选择的创造性

选择是否有创造性？对这个问题，一般有两种看法：一是选择只是像过筛子，只能得到现有群体中的优秀个体，没有什么创造性。二是选择有创造性，在现有的个体中选出的优秀个体，经过一代代的繁殖，可以出现比现有群体中优秀个体更好的个体。这是因为：

（一）产生了新的突变

在自然条件下，也有一定对人有利的突变产生，但如无适当的选择，这些突变不一定被保留，在自然选择的条件作用下，更多的机会是被淘汰的。有了人工选择，这些突变就能够被发现、被保留，并加以利用。

（二）出现了新的组合

由于两性繁殖，提供了遗传物质重新组合的机会，下一代绝不是现在个体的重演，出现的新组合中，通过选择就可以保留超过原有组合水平的个体，再扩大繁殖。

（三）基因的固定

如选择彻底，以致某一基因在整个群体中占绝对优势，其另一等位基因完全消失，以后即使停止选择，另一基因也很难重新出现，这时前一基因就被固定。如果这个基因的影响很大而且有可见的表型效果，就可以育成新的品种或系。

（四）阈性状的出现

由于选择改变了基因频率，当频率的改变达到一定的阈值后，就会出现一些过去所没有的阈性状。虽然重组后阈性状会消失，但如果进行同类交配，坚持选择，这类性状也是能够固定的。

由于以上各种原因，选择的确可以产生一些完全新型的个体，再通过适当的选配加以固定，因此选择是有创造性的。

第二节
选择有极限吗？

选择有没有极限是一个大家感兴趣而又不重视的问题。感兴趣是听听不同的意见，参加讨论总是有益的；不重视是无论是否有极限，该怎么选还是怎么选。本节就是要介绍不同的意见，让大家了解和评说，选择到底有没有极限，也许可以从中借鉴点什么，因为这个问题至少已经讨论了 60 多年。

一、有极限说

（一）纯系选择无效

丹麦遗传学家 W.L.Johanson 用自花授粉作物菜豆（*Phaseolus vulgaris*）进行籽粒重的试验。经过 6 个世代的试验（1901—1907）得出的结论是：①在混杂群体中选择是有效的；②纯系间的差异是能稳定遗传的；③纯系内的籽粒虽然也有大小差异，但选择无效。因为基因型相同的个体之间的差异是不遗传的变异，所以选到了纯系，再选也不能提高了。

（二）加性遗传方差的耗尽

选择极限说的代表是英国爱丁堡大学的 A.Robertson 教授，他认为在长期选择的作用下，加性遗传方差越来越小，遗传力（h^2）趋近于零，无论选择差（s）多大，选择反应也趋近于零，选择达到了极限（1960）。由选择反应公式

$$R = h^2 s$$

当，$h^2 \to 0$

则，$R \to 0$

数量遗传学奠基人之一 D.S.Falconer 支持 A.Robertson 的观点，在他第一版《数量遗传学导论》中，总结了许多早期的选择试验，得出的结论是"在连续选择的许多性状中，无一例外地发现所期望的选择极限均在 25 到 30 代之内实现"（1960）。

（三）生理极限

鸡蛋在鸡体内的形成约需 25 h，所以一只母鸡一年最多只能生 365 枚蛋。

二、无极限说

（一）新突变的产生

选择无极限说的代表人物是 A.Robertson 的同事和好友，英国爱丁堡大学的 W.G.Hill，他认为在长期选择过程中，新突变的产生和积累不应被忽视。由于突变而导致遗传方差的增加称为突变方差，突变方差提供了新的加性遗传方差，从而产生了新的选择反应（1982）。

突变可以分为自发突变和诱发突变。

1. 自发突变

自发突变又叫自然突变，它在自然界广泛存在，不同物种、不同基因座的突变率不同。据统计，高等动植物的基因突变率在（1×10^{-5}）～（1×10^{-8}）之间。自发突变和生物体所处的外部和内部的环境条件有关，外部因素主要有温度、营养、天然辐射和环境污染等。内部因素主要有性别、年龄、代谢产物和遗传等。

2. 诱发突变

诱发突变又叫人工诱变，主要诱因有物理的和化学的。物理诱因如辐射、紫外线、超声波、极端温度等都可诱发突变。H.J.Muller（1927）发现用 X 射线照射可引起果蝇的基因突变。几乎同期，L.J.Staller（1928）也发现用 X 射线照射玉米，可引起突变。他们二人开创了人工诱变的先河。化学诱因如芥子油、甲醛、亚硝酸、咖啡碱等。近年来 ENU（N-ethy1-N-nitrosourea，$C_3H_7N_3O_2$）作为一种高强度的化学诱变剂，用于哺乳动物的化学诱变。人工诱变的方法很多，能产生大量的突变，但绝大多数都是有害的，关键是如何能筛选到可用于生产的突变体。

（二）交换和重组

染色体在减数分裂时能够发生交换和重组，从而产生新的基因型和新的代谢通路。可能有人会说，如果已经育成纯系了，即使有"交换"也形成不了"重组"。在家畜和家禽中，基因型完全相同的纯系是不存在的，最多只能育成近交系，仍然可以产生重组的配子（精子和卵），通过选择还是可以提高产量或改进品质。

（三）杂交产生新的变异

即使是像"纯系学说"中说的那样，纯系内选择无效。但通过纯系间的杂交，在 F_2 分离群体中，还可以找到更大的籽粒，育成新的大粒纯系。在动物生产中，通过杂交选出新的变异育成新品种（品系）是一种常用的手段，称为杂交育种。新品种比原来品种的生产性能又有了提高。

（四）新技术的应用

在 20 世纪 60 年代，蛋鸡生产中要得到 1 只产蛋母鸡，需要入孵 5 个鸡蛋。因为要减去 1 个无精蛋，再减去 1 个死胚蛋，孵出的 3 只雏鸡养到开产前死去 1 只，剩下 2 只中有 1 只是公鸡。如今由于种鸡、种蛋质量的提高和孵化技术的改进，受精率、孵化率和育成率都可达到 95%，也就是 2.3 个入孵蛋就能获得 1 只产蛋母鸡。看来入孵蛋数的极限是 2 个蛋。但如果能在入孵前就能区别"公蛋"和"母蛋"，那么这个极限还能被打破。

第三节 影响选择效果的因素

一、遗传力与选择差

度量选择效果的指标是选择反应，它表示一个数量性状由于选择使下一代得到提高的部分。计算选择反应的公式是

$$R = h^2 s \qquad （式 4-1）$$

公式（4-1）中，R 是选择反应，h^2 是性状的遗传力，s 是选择差。

从选择反应的公式可以看出，遗传力和选择差直接决定选择效果。

（一）遗传力

遗传力表示某个性状受遗传影响程度的大小，即性状遗传给后代的能力。在同样条件下，遗传力高的性状选择效果好，遗传力低的性状选择效果差。

（二）选择差

选择差是留种群某一性状的平均表型值与全群体该性状平均表型值之差。一般来说，选择差大，性状的选择效果好。

（三）选择强度

选择差的大小，主要取决于两个因素：一是留种率；二是该性状的变异程度。为消除单位，便于对比分析，可将选择差标准化，即选择差（s）除以该性状表型值的标准差（σ_P），叫做选择强度（i）。用公式表示：

$$i = \frac{s}{\sigma_P} \qquad （式 4-2）$$

因此，如果以标准化的选择差为依据，则选择反应公式是

$$R = h^2 i \sigma_P \qquad （式 4-3）$$

这样，即可根据性状遗传力，再从表4-1中，查出与留种率相应的选择强度来计算选择反应。

总之，如果留种率小，性状变异程度大，则选择差或选择强度大，选择的效果好。表4-1为不同留种率的选择差和选择强度。

表4-1　不同留种率的选择差与选择强度

留种率（P）	选择差（s）	选择强度（i）
1.00	$0.00\sigma_P$	0.00
0.90	$0.20\sigma_P$	0.20
0.80	$0.34\sigma_P$	0.34
0.70	$0.50\sigma_P$	0.50
0.60	$0.64\sigma_P$	0.64
0.50	$0.80\sigma_P$	0.80
0.40	$0.97\sigma_P$	0.97
0.30	$1.16\sigma_P$	1.16
0.20	$1.40\sigma_P$	1.40
0.10	$1.76\sigma_P$	1.76
0.05	$2.06\sigma_P$	2.06
0.04	$2.16\sigma_P$	2.16
0.03	$2.27\sigma_P$	2.27
0.02	$2.44\sigma_P$	2.44
0.01	$2.64\sigma_P$	2.64

资料来源：根据吴仲贤《统计遗传学》，科学出版社1977年版，第128页的表6.9简化。

二、世代间隔

世代间隔就是从这一代到下一代所需的时间。可以用留种个体出生时的双亲平均年龄来表示。例如，让公猪与母猪都在8月龄时配种，并在头胎仔猪中留种，那么种用仔猪出生时，公猪的年龄为8个月加4个月，母猪的年龄也是8个月加4个月，世代间隔为1年。如果等公猪与母猪有了两次（胎）记录，并从第三胎才开始正式留种，则世代间隔延长为2年。

计算群体世代间隔的一般公式是

$$G_i = \left[\sum_{i=1}^{m} \left(\frac{S_i + D_i}{2} \times n_i \right) \right] \Big/ N \qquad （式4-4）$$

公式（4-4）中，G_i 为世代间隔，S_i 为父亲年龄，D_i 为母亲年龄，n_i 为第 i 窝（胎）留种仔畜数，N 为留种仔畜总数，m 为窝（胎）数。

例：根据下列表 4-2 资料计算该猪群平均世代间隔。

表 4-2 产仔时的公母猪月龄及留种仔猪数

窝别 i	父亲月龄 S	母亲月龄 D	父母平均月龄 $\frac{1}{2}(S+D)$	留种仔猪数 n
1	12	24	18.0	3
2	12	19	15.5	2
3	12	21	16.5	3
4	12	13	12.5	1
5	12	36	24.0	2

$$N = 11$$

计算过程：

$$G_i = （18 \times 3 + 15.5 \times 2 + 16.5 \times 3 + 12.5 \times 1 + 24 \times 2）/11$$
$$= 17.73（月）$$

即该猪群的平均世代间隔为 17.73 月或 1.48 年。

根据世代间隔（G_i）和选择反应（R）还可以计算选择的年改进量（ΔG）。

$$\Delta G = \frac{R}{G_i} \qquad （式4-5）$$

由公式（4-5）可见，缩短世代间隔可以增加选择的年改进量。当然，如果缩短世代间隔有可能影响到选择的准确性，那就要做全面分析，权衡得失，确定最适宜的世代间隔，表 4-3 给出了不同畜种常见的世代间隔。

表 4-3 各种家畜的世代间隔

畜种	世代间隔／年
马	8～10
奶牛	5～6
肉牛	4～5
绵羊	3～4
肉羊	2～3
猪	1～2
蛋鸡	1～1.5
肉鸡	0.8～1

三、性状间的相关

性状间的相关对选择的效果也有重要影响。在育种实践中，经常发现，当选择家畜的某个性状时，其他性状有时也随之发生改变。如通过选择提高了仔猪的断奶体重，同时也提高了仔猪的断奶窝重和肥育期的日增重；提高了绵羊的羊毛长度，同时也提高了产毛量。这些称为正相关。又如通过选择提高了乳牛的产奶量，却降低了乳脂率；提高了鸡的产蛋数，却降低了蛋重。这些称为负相关。

如果 X、Y 两性状为正相关，选择 X 性状，Y 性状也随之改进。人们可以利用这种关系，找到各种家畜各个阶段的主选性状，如仔猪断奶窝重这个性状，与产仔数、初生窝重、断奶成活数、断奶个体重以及 6 月龄全窝商品猪重量等性状都有较高的相关，这样就可把它作为断奶时选种的主要性状，因为只要集中力量提高这一性状，其他性状也就能得到改进。

如果 X、Y 两性状为负相关，那么，提高了 X 性状，Y 性状就相应降低。有时对性状间的这种关系了解不够，因而在育种工作中走了弯路。例如过去绵羊育种中，选择了皱褶多的个体，结果由于皱褶与净毛率间存在负相关，因而降低了净毛率。在产奶量与乳脂率，生长速度与肉的品质等方面也存在着类似的问题。值得注意的是，产量和品质性状间的负相关，是群体的总趋势，不一定在每个个体身上都表现一致。譬如 X、Y 两性状存在负相关，但不一定在每个个体身上都表现为 X 高了 Y 就低，X 低了 Y 就高，也可能某些个体的 X、Y 两性状都较高。但是，即使是把这些家畜留作种用，后代中这两个性状还会出现负相关，例如在鸡群中，也有少数的鸡产蛋多，蛋重也大，用这些鸡留种，后代一般都不能同时保持蛋多、蛋大的性能。

四、不同的选择方法

即使是对同一性状，不同的选择方法也会造成不同的选择效果。例如根据母鸡的个体产蛋成绩选择产蛋数，对鸡群的产蛋性能提高的作用就很小，而用以公鸡为单位的家系选择，则对群体的产蛋水平就有明显的改进。又如在奶牛的育种中，通过后裔测定选择公牛，虽然延长了世代间隔，但由于提高了选择的准确性，至今在世界上仍普遍采用。即使是在基因组选择的情况下，在参考群体中也仍然要利用后裔测定成绩。而在猪的育种中，对增重速度和平均背膘厚等性状，用个体本身的性能测定，选择效果远比后裔测定要好，因此在欧洲和北美，除丹麦以外，对猪已不再做后裔测定。即使在丹麦，也在后裔测定之外再附加性能测定，但这样做又延长了世代间隔。

总之，要使选择能够有好的效果，就要对不同的畜种和不同的性状采用不同的方法。这里介绍的只是一般的原则，在实践中还要根据具体情况灵活应用。

①质量性状根据基因型选择；②数量性状根据育种值选择；③阈性状用独立淘汰法选择；④遗传力低的性状用家系选择；⑤遗传力高的性状用个体选择；⑥同时选择几个性状时用指数选择；⑦直接度量有困难的性状用间接选择；⑧受隐性有利基因控制的数量性状用测交选择；⑨对配合力的改进用正反交选择。

当然在采用某一种选择方法时，并不排斥另一种方法，有时结合不同的选择方法会取得更为理想的效果。如个体与家系成绩的合并，直接与间接选择相结合，在独立淘汰的基础上再作其他的选择等。

再有，在同时选择几个性状时还要考虑选择的性状不宜过多。因为选择的性状越多，每个性状的改进就越慢。如以选择单个性状时的选择反应为1，则同时选择 n 个性状时，每个性状的选择反应就只有 $1/\sqrt{n}$。例如一次选择 4 个性状，则每个性状的改进就只有该性状单独选择时的一半。所以在一个选择指数中，很少有超过 4 个性状的。

五、近交与引种

（一）近交

在育种工作中，往往一面选择某个性状最优良的个体，同时也采用某种程度的近交，希望增加该性状基因的纯合性，以便使优良特性巩固下来。但是由于近交退化，会造成各种性状的选择效果不同程度的降低，所以近交与选择效果之间有一定的矛盾。近交对各种性状的影响程度不同。如对猪的生长率的影响比对成活率影响小，对胴体品质影响更小。但对产仔数一类繁殖性状，近交的危害程度就很大。在理论上，近交对基因的加性效应是没有影响的。但实际上许多重要经济性状即使在纯繁时，其基因型值也不能完全排除非加性效应，因此还是会受近交影响，而且近交导致生活力、适应性下降，也能间接影响经济性状。

反过来，选择有时也能影响近交的效果。如果选择只注意高表型值，就有可能将大量杂合子选留下来，因为杂合子表现往往比纯合子好。这样，虽然想利用近交固定某些有利基因，但由于选择了大量杂合性高的个体，固定的效果就会大大降低。当然，如果能够选择纯合性高的个体，选择与近交非但不矛盾，而且可以共同加快纯化过程。数量性状选纯的办法是在后裔测定时，除重视后代的平均值以外，还注意后代该性状的标准差。后代变异小的亲本，该性状的基因型相对较纯。

（二）引种

引种起到杂交的效果。在纯种选择到一定阶段后，生产性能再进一步提高就比较困难，这时引入外血是一种有效的措施。一般情况下引入的是同一个品种或同一类型的家畜，但生产性能要高于本场水平。引种是"开放式核心群选育"的重要步骤之一，它的作用是扩大了群体的遗传基础，降低了原有群体的近交程度，为进一步选育提高创造了新的条件。

六、环境

任何数量性状的表型值都是遗传和环境两种因素共同作用的结果。环境条件改变了，表型值当然要改变。但是对于选种来说，重要的是要弄清楚一种家畜从这一环境条件推广到另一环境条件时会有什么样的变化。有些例子表明，在优厚条件下选出的卓越个体，到了较差的条件下，其表现反而不如在原条件下表现一般的个体。这就说明某些基因型适合一定的环境条件，另一些基因型却适合另一种环境条件，这种现象叫作基因型与环境互作。

基因型与环境互作的原因可能是一个性状往往受一系列生理生化过程的制约，在一种环境条件下，控制某个生理生化过程的基因群起主要作用，而在另一种环境下，控制另外一个生理生化过程的基因群起主要作用。例如对家畜的生长速度而言，在饲料不足的条件下，饲料利用能力起主要作用，而在饲料充足的情况下，采食量的作用就大为增加。因此在后一种条件下对生长速度进行选择，主要是选择了采食量，而采食量大的个体在前一种条件下可能就无用武之地，生长速度有可能反而不如采食量小而饲料利用效率高的个体。

可见遗传与环境互作现象的存在，促使我们不得不考虑这样一个问题：选择究竟应该在怎样的条件下进行？育种场的条件是不是应该特殊优厚？答案是要根据不同的情况而定。对于国家级的育种中心、重点种畜场，育种工作应在优良的环境条件下进行，使高产基因型的个体能充分发挥其遗传潜力；对于一般的种畜场、良种推广站，育种工作应在与推广地区基本相似或稍好的条件下进行。同样，引种单位也要考虑本场条件，如饲料、饲养管理和疾病控制等条件一般，那就不一定要引进最高产的品种。

第四节
数量性状的遗传分析

一、表型值剖分的数学模型

（一）表型值的剖分

$$P = G + E \tag{式 4-6}$$

公式（4-6）中，P 为表型值，G 为基因型值，E 为环境偏差。

一个群体内，环境对不同个体施加影响，从而使个体的表型值偏离基因型值，称之为环境偏差。有时也称为"环境效应"。要注意的是环境效应是指群体的共同环境对个体的影响，而不是个体在不同环境下（如不同的饲养管理条件）产生的偏差。

在一个大群体中，环境对不同个体的影响可正、可负，正负抵消后，其总和为零。所以

$$P = G + E$$

$$\frac{\sum P}{N} = \frac{\sum G}{N} + \frac{\sum E}{N} \qquad \left(\sum E = 0 \right)$$

$$\bar{P} = \bar{G} \qquad\qquad （式4-7）$$

这说明群体平均数的重要性，它反映了群体的遗传水平。

（二）基因型值的剖分

基因型值还可进一步剖分为

$$G = A + D + I \qquad\qquad （式4-8）$$

公式（4-8）中，A 为基因的加性效应，D 为基因的显性效应，I 为基因的上位效应。

由于显性效应在后代中有分离，上位效应在后代中有重组，所以这两种遗传效应在群体中不能被固定。能固定的是基因的加性效应。这一点在育种中很重要，所以 A 又叫做育种值。

（三）环境效应的剖分

$$E = E_g + E_s \qquad\qquad （式4-9）$$

公式（4-9）中，E_g 为一般环境效应，E_s 为特殊环境效应。

一般环境效应又称永久性的环境效应，能长期甚至是终身影响个体的表型值，如胎儿在母体中受到的有利或不利影响；特殊环境效应又称暂时性的环境效应，只影响个体某个阶段的表型值，如饲料、气候因素改变对个体表型值的影响。

这样

$$P = G + E$$

$$= A + D + I + E_g + E_s$$

设 $R = D + I + E_g + E_s$，则

$$P = A + R$$

上式中，P 为表型值，A 为育种值，R 为剩余值。

对于一个群体来说

$$\frac{\sum P}{N} = \frac{\sum A}{N} + \frac{\sum R}{N}$$

由于 $\sum R = 0$，就有

$$\overline{P} = \overline{A} \qquad\qquad （式 4-10）$$

即群体平均数不但等于基因型值平均数，而且也等于育种值平均数。

二、群体基因型值及其平均数

（一）基因型值

考虑一对基因 A，a 所构成的三种基因型 AA，Aa 和 aa，设 A 对性状有增效作用，a 对性状有减效作用，三种基因型值分别定义为 $+\alpha, d, -\alpha$。如图 4-1 所示。

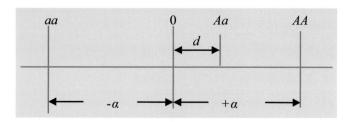

图 4-1 一对基因的加性显性效应

图 4-1 中，d 表示由显性效应引起的离差。d 值的大小决定于基因 A 的显性程度（表 4-4）。

表 4-4 d 值与显性程度的关系

d 值	显性程度
$d = 0$	无显性（加性）
$\alpha > d > 0$	A 部分显性
$d = \alpha$	A 完全显性
$-\alpha < d < 0$	a 部分显性
$d = -\alpha$	a 完全显性
$d > \alpha$	A 为超显性
$d < -\alpha$	a 为超显性

例：有一种侏儒型小鼠（$p_g p_g$）6 周龄平均体重为 6 g，正常型小鼠纯合子（$P_g P_g$）6 周龄平均体重为 14 g，杂合子（$P_g p_g$）同龄的平均体重为 12 g。设饲养管理条件相同，试计算 m，α 和 d。

（1）纯合子均值 　　　　$m = （14+6）/2 = 10（g）$

（2）基因的加性效应 　　$\alpha = （14-6）/2 = 4（g）$

　　　　　　　　或 　　$\alpha = 14-10 = 4（g）$

（3）显性离差 　　　　　$d = 12-10 = 2（g）$

（二）基因型值的平均数

有了基因型值，再与基因型频率结合起来就可以计算群体基因型值的平均数。

设在随机交配的群体中基因 A 和 a 的频率分别为 p 和 q，且 $p+q=1$。则 AA、Aa 和 aa 三种基因型的频率分别为 p^2、$2pq$ 和 q^2。群体平均数可由表4-5算出。

表4-5 群体基因型值平均数的估计

基因型	频率（f）	基因型值（x）	频率×值（fx）
AA	p^2	a	p^2a
Aa	$2pq$	d	$2pqd$
aa	q^2	$-a$	$-q^2a$
	$\sum f$		$\sum (fx)$

由于 $\sum f = 1$，$\sum (fx) = a(p^2 - q^2) + 2pqd$

$$= a(p-q) + 2pqd$$

所以群体基因型值的平均数

$$\mu = \sum (fx) \big/ \sum f = a(p-q) + 2pqd \qquad （式4-11）$$

（三）基因频率对群体基因型值平均数的影响

由 $\mu = a(p-q) + 2pqd$ 可以看出，任何基因座上的基因，对群体基因型值平均数的贡献可以分为两部分，即第一部分是 $a(p-q)$，为纯合子的加性效应；第二部分是 $2pqd$，为杂合子的显性效应。

（1）无显性 $d=0$，则

$$\mu = a(p-q) = a(1-2q)$$

即群体基因型值平均数与基因频率成正比。

（2）完全显性 $d=a$，则

$$\mu = a(p-q) + 2pqd = a(1-2q^2)$$

即群体基因型值平均数与基因频率的平方成正比。

由上可知，群体基因型值平均数是基因频率的函数，任何基因频率的改变都将引起基因型值平均数的改变，也必将引起群体表型值平均数的改变。所以育种工作就是要增加增效基因频率，降低减效基因频率。

举例：设基因 A，a 与育成牛的体重有关，个体 AA 型体重 200 kg，Aa 型体重 160 kg，aa 型体重 100 kg。试计算 $p=0.9$，$q=0.1$ 与 $p=0.1$，$q=0.9$ 时群体的平均体重（不考虑基因互作与环境效应）。

由于

$$m = (AA + aa) / 2 = (200+100) / 2 = 150（kg）$$

$$\alpha = (AA - aa) / 2 = (200-100) / 2 = 50（kg）$$

$$d = (Aa - m) = 160-150 = 10（kg）$$

所以

（1）$p = 0.9$，$q = 0.1$ 时，

$$\mu = \alpha(p - q) + 2pqd = 41.8（kg）$$

这是与两种纯合基因型平均数的离差，所以实际的群体基因型值平均数还要加上 m 值：

$$\mu + m = 41.8+150 = 191.8（kg）$$

（2）$p = 0.1$，$q = 0.9$ 时，

$$\mu = \alpha(p - q) + 2pqd = -38.2（kg）$$

实际群体基因型值平均数为

$$\mu + m = -38.2+150 = 111.8（kg）$$

三、数量性状基因对数的估计

既然数量性状是受多基因决定的，那么对某个数量性状来说究竟是由多少对基因决定的呢？通过对两个极端差异的纯合亲本杂交所产生的 F_1，F_2 的方差分析，可以用公式（4-12）加以估计。

$$n = \frac{(\overline{P}_1 - \overline{P}_2)^2}{8(\sigma_{F_2}^2 - \sigma_{F_1}^2)} \qquad （式 4-12）$$

公式（4-12）中，n 为基因对数，$\overline{P}_1$ 和 $\overline{P}_2$ 分别为两个亲本该性状的平均数，$\sigma_{F_1}^2$ 和 $\sigma_{F_2}^2$ 分别为 F_1 和 F_2 该性状的方差。

该公式成立的条件：①亲本为两个极端品种；②决定数量性状的基因不连锁；③无显性，无上位；④基因型与环境无互作。

举例：已知玉米的短穗品种穗长为 6.6 cm，长穗品种穗长为 16.8 cm；F_1 和 F_2 的穗长标准差分别为 1.52 和 2.25，试估计决定穗长的基因对数。

$$n = \frac{(16.8-6.6)^2}{8(2.25^2 - 1.52^2)} = \frac{104.04}{22.02} = 4.7 \approx 5$$

即玉米穗长约受 5 对基因控制。

如影响数量性状的基因互不连锁。根据自由组合定律，当性状受一对基因支配时，F_2 中极端类型出现的概率是 1/4；受两对基因支配时，F_2 中极端类型出现的概率为

$1/16 = (1/4)^2$；受三对基因支配时，F_2 中极端类型出现的概率为 $1/64 = (1/4)^3$；受 n 对基因支配时，F_2 中极端类型出现的概率应为 $(1/4)^n$。因此可以通过计算 F_2 的表型中某一极端类型的个体数在 F_2 总群体中所占比例，推算出有几对基因支配该性状。

$$4^n = \frac{F_2 个体总数}{F_2 中某极端类型个体数}　　　　　（式 4-13）$$

设 $4^n = b$，则

$$n = \frac{\log b}{\log 4}$$

例如，当两个纯系亲本杂交的 F_2 中，总个体数为 22 016，其中某极端型的个体数为 86，则 $b = 4^n = 22\,016/86 = 256$，所以

$$n = \frac{\log 256}{\log 4} = 4$$

即该性状约受 4 对基因控制。该公式的成立除上述条件外还要加一条，即极端个体和其他个体有同等的生活力或生存率。

第五节
选种方法的分类

在家畜育种中，可以从不同的角度对选种方法进行分类。

一、外形选择与生产性能（成绩）选择

（一）外形选择

有机体的外部形态与内部的生理机能之间有一定联系，外形在某种程度上可以反映家畜的健康状况和生产性能。同时有些外形特征也是某些品种的标志，如在黑白花奶牛中不应出现红白花的个体。由于市场的需要，有的消费者爱好"三黄"鸡，有的喜欢黑猪肉。因此，对外形应有足够的重视。

此外，我们不但要了解不同用途，品种，性别的畜、禽应具有正常的外形，而且还应注意其反面，即是否有外形缺陷。主要包括：窄胸、扁肋、凹背、垂腹、斜尻、屋脊尻、尖尻、不正肢势（弯腿及刀状后肢）、卧系以及结构不匀称（如头大颈细、中躯过短、颈肩结合不良、乳房或睾丸不匀称）等。这些外形缺陷是体质孱弱、生产性

能低下的表现。对于各种家畜有无遗传缺陷（如侏儒症、阴囊疝、隐睾、瞎乳头等），更要严格地检查。

（二）生产性能（成绩）选择

家畜生产性能所表现出的性状一般可以分为数量性状和等级性状两大类。这两类性状都受多基因控制，但表现不同。数量性状的表现是连续的，如产奶量、日增重等。等级性状的表现是间断的，如外形等级、产品色泽等性状具有多个阈值；难产与正产，发病与不发病，存活与死亡等性状只有一个阈值。等级性状也可以用数字表示，如0，1，2，……

根据生产性能的记录（成绩）可以做出选择。有的性状要向上选择，即数值大代表成绩好，如产奶量、产蛋数、日增重等；有的性状要向下选择，即数值小代表成绩好，如地方猪的背膘厚度、蛋鸡的开产日龄、生产每单位产品所消耗的饲料等。根据育种特点，对性状需要设置上限或下限，或同时设置上、下限。如速生型肉鸡母系的产蛋数，太多太少都不好。有的性状经过一段时间的选择后，对上限或下限要进行约束，如猪的瘦肉率不是越瘦越好，鸡的开产日龄也不是越早越好。

二、表型值选择与育种值选择

（一）表型值选择

在生产中，直接观察到的成绩都是表型值。根据育种需要，选出表型值高的个体留种就是表型值选择。由于表型值可来源于个体本身或其亲属，所以又有个体选择、系谱选择、后裔选择、同胞选择等。

（二）育种值选择

由于表型值中包括一部分不遗传的环境效应，以及虽然能遗传但不能固定的非加性效应，因而选择的准确性较差。这就要用上一章中介绍的遗传参数和一些专门的公式，把表型值转化为育种值，再根据育种值的高低进行选择。同样，育种值也可以从个体本身的资料或亲属的资料进行估计，详细的方法将在下一节中介绍。

三、单个性状选择与多个性状选择

（一）单个性状的选择

在某个时期内只重点选择某一个性状，如专门为提高产奶量、产蛋数的选择。这对改进该性状来说是最快的，但与其有负相关的一些性状就会受不同程度的影响而降低产量。单个性状的选择，既可以根据本身或其亲属的表型值进行选择，也可以根据本身或其亲属的育种值进行选择。

（二）多个性状的选择

育种过程中更多的情况是要同时改进几个性状，也就是要做多个性状的选择。如同时考虑外形等级与生产性能的综合评定法；对要选择的性状确定最低留种标准的独立淘汰法；根据性状的遗传力、遗传相关、经济重要性等参数制订出指数的选择指数法等。

四、个体选择与家系选择

（一）个体选择

这是根据个体成绩的选择，有时又叫做"大群选择"（mass selection），即从大群中选出高产的个体。个体选择既可以根据表型值，也可以根据育种值；既可以根据单一性状，也可以根据多个性状。但个体选择不涉及亲属，一般用于遗传力高的性状。个体如有多次记录，则根据多次记录的平均值选择。

（二）家系选择

这是根据家系平均数决定去留的一种选择方法。家系通常分为全同胞家系（一胎多仔动物）和半同胞家系（一胎单仔动物）。如以公畜为单位，一胎多仔家畜所组成的是一个既有全同胞又有半同胞的"混合家系"。

在家系选择中，如选留的个体也属于该家系，则为同胞选择，又叫同胞测验；如选留的个体为该家系的亲本，叫做后裔测验或后裔测定。

家系选择多用于遗传力低、受环境影响大的性状。

五、直接选择与间接选择

前面讲的方法，选择都是直接作用于所期望改进的性状，因此又叫直接选择。间接选择是选择一个与期望改进的性状有相关的辅助性状，通过对这一辅助性状的选择以期达到改进期望性状的目的。一般情况下，当所选择的期望性状遗传力低、观察周期长，直接选择的效果差时，可考虑用间接选择。辅助性状一般是一个遗传力高，与期望性状的遗传相关高，或是一个早期可以观察的性状。

实践证明，对某一性状的选择，如能同时用直接选择和间接选择，则效果更好。

从上面介绍的各种选种方法可以看出，它们的分类不是绝对的，只是从不同的角度来看。例如后裔测定，它可以是表型值选择，也可以是育种值选择，而且也是家系选择的一种形式。当然可以是单个性状的后裔测定，也可以是多个性状的后裔测定。

第六节
个体育种值估计

一、估计育种值的原理

任何一个数量性状的表型值，都是遗传和环境共同作用的结果。遗传效应是基因作用造成的，由于基因对性状有不同的作用，因此又可剖分为基因的加性效应（A），显性效应（D）和上位效应（I）。

基因的显性效应和上位效应虽然都是由基因作用造成的，但在遗传给后代时，由于基因的分离和重组，这两部分一般不能确实遗传，在育种过程中不能被固定。所能固定的只是基因加性效应造成的部分，即基因的加性值。所以基因的加性值又叫做育种值。

只有育种值能够确实地遗传给后代，所以选择要作用于育种值才能收到实效。也就是说，要进行育种值选种，选择效果才好。但育种值不能直接度量，要从表型值和育种参数进行间接估计。

从表型值估计育种值是应用回归原理进行的。利用两个变量之间的回归关系，可以从一个变量估计另一个变量。回归方程式为：

$$y = b_{yx}(x - \bar{x}) + \bar{y} \qquad \text{（式4-14）}$$

公式（4-14）中，x 为自变量，y 为应变量，b_{yx} 是 y 对 x 的回归系数。

现在我们以表型值（P）为自变量，育种值（A）为应变量，就可以通过下列回归方程式由 P 估计 A：

$$A = b_{AP}(P - \bar{P}) + \bar{A} \qquad \text{（式4-15）}$$

在大群中，各种偏差正负抵消，所以 $\bar{P} = \bar{A}$，以此代入上式得：

$$A = b_{AP}(P - \bar{P}) + \bar{P} \qquad \text{（式4-16）}$$

在这个方程式中，关键是回归系数 b_{AP}，而 b_{AP} 在不同资料的情况下为不同加权值的遗传力，计算 b_{AP} 的一般公式是：

$$b_{AP} = \frac{nrh^2}{1 + (n-1)t} \qquad \text{（式4-17）}$$

公式（4-17）中，n 为记录次数，r 为亲缘系数，h^2 为遗传力，t 为组内相关系数。

$$t = rh^2 \quad \text{（注意分子和分母中 } r \text{ 的区别）}$$

通常，选种所依据的记录资料有 4 种：本身记录、亲代记录、同胞记录和后裔记录。育种值可根据任何一种资料进行估计，也可以根据多种资料做出综合评定。

二、本身成绩

（一）本身一次记录

根据本身一次记录估计育种值所用的公式为：

$$\hat{A}_x = (P_x - \bar{P}) h^2 + \bar{P} \qquad （式 4-18）$$

公式（4-18）中，$\hat{A}_x$ 为个体 x 某性状的估计育种值，P_x 为个体 x 该性状的表型值，$\bar{P}$ 为畜群该性状的平均表型值，h^2 为该性状的遗传力。

公式（4-18）中，等号右边的第一项 $(P_x - \bar{P})\ h^2$ 是个体值与群体平均数之差与遗传力的乘积，表示在后代可能提高部分；等号右边的第二项 $\bar{P}$ 是畜群的平均值。当 $P_x > \bar{P}$ 时，$\hat{A}_x > \bar{P}$；当 $P_x < \bar{P}$ 时，$\hat{A}_x < \bar{P}$。所以一头种畜育种值的高低不仅与本身表型值有关，而且与畜群的平均值也有关，本身表型值超过畜群平均值越多，这头种畜的育种值越高。

但是，根据个体本身一次记录估计育种值时，不同个体按育种值排队的顺序和按表型值排队的顺序是一致的。因此对于只有一次记录的畜群或只根据一次记录进行选种的畜种，把表型值转化为育种值意义不大。

（二）本身多次记录

如果个体有多次记录，而且个体间记录次数不同，这时估计育种值的公式是：

$$\hat{A}_x = (P_{(n)} - \bar{P}) h^2_{(n)} + \bar{P} \qquad （式 4-19）$$

公式（4-19）中，$P_{(n)}$ 是个体 x 的 n 次记录的平均表型值，$h^2_{(n)}$ 是 n 次记录平均值的遗传力。据推导：

$$h^2_{(n)} = \frac{V_A}{V_{P_{(n)}}} = \frac{nh^2}{1 + (n-1)t} \qquad （式 4-20）$$

在此，n 是记录次数，t 是各次记录间的组内相关系数。

对记录次数不同的家畜，我们在计算 $h^2_{(n)}$ 后，就可以用公式（4-19）估计育种值，然后进行排队比较。

三、亲代成绩

在某些情况下，种畜本身没有表型记录，这时根据系谱的记载，从祖先的成绩也能对个体的育种值做出估计。祖先中最重要的是父母。在只有一个亲本有记录时，估计育种值的公式是：

$$\hat{A}_x = (P_{P_{(n)}} - \bar{P}) h^2_{P_{(n)}} + \bar{P} \qquad （式 4-21）$$

公式（4-21）中，$P_{P_{(n)}}$ 为一个亲本 n 次记录的平均值，$h^2_{P_{(n)}}$ 为亲本 n 次记录平均值的遗传力。

如同时有父母记录，则

$$\hat{A}_x = 0.5\,(P_{S_{(n)}} - \overline{P})\,h^2_{S_{(n)}} + 0.5\,(P_{D_{(n)}} - \overline{P})\,h^2_{D_{(n)}} + \overline{P} \qquad （式4-22）$$

公式（4-22）中，$P_{S_{(n)}}$、$P_{D_{(n)}}$ 分别为父亲和母亲 n 次记录的平均值，$h^2_{S_{(n)}}$、$h^2_{D_{(n)}}$ 分别为父亲和母亲 n 次记录平均值的遗传力。

如只利用双亲的一次记录，上述公式还可以简化为：

$$\hat{A}_x = [0.5\,(P_S + P_D) - \overline{P}]\,h^2 + \overline{P} \qquad （式4-23）$$

我们比较公式（4-23）和公式（4-18），可以看出，把公式（4-18）的个体表型值（P）代为父母的平均表型值 $0.5\,(P_S + P_D)$，就可得出公式（4-23）。

用亲代表型值估计育种值，不如根据个体本身的资料估计育种值可靠，但由于亲代的资料是最早获得的，因此可作为选留幼年家畜的参考。

四、同胞成绩

（一）全同胞和半同胞

在家畜选种中，旁系亲属主要是全同胞（同父同母）和半同胞（同父异母或同母异父），更远的旁系对估计个体育种值的意义不大。用全同胞和半同胞记录估计育种值的公式是：

$$\hat{A}_x = (P_{(FS)} - \overline{P})\,h^2_{(FS)} + \overline{P} \qquad （式4-24）$$

和
$$\hat{A}_x = (P_{(HS)} - \overline{P})\,h^2_{(HS)} + \overline{P} \qquad （式4-25）$$

公式（4-24）和（4-25）中的 $P_{(FS)}$ 和 $P_{(HS)}$ 分别为全同胞和半同胞的平均表型值，$h^2_{(FS)}$ 和 $h^2_{(HS)}$ 分别是全同胞和半同胞均值的遗传力。因为要比较的畜种，它们的全同胞和半同胞头数不等，所以它们的遗传力要给以不同的加权。计算 $h^2_{(FS)}$ 和 $h^2_{(HS)}$ 的公式是：

$$h^2_{(FS)} = \frac{0.5nh^2}{1 + (n-1)0.5h^2} \qquad （式4-26）$$

$$h^2_{(HS)} = \frac{0.25nh^2}{1 + (n-1)0.25h^2} \qquad （式4-27）$$

不难看出，当全同胞或半同胞数（n）越多时，同胞均值的遗传力越大。所以对于一些遗传力低的性状，用同胞资料进行选种的可靠性大，其道理和家系选择是一致的。

对于繁殖力、泌乳力等公畜本身不可能表现的性状，以及屠宰率、胴体品质等不能活体度量的性状，同胞选择更有其重要意义。但是同胞测验只能区别家系间的优劣，同一家系内的个体如不结合其他的选择方法就难以鉴别好坏。

（二）"全同胞－半同胞"混合家系

在一胎多仔的家畜、家禽、鱼类中，一公畜后代就是一个混合家系。这时估计个体育种值的公式为：

$$\hat{A}_x = (P_{(MS)} - \bar{P}) h^2_{(MS)} + \bar{P} \qquad （式4-28）$$

公式（4-28）中 $P_{(MS)}$ 为个体所在的混合家系的平均表型值，$h^2_{(MS)}$ 为混合家系均值的遗传力。计算 $h^2_{(MS)}$ 的公式是：

$$h^2_{(MS)} = \frac{\bar{r}nh^2}{1+(n-1)\bar{r}h^2} \qquad （式4-29）$$

$\bar{r}$ 为混合家系中的平均亲缘数，前已证明：

$$\bar{r} = \frac{d+1}{4d} \qquad （见式3-23）$$

d 为与公畜配种的母畜数。

五、后裔成绩

这里所说的后裔就是子女。后裔测验主要应用于种公畜，如为单胎动物，后裔（子女）间为半同胞；如为一胎多仔动物，后裔就是一个混合家系。所以用全同胞记录作后裔测验的情况很少。

（一）后裔为半同胞

1. 母畜是随机样本

如果与待测公畜的母畜是群体的一个随机样本，而且后裔个体间都是半同胞，如在奶牛的后裔测验中。这时所用的公式是：

$$\hat{A}_x = (P_0 - \bar{P}) h^2_{(0)} + \bar{P} \qquad （式4-30）$$

这里，P_0 是子女的平均表型值，$h^2_{(0)}$ 是子女均值的遗传力，而且

$$h^2_{(0)} = 2h^2_{(HS)} \qquad （式4-31）$$

所以公式（4-30）又可以表示为：

$$\hat{A}_x = 2 (P_0 - \bar{P}) h^2_{(HS)} + \bar{P} \qquad （式4-32）$$

因此，根据后裔估计种值的可靠性要高于半同胞，在头数相等时，它的加权是半同胞时的两倍。

由于是后裔测验，半同胞均值的遗传力是

$$h^2_{(HS)} = \frac{0.5nh^2}{1+(n-1)0.25h^2} \qquad （式4-33）$$

2. 母畜经过选择

如与配母畜不是随机的，而是经过挑选的，因此它们的平均值就会高于畜群平均

值。这样在估计公畜的育种值时需要做校正，消除由于选择母畜所造成的偏差。方法就是从子女超出畜群平均值的部分中，减去由于母畜经过选择而高于畜群平均值的部分，即 $0.5(P_D - P)h^2$。这时估计公畜育种值的公式是：

$$\hat{A}_x = 2[(P_0 - \bar{P}) - 0.5(P_D - \bar{P})h^2]h^2_{(HS)} + \bar{P}$$

$$= [2(P_0 - \bar{P}) - (P_D - \bar{P})h^2]h^2_{(HS)} + \bar{P} \qquad （式4-34）$$

（二）后裔为混合家系

用后代混合家系的成绩估计亲本种畜的育种值时，仍用公式（4-28）

$$\hat{A}_x = (P_{(MS)} - \bar{P})h^2_{(MS)} + \bar{P}$$

所不同的是，

$$h^2_{(MS)} = \frac{0.5nh^2}{1 + (n-1)\bar{r}h^2} \qquad （式4-35）$$

注意和公式（4-29）比较，因为是后裔测验，分子的亲缘系数 $r = 0.5$。

第七节
复合育种值

一、理论公式

上节所介绍的个体育种值的估计用的都是单项记录资料，分别是本身、亲代、同胞和后裔。同时用两种或两种以上的记录估计个体育种值称为该个体的复合育种值。

多种资料的复合，由于亲属间存在不同的相关，它们的遗传效应不能直接相加，要用偏回归系数给予不同的加权。各种亲属资料不一定同时都具备，有时有这种，有时又有那种，因此资料的合并就有各种组合，而每一种组合中各种资料的偏回归系数都不同，例如个体记录加一个亲本记录，公式如下：

$$\hat{A}_x = k_X(P_{(n)} - \bar{P}) + k_P(P_P - \bar{P}) + \bar{P} \qquad （式4-36）$$

再如，个体加双亲（D- 母亲，S- 父亲）：

$$\hat{A}_x = k_X(P_{(n)} - \bar{P}) + k_D(P_{D_{(n)}} - \bar{P}) + k_S(P_{S_{(n)}} - \bar{P}) + \bar{P} \qquad （式4-37）$$

为了和一般的回归系数 b 区别，这里偏回归系数的符号用 k。$P_{(n)}$，$P_{D_{(n)}}$，$P_{S_{(n)}}$ 分别为个体本身、母亲、父亲 n 次记录的平均表型值，具体 n 是多少要看实际记录，所以公式中的 n 并不相等。

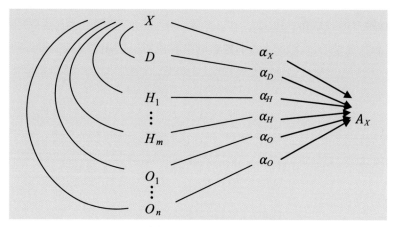

根据不同亲属资料计算复合育种值的理论公式已有报道（吴仲贤，1977）。因计算偏回归系数过程复杂，书中没有列出同时复合4种资料的理论公式，现推导如下：

首先要作出同时包含各种亲属资料的通径图。

为了图面清晰，仅画出个体与亲属之间的通径关系，没有画出有关亲属间的通径关系（图4-2）

图4-2 个体 x 和各亲属间的通径关系

图4-2中，X，D，$H_1 \cdots H_m$，$O_1 \cdots O_n$ 分别为本身、母亲、半姐妹、女儿的表型值，A_x 为个体 x 的复合育种值。

其次，由通径图我们可以得出以下正规方程组：

$$r_{XA} = \alpha_X + r_{XD}\alpha_D + mr_{XH}\alpha_H + nr_{XO}\alpha_O$$

$$r_{DA} = r_{XD}\alpha_X + \alpha_D + mr_{DH}\alpha_H + nr_{DO}\alpha_O$$

$$r_{HA} = r_{XH}\alpha_X + r_{DH}\alpha_D + [1+(m-1)r_{HH}]\alpha_H + nr_{HO}\alpha_O$$

$$r_{OA} = r_{XO}\alpha_X + r_{DO}\alpha_D + mr_{HO}\alpha_H + [1+(n-1)r_{OO}]\alpha_O$$

方程组中 m 为半姐妹数，n 为女儿数。各亲属间的亲缘相关系数由下面矩阵给出。

$$
\begin{array}{c}
A_x \\ X \\ D \\ H_i \\ O_i
\end{array}
\begin{array}{ccccc}
A_x & X & D & H_i & O_i \\
\end{array}
\left[
\begin{array}{ccccc}
1 & h_X & \frac{1}{2}h_D & \frac{1}{4}h_H & \frac{1}{2}h_O \\
h_X & 1 & \frac{1}{2}h_X h_D & \frac{1}{4}h_X h_H & \frac{1}{2}h_X h_O \\
\frac{1}{2}h_D & \frac{1}{2}h_X h_D & 1 & 0 & \frac{1}{4}h_D h_O \\
\frac{1}{4}h_H & \frac{1}{4}h_X h_H & 0 & \frac{1}{4}h_H^2 & \frac{1}{8}h_H h_O \\
\frac{1}{2}h_O & \frac{1}{2}h_X h_O & \frac{1}{4}h_D h_O & \frac{1}{8}h_H h_O & \frac{1}{4}h_O^2 \\
\end{array}
\right]
$$

亲缘相关矩阵中的 h_X, h_D, h_H 和 h_O 可由多次记录的遗传力公式求出：

$$h^2_{(n)} = \frac{nh^2}{1+(n-1)t} \qquad （见 4-20）$$

所以

$$h_{(n)} = \sqrt{\frac{nh^2}{1+(n-1)t}} \qquad （式 4-38）$$

式中 h^2 是性状的遗传力，t 为性状表型值之间的组内相关系数，n 是记录次数。

最后，对正规方程组求解，我们就得出由个体、母亲、半姐妹和女儿表型值到复合育种值的通径系数 a_X, a_D, a_H 和 a_O。而不同亲属记录在复合育种值中的偏回归系数是：$k_1 = a_X h_X$，$k_2 = a_D h_D$，$k_3 = a_H h_H$ 和 $k_4 = a_O h_O$。于是，回归方程也即复合育种值公式是：

$$\hat{A}_x = k_1(X-\overline{P}) + k_2(D-\overline{P}) + k_3(H_1+\cdots+H_m-m\overline{P}) + k_4(O_1+\cdots+O_n-n\overline{P}) + \overline{P}$$
$$= k_1(X-\overline{P}) + k_2(D-\overline{P}) + mk_3(\overline{H}-\overline{P}) + nk_4(\overline{O}-\overline{P}) + \overline{P}$$

公式中 X, D, $\overline{H}$, $\overline{O}$ 和 $\overline{P}$ 分别为个体、母亲、半姐妹、女儿和畜群的平均表型值；m 和 n 分别为半姐妹和女儿头数。

二、简化公式

计算简化公式的复合育种值是在单项资料的育种值基础上进行的。在算出本身、亲代、同胞、后裔 4 种资料的单项育种值后，最简单的方法是以这 4 个单项育种值的平均数作为复合育种值，也就是对 4 个单项育种值给以同等的加权。可是这 4 种资料在选种上的可靠程度是不同的，不能给予同等重视。一般来说，用亲代的表型资料估计育种值的可靠性较差；遗传力低的性状同胞选择比个体选择效果好，遗传力高的性状则恰好相反；对于遗传很高而本身又能直接度量的性状，后裔测验的作用不如个体成绩选择。因此，根据不同资料在不同情况下的选种重要性，我们可以大致定出它们的加权值。为了计算上的方便，对加权值只取一位小数，并使四项加权值之和为 1。这时最理想的四个数值就是 0.1，0.2，0.3 和 0.4。这样，简化复合育种值的公式就是：

$$\hat{A}_x = 0.1A_1 + 0.2A_2 + 0.3A_3 + 0.4A_4 \qquad （式 4-39）$$

公式（4-39）中，对于遗传力 $h^2 < 0.2$ 的性状，A_1，A_2，A_3 和 A_4 分别为亲代、本身、同胞和后裔资料估计的单项育种值；对于遗传力 $0.2 \leqslant h^2 < 0.5$ 的性状，A_1，A_2，A_3 和 A_4 分别为亲代、同胞、本身和后裔资料估计的单项育种值；对于遗传力 $h^2 \geqslant 0.5$ 的性状，A_1，A_2，A_3 和 A_4 分别为亲代、同胞、后裔和本身资料估计的育种值。

由于在计算 4 个单项育种值时都已经考虑到不同的记录次数以及子女和同胞的头数（n），因而在此基础上计算的复合育种值就不需要也不应该再用不同的记录次数进行加权。

这一公式的优点还在于可以同时比较不同资料的个体，即使在缺少某一项时，其他各项的加权系数也不改变，这是因为：

$$\hat{A}_x = 0.1A_1 + 0.2A_2 + 0.3A_3 + 0.4A_4$$

$$= 0.1[(P_1 - \bar{P})h_1^2 + \bar{P}] + 0.2[(P_2 - \bar{P})h_2^2 + \bar{P}] + 0.3[(P_3 - \bar{P})h_3^2 + \bar{P}] + 0.4[(P_4 - \bar{P})h_4^2 + \bar{P}]$$

$$= 0.1(P_1 - \bar{P})h_1^2 + 0.2(P_2 - \bar{P})h_2^2 + 0.3(P_3 - \bar{P})h_3^2 + 0.4(P_4 - \bar{P})h_4^2 + \bar{P}$$

当缺少某一项时，如缺少 P_3 的资料，就以畜群平均数代替 P_3，第三项得

$$0.3(\bar{P} - \bar{P})h_3^2 = 0$$

这时所估计的复合育种值为：

$$\hat{A}_x = 0.1(P_1 - \bar{P})h_1^2 + 0.2(P_2 - \bar{P})h_2^2 + 0.4(P_4 - \bar{P})h_4^2 + \bar{P}$$

所以缺少任何一项资料时，不写这一项就行了，其他各项的加权系数不必改变。

三、简化公式与理论公式符合程度的检验

对 24 头同时具有本身、母亲、半姐妹、女儿 4 项产奶量和乳脂率记录的成年乳牛，分别用理论公式和简化公式算出复合育种值；再用秩相关公式检验两者的符合程度。结果如表 4-6 所示。

表 4-6　简化公式和理论公式算出产奶量复合育种值的符合程度比较

牛号	理论公式计算的顺序	简化公式计算的顺序	相差	
			d	d^2
1001	1	1	0	0
1002	2	2	0	0
1003	3	3	0	0
1004	4	9	−5	25
1005	5	4	1	1
1006	6	5	1	1
1007	7	7	0	0
1008	8	10	−2	4
1009	9	6	3	9
1010	10	8	2	4
1011	11	12	−1	1
1012	12	11	1	1
1013	13	16	−3	9
1014	14	14	0	0

续表4-6

牛号	理论公式 计算的顺序	简化公式 计算的顺序	相差	
			d	d^2
1015	15	18	−3	9
1016	16	13	3	9
1017	17	15	2	4
1018	18	19	−1	1
1019	19	20	−1	1
1020	20	17	3	9
1021	21	21	0	0
1022	22	22	0	0
1023	23	24	−1	1
1024	24	23	1	1

$$\sum d^2 = 90$$

$$r = 1 - \frac{6\sum d^2}{n(n^2-1)} = 1 - \frac{6\times 90}{24(24^2-1)} = 0.961^{**} \qquad P<0.01$$

同样方法算出乳脂率的复合育种值排队，它们的顺序相关为 0.903**（$P<0.01$）。

因此，无论是产奶量或是乳脂率，简化公式与理论公式的计算结果都有高度显著的秩相关系数，说明两个复合育种值的排队有很大的一致性，即根据简化公式计算的结果选留种畜可达到和理论公式十分接近的准确程度。

第八节
BLUP 育种值

BLUP 方法最早由美国 C. R. Henderson 1973 年在纪念 Lush 的学术讨论会上系统介绍，虽然他对线性模型的研究早在 20 世纪 40 年代后期就已经开始，但是受当时计算工具的限制，这一方法在动物育种上的应用整整推迟了 1/4 个世纪。

最佳线性无偏预测（Best Linear Unbiased Prediction, BLUP）是基于线性混合模型对个体育种值的一种预测方法，最早应用于奶牛，在一个数学模型中同时包括固定效应和随机效应。BLUP 最常用模型有动物模型、公畜模型、公畜－母畜模型和外祖父模型，这些都起源于对乳用种公牛育种值的估计。

一、动物模型（animal model）

在混合模型中，若随机效应包含所有信息个体本身的加性遗传效应，则称这种模型为个体动物模型。其一般形式为：

$$y = Xb + Za + e \qquad （式4-40）$$

公式（4-40）中，y 为观察值向量，b 为所有固定环境效应向量，X 为 b 的关联矩阵，a 为个体育种值向量，Z 为 a 的关联矩阵，e 为随机残差向量。

模型中随机效应的分布情况为：

$$E(a) = 0, \ E(e) = 0, \ E(y) = Xb$$

$$Var \binom{a}{e} = \begin{bmatrix} A\sigma_a^2 & 0 \\ 0 & I\sigma_e^2 \end{bmatrix}$$

其中，A 为个体间加性遗传相关矩阵；I 为单位矩阵。

混合模型方程组为：

$$\begin{pmatrix} X'X & X'Z \\ Z'X & Z'Z + A^{-1}k \end{pmatrix} \begin{pmatrix} \hat{b} \\ \hat{a} \end{pmatrix} = \begin{pmatrix} X'y \\ Z'y \end{pmatrix} \qquad （式4-41）$$

其中，

$$k = \frac{\sigma_e^2}{\sigma_a^2} = \frac{\sigma_y^2 - \sigma_a^2}{\sigma_a^2} = \frac{1 - \sigma_a^2/\sigma_y^2}{\sigma_a^2/\sigma_y^2} = \frac{1 - h^2}{h^2}$$

由于个体的基因一半来自父亲，另一半来自母亲，所以任何一个体的育种值可表示为：

$$a_i = 0.5a_s + 0.5 a_d + m_i$$

其中，a_i 为个体 i 的育种值，a_s 为个体 i 父亲的育种值；a_d 为个体 i 母亲的育种值；m_i 为个体 i 的基因从亲代到子代传递过程中由于随机分离和自由组合所造成的随机离差，称为孟德尔抽样（Mendelian sampling）离差。

于是动物模型（设所有个体都有一个观察值）可重写为：

$$y = Xb + 0.5Z_s a_s + 0.5Z_d a_d + m + e \qquad （式4-42）$$

公式（4-42）中，a_s 为父亲育种值向量，Z_s 为 a_s 的关联矩阵；a_d 为母亲育种值向量，Z_d 为 a_d 的关联矩阵；m 为孟德尔抽样离差向量。

二、公畜模型（sire model）

将公式（4-42）中的最后 3 项（$0.5Z_d a_d + m + e$）合并成随机误差项，这就成了公畜模型，其一般形式为：

$$y = Xb + Zs + e \qquad （式4-43）$$

公式（4-43）中，s 为公畜 1/2 的加性遗传效应向量，即 $0.5a_s$；Z 为 s 的关联矩阵。

模型中随机效应的分布情况为：

$$E(s) = 0, \ E(e) = 0, \ E(y) = Xb$$

$$Var\begin{pmatrix} s \\ e \end{pmatrix} = \begin{bmatrix} A_s\sigma_s^2 & 0 \\ 0 & I\sigma_e^2 \end{bmatrix}$$

其中，A_s 为公畜间加性遗传相关矩阵。

混合模型方程组为：

$$\begin{pmatrix} X'X & X'Z \\ Z'X & Z'Z + A^{-1}k \end{pmatrix} \begin{pmatrix} \hat{b} \\ \hat{s} \end{pmatrix} = \begin{pmatrix} X'y \\ Z'y \end{pmatrix} \qquad （式4-44）$$

公式（4-44）中，

$$k = \frac{\sigma_e^2}{\sigma_s^2} = \frac{\sigma_y^2 - \sigma_s^2}{\sigma_s^2} = \frac{4 - h^2}{h^2}$$

公畜模型只可用来估计公畜的育种值，而且有 3 个重要假设：①公畜在群体中与母畜的交配是完全随机的；②母畜之间没有血缘关系；③每个母畜只有一个后代，即每个公畜的后代都是父系半同胞。

三、公畜 – 母畜模型（sire–dam model）

为了弥补公畜模型的缺陷，可以引入母畜效应，即将（4-42）式中的最后 2 项（m+e）合并为随机误差项，以消除母畜对公畜效应的影响，这就是公畜 – 母畜模型。其一般形式为：

$$y = Xb + Z_s s + Z_d d + e \qquad （式4-45）$$

公式（4-45）中，s 为公畜 1/2 的加性遗传效应向量，Z_s 为 s 的关联矩阵；d 为母畜 1/2 的加性遗传效应向量，Z_d 为 d 的关联矩阵。

模型中随机效应的分布情况为：

$$E(s) = 0, \ E = (d) = 0, \ E(e) = 0, \ E(y) = Xb$$

$$Var\begin{bmatrix} s \\ d \\ e \end{bmatrix} = \begin{bmatrix} A_s\sigma_s^2 & 0 & 0 \\ 0 & A_d\sigma_d^2 & 0 \\ 0 & 0 & I\sigma_e^2 \end{bmatrix}$$

其中，A_s 为公畜间加性遗传相关矩阵；A_d 为母畜间加性遗传相关矩阵。

混合模型方程组为：

$$\begin{bmatrix} X'X & X'Z_s & X'Z_d \\ Z'_sX & Z'_sZ_s+k_1A_s^{-1} & Z'_sZ_d \\ Z'_dX & Z'_dZ_s & Z'_dZ_d+k_2A_d^{-1} \end{bmatrix} \begin{bmatrix} \hat{b} \\ \hat{s} \\ \hat{d} \end{bmatrix} = \begin{bmatrix} X'y \\ Z'_sy \\ Z'_dy \end{bmatrix} \qquad （式4-46）$$

公式（4-46）中，

$$k_1=\frac{\sigma_e^2}{\sigma_s^2}=\frac{4-h^2}{h^2},k_2=\frac{\sigma_e^2}{\sigma_d^2}=\frac{4-2h^2}{h^2}$$

显然，该模型同样仅适用于后裔测定的父、母亲育种值预测，而且主要适用于猪等多胎动物中公、母畜的评定。利用这一模型可以提供全同胞个体平均育种值的预测，因而较公畜模型优越。该模型的假设条件为：①动物只有一个记录；②有记录的动物不是其他动物的双亲；③双亲无记录。

四、外祖父模型（maternal grandfather model）

将公式（4-42）中的 a_d 再按 a_i 的方式做进一步的剖分，然后在模型中保留父亲效应和母亲的父亲（外祖父）效应，其余遗传效应均归入随机误差，这样就构成了外祖父模型。其一般形式如下：

$$y = Xb + Z_s s +Z_g g + e \qquad （式4-47）$$

公式（4-47）中，g 为外祖父 1/4 的加性遗传效应向量，Z_g 为 g 的关联矩阵。

模型中随机效应的分布情况为：

$$E(s)=0, \ E(g)=0, \ E(e)=0, \ E(y)=Xb$$

$$Var\begin{bmatrix} s \\ g \\ e \end{bmatrix} = \begin{bmatrix} A_s\sigma_s^2 & 0 & 0 \\ 0 & A_g\sigma_g^2 & 0 \\ 0 & 0 & I\sigma_e^2 \end{bmatrix}$$

其中，A_s 为公畜间加性遗传相关矩阵，A_g 为外祖父间加性遗传相关矩阵。

混合模型方程组为：

$$\begin{bmatrix} X'X & X'Z_s & X'Z_g \\ Z'_sX & Z'_sZ_s+k_1A_s^{-1} & Z'_sZ_g \\ Z'_gX & Z'_gZ_s & Z'_gZ_g+k_2A_g^{-1} \end{bmatrix} \begin{bmatrix} \hat{b} \\ \hat{s} \\ \hat{g} \end{bmatrix} = \begin{bmatrix} X'y \\ Z'_sy \\ Z'_gy \end{bmatrix} \qquad （式4-48）$$

其中，

$$k_1=\frac{\sigma_e^2}{\sigma_s^2}=\frac{4-h^2}{h^2},k_2=\frac{\sigma_e^2}{\sigma_g^2}=\frac{16-5h^2}{h^2}$$

外祖父模型的优点是，在模型不引入母畜效应从而避免增加计算量的情况下，可以考虑一半母畜效应，主要适用于种公牛评定。其假设条件为：①动物只有一个记录；②有记录的动物不是其他动物的双亲；③双亲无记录；④每个母畜只有一个后代，且外祖母只有一个女儿；⑤母畜在外祖父所有女儿中随机抽样。

如果要同时估计两个或两个以上性状的 BLUP 育种值，可以对每个性状单独估计后再根据每个性状的经济权重计算一个总的 BLUP 育种值。也可以用多性状的 BLUP 育种值估计方法，其相应的混合模型方程组更为复杂，好在现在有多种软件可以应用，在计算上当不成问题。

第九节
选择指数

在家畜育种中，有时需要同时选择一个以上的性状，如猪的产仔数、日增重，奶牛的产奶量、乳脂率，绵羊的剪毛量、毛长，鸡的产蛋量、蛋重等。把所要选择的几个性状，应用数量遗传的原理，综合成一个使个体间可以相互比较的数值，据此进行选种工作，这个数值就是选择指数。根据选择指数进行选种的方法叫做指数选择法。

育种实践告诉我们，同时选择几个性状时，用指数选择法比顺序选择法和独立淘汰法都有效。顺序选择法是先选第一个性状，待这个性状达到了育种目标后再选第二个性状，这样依次下去不但费时长久，而且对一些呈负相关的性状，一个性状的提高反而导致另一个性状的降低。独立淘汰法是对每个要选择的性状订出一个最低标准，一头家畜必须各方面都达到标准才能留种，这样做的结果往往是留下了一些各方面刚达到标准的家畜，而把那些只是某个性状没有达到标准，其他方面都优秀的个体淘汰了。指数选择法正好弥补了上述两种方法的缺陷。

一、选择指数制订的原理

制订选择指数的目的是通过对几个可度量性状的选择，要求在经济上达到最大的遗传改进。

选择指数的一般公式，性状间无相关时为

$$I = a_1 h_1^2 p_1 + a_2 h_2^2 p_2 + \cdots + a_n h_n^2 p_n \qquad （式 4-49）$$

性状间有相关时为

$$I = b_1 p_1 + b_2 p_2 + \cdots + b_n p_n \qquad （式 4-50）$$

公式（4-49）和（4-50）中，

a：性状的经济加权值

b：待定的偏回归系数

h^2：遗传力

p：表型值

可以看出，制订一个性状间无相关的指数公式相当简单，只要有各性状的遗传力和经济加权值这两项参数即可。当然这里要注意把各性状表型值的单位通过经济加权值统一起来。制订一个性状间有相关的指数公式较为复杂，因为要求得出偏回归系数（b），除遗传力和经济加权值外，还需要性状的标准差、表型相关、遗传相关等参数。

设个体的经济遗传价值（H）为

$$H = a_1G_1 + a_2G_2 + \cdots + a_nG_n \qquad （式4-51）$$

个体的选择指数（I）为

$$I = b_1P_1 + b_2P_2 + \cdots + b_nP_n \qquad （式4-52）$$

在公式（4-51）和公式（4-52）中，a_1，a_2，$\cdots$，a_n 为各性状的经济加权值；G_1，G_2，$\cdots$，G_n 为各性状的遗传值或育种值；P_1，P_2，$\cdots$，P_n 为各性状的表型值；b_1，b_2，$\cdots$，b_n 是 H 和 I 的相关为最大时的待定系数。为了使 H 和 I 的相关为最大，需建立以下方程组

$$b_1P_{11} + b_2P_{12} + \cdots + b_nP_{1n} = a_1G_{11} + a_2G_{12} + \cdots + a_nG_{1n}$$

$$b_1P_{21} + b_2P_{22} + \cdots + b_nP_{2n} = a_1G_{21} + a_2G_{22} + \cdots + a_nG_{2n}$$

$$\vdots \qquad\qquad \vdots \qquad \vdots \qquad\qquad \vdots$$

$$b_1P_{n1} + b_2P_{n2} + \cdots + b_nP_{nn} = a_1G_{n1} + a_2G_{n2} + \cdots + a_nG_{nn}$$

以选择两个性状为例，就有

$$b_1P_{11} + b_2P_{12} = a_1G_{11} + a_2G_{12} \qquad （式4-53）$$

$$b_1P_{21} + b_2P_{22} = a_1G_{21} + a_2G_{22} \qquad （式4-54）$$

在公式（4-53）和公式（4-54）中，P_{11}、P_{22} 为性状1和2的表型方差，G_{11}、G_{22} 为性状1和2的遗传方差，$P_{12} = P_{21}$ 为性状1和2的表型协方差，$G_{12} = G_{21}$ 为性状1和2的遗传协方差，a 和 b 的定义同前。

用矩阵求解待定系数 b 的公式是

$$\underline{P}\,\underline{b} = \underline{G}\,\underline{a} \qquad （式4-55）$$

$$\underline{b} = \underline{P}^{-1}\underline{G}\,\underline{a} \qquad （式4-56）$$

在公式（4-55）和公式（4-56）中，

　　$\underline{P}$：表型方差、协方差矩阵

$\underline{G}$：遗传方差、协方差矩阵

$\underline{a}$：经济加权值向量

$\underline{b}$：待定系数向量

$\underline{P}^{-1}$：$\underline{P}$ 的逆矩阵

二、制订选择指数的方法

下面通过一个实际例子来说明选择指数的制订。我们用相关性状的指数制订过程来构成一个不相关性状的指数公式，这样不仅分析了计算选择指数公式的全过程，而且也证明了不相关性状的指数公式是相关性状指数公式中协方差为零情况下的一个特例。

例：在蛋鸡育种中，我们希望有较多的总蛋重（产蛋数乘平均蛋重）和较小的体重。现拟制订这两个性状的选择指数，并从现场资料中测得下列参数（表 4-7）：

表 4-7　蛋鸡 43 周龄总蛋重（kg）和 43 周龄体重（kg）的有关参数

参数	43 周龄总蛋重	43 周龄体重
平均数（$\bar{P}$）	6 kg	2 kg
标准差（σ_P）	0.2 kg	0.1 kg
遗传力（h^2）	0.2	0.4
经济权重（a）	10 元/kg	−2 元/kg
表型相关（r_P）	0	
遗传相关（r_A）	0	

在以上参数中，我们假设 43 周龄时总蛋重和体重的表型相关和遗传相关均为零。产蛋总重量的经济加权值定为每千克 10 元人民币。蛋鸡体重的经济加权值是这样考虑的：体重大的鸡虽然在淘汰时有较多的收入，但由于产蛋期饲料消耗多，综合起来看，每 100 g 体重的增加，将造成 0.2 元收入的减少。

在本例中，

$$\underline{P}=\begin{bmatrix}\sigma_{P_1}^2 & \mathrm{Cov}_P \\ \mathrm{Cov}_P & \sigma_{P_2}^2\end{bmatrix}=\begin{bmatrix}0.04 & 0 \\ 0 & 0.01\end{bmatrix}$$

$$\underline{P}^{-1}=\begin{bmatrix}25 & 0 \\ 0 & 100\end{bmatrix}$$

$$\underline{G}=\begin{bmatrix}\sigma_{A_1}^2 & \mathrm{Cov}_A \\ \mathrm{Cov}_A & \sigma_{A_2}^2\end{bmatrix}=\begin{bmatrix}0.008 & 0 \\ 0 & 0.004\end{bmatrix}$$

$$\sigma_A^2 = \sigma_p^2 h^2$$

$$\underline{a} = \begin{bmatrix} 10 \\ -2 \end{bmatrix}$$

$$\underline{b} = \underline{P}^{-1}\underline{G}\underline{a} = \begin{bmatrix} 25 & 0 \\ 0 & 100 \end{bmatrix}\begin{bmatrix} 0.008 & 0 \\ 0 & 0.004 \end{bmatrix}\begin{bmatrix} 10 \\ -2 \end{bmatrix} = \begin{bmatrix} 2 \\ -0.8 \end{bmatrix}$$

所以 $\qquad I = b_1 P_1 + b_2 P_2 = 2P_1 - 0.8P_2$

性状间不相关时，选择指数可由公式（4-49）计算更为简便。

$$I = a_1 h_1^2 P_1 + a_2 h_2^2 P_2$$
$$= 10 \times 0.2 P_1 + (-2) \times 0.4 P_2$$
$$= 2P_1 - 0.8P_2$$

三、选择指数的参数分析

一般认为，在指数公式得出后，整个计算过程即告结束，因为已经可以根据所制订的选择指数公式对每头家畜进行排队，再根据留种率选出一定数量的个体留种。其实，我们还可以把选择指数作为一个数量性状，稍做分析就可以得到更多的有关指数选择的信息，使得选种工作更具有预见性。

（一）选择指数的方差（σ_I^2）和标准差（σ_I）

$$\sigma_I^2 = \underline{b}'\underline{P}\underline{b} = \begin{bmatrix} 2 & -0.8 \end{bmatrix}\begin{bmatrix} 0.04 & 0 \\ 0 & 0.01 \end{bmatrix}\begin{bmatrix} 2 \\ -0.8 \end{bmatrix} = 0.166\ 4（\underline{b}'为\underline{b}的转置矩阵）$$

$$\sigma_I = \sqrt{0.166\ 4} = 0.407\ 9$$

（二）指数选择下遗传总改进的方差（σ_H^2）和标准差（σ_H）

$$\sigma_H^2 = \underline{a}'\underline{G}\underline{a} = \begin{bmatrix} 10 & -2 \end{bmatrix}\begin{bmatrix} 0.008 & 0 \\ 0 & 0.004 \end{bmatrix}\begin{bmatrix} 10 \\ -2 \end{bmatrix} = 0.816（\underline{a}'为\underline{a}的转置矩阵）$$

$$\sigma_H = \sqrt{0.816\ 0} = 0.903\ 3$$

（三）选择指数与遗传总改进的相关（r_{IH}）

$$r_{IH} = \frac{\mathrm{Cov}_{IH}}{\sigma_I \sigma_H}$$

由于，

$$\mathrm{Cov}_{IH} = a_1 b_1 \sigma_{A_1}^2 + a_2 b_2 \sigma_{A_2}^2 + (a_1 b_2 + a_2 b_1)\mathrm{Cov}_A$$

当性状间有相关时，协方差 Cov_A 可由遗传相关 r_A 求出；当性状间不相关时 $\mathrm{Cov}_A = 0$。

$$\mathrm{Cov}_{IH} = a_1 b_1 \sigma_{A_1}^2 + a_2 b_2 \sigma_{A_2}^2$$

$$= a_1 b_1 h_1^2 \sigma_{P_1}^2 + a_2 b_2 h_2^2 \sigma_{P_2}^2$$

$$= b_1^2 \sigma_{P_1}^2 + b_2^2 \sigma_{P_2}^2 = \sigma_I^2$$

所以
$$r_{IH} = \frac{\text{Cov}_{IH}}{\sigma_I \sigma_H} = \frac{\sigma_I^2}{\sigma_I \sigma_H} = \frac{\sigma_I}{\sigma_H} = \frac{0.407\,9}{0.903\,3} = 0.45$$

（四）遗传总改进对选择指数的回归（b_{HI}）

$$b_{HI} = \frac{\text{Cov}_{HI}}{\sigma_I^2} = \frac{\sigma_I^2}{\sigma_I^2} = 1 \qquad \text{Cov}_A = 0$$

这是因为要求选择 I 使 H 最大化的条件下制订的选择指数。

（五）一定选择强度下，指数选择所期望的反应（R_I）

设留种率为 20%，而选择强度 $i = 1.4$（表 4-1），
则

$$R_I = i b_{HI} \sigma_I = i \sigma_I = 1.4 \times 0.407\,9 = 0.571\,1$$

在本例中，

$$\overline{P}_1 = 6\,\text{kg}, \ \overline{P}_2 = 2\,\text{kg}$$

指数平均数为

$$\overline{P}_I = 2\overline{P}_1 - 0.8\overline{P}_2 = 2 \times 6 - 0.8 \times 2 = 10.4 \text{（指数单位）}$$

所以在 20% 留种时，下一代可期望把指数平均值 $\overline{P}_I'$ 提高到

$$\overline{P}_I' = \overline{P}_I + R_I = 10.4 + 0.571\,1 = 10.97 \text{（指数单位）}$$

（六）指数选择时，单个性状的遗传改进

设待选择性状的遗传值为 A_i，则在指数选择下的期望反应为

$$R_{A_i} = R_I b_{A_i I}$$

以选择两个性状为例，性状 1（总蛋重）对选择指数的回归是

$$b_{A_1 I} = \frac{\text{Cov}_{A_1 I}}{\sigma_I^2} = \frac{b_1 \sigma_{A_1}^2 + b_2 \text{Cov}_A}{\sigma_I^2}$$

当性状间不相关时，$\text{Cov}_A = 0$，这时

$$b_{A_1 I} = \frac{b_1 \sigma_{A_1}^2}{\sigma_I^2} = \frac{b_1 h_1^2 \sigma_{p_1}^2}{\sigma_I^2}$$

所以性状 A_1 的选择反应为

$$R_{A_1} = R_I b_{A_1 I} = \frac{i \sigma_I b_1 h_1^2 \sigma_{p_1}^2}{\sigma_I^2} = \frac{i b_1 h_1^2 \sigma_{p_1}^2}{\sigma_I}$$

当留种率为 20% 时，选择强度 $i = 1.4$

$$R_{A_1} = \frac{1.4 \times 2 \times 0.2 \times 0.04}{0.4079} = 0.0549 \text{ kg}$$

同理可预计性状 2（体重）。

$$R_{A_2} = \frac{ib_2 h_2^2 \sigma_{P_2}^2}{\sigma_I} = \frac{1.4 \times (-0.8) \times 0.4 \times 0.01}{0.4079} = -0.01098 \text{ kg}$$

计算结果表示，在指数选择下，鸡群平均 43 周龄总蛋重可提高 0.0549 kg（约 1 个蛋）；鸡群平均 43 周龄体重可下降 0.010 98 kg（约 11g）。

（七）选择指数的遗传力（h_I^2）

$$h_I^2 = \frac{\sigma_{I_A}^2}{\sigma_I^2} = \frac{\underline{b'Gb}}{\underline{b'Pb}} = \frac{0.0345}{0.1664} = 0.2073$$

是一个偏低的遗传力。

四、关于 $\frac{1}{\sqrt{n}}$ 的证明

用选择指数同时选择 n 个性状时，每个性状的选择反应是单个性状选择时的 $\frac{1}{\sqrt{n}}$。这一结论的成立是有条件的。这些条件是：①所选择的各性状间不相关；②各性状有相同的表型方差和遗传方差；③各性状有相同的选择强度和经济加权值。在满足上述的条件下，现在来证明结论的成立。

1. 指数选择时每个性状的选择反应是

$$R_A = ibh^2 \sigma_P^2 / \sigma_I = iah^4 \sigma_P^2 / \sigma_I \qquad （式 4-57）$$

由公式（4-49）和公式（4-50），

$$b = ah^2$$

而

$$\sigma_I^2 = \underline{b'Pb} = \sum_1^n b^2 \sigma_P^2 = \sum_1^n a^2 h^4 \sigma_P^2 = na^2 h^4 \sigma_P^2$$

则

$$\sigma_I = \sqrt{na^2 h^4 \sigma_P^2} = \sqrt{n} ah^2 \sigma_P \qquad （式 4-58）$$

故

$$R_A = \frac{iah^4 \sigma_P^2}{\sqrt{n} ah^2 \sigma_P} = \frac{1}{\sqrt{n}} ih^2 \sigma_P \qquad （式 4-59）$$

2. 单个性状选择时该性状的反应为

$$R_{A'} = ih^2 \sigma_P \qquad （式 4-60）$$

比较 R_A 与 $R_{A'}$，就有

$$\frac{R_A}{R_{A'}} = \frac{\frac{1}{\sqrt{n}} ih^2 \sigma_P}{ih^2 \sigma_P} = \frac{1}{\sqrt{n}} \qquad （证毕）$$

五、简化选择指数

在选种方法中，我们总是想把"理论的"和"简化的"放一起介绍，主要是为了适合不同条件的育种场和不同文化程度的技术人员。因为有的育种场有高级的计算机，有联网的服务器，有博士毕业生；有的育种场可能只有一台一般的计算机甚至计算器，技术人员也可能只有高中或大专文化程度。在我国恐怕相当长的一段时间里，育种技术的"简"和"繁"，"易"和"难"，"下里巴人"和"阳春白雪"还会同时存在。能够把一个复杂问题简单化总是好事，千万不要把一个简单的问题复杂化，那就会浪费人力、物力、财力。

简化的选种原则是，一要有理论依据；二要易于在生产中推广应用。在这里"简化"和"复杂"的比较也是动物比较育种学的内容之一。

（一）基本公式

简化选择指数实际上就是从前面介绍的"性状间无相关"选择指数的公式（4-49）转变而来的。只是把经济加权值 a 改为由经验确定的加权系数 w。因为经济加权值 a 对各不同单位的性状都已转化为"人民币"的相对值了，可以相加；而经验加权值是人为定的，它不能消除单位，所以用 w 表示。

$$I = w_1 h_1^2 (P_1 - \bar{P}_1) + w_2 h_2^2 (P_2 - \bar{P}_2) + \cdots + w_n h_n^2 (P_n - \bar{P}_n)$$
$$= \sum_{i=1}^{n} w_i h_i^2 (P_i - \bar{P}_i) \qquad （式4-61）$$

公式（4-61）中：I 是选择指数，P_1，P_2，$\cdots$，P_n 是所要选择性状的表型值；$\bar{P}_1$，$\bar{P}_2$，$\cdots$，$\bar{P}_n$，是各性状相应的畜群平均数；h_1^2，h_2^2，$\cdots$，h_n^2 是各性状的遗传力；w_1，w_2，$\cdots$，w_n 是各性状的经验加权系数。

从公式（4-61）可以看出，$h_i^2 (P_i - \bar{P}_i)$ 是遗传力乘选择差，即性状可遗传的部分；再乘上加权系数（w_i）就是这一性状在指数中所占的比重。每头家畜各性状的表型值（P_i）不同，代入公式后所求得的指数值（I）也不同，这就可以依次排队，选择 I 值最高的一部分个体留种。

这个公式的缺点是各性状的单位不同，而且各性状的绝对值相差很大，如猪的断奶窝重一般能有100多千克，而窝产仔数一般只有几头或十几头。要是用表型值直接代入公式就会使数值大的性状在指数中占有过高的比重。而一些数值小的性状在指数中很可能变得无足轻重，而且不同单位相加，在数学上也不合理，所以有下面的改进公式：

$$I = w_1 h_1^2 \frac{P_1}{\sigma_1} + w_2 h_2^2 \frac{P_2}{\sigma_2} + \cdots + w_n h_n^2 \frac{P_n}{\sigma_n}$$

$$= \sum_{i=1}^{n} w_i h_i^2 \frac{P_i}{\sigma_i}$$

（式 4-62）

这里，σ_1，σ_2，$\cdots$，σ_n 是各性状的标准差。

公式（4-62）比公式（4-61）改进的地方有：①用 P_i 代替（$P_i - \bar{P}_i$），省去了每头家畜每个性状都要减一个 $\bar{P}_i$ 的步骤，因为每头家畜都有共同的 $\bar{P}_i$，不会影响根据 I 值排队的次序；②每个性状都用它的标准差（σ_i）除，消去了单位，可以互相加减。

但公式（4-62）也存在一定缺点，主要是不同性状在指数中的比重受性状标准差大小的影响。标准差小的性状由于 P_i / σ_i 相对较大，在指数中就占有较大比重；而一些受环境影响大的重要的经济性状，由于它们的变异范围大，标准差也大，如奶牛一个泌乳期产奶量的标准差约为 1 000 kg，相对的 P_i / σ_i 值就小，这样就低估了这些主要经济性状在选择指数中的重要性。因此公式（4-62）还有改进的必要：

$$I = w_1 h_1^2 \frac{P_1}{\bar{P}_1} + w_2 h_2^2 \frac{P_2}{\bar{P}_2} + \cdots + w_n h_n^2 \frac{P_n}{\bar{P}_n}$$

$$= \sum_{i=1}^{n} w_i h_i^2 \frac{P_i}{\bar{P}_i}$$

（式 4-63）

公式（4-63）与公式（4-62）的不同点在于用畜群平均数（$\bar{P}_i$）而不是用标准差（σ_i）去除表型值（P_i）。其优点是：①不但消除了各性状的单位，而且每个性状都与畜群平均数比较，在指数中所占的比重不会有偏向，使所计算的指数更能反映出真实情况；② $h_i^2 P_i / \bar{P}_i$ 是从相对育种值：

$$RBV = \frac{h_i^2 (P_i - \bar{P}_i) + \bar{P}_i}{\bar{P}_i} \times 100$$

演变来的，仍保留有育种值的概念。

（二）制订步骤

为了更适于选种的习惯，可以把各性状都处于畜群平均数的个体，其指数定为 100，其他个体都和 100 相比，超过 100 越多的越好。这时指数公式需作进一步变换：

$$I = a_1 \frac{P_1}{\bar{P}_1} + a_2 \frac{P_2}{\bar{P}_2} + \cdots + a_n \frac{P_n}{\bar{P}_n}$$

$$= \sum_{i=1}^{n} a_i \frac{P_i}{\bar{P}_i}$$

（式 4-64）

而且

$$\sum_{i=1}^{n} a_i = 100$$

设奶牛选择的性状有：①产奶量；②乳脂率；③体型外貌总分。现在要制订这三个性状的选择指数。

1. 计算必要的数据

个体表型值（P_i）和畜群平均数（$\overline{P}_i$）可由本场资料直接计算；性状的遗传力（h_i^2）如缺乏本场数据，可以从有关文献中查出；各种性状的加权系数（w_i）可通过调查或根据经验确定。现假定下列数据为已知：

产奶量：$\qquad\qquad \overline{P}_1 = 6\,000\ \text{kg}$，$h_1^2 = 0.3$，$w_1 = 0.40$

乳脂率：$\qquad\qquad \overline{P}_2 = 3.4\%$，$h_2^2 = 0.4$，$w_2 = 0.35$

外貌总分：$\qquad\quad \overline{P}_3 = 80\ \text{分}$，$h_3^2 = 0.3$，$w_3 = 0.25$

其中，

$$w_1 : w_2 : w_3 = 0.40 : 0.35 : 0.25$$

而且

$$w_1 + w_2 + w_3 = 1$$

2. 计算 a 值

把每个性状都处于畜群平均数的个体，其选择指数定为 100，于是：

$$I = a\left(w_1 h_1^2 \frac{P_1}{\overline{P}_1} + w_2 h_2^2 \frac{P_2}{\overline{P}_2} + w_3 h_3^2 \frac{P_3}{\overline{P}_3}\right) = 100$$

因为 $\qquad\qquad P_1 = \overline{P}_1$，$P_2 = \overline{P}_2$，$P_3 = \overline{P}_3$

所以 $\qquad\qquad I = a(w_1 h_1^2 + w_2 h_2^2 + w_3 h_3^2) = 100$

$$a = \frac{100}{w_1 h_1^2 + w_2 h_2^2 + w_3 h_3^2}$$

$$= \frac{100}{0.40 \times 0.3 + 0.35 \times 0.4 + 0.25 \times 0.3}$$

$$= 298.5$$

再把 a 值按比例分配给 3 个性状，分别求出 a_1，a_2，a_3。

$$a_1 = w_1 h_1^2 a = 0.40 \times 0.3 \times 298.5 = 35.8$$

$$a_2 = w_2 h_2^2 a = 0.35 \times 0.4 \times 298.5 = 41.8$$

$$a_3 = w_3 h_3^2 a = 0.25 \times 0.3 \times 298.5 = 22.4$$

这里，

$$a_1 + a_2 + a_3 = 100$$

3. 计算性状选择指数

由公式（4-64）得出选择指数为：

$$I = 35.8 \frac{P_1}{\overline{P}_1} + 41.8 \frac{P_2}{\overline{P}_2} + 22.4 \frac{P_3}{\overline{P}_3}$$

或

$$I = 35.8x_1 + 41.8x_2 + 22.4x_3$$

这里，

$$x_1 = \frac{P_1}{\bar{P}_1}, \quad x_2 = \frac{P_2}{\bar{P}_2}, \quad x_3 = \frac{P_3}{\bar{P}_3}$$

由于各性状的畜群平均数为已知，为了避免每头家畜逐个计算 $P_i/\bar{P}_i$，指数还可以表示为：

$$I = \frac{35.8}{6\,000}P_1 + \frac{41.8}{3.4}P_2 + \frac{22.4}{80}P_3$$
$$= 0.006P_1 + 12.3P_2 + 0.28P_3$$

把每个性状的表型值代入，就可计算出选择指数。例如某牛的产奶量 $P_1 = 7\,000\,\text{kg}$，乳脂率 $P_2 = 3.2\%$，外貌总分 $P_3 = 85$ 分。它的指数就是：

$$I = 0.006 \times 7\,000 + 12.3 \times 3.2 + 0.28 \times 85 = 105.16$$

在这里把 kg、%、评分都看成是性状的单位，去掉后不影响 I 值排队的顺序。

在制订选择指数时，除了考虑各性状适当的加权值外，还应注意下面几点：

（1）突出主要经济性状。一个选择指数不应当也不可能包括所有的经济性状。同时选择的性状越多，每个性状的改进就越慢。一般来说，以包括 2～4 个性状为宜。

（2）应是容易度量的性状，有利于在生产中推广使用。例如肉用家畜的增重速度与饲料利用率都是重要的经济性状，但称体重比测定个体家畜的饲料消耗量容易做到，而且两者有显著的正相关，因此在测定饲料利用率有困难的牧场，可以考虑用增重速度作为主要的选择指标。

（3）尽可能是家畜早期的性状。进行早期选种可以缩短世代间隔，提高选种进展。在前期记录与全期记录有高度相关的情况下，也可用前期记录作为选种指标。例如蛋鸡用 300 日龄的产蛋量，奶牛用第一个泌乳期的产奶量，绵羊用一岁剪毛量等。

（4）对于一些遗传力低的重要经济性状，应考虑给以较大的加权值。因为我们这里介绍的是经过简化的公式，其中省略了各种性状由于遗传力、遗传相关不同的计算过程。

（5）对于那些"向下"选择的性状，如各种家畜单位产品的饲料消耗量；瘦肉型猪的背膘厚；蛋鸡的开产日龄等，加权系数要用负值，表示这些性状越低的家畜越好。

第十节
数量性状隐性有利基因的选择（一个果蝇模拟试验）

长期以来，提高纯种畜禽生产性能的选择方法主要是以公畜为单位的家系选择。特别是在人工授精技术广泛应用以来，一头公畜可以留下大量后代，更为这一选择方法的实施提供了有利的条件。家系选择在大多数的情况下是行之有效的，如同在奶牛和蛋鸡的育种中那样。但是对某些性状，家系选择的效果并不理想。例如对猪产仔数的提高，在不少国家的多年选择中，进展都很缓慢。这些性状选择效果差的原因，一方面固然是由于遗传力低，受环境的影响大；另一方面也可能是决定这些性状的多基因中，存在着一些隐性有利基因。即隐性基因造成高产，显性基因造成低产。这时常规的选择方法如个体选择、家系选择等都会有某种程度的失效，有时甚至会产生选择错误的情况。

我们用果蝇作为试验材料，对需要提高的畜禽性状进行模拟，证明了隐性有利基因的存在，并提出了相应的选择方法。这一方法可用于提高我国畜禽地方品种的生产性能，特别是对某些经过长期选择而无明显效果的性状，更值得试用。

一、假设的提出

决定数量性状的多基因的作用，并不都像"多基因假设"中提到的那样是一种无显性的相加作用，它们像其他基因一样，也可以有显性和上位的作用。在一个地方品种中，如果还没有经过长期正确的选育，群体中往往积累了较多的显性低产基因。这一点在自然选择作用较大的畜群中更是如此，因为高产对家畜本身不利，高产基因更多地是以隐性状态存在。

假设在一个以显性低产基因为主的地方品种中有甲、乙两头家畜，它们在某些基因座上具有隐性高产基因：

（甲）AABbCcDd　　　　　　　　（乙）aaBBCCDD

我们用大写字母代表显性低产基因，并设它决定 0.5 个单位的产量；用小写字母代表隐性高产基因，并设它在纯合时决定 1.0 个单位的产量。于是：

甲的产量是 0.5+0.5+0.5+0.5 ＝ 2.0（单位）

乙的产量是 1.0+0.5+0.5+0.5 ＝ 2.5（单位）

可以看出，虽然甲有较多的隐性高产基因数（3 个），但表现的产量却较低；乙的隐性高产基因数较少（2个），所表现的产量反而较高。在个体选择时，甲被淘汰而乙被留下。即使是在家系选择的情况下，由于与其交配的个体在这些基因座上大量的是显性低产基因，后代中隐性高产基因的作用仍被掩盖，因而用后裔测验也不能正确反映亲本的遗传情况。这时需要用一个经过高度选育的品种来做测验交配，因为高度选育的品种对这个体性状来说已经积累了大量的隐性高产基因，通过测交就能发现地方品种中隐性高产基因较多的个体。

设在一个高产品种中这些基因座上的隐性有利基因已经纯合（aabbccdd），则它与甲和乙测交的后代平均产量可以由下面的统计得出。

1. 与甲测交

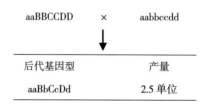

AABbCcDd	×	aabbccdd

后代基因型	产量
AaBbCcDd	2.0
AaBbCcdd	2.5
AaBbccDd	2.5
AaBbccdd	3.0
AabbCcDd	2.5
AabbCcdd	3.0
AabbccDd	3.0
Aabbccdd	3.5
平均	2.75 单位

2. 与乙测交

aaBBCCDD	×	aabbccdd

后代基因型	产量
aaBbCcDd	2.5 单位

一个高度选育的品种不一定所有这些位点上的隐性有利基因都纯合，但只要在大多数的基因座上已经纯合，如 Aabbccdd 或 aaBbccdd 也可用作测交的亲本。当然，纯合的基因座越多，测交的效果越好。

二、假设的验证

根据上述假设，如果所选的性状在较大程度上受隐性有利基因的影响，那么根据测交成绩的间接选择效果应当比本品种内的直接选择效果好。为了证明这一点，我们设计了下面的试验。

（一）材料与方法

1. 试验材料

黑腹果蝇（*Drosophila melanogaster*）。

2. 观察性状

单眼间的刚毛（ocellar）数目。

3. 变种（系）

（1）野生型。刚毛数在 6 ～ 9，模拟地方品种。

（2）少刚毛系。刚毛数在 0 ～ 2，是一个经过多代选择的近交系，模拟高度选育的品种。

4. 选择方向

向下选择。希望通过选择降低野生型的刚毛数，模拟降低猪的背膘厚度、提早蛋鸡的初产日龄、降低家畜的饲料消耗量等性状。当然也可以作向上选择，例如提高瘦肉率、产仔数、产奶量、产蛋数等性状，这就要找一个这方面高产的品种（多刚毛系）作为标准系进行测交，其原理相同。

5. 方法

（1）试验组

根据野生型和少刚毛系测交的子代成绩对野生型做选择，每代从 10 个家系中选出刚毛数最少的 2 个家系作为野生型繁殖下一代的亲本。此为间接选择或测交选择。

（2）对照组

根据野生型纯种家系繁殖的结果选择，每代从 10 个家系中选留刚毛数最少的 2 个家系作为繁殖下一代的亲本。此为直接选择或纯繁选择。

以上家系都由 1 只雄蝇和 5 只雌蝇组成，每个家系的后代中记录 5 雄 5 雌的刚毛数。要注意的是同一只雄蝇既和少刚毛系的 5 只雌蝇杂交，又和野生型的 5 只雌蝇纯繁（1 只野生型雄蝇和少刚毛系的 5 只雌蝇杂交，3 d 后移到另一个有 5 只野生型雌蝇的试管中纯繁）。

所有试验用的雌蝇都必须是处女蝇。

（二）试验结果

整个试验历经了 11 个世代。对记录资料计算平均数、方差、协方差、遗传力、遗传相关等统计量和参数。这里仅以刚毛平均数的选择进展来验证隐性有利基因的存在。

从表 4-8 可以看出，测交选择（试验组）的效果，要比纯种家系选择（对照组）的效果好。特别是随着世代的进展，这一效果的显著程度也随之提高，可以认为测交选择提高了群体中隐性有利基因的频率。

表 4-8　各世代的平均刚毛数

世代	试验组（X）	对照组（Y）	相差（$X-Y$）
0	6.57	6.68	−0.11
1	6.78	6.83	−0.05
2	6.41	6.33	0.08
3	5.88	6.15	−0.27
4	5.43	5.84	−0.41[*]
5	5.51	5.89	−0.38[*]
6	5.37	5.70	−0.33
7	5.03	5.48	−0.45[*]
8	4.19	4.87	−0.68[**]
9	4.24	4.58	−0.34
10	3.67	4.60	−0.93[**]
11	3.12	3.87	−0.75[**]

注：$*P < 0.05$；$**P < 0.01$。

三、分析与讨论

1. 对于刚毛数的降低，纯种家系选择和测交选择都有明显的效果，第 11 世代的刚毛数与零世代相比，前者降低了 42%，后者降低了 53%。测交选择的效果优于纯种家系选择，说明确有一部分隐性有利基因存在，而纯种家系选择的效果则说明了加性基因和一部分显性有利基因的存在。

2. 基因的加性、显性和上位效应的存在可以用一个"三向测交"（triple test cross）的方法来检验。本试验曾对刚毛数这一性状作三种基因效应的测定。用野生型分别与少刚毛系、多刚毛系（刚毛数在 10 ~ 14）以及这两个系杂交的 F_1 作三向测交，对其结果进行方差分析。测得上位效应不显著，显性和加性效应高度显著。

3. 在生产中用三向测交有实际困难。对某一性状是否受隐性有利基因的影响，可以简单地从两个极端品种杂交的 F_1 的产量做出大致判断。如 F_1 的产量低于亲本均值（即偏于低产亲本），就可以认为有一定程度的隐性有利基因的作用。如 F_1 的产量高于亲本均值（即偏于高产亲本），则表示有显性有利基因的作用。虽然这可能是由于杂种优势，但显性有利基因的存在也正是产生杂种优势的原因之一。如果 F_1 的产量很接近亲本均值，则可认为基本上是加性基因在起作用，当然也可能是显性有利基因和隐性有利基因效应的相互抵消。本试验的零世代野生型刚毛数平均为 6.6，与少刚毛系中刚毛数为零的个体杂交 F_1 的刚毛数平均为 4.7，超过双亲的平均数 3.3。由于刚毛数多代表低产，所以存在隐性有利基因。这也是我们为什么不用多刚毛系作为测交亲本的原因，因为这时多刚毛代表高产，是显性有利而不是隐性有利，测交选择显不出它的优越性。

4.测交选择应用的条件。要使测交选择取得好的效果，需要满足下面3个条件：

（1）隐性有利基因的存在。这是前提，因为我们不可能选择根本不存在的东西。

（2）直接选择（纯繁）与间接选择（测交）之间的遗传相关高。即根据测交选择出好的个体（或家系）用来纯繁时效果也好。本试验测得刚毛数的直接选择与间接选择的遗传相关为0.6。

（3）大的家系。家系越大选择越可靠，因为环境偏差在家系平均数中正负抵消。如果记录是从家系中抽样得来（如本试验在每个家系中记录5雄、5雌的刚毛数），那么样本数目越大选择越可靠。这是因为降低了平均数的抽样误差。

5.间接选择和直接选择相结合。为了进一步提高选择效果，还可以把测交选择（间接选择）和纯种家系选择（直接选择）结合起来，也就是同时根据两种选择的结果留种。这样既选择了隐性有利基因也选择了显性有利基因和加性基因。

6.防止近交。测交选择的方法在家畜家禽中应用时要注意近交程度。家系数太少或选择强度过大，都会造成近交程度的迅速增加。特别是一些近交退化明显的性状，尤其要注意这一点。

参考资料

1.吴仲贤.动物遗传学.北京：农业出版社，1981.

2.刘震乙.家畜育种学.北京：农业出版社，1983.

3.盛志廉，吴常信.数量遗传学.北京：中国农业出版社，1995.

4.刘榜.家畜育种学.北京：中国农业出版社，2007.

5.李宁.动物遗传学.2版.北京：中国农业出版社，2003.

6.吴常信.选择有极限吗.第19届全国动物遗传育种学术讨论会上的特邀报告，南京，2017.

7.汪强，吴常信，张斌，等.家畜复合育种值的简化公式与理论公式符合程度的检验.中国畜牧杂志,1983,04:3-5.

8.吴常信.畜禽指数选择中的参数分析.北京农业大学学报,1987(01):1-7.

9.吴常信.为提高我国畜禽地方品种生产性能的一个模拟试验——数量性状隐性有利基因的选择.中国农业科学,1986(01):77-80.

10.吴常信."动物比较育种学"课程讲稿（PPT），第三章 选种方法（一）群体层

面的选种方法.

11. Wu Changhsin. Simple selection methods for animal improvement I. Selection for one trait: multiple breeding value. 1982, 2nd World Congress on Genetics Applied to Livestock Production. Vol 7, 242-244.

12. Wu Changhsin. Simple selection methods for animal improvement II. Selection for two or more traits: selection index. 1982, 2nd World Congress on Genetics Applied to Livestock Production. Vol 7, 245-249.

13. Wu Changhsin, Wang Qiang. Test the fitness between simplified and theoretical multiple breeding value with rank correlation. 1984, 12th International Conference on Biomelus. Proceedings.

14. Wu Changhsin. Selection for recessive favorable genes on quantitative traits. 1986, 3rd World Congress on Genetics Applied to Livestock Production. Proceedings. Vol 12, 227-230.

第五章 分子层面的选种方法

目 录

05

第五章
分子层面的选种方法

在我国最早提出"分子数量遗传学"是吴仲贤先生。他在 1979 年就曾预言"紧接着分子群体遗传学（Nei，1975），将有一门新的遗传学分支——分子数量遗传学的出现。"三年后，他又身体力行，研究了饲料中各种氨基酸的相对含量与相应的遗传密码子数的关系，开创了分子数量遗传学研究的先河。他的论文在第二届全国遗传学大会上发表（1982），用自己的研究，证实了他的预言。

随着分子生物技术的发展，"特别是从分子水平上的动物育种，它将改变目前群体水平上从表型值推断基因型值的选种过程，而发展成为先用分子生物技术测定个体的基因型和基因型值，再估计个体将来的表型和表型值，……是动物育种中提高选种准确性的重要途径。"（吴常信，1997）今天的基因组选择证实了这一点。

第一节
转基因育种

尽管这是当前一个非常敏感的话题，但是从科学的角度还是应该把它写下来，供后人评说。

一、对转基因育种的要求

对转基因育种的要求至少有 4 个方面：

（一）常规育种做不到的

常规育种的技术操作一般是在动植物的种内进行，如杂交育成新品种。转基因不但可以在种内转移某个目的基因，如动物的生长激素基因，植物的 β 胡萝卜素基因等。前者可以促进动物生长，后者可以育成生产"黄金大米"的水稻。转基因还可以在种间甚至更远的生物分类范畴之间进行，这是一般的常规育种做不到的。

（二）比常规育种快得多的

尽管用常规育种技术也能做到，但需要的时间太长，有的甚至一代人也完成不了。如对隐性纯合致死基因的清除，要等隐性基因纯合致死，自然淘汰，只能降低基因频率而不能彻底清除。用转基因技术加以敲除或置换就可以解决。

（三）比常规育种能带来更大经济效益的

这是转基因的目的，否则只能停留在研究阶段。目前转基因作物（包括水果、蔬菜）种植面积较大的国家是美国、巴西、印度，既有发达国家，也有发展中国家。至于转基因动物，能上市作为食品的目前还只有转生长激素基因的三文鱼，其他动物的转基因食品，你想吃都吃不到。有些生物公司利用转基因动物作为生物反应器，大大提高了作为药物前体材料的生产效率。

（四）产品对人和环境是安全的

这是最重要的。转基因产品要对人类无害，并在生产过程中对环境不造成污染。没有这一条，转基因育种就无从谈起，因此要立法，对转基因产品的每个生产环节都要做到无害控制，世界各国都应该有转基因生物安全评价的管理办法。

二、转基因的过程

产生转基因动物（transgenic animal）至少要经历 4 个步骤：

（一）目的基因的获得

转基因是将外源基因导入动物基因组的过程，所以首先要取得"目的基因"。也就是这个基因一定要是一个已知功能的基因，知道它的序列，通过酶切或扩增等手段可以得到，如生长激素基因。

（二）获得基因的转入

1. 显微注射（microinjection）

原核期胚胎的显微注射法（pronuclear injection）是利用管尖极细（0.1～0.5 μm）的微管注射针，将携带外源基因的 DNA 片段直接注射到原核期胚胎中。

2. 精子载体（sperm-mediated gene-transfer）

精子载体法是把携带外源目的基因 DNA 的精子通过人工授精或体外受精带入单细胞胚胎中。

3. 逆转录病毒感染（retroviral vectors）

逆转录病毒感染法是将目的基因重组到逆转录病毒载体上，再转入宿主细胞的过程，也就是使外源目的基因随逆转录病毒整合到宿主基因组的过程。

4. 胚胎干细胞介导（ES cell vectors）

胚胎干细胞介导法是通过对 ES 细胞进行基因操作，将外源基因导入 ES 细胞，经筛选获得转基因的阳性 ES 细胞，然后应用核移植或直接把阳性细胞注入囊胚中，获得转基因胚胎，再把这样的胚胎移入代孕动物的子宫内继续发育，产生转基因动物或嵌合体动物。

5. 基因编辑（gene editing）

通过基因编辑获得转基因动物是目前最常用的方法，可以使外源基因定点整合，并能用于 DNA 片段的插入、敲除、置换等分子操作。

（三）转入基因的表达

转基因的目的是要能表达目的基因的产物，如不能表达那就等于没有转入。另外表达量的多少也是要考虑的问题，因为这和以后是否能进入产业化生产有直接关系。

（四）表达基因的遗传

如转基因动物不能把转入的基因代代遗传下去，也不能算是完美的转基因技术，否则就要每代都重新转一次。显微注射和精子作为载体，目的基因是随机插入的，很少有转入同一座位的可能；逆转录病毒感染是连带有目的基因的病毒 DNA 也一起转过去了，还要考虑病毒的安全性问题；胚胎干细胞介导转成的个体往往是嵌合体，也不能真实遗传。用基因编辑的方法能将目的基因定点整合到两个性别动物同一条染色体上的同一个座位，这样就能在后代中稳定遗传，实现了转基因动物育种。

三、"转"与"反转"的问卷调查

在 2011 年中国农业大学"动物遗传学"课程的课堂讨论前，由方美英老师主讲的两个班的学生在东校区对不同专业学生作了支持或反对"转基因"的问卷调查，共收回调查表 341 份。

对调查结果的分析如图 5-1 所示。

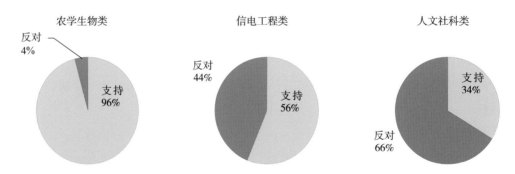

图 5-1　对中国农业大学学生转基因态度的问卷调查结果分析（凌遥作图）

看来对"转"与"反转"的态度明显有专业背景倾向。

动物克隆与转基因动物克隆

一、动物克隆（animal cloning）

动物克隆就是通过无性繁殖产生基因型完全相同的个体。现在克隆的含义似乎专指体细胞克隆，而不是像受精卵切割一类的克隆。

自从 1997 年第一个克隆动物多莉羊出生以来，已有多种哺乳动物被克隆（表 5-1）。

表 5-1　体细胞克隆成功的哺乳动物 *

动物名称	报道年份	国别	动物名称	报道年份	国别
绵羊	1997	英国	马	2003	意大利
普通牛	1998	日本	大鼠	2003	法国
小鼠	1998	美国	非洲野猫	2004	美国
山羊	1999	美国	狗	2005	韩国
猪	2000	英国	雪貂	2006	美国
印度野牛	2000	美国	狼	2007	韩国
摩弗伦羊	2001	意大利	中国水牛（沼泽型）	2007	中国
兔	2002	法国	印度水牛（河流型）	2009	印度
猫	2002	美国	骆驼	2010	阿联酋
骡	2003	美国	猕猴	2018	中国
鹿	2003	美国			

注：* 根据多种报道综合，同一种动物以最早报道年份为准。（赵春江整理）

我国动物克隆研究的起步较早，如 2000 年西北农林科技大学宣布克隆山羊成功。2002 年中国农业大学克隆黄牛成功，该克隆牛在 2004 年顺利产犊（图 5-2 和图 5-3）。

图 5-2　2002 年 4 月我国首个克隆黄牛

图 5-3　该克隆黄牛 2004 年 8 月顺利产犊

2004 年中国农业大学成功克隆出两头高产荷斯坦种公牛"龙"，取名"大隆"和"二隆"（图 5-4 和图 5-5）

图 5-4 来自加拿大的荷斯坦种公牛"龙"　　　图 5-5 克隆牛"大隆"和"二隆"

二、转基因动物克隆（transgenic animal cloning）

转基因技术与体细胞克隆技术相结合可以大大提高转基因育种的效率。从 2002 年起，中国农业大学农业生物技术国家重点实验室开始了转基因动物克隆计划，并构建了相应的技术平台。图 5-6 为转基因动物克隆技术流程；图 5-7 为中国农业大学转基因克隆牛群。截至 2006 年 3 月，已获得转基因克隆牛 51 头。

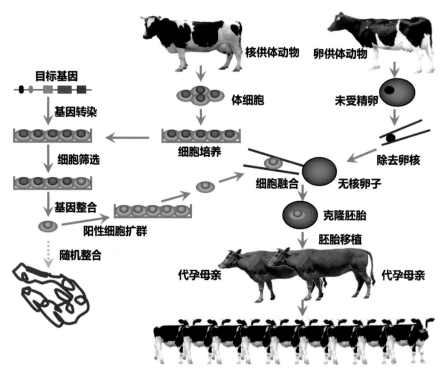

图 5-6 转基因动物克隆技术流程

图 5-7　中国农业大学转基因克隆牛群

以上图 5-2 至图 5-7 的照片都由中国农业大学农业生物技术国家重点实验室李宁教授团队提供。

第三节
数量性状基因座与标记辅助选择

一、数量性状基因座（quantitative trait loci, QTL）

（一）QTL 的概念

数量性状的遗传基础是多基因，事实上它的理论和分析方法是将这些基因当作一个整体来研究的。所谓基因型值也是作为基因的综合效应来分析的，无法阐明单个基因的作用。对控制数量性状的基因数目也只是一个估计值，不能提供基因的实际位置和功能上的信息。到 20 世纪 80 年代后，随着分子遗传学的发展，一些相关技术特别是分子标记技术被应用到数量性状分析上，这使得人们对一些涉及基因的数目、位置、效应甚至 DNA 分子序列等影响数量性状的实质问题有了深入的认识，发展了数量遗传学的基因理论，并形成了又一个遗传学的分支科学——分子数量遗传学。

目前认为，QTL 是影响数量性状的基因座，为染色体的一个片段。

（二）遗传标记

遗传标记（genetic marker）是一些可以直接或间接探测基因型所决定性状的标志物。由于可识别的层次和手段不同，遗传标记有多种类型，一般可分为 4 种：（1）形态学标记，如白眼（w）果蝇的体重一般要比黄体（y）果蝇大。（2）细胞学标记，如染色体片段的缺失或重复有可能会影响繁殖力。（3）同工酶标记，这是采用生化手段在蛋白质水平上可区分基因型的遗传标记。这三种标记都是以基因表达的结果（表型）为基础，是对基因的间接反映。（4）分子标记，这是在分子水平上可直接区分基因型的标记。

（三）QTL 定位

遗传标记多态性是 QTL 定位的基础。数量性状的表型是许多 QTL 和环境共同作用的结果。各个 QTL 的效应并不相同，对效应较大的 QTL，我们可以用遗传标记通过统计学方法进行定位，分析它们的效应，研究它们在性状形成中的作用机理，并在此基础上进行标记辅助选择，即利用这些 QTL 或与之紧密连锁的标记，结合表型和系谱信息进行育种值估计，从而提高育种值估计的准确性。

目前定位 QTL 的方法主要有两种，即全基因组扫描法和候选基因法。全基因组扫描的基本方法是选择分布在整个基因组上的分子遗传标记，构建试验群的遗传图谱，用连锁分析或连锁不平衡方法分析标记与数量性状表型间的关系，判断 QTL 在染色体上的相对位置及其效应大小；候选基因法是根据已有的知识提出与数量性状相关的基因，或根据全基因组扫描结果筛选到的候选基因，与性状作关联分析，判断其是否为 QTL。

总之，一个数量性状往往受多个 QTL 影响，这些 QTL 分布于不同染色体或同一染色体上的不同位置。利用特定的遗传标记信息可推断影响某一性状的 QTL 在染色体上的数目和位置，这就是 QTL 定位。

（四）影响数量性状的主效基因

数量性状主要是受微效基因（minor gene）或多基因（polygene）影响。但也有不少例子表明数量性状也受主效基因（major gene）的影响。表 5-2 是畜禽中一些数量性状受主效基因甚至是单基因影响的例子。

表 5-2 有确定生产意义的 QTL*

畜种	基因名称	效应	所在染色体
猪	氟烷敏感基因（*Hal*）	肉品质	6
	生长激素基因（*GH*）	促进生长	12
	酸肉基因（*RN*）	肉品质	15
牛	双肌基因（*MH*）	生长发育	2
	Weaver 基因	纯合致病；杂合提高产奶量	4
绵羊	*Booroola* 基因	繁殖力	6
	FecX 基因	繁殖力	x
鸡	矮小基因（*dw*）	生长	z
	快慢羽基因（*K，k*）	生长；自别雌雄	z
	裸身（*nu*）	无羽	4

注：* 根据多种文献综合。（鲍海港整理）

可以这样说，影响数量性状是多基因，但作为数量性状基因座（QTL）来说，它们也可以是主基因甚至是单基因。所有 QTL，只要它们有足够大的效应，都可以用作数量性状的选择标记。

二、数量性状核苷酸（quantitative trait nucleotides, QTN）

数量性状基因座（QTL）的分子基础就是数量性状核苷酸（QTN），它是在被定位的 QTL 区间内对数量性状真正起作用的核苷酸序列多态位点。被定位的 QTL 区间通常较大，可能会有上百个基因，因此我们需要做进一步的精细定位，在此区间内筛选候选基因。在确定候选基因后，检测其 SNPs，筛选出与期望相一致的 SNP 作为候选的 QTN，再对候选的 QTN 做统计学和功能上的验证，最终确定其是否是 QTN。经确定的 QTN，又称之为数量性状基因（quantitative trait gene, QTG）。

通过 QTL 定位进而确定为 QTN 的基因还不多。现在更多的是通过全基因组关联分析找出致因突变，确定是否和数量性状有关的基因。家畜、家禽中已经确定有功能的 QTN 实例见表 5-3。

表 5-3　对畜、禽经济性状有意义的 QTN/QTG*

畜种	基因名称	功能	参考文献
乳牛	DGAT1 （二酯酰甘油酰基转移酶 1）	与产奶性状有关	Grisart B W, et al. (2002)
	ABCG2 （ATP 结合运转蛋白 G2）	与产奶性状有关	Olsen H G, et al. (2007)
猪	IGF2 （胰岛素样生长因子 2）	与生长有关	Van-Laere, et al.(2003)
绵羊	GDF8 （肌肉生长抑制素）	与肌肉生长有关	Clop A, et al. (2006)
	BMPR-1B （骨骼形成蛋白 1B 型受体）	与繁殖有关	Mulsant P, et al. (2001) Souza C J, et al.(2001)
鸡	SLCO1B3 （绿壳蛋基因）	与色素代谢有关	Wang Z, et al. (2013)

注：* 根据多种文献综合。（鲍海港整理）

三、标记辅助选择（marker assisted selection）

目前用于数量性状的遗传标记主要是分子标记，也就是在找到与目标性状高度关联的分子标记后对目标性状进行间接选择。

众所周知，在网上公布的已被定位的 QTL 很多（表 5-4），而且这一数量还在不断增加，但能实际应用的并不多。

表 5-4　畜禽主要性状已定位的 QTL 数量

畜种	QTL总数	性状数量	性状类型	QTL数量	畜种	QTL总数	性状数量	性状类型	QTL数量
猪	31454	695	肉和胴体	16729	鸡	12782	430	生产	9377
			健康	6712				体型外貌	1882
			生产	2859				健康	830
			体型外貌	2492				繁殖	390
			繁殖	2662				生理	303
牛	160656	675	乳	66811	羊	3534	270	乳	898
			繁殖	45375				体型外貌	497
			生产	22679				肉和胴体	513
			体型外貌	9902				健康	876
			肉和胴体	9153				生产	415
			健康	6736				繁殖	215
								羊毛	120

数据来源：NAGRP — Bioinformatics Coordination Program 2020 年 12 月 23 日更新（赵春江整理），性状类型中"生产"（production）原文如此。

能实际应用的 QTL 不多的原因分析：

1. QTL 或标记与性状的连锁程度不确定

QTL 是通过连锁检验确定位于某个数量性状基因附近的染色体区域。这一区域涉及的 DNA 实际长度可能很长，也可能较短，因此，发现的 QTL 可能包含多个基因，它（它们）和所标记的数量性状间的连锁程度并不确定。

2. QTL 有群体特征

不同群体由于遗传背景不一样，同一性状的 QTL 在其中发生分离的位置、数目和效应不完全相同，根据不同群体确定的 QTL 会有差异。因此，实际应用中要把 QTL 与具体的群体相联系。

3. QTL 有统计学特征

QTL 的位置和效应是通过抽样分析和统计估计获得的，受抽样误差及检验方法和检验标准的影响，统计分析确定的 QTL 的位置也并非物理上的位置。所以 QTL 位置与效应均有概率上的含义。

一个数量性状究竟受多少个 QTL 控制？这些 QTL 位于哪条染色体上的什么位置？各个 QTL 的效应和联合效应是什么？用 QTL 对数量性状做标记辅助选择（MAS）的准确性怎样？从现在对 QTL 研究来看，这些问题都尚未解决。可以这样说，"30 多年来对 QTL

研究的最大收获是在分子水平上证明了决定数量性状遗传的是多基因。"（吴常信，2009）

第四节
全基因组关联分析

一、研究背景

Genome-Wide Association Study（GWAS）即"全基因组关联研究"或"全基因组关联分析"。这一研究最早从医学开始，通过提取病例组和对照组的 DNA 样品，进行全基因组的 SNP 芯片扫描，找出病例组和对照组中基因频率差异显著的 SNP 位点，则认为该位点与疾病（性状）存在关联。

GWAS 的快速发展是由于人类基因组计划（HGP）和人类基因组单体型图计划（Hap Map）的完成，SNP 芯片和高通量的 SNP 检测技术的完善，基因分型技术的提高，以及不断改进的统计分析方法和软件的出现实现的。

GWAS 是应用人类、动物、植物基因组中数以万计的单核苷酸多态性（single nucleotide polymorphism, SNP）为标记进行关联分析，以期发现由多基因决定性状的分子基础的一种策略。与以往的候选基因分析策略不同，GWAS 无须假设与性状有关的候选基因，而是直接通过 SNP 作关联分析。自从 Klein 等于 2005 年在 Science 上首次报道了与年龄相关的黄斑变性（Age-related macular degeneration）的 GWAS 结果以来，引起了 GWAS 的热潮，发表的论文数逐年增长，到 2020 年才有所降低。如图 5-8 所示。

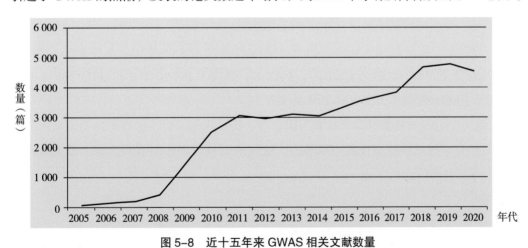

图 5-8　近十五年来 GWAS 相关文献数量

资源来源：以 GWAS 为检索词在 Genbank 查到的相关文献数量（截至 2020 年 12 月 31 日），网址：https://pubmed.ncbi.nlm.nih.gov/。（赵春江整理并作图）

二、GWA 分析过程

对多数畜禽质量性状来说 GWAS 可以一次完成，但对于受多基因控制的数量性状或复杂性状，GWA 分析通常采用两步设计。第一步，对较少的样本用覆盖整个基因组的高通量 SNP 分型芯片或序列进行分型分析，筛选出差异最显著的 SNP（如 P < 10^{-7}）；第二步，扩大样本，对第一步筛选出的 SNP 进行验证。这一设计的优点是减少了基因分型的工作量和费用，而且通过第二步的重复试验降低了误差，如假阳性率。但这一设计也存在一定缺点，由于第一步分析通常是在较少的样本中进行，有可能漏检了一部分目标基因。解决的办法是适当扩大样本含量，并放宽第一步筛选 SNP 的显著标准（如 P < 10^{-5}），但这样做的结果又会增加费用。

GWA 分析的大致过程可分为下面 6 个步骤：① 提取 DNA 样本，进行高通量的 SNP 分型；② 将每个样本的全部 SNP 分型信息以数字形式存储并对其进行质量控制；③检测分型样本和位点的"得率"（call rate），比较试验与对照的符合程度即差异程度；④对经过质控的数据进行关联分析，筛选出一批差异最显著的 SNP 位点；⑤根据试验要求，对筛选出的 SNP 用适当通量的基因分型技术在独立样本中进行验证；⑥如果采用两步设计，还需合并两部分的数据。

三、GWAS 应用中的问题

（一）由于不同群体中同一基因的频率不同，或是不同群体有不同的连锁不平衡区域，这就使得在一个群体中 GWAS 结果显著的 SNP 在另外的群体中有时并不显著。

（二）GWAS 研究的对象主要是 SNP，对 SNP 以外的其他变异如拷贝数变异、小片段缺失、串联重复序列等 GWAS 检出的功能很小，而这些非 SNP 变异通常包含了多个核苷酸，往往可以影响所研究性状基因的表达。

（三）由于数量性状 / 复杂性状受环境的影响大，这也给 GWAS 带来一定困难。如对人类身高的研究，通过对 25 万人的样本，研究了 697 个 SNPs，发现了 424 个基因位点，但也只解释了人类身高 20% 的变异。

（四）GWAS 对质量性状可找到致因突变，进行精细定位，如鸡的绿壳蛋基因、裸身基因；对于数量性状可找到关联基因，这些基因可用于标记辅助选择，但无法比较每个个体育种值的高低。

第五节
基因组选择

一、概念

畜禽遗传改良的目标性状多数是数量性状，受多基因控制。通过 QTL 和 GWAS 等策略发现的基因或标记也只能解释较小比例的遗传和表型变异，实施标记辅助选择的效果多数并不理想。

基因组选择（genomic selection，GS）是指在全基因组范围内的标记辅助选择，即利用覆盖全基因组的高密度标记进行标记辅助选择。随着多种畜禽基因组测序的完成和与 QTL 有关的大量 SNPs 的发现，以及 SNP 芯片等高通量 SNP 检测技术的完善，使基因组选择的应用成为可能。由于 SNP 的密度高且覆盖整个基因组，使任何一个 QTL 可以至少与一个 SNP 标记紧密连锁，这就有可能通过全基因组中大量的 SNP 标记来捕获所有的遗传变异（理论上），从而更准确地评估个体间的遗传差异。

二、方法步骤

实施基因组选择通常分为两步：第一步，要建立一个参照群体，对每个个体所有要选择的性状做详细、准确的表型记录，同时对这些个体进行高通量基因组标记分型，然后利用数学模型估计出各个标记的效应；第二步，对需要选择的候选群体中的每个个体也做标记分型，再根据第一步得到的标记效应值累加得出每个个体的基因组育种值（GEBV），据此进行选种。

标记分型是利用覆盖整个基因组的标记（主要是 SNP 标记，也可用微卫星标记）将染色体分成若干片段，即相邻的两个标记就是一个染色体片段，应用高通量的基因分型技术对标记进行分型。前提是影响数量性状的每个 QTL 都与高密度全基因组标记图谱中至少一个标记处于连锁不平衡（LD）状态。

目前，估计标记效应的统计方法最常用的有最佳线性无偏估计（BLUP）法和贝叶斯（Bayes）法。这两种方法的主要区别在于对标记效应分布的假设不同。BLUP 法假设所有标记都是微效标记，且服从同一方差的正态分布；Bayes 法假设绝大部分标记为微效标记，但也存在少量效应较大的标记，即允许不同标记的效应有不同的方差。但在计算的难度和耗时上 BLUP 法要明显优于 Bayes 法。

基因组选择中，最主要的是要估计个体的基因组育种值，目前已提出了多种基因组育种值的估计方法，例如"一步法"（single step GBLUP）就是其中的一种，它是对GBLUP（genomic BLUP）方法的改进。GBLUP 与常规 BLUP 的区别是用 G 矩阵（用基因组标记信息计算的亲缘关系矩阵）替代了 A 矩阵（用系谱信息计算的亲缘关系矩阵）。"一步法"在 GBLUP 的基础上利用了候选群中有系谱但没有基因型的个体表型信息。

GBLUP 利用了两部分信息，一是参考群个体的基因组标记信息及表型信息；二是候选群个体的基因组标记信息。"一步法"又加了第三种信息，即候选群个体中没有基因组标记信息，但有和已有基因组标记信息的个体有一定亲缘相关的系谱信息。这样就多了一种信息来源，所以基因组估计的准确性比 GBLUP 有所提高。

三、影响基因组选择效果分析

（一）参照群体规模

基因组选择的准确性很大程度上受参照群体大小的影响。扩大参照群体能提高 GS 估计的准确性。如荷兰 CRV 公司在 2008 年基因组选择开始之初，参照群体只有 4000 头验证公牛，到 2010 年由于加入欧洲基因组计划，参照群体规模迅速扩大，已经涉及欧洲基因组成员国所有的验证公牛，参照群体规模达 2.5 万头。据报道，法国、丹麦、德国和荷兰等国的奶牛育种公司使用共享的参照群体比他们使用单独的参照群体的估计育种值准确性提高了 10%。

（二）标记密度和标记间连锁不平衡程度

增加标记密度，降低了标记间的重组率，可提高 GS 的选择效果，但增加了标记的检测成本。同样，标记间的连锁不平衡的程度越高，GS 的效果越好。

（三）参照群体与候选群体间的世代差异

随着参照群体与候选群体在世代上间隔时间的增加，标记与 QTL 间的连锁不平衡程度发生变化，用参照群体估计的标记效应和实际选择的候选群体产生了差异，因而 GS 的准确性下降。所以在经过了 3～4 个世代后需要利用新的或是改进了的参照群体重新估计标记效应。

四、基因组选择中几个问题的讨论

基因组选择的优点在于：①早期选种，畜禽初生时即可获得基因组信息；②缩短世代间隔，这对传统用后裔测定的家畜更明显；③有利于提高遗传力低的性状、限性性状，特别是不能重复度量性状的选择准确性。但是针对目前存在的几种观点仍有澄清的必要。

（一）有了基因组选择，家畜就不用再做生产性能的记录了

这是某些国外奶牛育种公司的声音。他们公司的奶牛做记录，建立参照群体，而

且记录还在不断更新，而别人只要买他们的牛、冻精、胚胎就行了。如果同意这一说法，那就会影响我国奶牛育种工作的发展。

（二）基因组选择不但可以合并同一品种的跨国群体，而且还可以合并不同品种的群体，如荷斯坦奶牛和娟姗牛，大白猪、长白猪和杜洛克猪

这种看法国内国外都有。要知道合并群体虽然增加了群体大小，在一定程度上增加了选择的准确性，但也要看到群体合并后也增加了群体中的遗传方差和表型方差，降低了选择的准确性。合并同一品种的不同群体还犹可，但如果要合并不同品种，如我国三大外种猪，建立一个参照群体，计算共同的标记效应，这在统计上是可行的，但在应用上是会产生很大误差的。因为参照群体是三品种的混合群体，而待选择的是候选群体中的某个个体，它可以是大白、长白或杜洛克，选择的准确性也不会比同一品种的参照群体高。

（三）不同畜种基因组选择重要性分析

2019 年在"动物比较育种学"的课堂上进行了一次测验，全班 32 人都参加了答题。题目是：

基因组选择（GS）在奶牛育种中已被普遍采用，这是由于：

1. 世代间隔长，后裔测验结果要等 4 ～ 5 年。

2. 母牛利用年限长（8 ～ 10 年），经济价值高。

3. 限性性状，公牛不产奶。

4. 冷冻精液可长期保存，能充分发挥优秀公牛的作用。

5. 有长期准确的记录资料，基因组选择的准确性可以和后裔测验结果比较。

尝试从比较育种学角度，对以下畜种采用 GS 的重要性进行排序：奶牛、肉牛、毛用羊、肉用羊、猪、蛋鸡、肉鸡。现确定第①是奶牛，请从②开始排序。

①奶牛，②，③，…，⑦。

对 32 份答卷的汇总如表 5-5 所示。

表 5-5　答卷汇总

排序	1	2	3	4	5	6	7
奶牛							
肉牛		16	10	1	3	0	2
毛用羊		8	4	13	4	1	2
肉用羊		0	1	8	17	5	1
猪		6	14	3	4	2	3
蛋鸡		2	3	5	2	19	1
肉鸡		0	0	2	2	5	23

汇总后根据多数意见排序：

①奶牛，②肉牛，③猪，④毛用羊，⑤肉用羊，⑥蛋鸡，⑦肉鸡。

这一排序基本符合实际情况，但还需要做进一步分析：

1.猪在育种中不但要考虑生长、肉质等两个性别都可度量的性状，而且还要考虑产仔数和泌乳力等限性性状，以前育种就分别制订公猪指数和母猪指数，现在则更重视每头母猪每年可提供的断奶仔猪数（或屠宰猪头数、胴体总重量、瘦肉总重量）等综合性能指标。这就显得对这些限性性状作 GS 选择更加重要。

2.肉牛种畜的利用年限长，世代间隔长，所以排在羊的前面。

3.肉用羊种羊的利用年限短，而且肉用性状的遗传力较高，所以排在毛用羊的后面。

4.家禽冷冻精液没有过关，只能利用中选个体本身，而且世代间隔短，基因组选择的作用较小，所以排在最后。产蛋是限性性状，而且是低遗传力性状，所以蛋鸡排在肉鸡前面。

综上考虑，建议从比较育种学的角度对 GS 在不同畜种应用重要性的排序应该是（图 5-9）：

①奶牛，②猪，③肉牛，④毛用羊，⑤肉用羊，⑥蛋鸡，⑦肉鸡。

①奶牛
②猪
③肉牛
④毛用羊
⑤肉用羊
⑥蛋鸡
⑦肉鸡

图 5-9　GS 在各畜种中应用重要性排序（张浩作图）

如鸡的冷冻精液保存技术过关（如可保存 3 年以上，而且在解冻复苏后输精，仍可获得入孵蛋 75% 以上的健雏率）则蛋鸡可以考虑排在毛用羊的前面，肉鸡仍在最后。

同时也对学生提出，现在各种畜禽基因组选择都是参照奶牛的策略，不同畜种应当根据育种要求制订适合自身的策略，才能提高选择效果。

五、基因组选择效果的比较

比较某种选择方法的准确性是遗传育种的一个难题。理论上用任何一种方法得到的育种值都是对一个育种真值的估计，但什么是真值？谁也不知道。因而产生了各种各样的估计。实际上，有两类方法可以用于比较育种值估计的可靠程度，一是计算机模拟；二是与后裔测定成绩比较。计算机模拟很大程度上受选用的模型和设置的参数影响，其结果有可能优于后裔测定，但与后裔成绩（或包括后裔成绩在内的其他亲属成绩）比较，则永远超不过后裔测定。

自从 Meuwissen 等 2001 年提出基因组选择以来，在动物遗传育种领域中引起了对 GS 的研究热潮，无论是对标记分型、效应值估计的统计方法还是具体的应用策略都有很大发展。现在不仅在牛、羊、猪、鸡、水产动物中，而且在作物方面都有用 GS 对数量性状选择的报道。研究发表的论文多了，报道结果就可能有真有伪，至少有一部分的研究结果是值得怀疑的。

（一）什么是可信的？

如一家或几家奶牛育种公司，对保存的几代甚至十几代的奶牛育种资料，用验证公牛（有的可能已不存在）组成参照群体，这样就可以产生两组育种值：一是根据过去女儿的后裔测定育种值；二是现有女儿的基因组育种值。对这两组育种值做相关分析，如相关程度高，说明基因组选择有效，这一结论是可信的。

（二）什么是值得怀疑的？

目前，对 GS 效果的报道多数是计算机模拟的结果。应当指出的是计算机模拟要遵循两个原则，一是对生产或科研中提出的问题，根据实际情况选择模型和合理地设置参数；二是对模拟的结果要返回生产或科研中进行验证。而现在的计算机模拟往往有意无意地忽视了第二个原则，特别是对世代间隔长的畜种，等验证出来结果再发表文章，就来不及了。而现在发表文章，即使以后发现估计错了也不会有人再来追问。再有在计算机模拟中往往由于所设置的参数不同而得到不同的结果，有一定的随意性。

总之，GS 是基因组水平的标记辅助选择，有许多优点。笔者曾说过这样的话："适用于所有畜种、所有性状的最佳选择方法是没有的，最佳选择方法是根据不同畜种、不同性状采用不同的方法"。如一些遗传力高的性状，表型选择就有好的效果，不必花大量的费用再用基因组选择来辅助了。当然为了要发表文章、申请专利那就是另外的事了。

第六节 基因编辑

基因编辑（gene editing）或基因组编辑（genome editing）是在基因组层面上对特定目标基因进行修饰的一种基因工程技术。

一、基于 ES 细胞同源重组的基因打靶技术

（一）步骤（以小鼠为例）

基因打靶技术是利用 DNA 同源重组和胚胎干细胞（ES 细胞），在基因组某个位点引入特定突变。一般需经以下步骤：①ES 细胞的培养；②特异性载体的构建；③ES 细胞的转染；④中靶 ES 细胞的增殖；⑤中靶 ES 细胞经显微注射进入受体囊胚；⑥将囊胚移植到代孕鼠子宫内；⑦种系嵌合体的鉴定及基因打靶小鼠的表型分析。

（二）标志性工作

1. 1981 年，Evans 等成功从小鼠囊胚中分离到 ES 细胞，在体外培养，实现连续传代，并于 1984 年获得嵌合小鼠的生殖细胞，使体外培养的 ES 细胞基因型得以遗传。

2. 1985 年，Capecchi 证明同源重组在哺乳动物细胞中高频存在；Smithies 已利用同源重组将质粒 DNA 序列插入到人类细胞的染色体基因中。

3. 1987 年，Capecchi 和 Smithies 几乎同时在小鼠胚胎干细胞上实现了基因打靶。

由于在基因打靶技术中的开创性贡献，Evans, Smithies 和 Capecchi 三人获得 2007 年诺贝尔生理学或医学奖。

（三）ES 细胞打靶技术的缺陷

ES 细胞打靶技术存在以下几种缺陷：①同源重组的效率低；②耗时长；③费用高；④有明显的物种限制。如在小鼠中成功率较高，但对其他哺乳动物，此项技术的应用相当困难。

二、基于核酸内切酶的基因编辑技术

近年来，多种新型高效的 DNA 靶向内切酶被发现并应用于构建基因编辑的动物模型。

（一）第一代人工核酸内切酶

锌指核酸内切酶（zinc finger nucleases, ZFNs）由可特异性结合 DNA 的锌指蛋白和

非特异性的核酸内切酶 Fok I 融合而成，能在多种生物体基因组的特定位点造成双链断口（double-strand break, DSB），从而诱发细胞内修复机理产生突变体。

ZFNs 技术已在大鼠、小鼠、斑马鱼、果蝇等模式生物及体外培养的细胞系中实现基因的定点突变，且其突变可顺利遗传给子代。

（二）第二代人工核酸内切酶

类转录激活因子核酸酶（transcription activator-like effecter nucleases, TALENs）由非特异性的 Fok I 核酸酶和 TALE 蛋白组成。和 ZFNs 技术不同，ZFNs 技术中的每个 ZF 单体以三联碱基的方式结合 DNA 双链，而 TALENs 技术中 TALE 单体是以单碱基的方式结合 DNA，从理论上看，这种结合方式可以对基因组上的任意位点进行编辑。

TALENs 技术已被广泛应用于多种模式生物的基因修饰，如在酵母、线虫、果蝇、斑马鱼、小鼠、大鼠及哺乳动物细胞系中实现定点打靶。

（三）第三代人工核酸内切酶

RNA 引导的 DNA 核酸内切酶。它是一种成簇的、规律间隔的短回文重复序列（clustered regularly interspaced short palindromic repeats, CRISPRs）。

1987 年 Ishino（日本）研究大肠杆菌碱性磷酸酶基因时，发现在该基因附近有一段由简单重复序列组成的特异序列。

2002 年 Janson（荷兰）分析该序列发现，它由长度不一（21～37 bp）的正向重复序列（repeats）与长度相仿的间隔序列（spacers）相间排列而成，并将其命名为成簇的、规律间隔的短回文重复序列（CRISPRs）。

他又在其附近发现 CRISPR 相关基因（CRISPR-associated, Cas）。分析发现 Cas 基因表达产物与 DNA 解螺旋酶及核酸酶具有高度的同源性。提示 Cas 蛋白具有 DNA 内切酶的功能。

2011 年 Charpentier（法国）在研究化脓性链球菌时发现了一种以前未知的分子 tracrRNA（trans-activating CRISPR RNA）。某些细菌中的 CRISPR 系统，通过 Cas9 蛋白、CRISPR RNA（crRNA）与 tracrRNA 分子可识别并切割病毒 DNA，使细菌增加对外源 DNA 的天然抗性。同年 Charpentier 与 Doudna（美国）合作，在试管中重建了具有上述切割功能的细菌"基因剪刀"。由于这两位女科学家在基因编辑技术中的开创性贡献，共同获得了 2020 年诺贝尔化学奖。

crRNA 中的引导序列与目标 DNA 以碱基互补、配对结合并启动 Cas9 核酸酶切割 DNA 双链，从而产生双链断口，形成编辑靶点。

与 ZFNs 和 TALENs 相比，CRISPR Cas9 技术的优势是针对多个基因设计 sgRNA（single-guide RNA），并在一次打靶中同时完成多点突变。

根据 Cas9 可多位点打靶的特点，在删除片段两端设计 sgRNA，一次打靶即可实现片段的定向删除。这一技术可满足基因簇删除、多基因删除、调控区域删除、外源基因大片段删除的需求。

ZFNs，TALENs 和 CRISPR / Cas9 这三种技术的本质都是利用核酸内切酶在基因组产生 DNA 双链断口（DSBs）。DSB 能激活宿主体内固有的非同源末端连接（non-homologous end joining, NHEJ）或同源重组（homologous recombination, HR）机理。（图5-10）

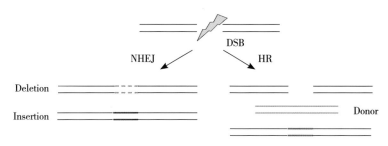

图 5-10　机体对 DSB 损伤的修复机理（经过简化的模式图）

非同源末端连接（NHEJ）和同源重组（HR）。在 NHEJ 修复时，会产生插入 / 删除突变（indel）；在 HR 修复时，通过提供外源性打靶载体，能实现定点突变或者标签序列插入等。NHEJ 通过 DNA 片段的插入或缺失造成基因移码突变；而在提供同源序列情况下，也可通过 HR 方式进行精确修复。

基因编辑技术在人类基因治疗中的应用已有成功报道，但多数都是单基因决定的遗传性疾病。对于多基因决定的复杂性状和数量性状，尽管发表的论文不少，但至今还缺少经得起推敲的例子。

三、是否可研究染色体编辑

把基因编辑再深入一步就是染色体编辑（chromosome editing）。

（一）对染色体畸变的纠正

染色体畸变中的结构改变如一条染色体上的缺失、重复、倒位或是两条染色体之间的易位，都有可能用染色体编辑的办法加以纠正，或干脆再让它同样地复制一条来育成新种或新品种。

（二）对整条染色体的编辑

1. 整条染色体的敲除

人类单体、三体等染色体数量改变所造成的遗传性疾病，如唐氏综合征就是第 21号染色体多了一条成为三体，患者智能发育迟缓。如通过染色体编辑去掉一条，就有可能恢复正常。

2. 动物性别改变

哺乳动物和鸟类的性别都受性染色体控制。早在 2000 年前后，吴仲贤先生的研究生李玉奎博士，就已经掌握对单条染色体的剥离技术。他能剥离出鸡的单条 Z 染色体，这样就有可能专门对 Z 染色体进行基因操作。在哺乳动物中，如能把 Y 染色体置换成 X 染色体，发育的个体就都是雌性。这在奶牛中有应用前景，可以多生母牛，多出奶。在鸡中就要把公鸡中的一条 Z 染色体置换成 W 染色体，则孵出来的都是母鸡，可以多生蛋。

现在已有高精度的激光显微切割系统，不但可以切割染色体，而且对活细胞也能切割，切割后还可以进行后续的再培养和分子生物学操作。

第七节
动植物分子设计育种比较

其实，动物也好，植物也好，任何一项育种工作都是有设计的。大到育种规划，小到研究生的开题报告，都是有设想、有计划的。那么为什么现在又要强调设计育种，特别是分子设计育种或是分子模块设计育种呢？据说是群体水平的育种或是被称为"传统育种"出现了"缺陷"或"局限性"，需要用分子育种来打破这种局限性。其实不然，任何一种育种方法都有它适用的范围，也都有它要改进的地方，也就是所谓的"缺陷"或"局限性"。比如，现在都说基因组选择是最新、最好的选择方法，各种畜禽以至作物都在采用。要知道基因组选择最初是根据奶牛育种的需要设计出来的，不一定适合各种家畜、家禽或是作物，不过大家都来用用，发表发表文章还是有好处的，做得多了总会有人考虑在动物上适用的不一定适用于作物，在牛上适用的不一定适用于鸡，要根据基因组选择的原理对不同的选择对象重新设计选择策略。

无论如何，基因组选择是数量遗传学原理、统计学方法与分子生物技术相结合用于动植物育种的一个范例。

一、从植物（作物）育种中吸取经验

（一）育种思路

植物育种中的花粉培养、多倍体、抗病育种、杂种优势利用等有许多先进技术值得动物育种工作者学习、借鉴。在分子水平上的育种，植物育种也走在动物育种前面。早在 21 世纪初，植物育种研究已经提出设计育种（breeding by design）和分子设计（molecular design）育种。并在一些研究计划中提出基因聚合（gene pyramiding），希

望把高产、优质、高效、抗病、抗逆等有利性状的基因通过基因操作，尽可能多地聚合在一起。即使不能都聚合，也要聚合成几个"模块"，再把几个"模块"耦合在一起。这里"基因操作"是重要的，甚至是必要的，因为通过杂交把有利性状结合在一起的方法，在达尔文时代就解决了。

再有，根据育种和生产需要，把多个有利基因在不能兼得的情况下，求得一个"最佳"的平衡点，以达到最大的经济效益而有所谓"平衡育种"（balanced breeding）。在动物育种中同样有这个问题，例如奶牛要求高产、优质、健康、长寿。通过群体层面的选种已有一定效果，但要通过基因操作，至少在动物育种中还没有解决。

（二）投入

2007 年，中国科学院启动"小麦、水稻重要农艺性状的分子设计及新品种培育推广"院重大项目。

2010 年，国务院审议通过了中科院"创新 2020"规划。

2013 年，中国科学院批准了"分子模块设计育种创新体系"战略性先导科技专项。以水稻为主，小麦、鲤鱼为辅。

2015 年，在科学院院刊上以"开启中国设计育种新篇章"为标题介绍了该专项的背景、总体目标、研究内容、进展及发展展望。

（三）进展

这里介绍的是根据中国科学院院刊上 2015 年的资料，现在已经是 2021 年，想必 5 年多来又取得了新的更大的成绩。

1. 分子模块解析

在水稻育种中，通过对遗传资源材料的评价，获得了 108 份高产、优质、稳产、高效的优异模块供体材料。包括高产分子模块、抗病分子模块、耐寒分子模块和氮高效利用分子模块（在这里，分子模块就是有分子信息的育种素材）。

2. 分子模块耦合组装

在大豆的选种中，通过全基因组关联分析，并整合前人 QTLs 分析，发现很多选择信号和大豆产油性状有关，形成复杂的网络系统共同调节油代谢。通过耦合组装有可能育成高油品种（通过常规育种育成的高油大豆品种早就有了）。

3. 品种分子设计与培育

在东北稻区，以空育 131、稻花香 2 号、吉粳 88、盐丰 47 等为底盘品种，分别导入稻瘟病抗性、优良株型、香味和低直链淀粉含量等分子模块，以弥补这些主栽品种所遗缺的分子模块，共获得了 1 000 多份多模块聚合材料（在这里，导入就是杂交）。

4. 分子设计育种基地完善

按目标作物和动物，启动东北、华北、华东、华中、西南和海南 6 个分子育种基地，设施设备完善。

5. 理论提升

分子模块育种体系项目通过基因组测序、全基因组关联分析等多种组学手段，发掘和鉴定水稻高产、稳产、优质、高效等遗传调控网络，揭示了复杂性状形成的分子模块基础。

二、动物分子设计育种差距

（一）对几个概念的理解

1. 设计育种

2003 年比利时科研人员 Peleman 和 Van der Voont 提出了对作物农艺性状设计育种的技术体系。

动物育种也都是有设计的，育种方案的制订就是设计。育种或是设计育种可以看成是一项工程，需要有构思、设计、蓝图、施工等过程。

育种方案的实施就是一项工程从施工到验收的过程，如原材料选择、施工技术、施工过程中的调整、工程验收、后评价等。

2. 育种是一项遗传工程（genetic engineering）

（1）分子遗传工程，或基因工程。

（2）细胞遗传工程，包括染色体工程。

（3）数量遗传工程，又叫多基因工程。

3. 遗传资源与育种素材（genetic resources and breeding material）

（1）遗传资源 发掘、收集、引进的生物资源。

（2）育种素材 用于育种的遗传资源。

4. 模块与耦合（module and it's coupling）

（1）模块 对"资源"或"素材"赋予各种信息，就成为模块，相当于工程建设中原材料加工后的各种构件（component parts）。

（2）耦合 模块间的组装。

（二）畜禽遗传资源调查

1. 2006 年农业部印发《全国畜禽遗传资源调查实施方案》，资源调查工作全面开展。

2. 2011 年出版了《中国畜禽遗传资源志》共 7 卷，分别为《猪志》《家禽志》《牛志》《羊志》《马驴驼志》《蜜蜂志》《特种畜禽志》，共收录畜禽品种 700 余个，并有文字、图像等信息，为开展或已经开展的设计育种提供了大量模块。

（三）地方品种的遗传改良

1. 纯种选育

群体水平：加性基因选择、隐性有利基因选择。

分子水平：分子标记辅助选择、基因组选择。

有标记信息的个体或关联基因就是模块。

2. 杂交育种

群体水平：与外来高产品种杂交，育成新品种。

分子水平：有利基因互补，利用杂种优势，育成配套系。

这时，每个含有不同性状的亲本就是模块，杂交就是耦合。

（四）配套系育种（统计到 2020 年 8 月）

猪已审定通过 13 个配套系；鸡已审定通过 77 个配套系。多数为三系配套，即一个父系模块和一个由两系耦合的二级模块作母系，杂交而成。

（五）畜禽育种基地建设

农业部审批了一批核心育种场，地方和企业也建设了一批育种场，为模块设计育种提供了大量资源、素材和场所。

（六）遗传资源的保护

1. 群体水平

公布了一批国家级畜禽遗传资源名录；建立和确定了保护区、保种场、基因库；提出了畜禽保种优化设计。

2. 细胞水平

保存了一批冷冻精液、冷冻胚胎、细胞系。

3. 分子水平

保存了大批 DNA 样品；利用分子信息检测保种群体的遗传多样性。

遗传资源保护的这些措施为动物设计育种的可持续发展提供了保障。

三、在动物育种中的应用举例

（一）青胫小型隐性白鸡的选育（表 5-6）

表 5-6　小型隐性白羽鸡的模块育种

模块	外形	基因型（♀）	作用
一级模块	小型白羽鸡	dwdw	节省饲料
二级模块	小型隐性白	dwdw cc	改良黄胫地方鸡种
三级模块	青胫小型隐性白	idid dwdw cc	改良青胫地方鸡种
四级模块	快羽青胫小型隐性白	kk idid dwdw cc	自别雌雄

（二）对畜禽配套系育种的启示

1. 不同的系就是具有不同特性的"模块"。

2. 对不同特性的分析就是"解析"。

3. 配套就是"耦合"。

4. 二系配套就是两个一级模块耦合。

5. 三系配套就是父系一级模块和母系二级模块的耦合。

6. 四系配套就是两个二级模块的耦合。

由此可见，畜禽配套系就是：① 群体水平的"基因聚合"。一些负遗传相关的性状很难在同一个品种（系）中兼顾，如蛋数与蛋重，配套系解决了这个问题。② 群体水平的"平衡育种"。在一定程度上能对需要改进的两个性状"取长补短"，如生长速度与肉质。③ 可有效地结合数量性状与质量性状育种，如利用鸡性染色体上的基因作初生雏的自别雌雄。

动物分子设计育种的主要差距在于通过基因操作形成分子模块还远远不够，耦合也还只是通过群体层面的杂交手段。尽管动物分子育种的提出已有 30 年以上的时间，但要实现这一愿望还真是任重而道远。

参考资料

1. 张勤，张沅，刘剑锋. 动物重要经济性状基因的分离与应用. 北京：中国农业大学出版社，2012.

2. 吴常信. 动物遗传工程的现状与未来. 中国畜牧杂志，1987(03):62-64+39.

3. 吴常信. 为创建一门新的边缘学科——《分子数量遗传学》而努力. 中国畜牧杂志，1993，29（4）：54-55.

4. 吴常信. 畜禽主要经济性状（肉、蛋、奶）的遗传改进与育种新技术. 中国农学通报，1997（01）.

5. 吴常信，鲍海港. 从 QTL 到基因组选择·10000 个科学难题·农业科学卷. 北京：科学出版社，2011.

6. 吴常信，鲍海港. 合成生物学对动物育种的启示. 基因组时代的动物遗传育种学术论坛，泰安，2018.

7. 薛勇彪，种康，韩斌，等. 开启中国设计育种新篇章——"分子模块设计育种创新体系"战略性先导科技专项进展. 中国科学院院刊，2015，20（3）.

8. 吴常信. 模块耦合育种及其应用. 第三届畜牧兽医工程科技高峰论坛，北京，

2017.

9. 李宁, 吴常信. 基因定点整合改良家畜的现状与展望. 中国畜牧杂志, 1992, 6: 54-56.

10. 吴常信. 对动物分子数量遗传学发展的思考. 第八届全国动植物数量遗传学学术研讨会, 北京, 2019.

11. 吴常信. "动物比较育种学" 课程讲稿（PPT）, 第四章 选种方法（二） 分子层面的选种方法.

12. 邓学梅. "动物比较育种学" 课程讲稿（PPT）, 动物分子育种.

13. 邓学梅. 分子辅助育种技术的发展与应用. 中国农业大学 "动物遗传资源与分子育种实验室" 年会报告, 北京, 2019.

14. Johan D, Jeroen Rouppe van der voort. Breeding by Design. TRENDS in Plant Science, Vol.8, No.7, 2003.

15. Klein R J, Zeiss C, Tsai E Y, et al. Complement factor H polymorphism in age-related macular degeneration. Science, 2005, 308(5720):385-389.

16. Meuwissen T H, Hayes BJ, Goddard M E. Prediction of total genetic value using genome-wide dense marker maps. Genetics, 2001, 157:1819-1829.

17. Smithies O, Gregg R G, Boggs S S, et al. Insertion of DNA sequences into the human chromosomal beta-globin locus by homologous recombination. Nature, 1985, 37:230-4.

18. Thomas K R, Folger K R, Capecchi M R. High frequency targeting of genes to specific sites in the mammalian genome. Cell, 1986, 44:419-28.

19. Zhepeng Wang, Qu L, Yao J, et al. An EAV-HP Insertion in 5' Flanking Region of *SLCO1B3* Causes Blue Eggshell in the Chicken. PLOS Genetics, 2013, 9 (1): e1003183. doi:10.1371/journal.pgen.1003183.

第六章 繁育体系

第六章
繁育体系

第一节
基本概念

畜禽繁育体系是使育种群选择所取得的遗传进展尽快地传递到商品群的一种繁殖模式。一个好的繁育体系要求传递途径少，生产效率高，能有效地阻断疾病的传播。

一、传递途径少

传递途径是指每一个世代繁殖传递的通径。传递途径越少，育种群中的遗传进展到达商品群的世代数越少，遗传改进也就越快。例如育种群的公畜直接和生产商品家畜的父母代母畜配种，越过了祖代，减少了传递途径。

二、生产效率高

生产效率高是指数量上能迅速扩繁，质量上能保持优质高产，从而取得良好的经济效益。例如在蛋鸡生产中，经过选育，使生产性能和健康水平都有所提高，通过繁育体系可以做到 12 100 只祖代种鸡 2 年后每年生产 1 000 万只蛋鸡，能满足 1 000 万人口 1 年的鸡蛋需求。

三、阻断疾病传播

由于繁育体系分核心群（育种场、原种场），扩繁群（祖代场、父母代场），商品群（商品场、生产场），需在不同场内甚至不同地区饲养，对不同等级的畜禽场有不同的兽医防疫要求，可以有效地阻断疾病的传播。

第二节
繁育体系的形式

一、纯种繁殖的繁育体系

（一）闭锁群继代选育（图6-1）

图6-1　闭锁群继代选育（鲍海港作图）

基础群：用于育种的素材。

零世代：由基础群家畜组成零世代。从时间上看，基础群和零世代是一致的。

1世代：从零世代中经过选择，留种家畜的后代。

2世代……其余类推。

闭锁群继代选育在闭锁期间，不从群体外再引进种畜。

（二）开放核心群选育

"开放"表现在两个方面：一是自上而下的传递途径，母畜可以逆转，即扩繁群中的优秀个体可以进入核心群，商品群中的优秀个体可以进入扩繁群，如在绵羊纯繁育种时就可以考虑采用这一方式。二是核心群种畜如果自群繁殖到一定代数后，生产性能难以提高或增加了近交程度造成某种退化，这时可以考虑从群外引入高产优质而且育种目标一致的种畜（图6-2）。

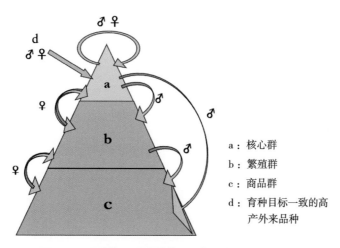

a：核心群
b：繁殖群
c：商品群
d：育种目标一致的高产外来品种

图6-2　开放核心群育种体系（箭头表示遗传传递途径）

二、杂交繁殖的繁育体系

（一）育成新品种，新品系

通过杂交来育成新品种（系）往往包含两个阶段：一是杂交阶段，二是固定阶段。例如地方品种与外来品种杂交，一般都从 F_2 分离群体中选择符合育种目标的个体进行横交固定。杂交阶段采用的是杂交繁殖的繁育体系；固定阶段采用的是纯种繁殖的繁育体系。如需要从根本上改变某个品种的外形和生产性能，例如国外育成"白太湖猪"就采用级进杂交的方法，通过 5 年 6 个世代可以实现。

（二）配套系杂交

配套系杂交的繁育体系目的是通过杂交利用杂种优势。目前配套系杂交主要在猪、禽等世代间隔短的畜种中应用。配套系杂交没有固定模式，可以用两系、三系或四系配套。相对固定的模式在猪中有"杜长大"，在白羽肉鸡中多数用不同品系的白洛克和考尼什杂交，在白壳蛋鸡中用不同品系的白来航杂交，在褐壳蛋鸡中用洛岛红和洛岛白杂交。在我国由于消费者普遍喜爱浅褐壳蛋（粉壳蛋），就有褐壳蛋鸡和白壳蛋鸡的"红白杂交"配套等。

第三节
各种畜禽繁育体系评述

一、猪

对猪的利用主要是产肉。目前世界上生产商品猪的主要繁殖模式是 LYD，在我国称为杜长大。为了充分利用母系猪，杜大长也同时存在。这些都是三品种（系、元）杂交配套的模式。对于纯种猪，如杜洛克（D）、大约克（Y）和长白猪（L）都是采用纯种繁殖。

对于地方猪种，育种还要注意外形毛色等表观性状，如金华猪要求"两头乌"，宁乡猪要求"乌云盖雪"。地方猪育种的出路有三个：①作为资源保存；②和外来猪杂交育成有地方特色的新品种；③作为杂交配套商品猪的母本。含有地方猪血统的二元和三元杂交猪繁育体系模式如图 6-3 所示。

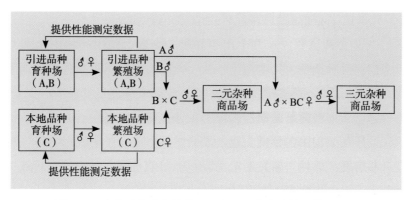

图6-3　含有地方猪血统的二元和三元杂交猪繁育体系模式

二、奶牛

目前世界上80%～90%的乳用型牛是荷斯坦牛，主要采用纯种繁殖，因为产奶量、乳脂量、乳蛋白量等几乎没有其他品种能超过它，任何杂交对这些主要经济性状都不会带来好的效果，而且奶牛选种方法的改进、育种资料的积累、性能测定、冷冻精液保存技术、基因组选择等都走在其他家畜的前面。奶牛纯种繁育体系模式如图6-4所示。

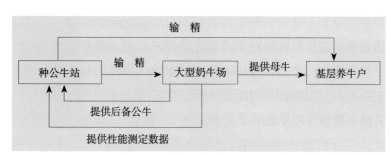

图6-4　奶牛纯种繁育体系模式

乳用型牛的杂交在下面两种情况是可以考虑的：①长期闭锁选择，遗传基础越来越窄，有可能影响生产性能的进一步提高或积累了某些不利基因。这时可以考虑与不同来源（如不同国家）的荷斯坦牛作系间杂交，更新血缘关系。②在牛奶生产过剩的情况下，可以隔胎和肉用种公牛杂交，后代公母犊都作肉用，母牛产犊后正常泌乳。

三、肉牛

肉用型品种牛的纯种牛如夏洛来、安格斯、皮尔蒙特，主要从国外引进，采用纯种繁育。引进外来品种肉牛主要是为了改良本地黄牛。过去本地黄牛以役用为主，现在多数都改良为乳肉兼用牛或肉用牛。一般的情况是用大体型的本地牛和小体型的本地牛杂交，后代再用体型更大的外来品种牛杂交，避免难产。

我国通过杂交育种已育成了几个肉牛品种，育成后采用品种内纯繁。肉牛的配套系育种可考虑两品种杂交，父本用生长快、肉品质好的引进品种，母本用本地改良品种。

四、绵羊、山羊

绵羊、山羊用途广泛，产品类型多，可分为毛用（细毛、半细毛、地毯毛）、绒用、裘皮和羔皮用等。由于人造毛皮制品技术的改进，不少产品的外观和性能都超过天然产品，所以无论绵羊还是山羊除特色品种外都朝肉用方向改变。

毛用、绒用、裘皮和羔皮用羊都以纯繁为主；肉用羊，可以引进肉羊品种与其他用途的羊杂交。通过杂交育种，我国已经育成了几个肉羊品种。

在商品肉羊生产中，可考虑以生长快、肉质好的品种为终端父本进行两系或三系配套。

五、蛋鸡、肉鸡

蛋鸡、肉鸡由于世代间隔短，是遗传进展最快的畜种。高产蛋鸡72周龄入舍鸡产蛋数都在300枚以上，速生型肉鸡达到上市体重已缩短到5周龄。这些成绩的取得，除了遗传育种技术外，营养饲料和管理条件的改善也起了很大作用。同时对疾病的防控使成活率、产蛋率（蛋鸡）和早期生长速度（肉鸡）都有很大提高。

在商品鸡生产中，无论是蛋用还是肉用，都采用能充分利用杂种优势的配套系育种和生产的繁育体系。

以A、B、C、D四系配套为例，对四个系都是纯繁选育，形成纯系；用A♂和B♀杂交，C♂和D♀杂交，产生AB和CD，作为生产商品鸡的父母代；再用AB♂和CD♀杂交生产商品鸡。其实这是育种公司为了控制种源而设计的制种技术。通常出售父母代，即AB♂和CD♀，也有的出售祖代，即A♂、B♀、C♂、D♀，每个系都只提供单一性别，生产者每年都要从育种公司购买鸡种。

（一）肉鸡中的"真三假四"

在一次出国考察中，对方育种公司以四系配套出售祖代。这个公司虽然保存有几个不同的系，但用配套生产商品肉鸡的却是三个系。他们把A系公鸡称作A♂，把A系母鸡称作B♀，因为一般客户只是买鸡种而不是做育种，不会再去纯繁出A系。而三系配套对肉鸡是一个常用的生产模式。

（二）蛋鸡中的"真二假三"

一般认为蛋鸡中由于要自别雌雄所以要用四系配套，生产父母代鸡和商品鸡都能自别的双自别配套系。

现在利用两个伴性基因，可以在三系配套中也实现双自别。再是，有的育种公司用两系配套供应能自别雌雄的商品鸡，但在配套系审定时报的是三系配套，那就只能算作"真二假三"了。

第四节
配套系育种中几个问题的讨论

一般认为配套系育种有4个步骤：1.纯系选育；2.配合力测定；3.杂交配套；4.投入生产后的信息反馈。现在对这4个方面来分别讨论。

一、纯系（种）选育

这是必要的，没有纯种就没有杂种。在猪中，多数为闭锁群继代选育加开放核心群选育；在家禽中，多数为家系选择加个体选择。这样的划分也不是绝对的，只要对生产有利，不同畜种的选择方法经常是你中有我，我中有你。

二、配合力测定

由于育种经验的长期积累和育种计划中的事先要求，使配套系的配合力测定阶段可以大大简化，甚至变得可有可无。

如在猪中，国内外商品猪生产中LYD几乎是固定模式，就不会再用杜洛克做母本作配合力测定了。再如在蛋鸡中，为了要自别雌雄，一开始就在育种计划中明确隐性伴性基因作为父本，不必反交，否则就不能自别了。

再是配合力测定是用一部分个体代表一个系作杂交试验，有较大的抽样误差，几个系（或品种）两次配合力测定的结果并不一致，所以配合力测定并不是配套系育种中的必要的步骤。

三、杂交配套

尽管在育种方案中一开始就可以确定用几个系杂交配套，但也还存在用几个系配套更好的问题。

（一）两系配套

以早期农大小型鸡为例，其中之一的配套方式是两系配套（图6-5）。

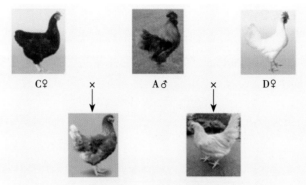

（AC）商品鸡♀（产褐壳蛋）　（AD）商品鸡♀（产粉壳蛋）

图6-5　一种农大小型蛋鸡的配套模式

A、C、D 三个系可生产两套产品，关键是要育成高产小型快羽褐壳蛋鸡纯系。

两系配套的优点是杂种优势大，产品一致性高。缺点是当时的鸡群小，供种能力差。这一缺点在现代大型育种场中已不存在。

（二）三系配套

以 LYD 模式生产商品猪为例（图6-6）。

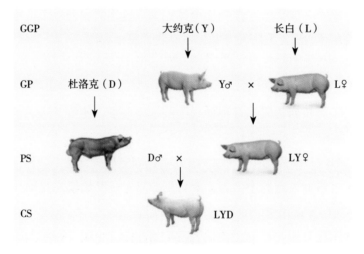

图6-6　猪的三元杂交模式

三系配套的优点是能利用母本的杂种优势，如两元杂种母猪的生活力、泌乳力都比任一纯种母本要好，而且生产性能的一致性好。对商品猪来说，关键是要有一个好的终端父本，在猪中要考虑生长速度和肉质。

以前也有用杜洛克和汉普夏两品种的杂交公猪作终端父本，也就是四系配套，现在看来并没有什么优点，除了要多养一个品种以外，还降低了商品猪的均匀度。

目前三系配套在商品蛋鸡和商品肉鸡生产中也普遍采用。

（三）四系配套

以褐壳蛋鸡"双自别"配套系为例。

把洛岛红和洛岛白两个褐壳蛋鸡品种各分成快羽和慢羽两个系，按伴性遗传要求杂交，在父母代和商品鸡中都可以自别雌雄，即父母代羽速自别，商品鸡羽色自别（图6-7）。其中 GGP 基因型为

A: sskk；B: s-K-；C: SSkk；D: S-K-

用三系配套也能做到"双自别"，只要用 A♂配 CD♀就行。

（四）五系配套

以"明星"肉鸡为例（图6-8）。

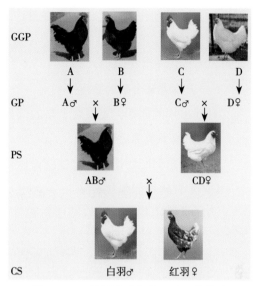

图6-7　一种蛋鸡双自别四系配套模式

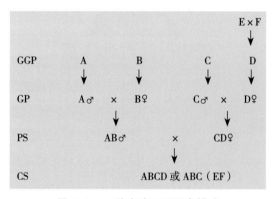

图6-8　一种肉鸡五系配套模式

五个系都是白羽，只要父母代用羽速自别，商品鸡公母都作肉用，一般都以混合雏出售。在明星鸡中 C 系是带有 *dw* 基因的矮小型鸡。

五系配套除了在商业上有利于育种公司控制制种过程以外，从遗传育种上分析，没有优点。

五系配套的主要缺点有：①增加了遗传传递途径；②增加了育种成本；③降低了每个系的选择强度；④降低了商品家畜（禽）的整齐度。"明星鸡"的失败还在于在速生型肉鸡中引入了矮小（*dw*）基因，使商品鸡中的公鸡（有一半是杂合子 Dwdw）早期生长速度受到影响。

四、投入生产后的信息反馈

信息反馈主要来自市场和育种群父母代生产性能的自我测验。好的信息反馈自不

必说，但要引起注意的是配套系在推广了几年以后往往会出现退化问题。这主要是由于杂种优势的减退和纯系中某些遗传缺陷的出现，如对疾病抵抗力的降低。解决的办法可以考虑以下3个方面：

（一）改进某个系的缺点

针对出现的问题，更换某个系的部分或全部公鸡，重组家系。

（二）整个系的更换

如某个系的问题比较严重，就要从育种场中的备用系来更替整个系。

（三）育成新的配套系

为了适应市场需求可以利用新的育种素材育成新的配套系。根据情况，淘汰原有的配套系或两个配套系同时使用。

所以在育种场中应有多个育种素材，并有正在培育中的不同特色的纯系。

第五节 模块设计育种体系

一、模块设计的概念

模块设计（modular design）是机械、电子、设备等生产工业产品的一种常用的设计技术。它也可以与动物育种进行比较，利用其设计思想改进育种工作。

首先要了解什么是模块（module）。模块就是把一个整体分解成几个部分，每个部分都是一个模块。如计算机编程，可以把一个庞大的主程序分解成几个子程序，再通过接口组装成一个整体。

模块设计又叫模块化设计，有以下4个特征：

（一）相对独立性

可以对模块单独进行设计、制造、调试、修改或存储。修改模块，不影响整体。

（二）互换性

模块接口部位的结构、尺寸和参数标准化，容易实现模块间的互换。

（三）通用性

有利于实现不同系列产品间的模块通用。

（四）以少变应多变

以尽可能少的投入，生产尽可能多的产品。

二、与畜禽配套系育种的比较

（一）相对独立性

如作为三元杂交猪的纯种长白猪、大白猪、杜洛克猪，在纯种繁殖时都是独立的，选种的重点各不相同，需分别建立模块，但在组装成LYD商品猪时，就成为一个整体。

1. 长白猪（Landrace pigs, L）

显性白。原产丹麦，因产仔数较多，作为母本母系模块。

2. 大白猪（Yorkshire pigs / Large White, Y）

显性白。原产英国，体质结实、生长速度快、饲料报酬高，作为母本父系，即第一父本模块。

3. 二元杂种猪（LY）

白色。是 L 和 Y 杂交的 F_1。由于杂种优势，产仔数和泌乳力都比两个纯种母猪好，作为二级模块。

4. 杜洛克猪（Duroc pigs, D）

棕色毛。原产美国，肌内脂肪较高，肉质好，作为终端父本模块，与二元杂种猪杂交生产商品猪（LYD）。

（二）互换性

根据我国国情，L 和 Y 是可以互换的。一是由于大白猪的生活力要比长白猪强，母本母系的饲养数量大，养猪者认为大白猪比长白猪容易饲养。二是因为母本父系的母猪利用率低，如大白猪在杂交时只作为第一父本，那大白猪的母猪就剩余了。所以 L 和 Y 互换作正反交就可以产生更好的经济效益。

（三）通用性

在畜禽育种中，往往可以育成一个通用模块作为多种用途。如我国有许多地方鸡种，多数为兼用品种，在生产中都采用"前期产蛋，后期吃肉"的模式。

如把某个地方品种育成一个通用系，则一个地方品种鸡可提供三种用途（产品）。

1. 按保种要求进行纯种繁殖，保存了地方品种资源。

2. 与引进肉用型父系杂交，提高商品鸡产肉性能，生产杂优鸡。

3. 与引进蛋用型父系杂交，提高商品鸡的产蛋性能，生产特色蛋鸡。

前面介绍的"一种农大小型蛋鸡的配套模式"（图6-5）就是以小型快羽褐壳蛋鸡作为父本通用模块，与慢羽褐壳蛋鸡杂交生产褐壳蛋，与慢羽白壳蛋鸡杂交生产粉壳蛋（浅褐壳蛋）。而且商品鸡在出雏时即能羽速自别雌雄。

（四）以少变应多变

在畜禽育种中都可以做到培育尽可能少的模块生产尽可能多的产品。以蛋鸡育种为例，可以用芦花鸡和洛岛红鸡两个品种，各分别育成快羽和慢羽两个系，就可以生产两套商品鸡：一套是芦花鸡，一套是黑鸡。而且根据需要，既可以用两系配套，也可以用三系或四系配套。商品鸡都能做到自别雌雄。

参考资料

1. 吴常信. 畜禽良种繁育体系的建立与推广. 中国良种黄牛, 1985(2).
2. 吴常信. 商品畜禽生产中配套体系的新动向. 中国畜牧杂志, 1986(2).
3. 吴常信. "动物比较育种学"课程讲稿（PPT），第五章 繁育体系.

第七章 杂交与杂种优势利用

07

第七章
杂交与杂种优势利用

在上一章繁育体系中介绍了纯种繁殖的繁育体系和杂交繁殖的繁育体系。本章将进一步介绍杂交的遗传效应、杂种优势的度量方法、杂交的常见形式及其在畜禽生产中的应用。

第一节
杂交的遗传效应

1876 年，达尔文（C.R.Darwin, 1809—1882）所著《植物界异花授粉的效果》一书中总结了 30 个科、52 个属、57 个种以及许多变种和品系间的杂交和自交实验观察结果，得出了杂交有益，自交有害的结论。

在畜禽中，不能自交，但可以进行近亲繁殖，即所谓近交。近交能使隐性有害基因纯合而产生退化，即"近交衰退"。

杂交和近交相反，增加了后代个体中遗传物质的杂合性。由于显性有利基因的互补和增加了基因相互作用的种类，产生了所谓"杂种优势"。具体表现为杂种生活力和繁殖力的提高，生长发育快，饲料利用能力强，从而提高了和这些有密切关系的增重、产奶、产蛋等经济性状的生产性能。

一、显性学说

显性说（Bruce, 1910；Jones, 1917）认为杂种优势是由于杂交后代中显性有利基因的互补，掩盖了隐性有害基因。从分子层面来看，认为显性基因多为编码具有生物学活性的蛋白质，而隐性基因多为编码失去或降低活性的蛋白质。因此杂合体 AaBb 的生活力或生产性能高于纯合体 AAbb 或 aaBB。

举例：

假设有两个品种猪的基因型为 AAbb 和 aaBB，它们对生长期的日增重平均效应 AA 和 BB 都是 400 g，aa 和 bb 都是 200 g。在完全显性的情况下，对杂种优势的遗传效应见表 7-1。

表 7-1 显性学说对杂种优势的解释

世代	基因型	基因型值	其中	
			显性效应	加性效应
P	AAbb	600	0	600
	aaBB	600	0	600
	平均	600	0	600
F₁	AaBb	800	200	600
F₂	1 AABB	800	0	800
	2 AABb	800	100	700
	1 AAbb	600	0	600
	2 AaBB	800	100	700
	4 AaBb	800	200	600
	2 Aabb	600	100	500
	1 aaBB	600	0	600
	2 aaBb	600	100	500
	1 aabb	400	0	400

根据这一学说，杂种优势是能够被固定的，只要显性有利基因全部纯合，产生最大的加性效应，如表 7-1 中的 AABB 个体，由它再产生后代则能在群体中保持 800 g 的平均日增重。

二、超显性学说

超显性学说（Shull，1908；East，1918）认为杂种优势是由于杂合子的互作效应，即增加了基因间的代谢通路。如图 7-1 所示，纯合子只有 1 种代谢通路，杂合子就有 6 种可能的代谢通路。

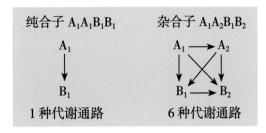

图 7-1 杂合子增加了基因间的互作效应

从分子层面看，可解释为两个等位基因各自编码一种蛋白质（例如某种和代谢有关的酶），这两种蛋白质（酶）的同时存在或相互作用更有利于个体生活力、繁殖力和生产力的提高。

举例：

仍以猪的日增重为例。设纯合子 A_1A_1，A_2A_2，B_1B_1，B_2B_2 的基因型值各为 300 g；杂合子 A_1A_2 和 B_1B_2 的基因型值各为 400 g，超过任一个纯合子。超显性的作用见表7-2。

表 7-2　超显性学说对杂种优势的解释

世代	基因型	基因型值	其中	
			超显性效应	加性效应
P	$A_1A_1B_1B_1$	600	0	600
	$A_2A_2B_2B_2$	600	0	600
	平均	600	0	600
F_1	$A_1A_2B_1B_2$	800	200	600
F_2	$A_1A_1B_2B_2$	600	0	600
	$A_1A_1B_1B_2$	700	100	600
	$A_1A_1B_1B_1$	600	0	600
	$A_1A_2B_2B_2$	700	100	600
	$A_1A_2B_1B_2$	800	200	600
	$A_1A_2B_1B_1$	700	100	600
	$A_2A_2B_2B_2$	600	0	600
	$A_2A_2B_1B_2$	700	100	600
	$A_2A_2B_1B_1$	600	0	600

根据这一学说，杂种优势是不能被固定的，因为它来自杂合子的非加性互作效应。从表7-2可以看出，双杂合子的基因型值最高为800 g；单杂合子基因型值其次为700 g；双纯合子的基因型值最低为600 g。

第二节
杂种优势的度量

一、均值差

杂种优势表现为杂种超过两个亲本平均数的部分。用杂交一代（F_1）的平均数与双亲平均数之差来表示，所用的公式是：

$$H_{F_1} = \bar{P}_{F_1} - \frac{1}{2}(\bar{P}_S + \bar{P}_D)$$ （式7–1）

这里，H_{F_1} 是杂交一代的杂种优势；

$\bar{P}_{F_1}$ 是杂交一代的表型均值；

$\bar{P}_S$ 是父系的表型均值；

$\bar{P}_D$ 是母系的表型均值。

二、均值比

杂种优势表现为杂种平均数与双亲平均数之比。其大于1的程度即反映为杂种优势的程度。所用的公式是：

$$H_{F_1} = \frac{\bar{P}_{F_1}}{\frac{1}{2}(\bar{P}_S + \bar{P}_D)}$$ （式7–2）

公式（7–2）中符号所代表的含义同公式（7–1）。

三、优势比

杂种优势表现为两个均值差之比。计算优势比的公式是：

$$PR = \frac{\bar{P}_{F_1} - \frac{1}{2}(\bar{P}_S + \bar{P}_D)}{\left| \bar{P} - \frac{1}{2}(\bar{P}_S + \bar{P}_D) \right|}$$ （式7–3）

公式（7–3）中 PR 是优势比，$\bar{P}$ 为任一亲本的表型均值（即 $\bar{P}_S$ 或 $\bar{P}_D$），| |是绝对值符号，表示分母恒为正值，其他符号的含义同公式（7–1）。

PR 值大于 +1，表示 F_1 优于双亲；PR 值小于 −1，表示 F_1 较两个亲本都差，表现为"杂种劣势"；PR 值在 −1 和 +1 之间，表示 F_1 介于两个亲本；PR 值等于零，表示 F_1 等于两个亲本的均值。

杂种优势还可以用育种值来表示，可以计算育种值均值差、育种值均值比和育种值优势比。在表型值转化为育种值时，需要有遗传力参数。

第三节
杂种优势的预测

一、遗传距离

可以用不同来源的数据和不同方法计算性状的遗传距离（genetic distance）。一般认为遗传距离大的两个群体（品种、系）之间杂交的杂种优势大。

二、杂种遗传力

吴仲贤（1989）提出，用"杂种遗传力"（hybrid heritability）可以预测杂种优势。

$$h^2_{(1\times2)}=\frac{h_1^2 V_{P_1}+h_2^2 V_{P_2}}{(V_{F_1}+V_{MP})} \qquad （式7-4）$$

公式（7-4）中，$h^2_{(1\times2)}$ 为亲本1和2杂交的杂种遗传力；h_1^2 和 h_2^2 分别为两个亲本品种某性状的遗传力；V_{P_1} 和 V_{P_2} 分别为两个亲本品种该性状的表型方差；V_{F_1} 和 V_{MP} 分别为 F_1 和亲本均值该性状的表型方差。

而杂种优势方差为：

$$V_H=(1-2h^2_{(1\times2)})(V_{F_1}+V_{MP}) \qquad （式7-5）$$

把 $V_H/(V_{F_1}+V_{MP})$ 定义为杂种优势率，则 $1-2h^2_{(1\times2)}$ 就可作为预测杂种优势的指标。杂种遗传力低的两个亲本杂交的杂种优势大，如 $h^2_{(1\times2)}>0.5$ 时，表现为杂种劣势。

三、方差比

吴常信（1999）从果蝇杂交试验中总结出，当两个品种间方差大、同一品种内方差小的情况杂交时，杂种优势大。

$$H=\frac{V_B}{V_W} \qquad （式7-6）$$

公式（7-6）中，

H：杂种优势；

V_B：品种间某性状的方差；

V_W：品种内该性状的方差。

公式（7-6）表示，两个品种间差异大、同一品种内一致性高的两个亲本品种杂交后代的杂种优势大。如有几个品种可供杂交，则在杂交前或作配合力测定时做一个方差分析，选择组间方差大、组内方差小的品种作为杂交亲本。

第四节
常见的几种杂交形式和应用

一、导入杂交

导入杂交（introductive crossing）又叫引进外血。一般是在本品种已有较高的生产性能，但还存在某些或个别的缺点，而这些缺点用本品种内的选育或杂交又不能尽快地得到改进，这时可考虑采用导入杂交。究竟导入多少外来品种血统，要根据育种的要求和以往的经验来确定，如需要 25% 的外血，则用杂种一代和本品种回交；如需要12.5% 的外血，则用含外血 25% 的个体和本品种回交。如果所要改进的是某个质量性状，则主要考虑的是性状的显隐性关系和选出所需要的纯合子做种畜，因为单纯根据外血多少是固定不了所需要的性状的。

在进行导入杂交时，必须注意对导入品种的选择。导入品种应具有本品种所要求改进的优点，同时又不致使本品种原有的优点丧失。

二、级进杂交

当需要改变原有品种主要生产力的方向时（如改良粗毛羊为细毛、半细毛羊；役用牛为乳用、肉用牛），经常采用级进杂交（grading up）的方式。关于级进代数的问题，应根据当地自然和饲养管理的条件和杂种家畜的表现而定，并在适当的代数进行自群繁育，固定优良性能。

三、育成杂交

用两个或者两个以上的品种进行杂交，在后代中选优固定，育成符合国民经济需要，适应当地或推广地环境条件的新品种，这种方法称为育成杂交或杂交育种（crossbreeding）。例如早期的北京黑白花奶牛就是由荷兰牛、宾州牛及蒙古黄牛等杂交选育而逐渐形成的。北京黑猪是用河北省定县、深县等华北猪种和巴克夏、约克夏等外国猪种杂交育成的。

四、轮回杂交

轮回杂交（rotational crossing）是轮流使用两个或两个以上的品种（或品系）进行杂交以平衡子代的杂种优势。两个品种和三个品种的轮回杂交图式如图7-2和图7-3所示。也可用更多的品种加入轮回杂交，但生产中超过四个品种的很少见，因其效果并不比四个或四个以下品种的轮回杂交更好。

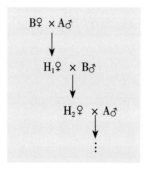
图7-2　两个品种轮回杂交

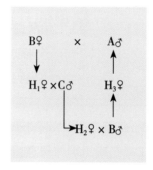
图7-3　三个品种轮回杂交

这种杂交可以在杂种中综合几个品种的有利性状，增加了杂合性（这是杂种优势的遗传基础），而且这一杂合性在轮回杂交几代后就达到了平衡，因而在一定程度上能保持杂种优势。以两个品种的轮回杂交为例，在本代公畜品种的血统达2/3，上代公畜品种的血统达1/3时为平衡状态（表7-3）。

表7-3　两品种轮回杂交时血统的平衡状态

亲本	B♀×A♂	H₁♀×B♂	H₂♀×A♂	…	H_{n-1}♀×A♂	H_n♀×B♂
杂种	H_1	H_2	H_3	…	H_n	H_{n+1}
杂种血统	$\frac{1}{2}A, \frac{1}{2}B$	$\frac{1}{4}A, \frac{3}{4}B$	$\frac{5}{8}A, \frac{3}{8}B$	…	$\approx\frac{2}{3}A, \frac{1}{3}B$	$\frac{1}{3}A, \frac{2}{3}B$

同样，在三个品种的轮回杂交中，本代公畜品种的血统达4/7，上代公畜品种的血统达2/7，前代公畜品种血统达1/7时为平衡状态。

轮回杂交在生产商品猪中有应用前景，其优点在于只要饲养2～3个品种的少量公猪就可以进行商品猪生产，使杂种优势不断保持下去，而作为繁殖的杂种母猪比饲养同样数量的纯种母猪更为经济。

参与轮回杂交的品种，生产性能不要有太大的差异，否则最近一个轮次的品种血统在商品猪中就会超过50%。因此，地方品种和外来育产品种不宜在一起做轮回杂交。

五、正反重复杂交

正反重复杂交（reciprocal recurrent crossing）是一种既可利用杂种优势又可用来作为选种的一种杂交方法。从选种的角度来看，正反重复杂交又可以叫作"正反重复选择"或"正反交反复选择"（reciprocal recurrent selection），其整个过程包括杂交、选择、纯繁三个部分（图7-4）。设有 A 和 B 两个品种（或系），首先是以 A 品种的公畜和 B 品种的母畜交配，B 品种的公畜和 A 品种的母畜交配产生杂种后代；其次是根据杂种的生产成绩来选留亲本，杂种本身作商品用；第三是在选留的亲本中作品种内的纯种繁殖，由于经过测交（相当于后裔测定）提高了生产性能。这样杂交、选择、纯繁三者不断交替重复进行，既获得了具有杂种优势的商品家畜，也提高了纯种的生产性能。

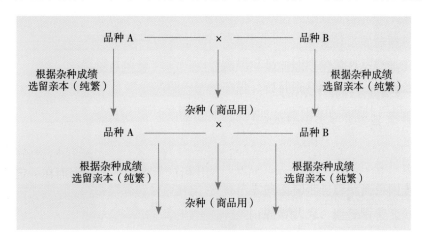

图 7-4　正反重复杂交

第五节
配合力的测定

配合力（combining ability）就是用来杂交的两个亲本之间互相结合的能力。在推广某一杂交组合前，应当作一个配合力测定，从不同的组合中找出效果最好的 1～2 种推广使用。当然在育种计划中，有意识地选来作为父系和母系的可以不做反交。

配合力的测定通常都是在群体经过一定时期的选择以后进行，因为只有在群体比较一致的情况下所测得的配合力才是可靠的。当然也不是说要等选"纯"了才能作配合力测定，但先选两三个世代是有必要的，因为选择起到了提纯（一致性）和提高的双重作用。

配合力分一般配合力（general combining ability）和特殊配合力（special combining ability）两种，前者主要是由于加性遗传效应，后者是由于非加性遗传效应。根据不同品种（系）杂交后代的成绩，可计算配合力，现分述如下：

设 A，B，…为品种或系；（A×B），（A×C），…为杂种的成绩；A^2，B^2，…为纯种的成绩（表 7-4）。

表 7-4 全面正反交的配合力测定

		母 系			
		A	B	C	D
父 系	A	A^2	（A×B）	（A×C）	（A×D）
	B	（B×A）	B^2	（B×C）	（B×D）
	C	（C×A）	（C×B）	C^2	（C×D）
	D	（D×A）	（D×B）	（D×C）	D^2

一、一般配合力的计算方法

（一）A 品种（正反交）的一般配合力

$$G.C.(A) = \frac{(A×B)+(B×A)+(A×C)+(C×A)+(A×D)+(D×A)}{6}$$

（二）A 品种为父本的一般配合力

$$G.C.(A) = \frac{(A×B)+(A×C)+(A×D)}{3}$$

（三）A 品种为母本的一般配合力

$$G.C.(A) = \frac{(B×A)+(C×A)+(D×A)}{3}$$

二、特殊配合力的计算方法

（一）杂交组合 B×C 的特殊配合力

$$S.C._{(B×C)} = (B×C) - \frac{G.C._{(B)}+G.C._{(C)}}{2}$$

（二）杂交组合 C×B 的特殊配合力

$$S.C._{(C×B)} = (C×B) - \frac{G.C._{(C)}+G.C._{(B)}}{2}$$

在测定配合力时应注意：①所有待测的杂交组合（包括对照组）应作同期、同群比较。②在无法同期比较时，前期和后期设一共同对照组，在不考虑遗传与环境的互作时，两批测定的成绩（用与共同对照组的离差表示）可以在一起比较。

在生产中，随着育种经验的积累，用双列杂交作配合力测定的情况越来越少，但在科学研究中，如用实验动物做模拟试验时，仍常有用到。

第六节
远缘杂交

马和驴杂交生骡子，这是大家都知道的事情。我国早在秦朝就有关于骡子的记载。现在人们把马生的骡子叫马骡（mule），古时候叫"赢"（ying）；把驴生的骡子叫驴骡，古时候叫"駃騠"（hinny）。骡子具有体格大、结实、有劲、耐劳苦、不易得病、使用年限长等优点。但骡子不能生育，这是因为马和驴是不同的物种，种间杂交属于远缘杂交，它不同于种内杂交。因为种间杂交或更远的分类范畴（属、科……）之间的差异比种内杂交（亚种、变种或品种间）的差异要大得多，以致在一般情况下种间不能杂交，即使杂交产生后代，杂种也不能正常繁殖。那么什么是物种呢？种间的差异又是什么呢？

一、物种的概念和生殖隔离

长期以来，在生物学领域里对什么是物种曾有过许多争论，直至今天仍没有一个完全统一的结论。目前比较普遍和容易被人们接受的概念是："物种是在自然情况下表现为生殖隔离（reproductive isolation）的生物群体"。当然，这里指的是有性繁殖的生物。根据进化的观点，物种是生物长期进化的产物，物种的形成过程是一个由量变到质变的过程。种间的差异具体表现为生殖隔离。造成生殖隔离的原因很多，大致可分为3类。

（一）生态隔离

这种隔离方式有时是地理上的原因，如两种动物由于隔着高山、沙漠、森林、海洋等，彼此不能杂交；有时是时间上的原因，如两种动物的性成熟和交配都有一定的季节性，要是在时间上不能相遇，那么即使在同一地区也还是没有机会杂交；有时是由于动物的性选择，某种动物只选择或接受同种异性个体的交配，拒绝与异种异性个体的交配。如果生殖隔离单纯是由于上述生态上的原因，就有可能通过人为的接近或用人工授精的方法使两种动物杂交，并产生有繁殖能力的后代。例如家猪和野猪的杂交就是这一类型，使它们隔离的只是家养和野生的不同生态条件。

（二）生理隔离

生理隔离是两个不同种的动物即使交配成功（自然或人为），但由于异种精子与雌性生殖道内部环境的差异，或是其他生理上的原因，使精子和卵子的结合发生困难。有时即使受精了，胎儿中途停止发育，被母体吸收或者发生流产。在绵羊和山羊的远缘杂交中就有这种情况，如果隔离是由于生理上的某种原因，例如异种雌畜生殖道的物理和化学特性，受精的部位与时间以及异种精液引起的雌畜免疫反应等。在弄清其机理后，进行远缘杂交，有可能获得成功。

（三）遗传隔离

这是生殖隔离最根本的方式，不同物种的遗传物质有本质上的差异，以致两个种的基因互相交流发生困难，造成了杂交不孕或杂种不育。同一个种的生物的细胞中，染色体的数目、结构、形态都有一定规格。在个体的身体细胞里，有两套能够互相配对的染色体，其中一套来自父本，另一套来自母本。在成熟的生殖细胞里，由于经过减数分裂，无论是精子还是卵子都只剩下了一套染色体。在受精时，精卵结合又恢复成两套染色体。这样一代一代地传下去，染色体的数目保持不变。远缘杂交的细胞中含有来自不同种的两套染色体，在减数分裂时，它们不能正常地配对，因此也就无法形成正常的精子或卵子。所以有遗传隔离的两个种所产生的远缘杂种，常表现为不同程度的繁殖损害。骡子不能繁育的原因也在于此。表7-5为几种常见家畜的染色体数目。

表7-5　几种常见家畜的染色体数目　　　　　　　　　　　　　条

家畜名称	体细胞	性细胞	家畜名称	体细胞	性细胞
马	64	32	猪	38	19
驴	62	31	兔	44	22
黄牛	60	30	水貂	30	15
水牛	48	24	鸡	78	39
绵羊	54	27	火鸡	82	41
山羊	60	30	鸭	80	40

二、家畜远缘杂交举例

远缘杂交对畜牧生产有一定意义，可以使现有家畜引入许多新的品质，丰富了"基因库"，提供了创造新的家畜品种，甚至创造新物种的途径。由于近代生物科学的发展，阐明了许多种与种之间的隔离机理，在理论上解决了远缘并非绝对不能杂交的问题。而人工授精和精液保存技术的应用，使过去许多在自然情况下不能杂交的物种，在现实中也有了交配的可能。下面是一些家畜远缘杂交的例子，虽然对有些物种间的杂交是否真的能成功还存在一定争议。

（一）猪

家猪与欧洲野猪或亚洲野猪都能杂交产生有繁殖能力的后代。杂种猪体质结实、耐粗饲，但积累脂肪的性能差，肉质粗，产仔数下降（图7-5）。

图7-5 野猪与家猪杂交的后代

（二）牛

在我国青海、西藏一带，常用普通牛（*Bos taurus*）与牦牛（*Bos grunniens*）杂交，一代杂种叫犏牛（图7-6）。犏牛体格大、驮运能力强，能适应高原气候，公犏牛没有繁殖能力，母犏牛能正常发情，无论和公普通牛或公牦牛交配都能产生后代，当地叫"阿果"。阿果牛的役用性能和生活能力都不如犏牛，公阿果仍无繁殖能力。

在牛属动物中，远缘杂交成功的例子还有普通牛和美洲野牛、普通牛和爪哇牛、普通牛和瘤牛等的杂交。澳大利亚用海福特牛和短角品种肉牛与含有瘤牛血统的婆罗门牛杂交，已培育出耐热和抗皮虱的肉牛群。

图7-6 黄牛与牦牛杂交后代为犏牛

（三）羊

绵羊（*Ovis aries*）和山羊（*Capra hircus*）杂交是不同属之间的远缘杂交。20 世纪中叶就有关于绵羊和山羊的杂交试验的报道。研究证明，这一杂交繁殖是有可能的，但受精后常在怀孕初期流产。苏联有报道说用杀死了精子的公羊精液和异种公羊精液混合输精，以及预先给母羊肌肉注射异种公羊血液等"生理接近"的方法曾获得杂种后代。母绵羊与公山羊杂交的杂种叫"绵山羊"，母绵山羊有繁殖能力，公绵山羊虽然能产生精子，但不能使母"绵山羊"或母绵羊受胎，说明雄性杂种的繁殖力已受到损害。母山羊与公绵羊杂交的后代叫"山绵羊"，杂种的繁殖力还不肯定。

绵羊的种间杂交成功的例子还有绵羊×欧洲野羊，所产生的杂种羊公母都有繁殖能力。

（四）马

在马属动物的远缘杂交中，除了马（*Equus caballus*）和驴（*Equus asinus*）及马和野驴杂交以外（图 7-7），成功的例子还有马和斑马杂交，这类种间杂种具有很强的耐劳苦性和抗病力，是热带地区的一种有价值的经济动物。斑马和驴也能杂交产生后代，但这些杂种无论公母都没有繁殖能力。

图 7-7　驴和马杂交后代为马骡（马骡照片由青岛农业大学孙玉江教授提供）

（五）骆驼

单峰驼（*Camelus dormedarius*）和双峰驼（*Camelus baclrianus*）杂交，杂种公母都能育，二代杂种的繁殖力、生活力和役用性能显著退化。

（六）鸭

家鸭（*Anas platyrbyncba*）和番鸭（*Cairina moschata*）杂交。在我国广东、福建一带，有用公番鸭与当地母鸭进行杂交的，杂种鸭叫"半番"，它生长快、体型大、抗病力强、积累脂肪的性能良好，适用于肉用，所以又叫"菜鸭"。杂种母鸭一般不产蛋，杂种公鸭能与家鸭交配使其受精，但孵化率很低，孵出的雏鸭也不易成活。图7-8为公北京鸭与母番鸭杂交产生的"半番"。

图7-8　公北京鸭和母番鸭杂交产生的半番鸭

（七）鸡

由于人工授精技术的发展，在广泛实验的基础上，使鸡和许多不同属的鸟类杂交获得成功。

鸡（*Gallus gallus*）和鹌鹑（*Coturnix coturnix*）杂交的杂种无冠。孵化期为19 d，介于鸡（21 d）和鹌鹑（17 d）之间。用白色来航鸡做父本时能使杂种呈白羽。杂种无繁殖能力。

鸡和火鸡（*Meleagris gallopavo*）的杂种的发育介于两个亲本之间，无繁殖能力。

其他属间杂交成功的还有鸡和野鸡、鸡和珠鸡之间的杂交。

三、远缘杂种的繁殖能力

从上面介绍的远缘杂交的例子可以看出，有的杂种两个性别都有繁殖能力，如家猪和野猪、绵羊和欧洲野羊的杂交；有的只有一个性别有繁殖力，这在哺乳动物中一般是雌性，如普通牛和牦牛、普通牛和美洲野牛的杂交，在鸟类一般是雄性，如家鸭和番鸭的杂交；也有的两个性别都无繁殖力，如马和驴、鸡和火鸡之间的杂交。总的看来，在进化过程中亲缘关系较近、生殖隔离不严重的两个种杂交的后代，一般都有繁殖能力，亲缘关系较远而又有某种程度的遗传隔离时，杂种繁殖力的破坏首先表现在配子异型的性别上（哺乳类是雄性配子异型：X、Y；鸟类是雌性配子异型：Z、W）。这是因为远缘杂种配子异型的性别不能得到同一物种的性染色体协调的结果。当两个种的亲缘关系更远时，由于染色体的数量或结构上的差异更大，杂种无论公母都失去繁殖能力。如马有32对染色体，驴有31对染色体，杂交结果，骡子有63条染色体，其中的 32 条来自马，31 条来自驴，染色体上的基因排列也会有显著差异，这就造成了性细胞成熟时减数分裂的困难。公骡不产精子，母骡排卵也不正常，往往在几个发情期才有一次排卵。过去曾有过母骡下驹的报道，对这一现象的解释是：在卵子形成的过程中，由于细胞分裂时染色体的自由组合，极少数卵子有可能获得整套马或驴的染色体，这样的卵子用马或驴的精子都有可能使其受精而产生后代。

四、远缘杂种的利用

远缘杂交涉及种以上的关系，它的杂种优势也和种内杂交不完全相同。种内杂交时，由于基因的互补和互作，一般都能产生杂种优势。而种间由于存在着不同的染色体，基因不一定是等位的，它们有的初次相遇，有的根本不能配对，基因间互补和互作的关系也和种内的情况不一致，有的可能产生有利的效果，有的反而会破坏彼此间原有的协调性。在这种情况下杂种优势的问题也就进一步复杂化了，有时在同一个杂种上，某些方面表现为优势，而在另一些方面又表现为劣势。如骡子一方面具有强大的生活力，另一方面又丧失了繁殖力。这就需要在杂种优势的利用时，针对不同的情况做一些具体的分析。

例如：对于役用家畜，远缘杂交一般都可以提高使役能力，如马和驴、普通牛和牦牛、单峰驼和双峰驼等之间的杂交，但是其中某些杂种不育的情况还需设法解决，否则将影响繁殖家畜的数量。对于肉用家畜，从增强体质方面来说是有利的（如猪和野猪的杂交），但会造成肉质的退化和屠宰率的降低（因野猪头大、四肢粗壮、后驱狭窄），所以一般只引入部分血统，如用含有 50% 野猪血统的杂种猪和家猪回交，后代含野猪血统 25%，再回交一次，后代就只有 12.5% 的野猪血统了。对于乳用家畜，远缘杂交可以作为提高乳脂率的一个途径，如选择乳脂率较高的牦牛或瘤牛与乳用品种牛杂交，但由于牦牛或瘤牛的产奶量远不如乳牛高，所以也只能引入部分血统，并通过适当的选种选配，既提高其乳脂率又不致使产奶量明显下降。对于蛋用家禽，由于杂交结果常使后代的繁殖机能遭到不同程度的破坏，不克服这一点，应用起来是困难的。总之，在生产上具体应用远缘杂交时，必须首先考虑到可能产生的后果，并有计划地进行，因为不是任何杂交都是有利的。

五、远缘无性杂交

过去有用"蛋白移换"方法，如把鸭蛋清通过注射器注入鸡蛋中，鸡蛋清可通过事先打的小孔溢出，看孵出的小鸡成长后有无鸭的性状，作为远缘无性杂交。现在用转基因、基因编辑或合成生物学技术，有可能使种以上分类范畴的动物进行杂交，甚至动物、植物、微生物之间目的基因的转移并使其表达也不是不可能的事情。

参考资料

1. 吴仲贤. 一个新的数量遗传参数: 杂种遗传力. 自然杂志, 1989, 9:695-696.

2. 吴常信. 优质鸡生产中杂种优势利用的相关问题. 中国家禽, 1999, 21(5).

3. 吴常信. 关于优质鸡育种与生产中几个问题的探讨. 第7届海峡两岸三地"优质鸡的改良、生产暨发展"研讨会, 香港和广州, 2005.

4. 吴常信. "动物比较育种学"课程讲稿(PPT), 第六章 杂交与杂种优势利用.

5. 国家畜禽遗传资源委员会. 中国畜禽遗传资源志·地方品种图册. 北京: 中国农业出版社, 2015.

第八章 动物遗传资源的保护

08

第八章
动物遗传资源的保护

联合国粮食与农业组织（FAO）总干事 Jacques Diouf 先生在《世界粮食与农业动物遗传资源状况》（*The State of the World's Animal Genetic Resources for Food and Agriculture*, 2007）一书（中译本）的序言中写道："对世界农业生物多样性实施有效管理已成为国际社会的重大挑战。尤其是畜牧业，正面临着巨大转变。为满足快速增长的肉、蛋、奶的需求，规模化生产不断发展，丰富的动物遗传资源对于农业生产系统的发展十分关键。"他又强调，"然而，遗传多样性面临威胁，品种灭绝的报告率之高引人关注。更令人担心的是，一些还未被记录的遗传资源正在丢失，这些资源的特性还未被研究，潜力未被评估。加强对世界粮食与农业动物遗传资源的保护、认识并制定优先重点，需要发奋努力。"

在这里他提到了"生物多样性"（biodiversity）和"遗传多样性"（genetic diversity）。这是两个不同层面上的概念。生物多样性包括生态系统多样性（ecosystem diversity）、物种多样性（species diversity）以及种内群体（品种、系）所包含的遗传多样性。动物遗传资源的保护主要是保护物种和种内群体的遗传多样性。

动物遗传资源（animal genetic resources，简写为 AnGR）可分为野生动物和家养动物两类。对于野生动物的保护主要以物种为对象；对于家养动物的保护主要以品种为对象。两者保护的对象都是群体。

无论是野生动物还是家养动物，由于人类的活动两者都在受到不同程度的威胁。对野生动物来说，如陆地动物栖息地的被开发利用，水生动物的过度捕捞和洄游路线的被切断，鸟类误食拌有农药的种子而大批死亡。对家养动物来说，由于单纯追求经济效益，饲养的多是少数经过高度选育的品种，地方品种越来越少，而某些地方品种从发展的观点来看是有用的，如我国某些地方品种所具有的优良肉质风味、高繁殖力、矮小型、观赏性、竞技性以及对特殊环境的适应能力等。

在自然界，即使没有人类活动的干扰，物种也会灭绝，如由于自然灾害造成的食物链的中断。自然界也能产生新的物种，即新种形成，其主要过程是：遗传变异→自然选择→生殖隔离。在家养条件下，经人工选择可育成新品种，其主要过程是：遗传变异→人工选择→选配。

本章内容所讨论的是家养条件下农业动物遗传资源的保护。

第一节
动物遗传资源状况

在人类已知的 50 000 种哺乳类和禽类物种中，只有大约 40 种已经被驯化。现在 DAD-IS 数据库记录了 18 种哺乳类畜种和 16 种禽类以及 2 种能繁殖的跨物种杂交组合（双峰驼 × 单峰驼，家鸭 × 番鸭）的品种相关信息。在全球范围内，牛、绵羊、猪、山羊和鸡这 5 个畜种分布广泛，并有特别巨大的数量。

一、数量最多的 5 种畜禽

（一）牛（*Bos taurus*）

全世界牛的数量超过 13 亿头——也就是说这个星球上大约每 5 个人拥有 1 头。亚洲（印度和中国尤其明显）拥有的牛的数量占世界的 32%，拉丁美洲拥有的牛的数量占世界的 28%（巴西拥有的牛的数量排世界首位），这两个地区是这一畜种最主要的分布区域。在非洲（苏丹和埃塞俄比亚的数量最多）和欧洲及高加索地区牛的数量也很多（俄罗斯和法国的数目最多）。此外，美国和澳大利亚有大型的国家牧场，牛的数量也较多。牛的品种数占所报告的全世界哺乳类家畜品种总数的 22%。

（二）绵羊（*Ovis aries*）

全世界绵羊的数量有 10 亿只以上——大约每 6 个人拥有 1 只。近一半分布在亚洲和中东、近东地区（中国、印度和伊朗数量最多）；非洲、欧洲及高加索地区、西南太平洋各占大约 15%；拉丁美洲及加勒比地区占 8%。与山羊主要分布在发展中地区不同，一些发达国家，尤其是澳大利亚，还有新西兰和英国都拥有很大的绵羊群体。绵羊是记录品种数最多的哺乳类畜种，占所报告的全世界哺乳类家畜品种总数的 25%。

（三）猪（*Sus scrofa*）

全世界大约有近 10 亿头猪——大约每 7 个人拥有 1 头。有 2/3 的猪分布在亚洲，其中绝大多数在中国，还有相当数量的猪分布在越南、印度和菲律宾。欧洲及高加索地区拥有世界上 1/5 的猪，美洲拥有另外 15%。猪的品种数量占所报告的全世界哺乳类家畜品种总数的 12%。

（四）山羊（*Capra bricus*）

山羊是这 5 个主要畜种中数量最少的畜种。全世界大约有 8 亿只山羊——大约每 8 个人拥有 1 只。全世界大约 70% 的山羊分布在亚洲和中近东地区，数量最多的是中国、印度和巴基斯坦。其余的非洲占了很大部分，而只有约 5% 的山羊分布在拉丁美洲及加勒比地区、欧洲及高加索地区。山羊的品种数量占所报告的全世界哺乳类家畜品种总数的 12%。

（五）鸡（*Gallus gallus*）

全世界共有将近 170 亿只鸡，是人类数量的 2.5 倍，其中约一半分布在亚洲，拉丁美洲及加勒比地区占 1/4，欧洲及高加索地区占全世界的 13%，非洲占 7%。鸡的品种数量占了禽类品种总数的绝大部分。

二、其他广泛分布的畜种

虽然马、驴和鸭在所有区域都有分布，但它们的数量比上面提到的 5 个主要畜种要少，而且在世界范围内的分布不如牛、绵羊和鸡那样广泛。

（一）马（*Equus caballus*）

世界上分布着 5 400 万匹马。中国曾经是数量最多的国家，超过 1 000 万匹，然后是巴西、墨西哥和美国。其他拥有马的数量超过 100 万匹的国家还有阿根廷、哥伦比亚、蒙古、俄罗斯、埃塞俄比亚和哈萨克斯坦。马的品种数量约占所报告的全世界哺乳类家畜品种总数的 14%。

（二）驴（*Equus asinus*）

驴是缺少发达运输工具地区的运输动物，因此他们主要分布在发展中国家和地区。驴的数量最多的是亚洲、非洲、拉丁美洲及加勒比地区，它们也广泛分布于中近东地区。中国曾经是世界上拥有驴最多的国家，但因为驴皮可以煮胶入药，于是杀驴取皮，现在数量已大大减少。驴的品种多样性程度要小于其他畜种，其品种数量只占记录的哺乳类家畜品种总数的 3%。关于驴的研究经常被轻视，所以可能有很多驴品种没有被统计报道。

（三）鸭（*Anas platyrbyncba*）

家鸭的驯化历史很长，它在古埃及、美索不达米亚、中国和罗马帝国都有饲养。家鸭的分布格局不均匀。现在家鸭的饲养主要集中在中国，占全世界家鸭总数的 70%，其他饲养家鸭的国家主要是越南、印度尼西亚、印度、泰国和东南亚的其他国家。在欧洲，法国和乌克兰也拥有较大数量的家鸭。鸭的品种（不包括番鸭）数量占记录的禽类品种总数的 11%。

三、分布较窄的畜种

一些哺乳类家畜，如水牛、牦牛、骆驼科畜种和兔子，还有一些禽类，如家鹅和火鸡等畜种的分布较窄，但其在某一两个区域中或某个特定的农业生态带中具有特殊的重要性。

（一）水牛（*Bos bubalis*）

家养水牛原本是亚洲特有动物——全世界 1.7 亿头水牛中 98% 都在这个地区，主要集中在印度、巴基斯坦、中国和东南亚。后来它被引入南欧和东南欧，以及埃及、巴西、巴布亚新几内亚和澳大利亚。按目前的报道，水牛分布在世界 41 个国家。水牛主要有两种类型：河流型（来源于南亚），是一种重要的产奶动物，尤其在南亚；沼泽型（来源于东亚），在"铁水牛"——手扶拖拉机引进以前，作为役用动物，在东南亚泥泞的稻田耕作中扮演了一个重要角色。水牛品种数量占所记录的世界哺乳类家畜品种总数的 3%。

（二）牦牛（*Bos grunniens*）

牦牛是青藏高原的地区性畜种。中国和蒙古的牦牛数量最多，俄罗斯、尼泊尔、不丹、阿富汗、巴基斯坦、吉尔吉斯斯坦和印度也有少量的牦牛。在喜马拉雅的一些地区，牦牛与牛的杂交极为重要。牦牛也被引入高加索地区、北美和欧洲的一些国家。所记录的牦牛品种数量很少，这也反映了牦牛很窄的地理和农业生态分布特性。

（三）骆驼（*Camelus dormedarius* 单峰驼；*Camelus bactrianus* 双峰驼）

骆驼的地理分布很窄，并且局限于较干旱的农业生态带中，因此，它们在品种多样性中的比重相对要小。在中近东、非洲和亚洲，单峰骆驼起着很重要的作用。尽管在非洲的数量很稳定，但在亚洲骆驼的数量目前正急剧减少。在非洲，索马里、苏丹、毛里塔尼亚和肯尼亚的骆驼数量最多，而亚洲骆驼主要分布在印度和巴基斯坦。双峰骆驼的分布仅限于亚洲的中部和东部，以蒙古和中国的数量最多。

（四）兔（*Oryctolagus cuniculus*）

世界上大部分家兔都分布在亚洲，数量最多的是中国。中亚的一些国家和朝鲜也大量饲养。在欧洲，意大利的兔子数量最多。兔的品种数量占全世界哺乳类家畜品种总数的 5%。

（五）鹅（*Anser domestica*）

世界上近 90% 的鹅分布在中国，其余的鹅有一半分布在埃及、罗马尼亚、波兰和马达加斯加。鹅的品种数量占全球禽类品种总数的 9%。

（六）火鸡（*Meleagris gallopavo*）

火鸡起源于中美洲，在殖民者发现火鸡后不久就被引入欧洲，而且在欧洲开发出了很多独特的品种。欧洲及高加索地区是养殖火鸡数量最多（43%）的区域，北美则拥有超过 1/3 的数量。火鸡的品种数量占全球禽类品种总数的 5%。

第二节
动物遗传资源保护的理论

在这一节中主要讨论的是畜禽品种资源。我们经常会看到或听到"保种"这个名词。它同时包涵了保护（conservation）和保存（preservation）两个意义。事实上在遗传资源的保护中也包括了资源的保存，没有必要进行严格的区分。多种英汉词典中 conservation 和 preservation 的汉语注释，都同时列出了"保护"和"保存"，尽管 FAO 对这两个名词给出了不同的定义。

目前，世界上畜禽品种资源的保护与利用存在两种倾向。在发达国家（地区），随着畜牧业生产体系的集约化，大量饲养的只是少数经济价值高的品种和它们的杂交种，品种数目在迅速减少；在一些发展中国家（地区），虽然有较丰富的品种资源，但由于保种不当和盲目引进外来品种杂交，也造成原有品种质量的退化和数量的减少。这两种倾向都导致世界性的品种资源危机，也就是畜禽基因库的枯竭。例如猪的品种，在欧洲基本上是大白猪、长白猪；在北美除了这些品种外，饲养较多的是杜洛克猪、汉普夏猪。奶牛的情况也相似，目前世界上大多数饲养的是荷斯坦牛，当然也还有些兼用种，如西门塔尔牛。在鸡中，蛋用鸡基本上是白来航型（白壳蛋鸡）和洛岛红型（褐壳蛋鸡）以及一些生产粉壳蛋的合成系；肉用鸡则几乎都是白洛克和考尼什等少数品种的杂交鸡。绵羊的品种较多，因为绵羊生产的集约化程度低，以放牧为主，为了适应各种不同的生态条件和毛用、皮用、肉用等不同类型的需要，保留并育成了不少品种。

我国是一个畜禽品种资源十分丰富的国家，如何吸取外国的经验与教训，结合我国的实际情况进行有效的保种工作，无疑对我国农牧业的发展、动物资源的开发利用以及保持良性的生态平衡等都有积极的意义。

任何一个品种，无论是育成品种还是地方品种，都有它形成、发展、衰落或转变的过程。有的品种消失了，有的品种产生了；有的品种存在的时间很短暂，有的品种却经久不衰。这除了社会经济条件和自然条件以外，保种技术也起了很大的作用。由于保种的对象是群体，而群体又由个体、家系、亚群所组成，因而要做好保种工作，就要对群体的遗传理论有一个基本的了解。

一、群体的基本特征

（一）大的随机交配群体

在一个大的自然群体中，如果没有其他因素的影响，从理论上讲某个性别中的每个个体都会有同样的机会与另一性别中的任何一个个体交配，这种交配系统叫做随机交配。在一个随机交配的群体中，各种等位基因的频率每代保持不变。

1. 常染色体上的基因

表 8-1 说明，任何随机交配的大群体，对常染色体上某个位点的基因来说，只要一代就达到平衡。而且在起始群体中，即使没有 AA 基因型的个体，只要群体中有 A 基因存在，也能在后代中出现 AA 基因型的个体。设起始群体中基因型 AA 的个体为零，基因型 Aa 个体的比例为 40%，基因型 aa 个体的比例为 60%，则基因 A 的频率 $p = 0.2$，基因 a 的频率 $q = 0.8$。

表 8-1　常染色体上一对基因平衡的到达

	基因型比例			基因频率	
	AA	Aa	aa	A	a
起始群体	0.0	0.4	0.6	0.2	0.8
随机交配一代	0.04	0.32	0.64	0.2	0.8
⋮	⋮	⋮	⋮	⋮	⋮
n 代	0.04	0.32	0.64	0.2	0.8
	p^2	$2pq$	q^2	p	q

$$p + q = 1$$

2. 性染色体上的基因

性染色体上基因平衡的到达是一种"摆动式"的，基因频率在两个性别中逐代趋近，最后相等（图 8-1）。为了图面清晰，只画出了一个性别（雄性配子异型）。

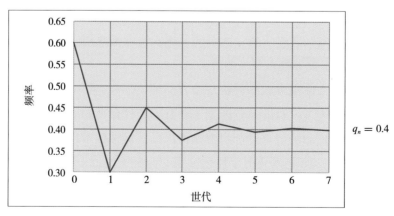

图 8-1　一对伴性基因平衡的到达，图示起始群体中雄性基因型 a- 的频率 $q_0 = 0.6$

现在再以数字来说明伴性基因平衡到达的过程，设在起始群体中，雄性基因型 A-和 a- 的比例分别是 0.4 和 0.6，雌性基因型 AA，Aa，aa 的比例分别是 0.50，0.40，0.10，随机交配的结果，基因 A 和 a 的频率，无论在雄性群体还是在雌性群体中，都分别达到了 0.60 和 0.40（表 8-2）。

表 8-2　伴性基因平衡的到达（x，y 型）

世代	雄 性 群 体		雌 性 群 体		
	A	a	AA	Aa	aa
0	0.400	0.600	0.500	0.400	0.100
1	0.700	0.300	0.280	0.540	0.180
2	0.550	0.450	0.385	0.480	0.135
3	0.625	0.375	0.344	0.487	0.169
⋮	⋮	⋮	⋮	⋮	⋮
n	0.600	0.400	0.360	0.480	0.160
	$p=0.600$	$q=0.400$	$p=0.600$		$q=0.400$

综上所述，无论是常染色体上的基因还是性染色体上的基因，随机交配的结果都使群体达到了平衡。从畜禽改良的角度看，只有通过选择打破平衡，改良才能实现；从保种的角度来看，为了使群体中各种基因都能尽量保持，就要维持平衡，减少破坏平衡的各种因素。

（二）群体的划分和迁移

1. 群体划分成几个较小的群体

当我们检查自然条件下的实际群体时，它们很少是以整个群体作为繁殖单位的，由于各种原因，使它们隔离或划分成许多小的群体。例如一个地方品种可以划分成几个不同的类型，一般情况下，这些类型和不同的地理条件有关。再如一个育成品种，也可能划分成几个品系，一般情况下，这些品系和某些血统或育种的不同方法有关。

由于群体划分成几个较小的群体或亚群，因而对群体特性的遗传分析与大的随机交配群体有所不同。先让我们来看一个简单的情况：

假定一个大的群体划分成 k 个大小相等的亚群，而且亚群内的交配是随机的。我们设 q_i 为第 i 亚群中基因 a 的频率，且有 $p_i + q_i = 1$；设 $\bar{q}$ 为总群体中基因 a 的频率，它是各亚群中基因 a 频率的平均数，且 $\bar{p} + \bar{q} = 1$。再假定每个亚群的大小足以使三种基因型的比例为 p_i^2，$2p_iq_i$，q_i^2。于是该亚群基因频率的平均数和方差分别是：

$$\bar{q} = \frac{\sum q_i}{k} \qquad\qquad （式 8-1）$$

$$\sigma_q^2 = \frac{\sum (q_i - \bar{q})^2}{k} = \frac{\sum q_i^2}{k} - \bar{q}^2 \qquad （式 8-2）$$

因而对总群体来说，三种基因型的比例是，

$$AA: \frac{\sum p_i^2}{k} = \bar{p}^2 + \sigma_q^2$$

$$Aa: \frac{2 \sum p_i q_i}{k} = 2\bar{p}\bar{q} - 2\sigma_q^2 \qquad （式 8-3）$$

$$aa: \frac{\sum q_i^2}{k} = \bar{q}^2 + \sigma_q^2$$

可以看出，在群体划分为亚群后，其结果是纯合子的比例增加（$+2\sigma_q^2$），杂合子的比例减少（$-2\sigma_q^2$）。因而它的作用如同近亲繁殖。该公式也适用于亚群大小不等时的情况。表 8-3 显示了一个总群体分成亚群和不分亚群时 3 种基因型的情况。

表 8-3　总群体划分为 5 个亚群（亚群内随机交配）

亚群	p_i	q_i	p_i^2	$2p_i q_i$	q_i^2
1	0.9	0.1	0.81	018	0.01
2	0.8	0.2	0.64	0.32	0.04
3	0.7	0.3	0.49	0.42	0.09
4	0.5	0.5	0.25	0.50	0.25
5	0.1	0.9	0.01	0.18	0.81
总群体	0.6	0.4	0.44	0.32	0.24
不分亚群时	0.6	0.4	0.36	0.48	0.16
相差			+0.08	−0.16	+0.08

注：亚群间基因频率的方差 $\sigma_p^2 = \sigma_q^2 = 0.40/5 = 0.08$。

2. 迁移对群体的影响

前面我们假定各亚群之间是互相隔离的，因而每个亚群有它固定的基因频率。但有时亚群与亚群之间有可能因迁移而发生基因频率的改变。为了使问题简化，假定一个平均基因频率为 $\bar{q}$ 的大群体被划分成几个亚群，每个亚群在每一代中与总群体的一个随机样本交换了一部分个体，其比例为 m。设亚群中所考虑的某个基因的频率为 q_i，那么这个亚群由于迁入者的替代，它下一代的基因频率将是

$$q_i' = (1-m)q_i + m\bar{q} = q_i - m(q_i - \bar{q})$$

这样，亚群中迁入前后的基因频率之差是

$$\Delta q = q_i' - q_i = -m(q_i - \bar{q}) \qquad （式 8-4）$$

所以，在一个有迁入的群体里，基因频率变化率（Δq）取决于迁入率（m）和该亚群与总体基因频率的差异（$q_i - \bar{q}$）。当然上面的假定，即亚群与总群体的一个随机样本发生交换是人为的，事实上亚群和邻近亚群之间的个体交换比距离远的亚群可能性更大，这样迁入者就不是总群体的一个随机样本，在这种情况下，基因频率的改变要每个亚群分别计算，这时公式（8-4）中的 $\bar{q}$ 代表的是迁入者的基因频率而不代表总群体的平均基因频率。

亚群间连续迁移的结果是使各亚群的基因频率趋于相等，各亚群的基因频率最终将成为 $\bar{q}$。这说明在保持地方品种的不同类群时，隔离是必要的，否则各类群的差异将最终消失。

二、群体的有效大小与近交率

群体的大小和保种过程中可能发生的近交退化有密切的关系。通常对群体大小的表示方法有 3 种：（1）总个体数。即不分年龄性别的全部个体总数，例如牛群中犊牛、青年牛、成年牛的总数。（2）实际繁殖者个数。这在研究群体遗传结构时是重要的，因为不参加实际繁殖的个体与群体的遗传结构无关。（3）群体中繁殖者的有效数量。这是一个计算得出的数值，它是与一个有 N 个繁殖个体，雌雄各半，随机交配的理想群体相比较得来的一个当量。由于畜禽品种中，雌雄性别不等，因而在计算群体的近交率和近交系数时要用到这个当量。

群体有效大小或有效群体大小（effective population size）的定义是"群体中两个性别的调和平均数的两倍"。调和平均数（H）的计算公式是

$$H = \frac{n}{\sum\limits_{i=1}^{n} \frac{1}{X_i}}$$ （式 8-5）

公式（8-5）中，

X_i：第 i 个变数

n：变数的个数

因而群体有效大小（N_e）为

$$N_e = 2H$$

在一个有两性分化的群体中

$$H = \frac{2}{\frac{1}{N_m} + \frac{1}{N_f}}$$ （式 8-6）

公式（8-6）中，

N_m：繁殖公畜数

N_f：繁殖母畜数

例，计算在保持 100 只母鸡，10 只公鸡群体中的有效大小、近交率和第 10 代的近交系数。

由公式（8-6）

$$H=\frac{2}{\frac{1}{10}+\frac{1}{100}}=18.18$$

得 $\qquad N_e=2H=2\times18.18=36.36(只鸡)$

根据群体有效大小计算近交率（ΔF）的公式

$$\Delta F=\frac{1}{2N_e} \qquad （式8-7）$$

所以 $\qquad \Delta F=\frac{1}{2\times36.36}=0.013\,75$

再根据近交率计算近交系数的公式

$$F_t=1-(1-\Delta F)^t \qquad （式8-8）$$

公式（8-8）中，

　　F_t：第 t 代的近交系数

　　ΔF：近交率

　　　t：世代数

所以 $\qquad F_{10}=1-(1-0.013\,75)^{10}=0.129$

即该鸡群第 10 代的近交系数为 12.9%。

三、不同保种情况下的群体有效大小

（一）留种群体公母数目不等

这是在畜禽繁殖和保种中最常遇到的情况，一般都是公畜少母畜多。计算群体有效大小的公式是

$$\frac{1}{N_e}=\frac{1}{4N_m}+\frac{1}{4N_f} \qquad （式8-9）$$

公式（8-9）是从公式（8-6）推导出来的，这两个公式是等价的，如上例中用公式（8-9）计算更为方便

$$\frac{1}{N_e}=\frac{1}{4\times10}+\frac{1}{4\times100}=0.027\,5$$

所以 $\qquad N_e=36.36$（只鸡）

同样，计算近交率还可以直接用公式

$$\Delta F = \frac{1}{8N_m} + \frac{1}{8N_f} \qquad （式8-10）$$

这样不必先求群体有效大小也能计算近交率，如上例中

$$\Delta F = \frac{1}{8 \times 10} + \frac{1}{8 \times 100} = 0.013\,75$$

与公式（8-7）的计算结果相同。

（二）在连续世代中，繁殖家畜的数量不等

无论是在自然还是家养群体中，由于各种原因每代参加繁殖的家畜数量并不保持恒定，这时计算群体有效大小是采用"平均有效大小"，公式是

$$\frac{1}{N_e} = \frac{1}{t}\left(\frac{1}{N_1} + \frac{1}{N_2} + \cdots\cdots + \frac{1}{N_i}\right) \qquad （式8-11）$$

公式（8-11）中，

t：世代数

N_i：第 i 世代的群体有效大小

例如在 4 个连续世代中，群体的有效大小分别为 20，100，800 和 5 000，则这个群体的平均有效大小约为 65，即更偏向于个体少的世代。

$$\frac{1}{N_e} = \frac{1}{4}\left(\frac{1}{20} + \frac{1}{100} + \frac{1}{300} + \frac{1}{5\,000}\right) = 0.015\,36$$

所以 $\qquad N_e = 65$

（三）个体间繁殖能力不等

无论是自然群体还是育种群体，不同父母所留下的后代数众寡不一，这种家系含量的不同也会降低繁殖群体的有效大小。这时计算群体有效大小的公式是

$$N_e = \frac{4N}{2 + \sigma_k^2} \qquad （式8-12）$$

公式（8-12）中，

N：繁殖群体大小，公母各半

σ_k^2：家系含量方差

要注意的是，这里所说的"家系"，概念上多少有别于家系选择中的家系，尽管也是"家系"（family），主要是指血缘上的关系，如家系等量留种就是公母畜后代等量留种。

由统计学可知，如某个群体的大小保持不变，即平均每对父母留下两个后代。在随机留种的情况下，留下的后代数目的多少是一个泊松分布，家系含量的方差等于平均数，即为 2，这时

$$N_e = \frac{4 \times N}{2+2} = N$$

即当群体中两性数目相等，随机留种的情况下，群体有效大小即为繁殖群体的大小。

如果群体的留种不是随机的，而是公母畜后代等量留种，这时家系含量的方差 $\sigma_k^2 = 0$，群体的有效大小

$$N_e = \frac{4 \times N}{2+0} = 2N$$

即群体的有效大小为两性数目相等的繁殖群体大小的 2 倍。所以在保种过程中为了使有限的群体保持最大可能的有效大小，对公母畜后代作等量留种（如留 1♂、1♀ 或者 1♂、2♀）是一种有效的措施。

（四）公母畜后代等量留种，但公母畜比例不等

在保种工作中，虽然能做到等量留种，但要公母各半是比较困难的，因为饲养和母畜数量相等的大量公畜是不经济的。当然公母畜数的差异越大，群体的有效大小就越小，近交率就越大。因而要有一个恰当的比例，既考虑到经济效益又考虑到群体的有效大小。计算公母数目不等，家系含量方差为零时的群体有效大小的公式是

$$\frac{1}{N_e} = \frac{3}{16N_m} + \frac{1}{16N_f} \qquad （式 8-13）$$

公母畜数目不等的情况下等量留种的原则是"每头公畜都由不同的公畜产生，每头母畜都由不同的母畜产生"，否则就会增加群体中的近交率。

（五）由于近交而降低群体的有效大小

如果群体中已有近交系数（F），这时群体的有效大小要小于公母各半的繁殖群体。

$$N_e = \frac{N}{1+F} \qquad （式 8-14）$$

公式（8-14）中，F 为近交系数。

在极端的情况下 $F = 1$，这时 $N_e = \frac{N}{2}$，即群体有效大小仅为繁殖群体的一半。

四、影响保种群体的遗传因素

影响保种群体效果的主要遗传因素有以下 5 个方面：

（一）突变

突变能使基因频率发生变化，但通常自然突变率很低，对群体的影响很小。对于不符合保种目标的少量突变个体，可予以淘汰，不影响保种结果。需要说明的是，在遗传资源的开发上，新突变的产生和利用却是一个有效的途径。如 20 世纪 30 年代美国利用芦花鸡群中发现的白羽突变个体育成了今天的速生型肉鸡新品种——白洛克。

（二）选择

选择是使群体基因频率发生变化的重要手段。在保种目标确定以后，对保种群体一般不做严格的选择，这是和育种群体的主要不同点。否则保种群体就会朝着选择的方向发生定向改变，而有些改变并不符合保种要求。例如要提高猪的生长速度，就有可能降低肉的风味和品质；要提高鸡的产蛋数，就有可能丧失蛋重大的特点，如同时提高产蛋数和蛋重，则又会影响蛋壳质量等。

（三）迁移

从畜牧学的观点看，迁移就是引种和杂交。少量的或是偶然的杂交，由于迁入率低，对保种群体的影响不大，只要在后代中淘汰不符合保种要求的杂种个体即可。大量的或重复的引种和杂交，由于迁入率高，甚至替换了全部公畜，这对原有品种是一个很大的冲击，也是使某些地方品种绝灭的主要原因。因此，在对地方品种作杂交利用时，对有必要保存的品种要留出保种群。

（四）漂变

漂变是群体中基因的随机变化。从理论上讲，长期的随机漂变，结果会使一对等位基因中的一个固定，另一个消失。

当群体足够大时，漂变在几代人的时间里很难觉察出来。据研究，在一个保种群体中，当群体的有效大小超过 60 时，漂变的影响可不予考虑。

（五）近交

在保种群体中，近交程度随着群体大小和配种制度的不同而异。从近交本身来说，它并不改变群体中的基因频率，但是能使等位基因的纯合度增加，所以当群体中存在隐性有害基因时，近交就会导致衰退，使群体中某些个体的生产力或生活力下降，这一点在小群体中表现得更为明显。因此，在一个保种群体中，应尽量不使近交程度增加太快。

我们通过对实验动物（果蝇）做长期近交试验得到的结果是，连续近交（模拟1头公畜群体）会产生明显退化；近交后大量扩群，一些重要的数量性状如繁殖力、体重等，在群体水平上均能得到一定程度的恢复。这一结果对濒临灭绝的畜禽品种的保种有重要意义，例如对只有1头公畜和几头母畜的小群体也能进行保种，只要繁殖到一定数量就可以达到保种的要求，不必考虑开始时头数的多少。

群体有效大小与群体亲缘相关的关系

一、群体有效大小（N_e）

群体有效大小或有效群体大小的概念最早是由美国遗传学家 Sewall Wright 在 1938 年提出的。在群体遗传学中，对群体有效大小的定义是"群体中两个性别的调和平均数的两倍"。

（一）平均数的种类

我们通常说的平均数是算术平均数（arithmetic mean）

$$\overline{X} = \frac{X_1 + X_2 + \cdots + X_n}{n}$$

此外还有几何平均数（geometric mean），是 n 个变量乘积的 n 次方根

$$G = \sqrt[n]{X_1 \cdot X_2 \cdots \cdot X_n}$$

计算群体有效大小时要用到的是调和平均数（harmonic mean），又称倒数平均数，是总体各统计变量倒数的算术平均数的倒数。用公式表示

$$H = \frac{1}{\frac{1}{n}\sum_{i=1}^{n}\frac{1}{X_i}} = \frac{n}{\sum_{i=1}^{n}\frac{1}{X_i}} \qquad （见式 8-5）$$

不同平均数的应用在统计学中有介绍，这里就不赘述了。

在上面三个平均数公式中 X 是变数，n 是变数的个数，$\sum$ 是总和符号。

（二）调和平均数与群体有效大小

设 N_m 和 N_f 分别为群体中的公畜数和母畜数，则调和平均数为

$$H = \frac{2}{\frac{1}{N_m} + \frac{1}{N_f}}$$

因为是两个性别，所以 $n=2$。根据定义，群体有效大小（N_e）为

$$N_e = 2H = \frac{4}{\frac{1}{N_m} + \frac{1}{N_f}}$$

两边取倒数，则有

$$\frac{1}{N_e} = \frac{1}{4N_m} + \frac{1}{4N_f}$$

此即为本章公式（8-9）。

二、群体亲缘相关（$\bar{R}$）

（一）群体的亲缘结构

一个群体由多个个体组成，个体间的亲缘相关有全同胞、半同胞，虽然也会有亲子甚至祖孙，但一般亲子间、祖孙间不会选配留下后代，因此对群体的亲缘和近交没有影响。

（二）多个混合家系组成的群体

在本书第三章中已推导，如一个群体由多个混合家系组成，那么在这个群体中随机取出的两个个体，它们的亲缘相关就会有全同胞（$r=0.5$），半同胞（$r=0.25$）和非同胞（$r=0$）三种可能。这时，理论公式为

$$\bar{R}=\frac{0.5sdn(n-1)+0.25\left[sdn(dn-1)-sdn(n-1)\right]}{sdn(sdn-1)}$$

$$=\frac{0.5(n-1)+0.25n(d-1)}{sdn-1} \qquad （见式3-25）$$

并有近似公式

$$\bar{R}=\frac{1}{4s}+\frac{1}{4sd}=\frac{1}{4s}+\frac{1}{4D} \qquad （见式3-26）$$

公式中，

　　$\bar{R}$：多个混合家系组成的群体平均亲缘相关

　　s：群体中公畜数

　　d：每头公畜配种的母畜数

　　n：每头母畜的仔畜数

　　D：群体中母畜总数

三、N_e 和 $\bar{R}$ 互为倒数

（一）比较 N_e 和 $\bar{R}$

1.由定义"调和平均数2倍"可推导出有效群体大小的倒数为

$$\frac{1}{N_e}=\frac{1}{4N_m}+\frac{1}{4N_f} \qquad （见式8-9）$$

2.由"多个混合家系组成的群体亲缘相关"推导出的公式（3-26）为

$$\bar{R}=\frac{1}{4s}+\frac{1}{4D} \qquad （见式3-26）$$

因为 N_m 和 s 都是群体的公畜数，N_f 和 D 都是群体的母畜数，所以

$$\bar{R}=\frac{1}{N_e}$$

或
$$N_e=\frac{1}{\bar{R}}$$

即 $\bar{R}$ 和 N_e 互为倒数。

(二) 这一关系的群体遗传学意义

1.有效群体越大，群体中的平均亲缘相关越小；有效群体越小，群体中的平均亲缘相关越大。两者为完全反比关系。

2.计算群体的近交率或近交增量 ΔF，所用的公式是公式（8-7），即

$$\Delta F=\frac{1}{2N_e}$$

现在也可用平均亲缘相关表示

$$\Delta F=\frac{1}{2}\bar{R} \qquad\qquad（式8-15）$$

3.用公式（8-15）还可计算群体的"瞬时"近交系数。如去畜牧场考察或实习，想要知道当时畜群的平均近交系数（$\bar{F}$），可用

$$\bar{F}=\Delta F=\frac{1}{2}\bar{R}$$

这里，"瞬时"近交系数即为近交率

$$\bar{F}=\frac{1}{8s}+\frac{1}{8D} \qquad\qquad（式8-16）$$

4.如畜群的繁殖母畜数量很大，则 $\frac{1}{8D}$ 很小，可略去。估计某时间畜群的平均近交系数可近似地为

$$\bar{F}=\frac{1}{8s} \qquad\qquad（式8-17）$$

这样只要在配种记录上数数有几头繁殖公畜数就行了。

第四节
动物遗传资源保护的方法

一、保种目标

为了要保持一个品种的特性、特征，就要有一个预先制定的保种目标。在保种目标中既要有数量上的要求，也要有质量上的标准，所以保种不是说今年养了一群猪，

过了五年、十年，这群猪（或后代）还在，就算是保住了，而是要根据保种目标的要求，对群体的每个世代都要做定性和定量的监测。

现在以北京油鸡为例，说明在保种目标中应提出哪些要求。

（一）数量

北京油鸡是一个地方品种，对一个经济效益不高的地方品种来说应保持多大的群体，这个品种就算是保住了，这是保种目标中要解决的重要问题。数量太多了保不起，太少了又怕保不住。

（二）类型特征

从外貌看，油鸡的毛色有黄羽、红褐羽；冠型有毛冠、凤头；趾有 4 趾、5 趾；多数鸡的趾部和喙下有毛。从体型上看红褐羽、毛冠的油鸡腿较高，体型较为直立；黄羽、凤头的油鸡胸较宽，体型较为平展。在保种目标中应提出要保持的特征和类型。如近年来由于"三黄"鸡被认为具有较好的肉质，所以销路好，因此油鸡中黄羽、凤头的类型保留得较多，而红褐羽、毛冠的类型则几乎绝迹。

（三）特性

保种的最终目的是为了利用这些遗传资源。所以在保种目标中要明确哪些是应当重点保存的性状。这要通过对性状本身的了解和做一些市场调查。例如北京油鸡的有利特性是肉质鲜美，可发展为优质肉鸡；不利特性是生长速度慢、产蛋少。这就要在保种目标中对肉质评定提出客观（定性和定量的理化特性）和主观（品尝评分）的标准。对于生长和产蛋性能，在不影响肉质的前提下可进行改良，这就要对性状间的相关性做出分析。所以保种也不是绝对的只保不选，而是要慎重考虑，特别是一些与要保存的主要性状有负遗传相关的性状，一般情况下不做严格的选择，以免得不偿失。

二、保种方式与世代间隔

（一）保种方式

目前主要可以考虑采用活畜保种和冻胚保种两种方式。至于采用冻精方式，虽然可以少养甚至不养该品种的公畜，但仍需要有一定数量的母畜。冷冻胚胎如能长期保存，从理论上讲可以不再保留某个品种的活畜。因为用其他品种母畜作为受体即可繁殖出原来需要保存的品种。但目前冻胚保种仍处于试验阶段，不敢贸然淘汰某个品种的全部活畜。所以在相当长的时间内，活畜保种仍是主要方式。在一个活畜保种的群体中，世代间隔的长短以多少为宜呢？

（二）世代间隔

世代间隔是指上下两个世代之间平均的时间间隔，也就是后代出生时双亲的平均年龄。可以通过控制配种年龄（月龄、周龄）或性状度量次数来改变世代间隔的长短。

从育种的角度看，缩短世代间隔可以加快每年的遗传进展。但是从保种的角度看，如果不是目前大量投入生产的品种，世代间隔应当长一些为好。这不仅是因为延长世代间隔可以在一定的保种期限内减少保种家畜的数量，而且还可以降低每年饲养更新畜群用的幼畜和后备家畜的费用。

表 8-4 为 100 年内保种群体近交系数不超过 0.1 的情况下，世代间隔与群体有效大小的关系。

表 8-4　不同世代间隔的群体有效大小（100 年内群体的近交系数 $F_t \leqslant 0.1$)

世代间隔（G_i）/ 年	1.0	1.5	2.0	2.5	3.0	4.0	5.0	6.0	8.0	10.0	15.0	20.0
100 年内世代数（t）/ 代	100	66	50	40	33	25	20	16	12	10	7	5
群体有效大小（N_e）/ 头	480	320	240	200	160	120	100	80	60	50	30	25

上表中群体有效大小（N_e）是一个近似值。下面介绍理论值的计算过程。假设牛等大家畜的世代间隔为 5 年，在 100 年中可繁殖 20 代。即 $G_i = 5$；$t = 20$。由公式（8-8）可计算出群体中的近交率（ΔF）

$$F_t = 1 - (1 - \Delta F)^t$$
$$0.1 = 1 - (1 - \Delta F)^{20}$$
$$(1 - \Delta F)^{20} = 0.9$$

等号两边取对数，则

$$20\log(1 - \Delta F) = \log 0.9$$
$$\Delta F = 0.005\ 2$$

再由公式（8-7）可计算出保种群体的有效大小（N_e）

$$\Delta F = \frac{1}{2N_e} = 0.005\ 2$$
$$N_e = 96$$

同理，设猪等小家畜的世代间隔为 2.5 年，在 100 年中可繁殖 40 代，所计算出保种群体大小 $N_e = 192$。为了便于记忆和后续应用中的方便，把大家畜和小家畜的群体有效大小分别定为 100 和 200。从表 8-4 可以查找各种不同世代间隔畜种的保种群体有效大小。

表 8-5 为对不同畜种所建议的保种群的世代间隔，这与目前的实际生产情况已相当接近。

表 8-5　保种群中各种家畜的适宜世代间隔　　　　　　　　　　年

畜种	马	乳牛、肉牛	毛用羊、奶山羊	肉用羊	猪	鸡、鸭
世代间隔	8	5	4	3	2.5	1.5

采用冻精保种时，相当于延长了公畜的配种年龄，采用冻胚保种时，则同时延长了双亲的受胎年龄，这两种情况下都可延长世代间隔。因此，在活畜保种时，如能根据不同畜种情况与冻精和冻胚相结合，还可以进一步减少保种群中的家畜数量。

三、保种群大小和性别比例

（一）公母畜后代随机留种

随机留种时，群体的保种效果和群体有效大小有关，而和是否要组家系无关，留后代时亲本可采用混合精液输精。

上面提到的"群体有效大小"是指在不加选配的条件下，公母畜各半时繁殖家畜的数量。例如50头公畜和50头母畜的群体有效大小就是100；100头公畜和100头母畜的群体有效大小就是200。但50头公畜和100头母畜的群体有效大小就不是150。对于公母畜数量不等时的群体有效大小要通过公式计算才能知道。保种群体中，在随机留种的情况下，计算群体有效大小的公式是

$$N_e = \frac{4N_m N_f}{N_m + N_f} \qquad （式8-18）$$

公式（8-18）可由公式（8-9）推导得出。

公式（8-18）中，N_e：群体的有效大小；N_m：群体中繁殖公畜头数；N_f：群体中繁殖母畜头数。

公式（8-18）可转化成

$$N_f = \frac{N_e N_m}{4N_m - N_e} \qquad （式8-19）$$

由于分母 $\qquad 4N_m - N_e > 0$

所以 $\qquad N_m > \dfrac{N_e}{4}$

根据公式（8-19）可以计算出在随机留种时，大家畜和小家畜保种群中的公母畜数量和性别比例。计算结果见表8-6和表8-7。

表8-6　随机留种时，大家畜保种群体中的公母畜数量及性别比例（$N_e = 100$）

公畜数（N_m）	母畜数（N_f）	公母畜总数（$N_m + N_f$）	公母畜比例（$N_m : N_f$）
50	50	100	1:1
40	67	107	1:1.7
30	150	180	1:5
28	234	262	1:8.4
27	338	365	1:12.5
26	650	676	1:25
25	∞	—	—

表 8-7　随机留种时，小家畜保种群体中的公母畜数量及性别比例（$N_e = 200$）

公畜数（N_m）	母畜数（N_f）	公母畜总数（$N_m + N_f$）	公母畜比例（$N_m : N_f$）
100	100	200	1 : 1
80	134	214	1 : 1.7
70	175	245	1 : 2.5
60	300	360	1 : 5
55	550	605	1 : 10
52	1 300	1 352	1 : 25
51	2 550	2 601	1 : 50
50	∞	—	—

从表 8-6 和表 8-7 可以看出，如果要使保种群中饲养的总头数最少，则采用公母各半的性别比例；如果母畜产品有较好的销路，则可以考虑公母畜 1 : 5 的比例；如果产品的销路很好，则还可以加大公母畜的性别比例，饲养更多的母畜数。但是在多数情况下，需要保存的品种不会有很好的经济效益，所以一般来说公母性别比例以 1 : 5 为宜，即在随机留种的情况下，大家畜的保种群体应有 30 头公畜和 150 头母畜；小家畜的保种群体应有 60 头公畜和 300 头母畜。

（二）公母畜后代等量留种

保种群体中，在公母畜后代等量留种的情况下，需要对每个个体进行标识，原则是每头公畜留一个儿子，每头母畜留一个女儿。后代进行配种时，可实行避开全同胞、半同胞的"不完全随机交配"。计算群体有效大小的公式是

$$N_e = \frac{16 N_m N_f}{N_m + 3 N_f} \qquad （式 8-20）$$

公式（8-20）可由公式（8-13）推导得出。

公式（8-20）可以改写成

$$N_f = \frac{N_e N_m}{16 N_m - 3 N_e} \qquad （式 8-21）$$

由于分母　　　　　　　　　　$16 N_m - 3 N_e > 0$

所以　　　　　　　　　　$N_m > \dfrac{3 N_e}{16}$

根据公式（8-21）可以计算出在等量留种时，大家畜和小家畜保种群体中的公母畜数量和性别比例。计算结果见表 8-8 和表 8-9。

表 8-8　等量留种时，大家畜保种群体中公母畜数量及性别比例（$N_e = 100$）

公畜数（N_m）	母畜数（N_f）	公母畜总数（$N_m + N_f$）	公母比例（$N_m : N_f$）
25	25	50	1:1
20	100	120	1:5
19	475	494	1:25

表 8-9　等量留种时，小家畜保种群体中公母畜数量及性别比例（$N_e = 200$）

公畜数（N_m）	母畜数（N_f）	公母畜总数（$N_m + N_f$）	公母比例（$N_m : N_f$）
50	50	100	1:1
40	200	240	1:5
38	950	988	1:25

可以看出公母畜后代等量留种时，保种群体的数量比随机留种时要少。公母比例为 1:1 时，可减少 1/2；公母比例为 1:5 时，可减少 1/3。

四、保种措施

（一）制定保种规划

我国畜禽品种资源丰富，其中绝大多数是地方品种，一部分是育成品种，还有少部分是引进品种。保种并不是说对所有的品种、类群和系都要保存。要保存的只是其中的一部分。这就要在品种资源调查的基础上，通过充分的论证，提出由国家或地方应予以重点保存或急待保存的畜禽品种名单，并根据情况每隔一定时间作适当调整，取消或增列一些品种。

这里要区别"重点保存"的品种与"急待保存"的品种。重点保存的一般是指有特色的或是名优品种；急待保存的一般是指稀少的甚至是濒于灭绝的品种。前者易于和利用相结合，并不需要很多的保种投资；后者由于经济效益低，如不及时采取措施就容易绝种。当然也有些品种既属于重点保存又属于急待保存。总之，在保种规划中应根据需要和国家及地方所能提供的财力、物力，分期、分批地进行保种。实践证明，以某个龙头企业为依托单位的企业保种也是一种有效的方式，既保存了资源又生产了名牌产品。

（二）建立品种资源场

一般认为，保种应在品种的原产地进行，因为原产地的自然生态和社会经济条件对该品种的形成起了重要的作用，如易地保种，可能会失去某些原有的特性。但是随着商品经济的发展，交通的发达，许多原产地已经不是当时品种形成的自然和社会条件了，所以保种也不一定要在原产地进行。只要符合保种目标的要求，什么地方能更经济和更有效的保种，就放在什么地方保。

近年来，从国外引进的种畜越来越多，在价值规律的支配下，要在某一保种区禁止引入外来品种杂交已经不可能。所以对一些在规划中确定要保存的品种，可建立必要的品种资源场（或保种场）。对于某些畜种，如家禽，还可以考虑建立规模较大的品种资源库，集中保存一些品种。目前可以先考虑鸡的资源库，因为鸡可以笼养，相对来说占地、耗资较少，易于管理。根据保种群体大小的要求，每个品种（类群、系）保持60只公鸡，300只母鸡即可。建立一个2万只鸡的小型种鸡场，即可保持60个品种（类群、系）。

（三）保种与利用

虽然说保种的目的在于利用，但是这两者之间也存在着相当大的矛盾，因为目前正在利用的品种，一般都数量较大，不急于做专门的保种，而急需保种的品种又往往没有明显的经济效益，养得越多，赔得越多，很难进行扩群利用。所以"在利用中保种"，对一些目前已有经济效益的品种是可行的，但这些品种多数不是重点保护对象。当前急需要保种的主要是一些数量上稀少的、性状上有特色的、当前虽无经济效益但有开发前景的品种，对这些品种就要通过指定的保种场进行保种，或进入资源库保存。对保种群以外的该品种家畜，可以有计划地选育提高或进行杂交改良，使其适应当前社会的经济需要。当然这有可能使生产性能的方向发生改变，甚至会失去原有的一些特性、特征。也许会有人担心，这样做的结果使一些眼前看来没有效益但今后有用的基因也被淘汰了。这是完全可能的。但什么是"今后有用"的基因，目前无法确定。好在有按保种要求建立的保种群存在，那里就好像是一个"库房"，如果今后有什么新的需要的话，可以到基因库中去找。

第五节
保种和育种的比较

一、保种与育种的关系

育种工作的成败决定于3个因素：一是所依据的遗传理论是否正确；二是采用的育种方法是否科学；三是根据育种目标所选用的种质资源（遗传资源）是否恰当。这里所说的种质资源，可以是外来品种或地方品种，也可以是还不能成为品种的类群，甚至还可以包括野生动物资源。

所以保种为育种提供了遗传材料，而育种又是在合理利用资源的基础上通过遗传改良来满足人类对动物产品的需要。

二、选育与保存的不同目标

选育是根据育种目标选出并育成符合市场需要的畜禽群体。这个群体可以是品种、系或是尚在改良过程中的类群。所以无论是本品种选育还是杂交育种，目的都是从遗传上改良畜种，并使其达到最大的经济效益。畜禽遗传资源的保存是根据保种目标对现有的资源群进行评估和保护，同时要挖掘新的遗传资源，做出种质鉴定和评价其利用前景。

选育和保存的目标虽然不同，但从长远来看都是为了动物农业的可持续发展。

三、选择在育种和保种中的作用

选择是对具体性状而言，如要提高产奶量、产蛋量、产仔数、瘦肉率等就要对性状施加一定的选择压或选择强度。群体的留种率越大，选择强度越低。在育种时，为了加快遗传进展，就要提高选择强度，所以要求群体大而留种率低。而在保种群体中，为了降低保种成本，群体含量较小，以有效群体大小而言，马、牛等大家畜约为100头，猪、禽等小家畜约为200头。因此不能施以过高的选择压，否则易造成近亲繁殖。在保种群体中，要求各种基因频率尽量处于平衡状态，不要求对某些性状有过高的选择强度而影响其他性状的稳定状态。例如内蒙古的边鸡以蛋大著称，如片面强调产蛋数的选择，就会造成蛋重的降低。

四、育种与保种群体中的世代间隔

缩短世代间隔可以提高每年的遗传进展，但存在缩短世代间隔与提高选种准确性之间的矛盾。所以在育种群中，在有足够的选择准确性的前提下，应当尽量缩短世代间隔。例如父系猪的世代间隔为1年，母系猪为1.5年；蛋鸡的世代间隔为1年，肉鸡为0.8年；奶牛的世代间隔与利用年限和选种方法有关，一般在后裔测定的情况下，牛群的世代间隔不低于5年，在半姐妹测定的情况下，世代间隔不低于4年。在基因组选择条件下，由于对幼畜可以做出早期鉴定，世代间隔还能缩短。

在保种群中，不强调选择强度和遗传进展，可以适当延长世代间隔。如果考虑在保种期限内有尽可能少的世代数来减少遗传漂变对群体基因频率的影响，则世代间隔还可以延长。当然保种群的世代间隔也不是越长越好，因为延长世代间隔会降低后期产量，增加保种成本。一般保种群各种家畜的适宜世代间隔为水牛10年，马8年，乳牛、肉牛5年，毛用羊、奶山羊4年，肉用羊3年，猪2.5年，鸡、鸭1.5年。这样和育种群中各种家畜的世代间隔相差已不很大，便于保种与利用相结合。

五、育种与保种群体的留种与交配原则

在一般情况下，育种群中当测定出优秀的公畜和母畜后就要对这些优秀个体扩大使用，使其留下更多的后代，所以选种和选配都不是随机的，不同个体对群体的遗传贡献也不相同，一头优秀公牛通过冷冻精液人工授精可以留下上千个后代，使群体迅速朝着选择的方向发生改变。而在保种群体中，为了使基因频率在保种阶段不发生很大的变化，随机交配是一项有效的措施，这就要求在公母畜后代中等量留种。在保种群体较小的情况下，为了避免近交，也可以实行避开全同胞和半同胞交配的"不完全的随机交配"制度。在保种群中可以考虑适当多留公畜，建议公母比例为1∶5，当然这一比例应根据产品的销路适当调整。

六、育种与保种群的纯繁与杂交

我国的育成品种几乎无例外的采用了杂交与纯繁相结合的技术路线，如中国荷斯坦牛、中国美利奴羊以及猪和鸡的许多育成品种。这在国外也是一样，许多品种和系在育成过程中都运用了杂交。我们也可以把育种过程看成是纯繁与杂交的交替。纯繁就是群体的"闭锁"，增加遗传的一致性；杂交就是群体的"开放"，增加遗传的变异性。但是在保种群中只能进行纯繁而不应当杂交，因为杂交是引起群体基因频率变化的剧烈手段，我国许多地方品种的沦落几乎都和有意或无意的杂交有关，这一历史教训应当吸取。总之，要做杂交就必须要留够保种群。

第六节
群体遗传多样性度量指标

对一特定保种群，最大限度地保护群体遗传多样性是当前畜禽保种的一个重要目标。现在一般认为在特定保种时间内（一般认为是100年），畜禽保种群体的遗传多样性应保存90%或95%以上。如何度量和评价畜禽保种群体的遗传多样性是畜禽保种工作中的关键问题之一。从20世纪90年代以来，分子生物技术的快速发展，使得在分子水平上评价一个群体的遗传多样性成为可能。从21世纪开始，基因组技术逐渐成熟，基因组水平度量和评价保种群体遗传多样性成了研究的热点。本节重点以微卫星分子标记为例，介绍保种群体遗传多样性的度量和评价指标。

保种群体遗传多样性指标用于测定其遗传变异程度以及遗传多样性大小，进而衡

量和评价保种工作具有十分重要的作用。一般以多态性位点比率、位点平均等位基因数、有效等位基因数、观测杂合度、期望杂合度等指标来度量和评价群体的遗传多样性（Ebrahimi 等，2011；Glowatzki-Mullis 等，2008；Kaljund & Jaaska，2010；Marshall & Brown，1975；Song 等，2011），也有学者应用稀有等位基因作为评价指标（Kitada 等，2009）。

一、杂合度

杂合度（Heterozygosity，H）即基因多样性，群体的杂合度表示某位点为杂合子的概率。用参数 H 表示各位点的平均杂合度，Nei（1973）称为基因多样度（gene divergence），定义其为随机抽取的样本的两个等位基因不相同的概率，并将 $1-H$ 称为基因一致度（gene identity）对于一个有 k 个等位基因的特定位点：

$$H = 1 - \sum_{i=1}^{k} P_i^2 \qquad （式 8-22）$$

公式（8-22）中，P_i 表示等位基因 i 频率，杂合度的抽样方差包括两部分：个体间和位点间。

杂合度又可细分为期望杂合度（H_e）和观测杂合度（H_o）。公式（8-22）反映的是期望杂合度，它是一个理论计算值；在实际的工作中，我们还可以根据检测样本进行基因分型后，对杂合度进行统计和计算，从而得到实验的观测杂合度。

由于位点间差异通常大于个体间差异，Nei（1987）建议对有固定数量的基因型，应选取更多的位点数，因此期望杂合度 H_e 也可以用下面公式计算

$$H_e = 1 - \frac{1}{N^2} \sum_{x=1}^{N} \sum_{y=1}^{N} f_{Mxy} \qquad （式 8-23）$$

其中，f_{Mxy} 代表分子共祖率或个体 x 和 y 间亲缘关系，N 为个体数。

观测杂合度 H_o 的计算公式为

$$H_o = \sum_{k=1}^{N} n_k / N \qquad （式 8-24）$$

公式（8-24）中，n_k 为 k 个基因位点的杂合子数，N 为个体总数。

二、等位基因丰度

等位基因丰度（Allelic richness）也叫位点平均等位基因数（Na）、等位基因多样性（Petit 等，1998；Barker，2001）；一些学者（Petit 等，1998；Simianer，2005；Foulley & Ollivier，2006）认为这个参数在保种计划中非常关键。大量的等位基因暗示了一个重要性状单基因位点变异的来源，例如负责识别病原体主要的组织相容性复合

体。选择反应受限于初始等位基因数以及比期望杂合度更敏感于瓶颈效应（Altukhov，2002）使得等位基因多样性从长远角度看也很重要，它能更好地反应过去群体数量的波动。另外，等位基因多样性和基因多样性也有不同，例如观测等位基因多样性比基因多样性更能反映种群间较高的分化程度（Foulley & Ollivier，2006）。

由于等位基因丰度高度依赖于抽样的样本数（Brown & Weir，1983），因此有学者（El. Mousadik & Petit，1996；Hurlbert，1971；Petit 等，1998）提出"稀疏法"来解决这个问题；Kalinowski（2004）发展了稀疏法并把它用以计算稀有等位基因（只在被给定品种中存在而其他品种不出现的等位基因）丰度。

$$PR_i = \sum_k (1 - P_{ik}) \prod_{j \neq i} P_{jk} \qquad （式 8-25）$$

公式 8-25 中，PR_i 为稀有等位基因丰度，P_{ik} 为样本 i 中含 k 基因的概率，P_{jk} 为样本 j 中含 k 基因的概率。

Foulley & Ollivier（2006）根据外推法提出另一种方法（推断法），由样本品种中所观测的等位基因数和丢失的等位基因期望值组成，这种方法给出了在样本中被检测的基因数和全群中观测到的等位基因频率。如果 K_i 是样本品种 i 的等位基因数，K 是所有品种中总的等位基因数，且 π_k 是整个群体中第 k 个等位基因的频率，那么样本量为 N_i 的品种 i 的等位基因丰度将等于：

$$R_i = K_i \sum_k (1 - \pi_k)^{N_i} \qquad （式 8-26）$$

Foulley & Ollivier（2006）用欧洲猪的微卫星数据比较了两种方法。他们得出结论，当群体的样本数少的时候，稀疏法对稀少的等位基因不够灵敏；因此，他们建议当群体的样本大小处于低或高度不平衡状态时采用推断法。

稀疏法减小了被观测的等位基因丰度且只能用于样本大小存在差异的时候。然而，作为超过观测丰度的推断法能用于所有样本均等大小的情况。

三、稀有等位基因数

基因频率 $P<0.1$（Allendorf，1986）或 $P<0.05$（Chakraborty 等，1980）。关于稀有等位基因频率，没有固定的定义，主要由研究者根据其研究目的定义，目前大多采用 $P < 0.1$，虽然 Allendorf（1986）认为稀有等位基因尤其容易在种群波动（经历瓶颈）时丢失，并且对遗传多样性的影响不大，然而我们需要注意稀有等位基因（rare allele）在种群进化潜力方面具有很重要的作用（Armbruster & Pfenninger，2003）。

第七节
显性白羽鸡群中有色羽基因资源的挖掘与评估

这是遗传育种理论联系生产实践的一个具体例子。我们把它放在遗传资源这一章来介绍是因为有些遗传资源就好像是埋在地下的矿藏，需要进行挖掘以及评估这一资源的开发利用价值。

一、挖掘

（一）东乡黑羽绿壳蛋鸡

东乡黑羽绿壳蛋鸡是我国著名的产绿壳蛋鸡种，原产地为江西省东乡县，在江苏、湖南、陕西、湖北、上海等省（市）亦有饲养。该鸡种 1985 年由东乡县畜牧科学研究所择优集中饲养（图 8-2）。当时有多种羽色，但以黑羽为主。2001 年收录于《江西地方畜禽品种志》，由江西省东乡黑羽绿壳蛋鸡原种场承担保种任务。2011 年收录在《中国畜禽遗传资源志·家禽志》。原种场改制后，由江西东华种畜禽有限公司负责资源保存和开发利用。2014 年与中国农业大学合作，正式有计划地开展绿壳蛋鸡遗传资源保护和新品种配套系选育工作。

公鸡　　　　　　　　　母鸡　　　　　　　　　绿壳蛋

图 8-2　东乡黑羽绿壳蛋鸡和绿壳蛋

1.遗传资源保存

（1）特性特征

东乡黑羽绿壳蛋鸡从外形上看尽管都是黑羽、单冠、青胫、绿壳蛋，但可以明显区分为两种类型：红冠型和紫冠型（图 8-3）。这两种类型鸡，不但鸡冠颜色不同，还有其他关联的性状也不一样。

①红冠型：耳叶和肉髯红色，皮、肉、骨、内脏为家鸡正常颜色，血液红色。

A.红冠型　　　　B.紫冠型

图 8-3　东乡黑羽绿壳蛋鸡冠型

② 紫冠型：耳叶和肉髯紫色，皮、肉、骨、内脏均为不同程度的黑色，血液暗红色。

在产蛋数上两种类型鸡也有明显区别，红冠型较紫冠型产蛋数多。由于原种场没有准确的产蛋记录，我们只能根据阶段记录进行估算，红冠鸡 72 周龄产蛋约 180 枚，紫冠鸡产蛋约 160 枚。

（2）保种群体

①数量：两个类型各保有 1 000 ～ 1 200 只母鸡，100 ～ 120 只公鸡，符合保种群体有效大小的要求。

②保种方式：两个类型严格分别饲养，不混杂。由于保种群体数量较大，可采用公母鸡后代随机留种方法，不建家系，不分快慢羽；多公鸡混合精液输精，减少近交增量和基因随机漂变。

2. 遗传资源利用

红冠型以提高产蛋性能为主，计划发展成特色蛋鸡；紫冠型以改进肉用性能为主，计划发展成优质肉鸡。

（二）白色来航鸡

白色来航鸡为国内引进的高产蛋鸡，显性白羽，单冠黄胫，皮肤白色或淡黄色。引进时多作为某个品牌配套系的祖代或父母代鸡（图 8-4）。

1. 遗传背景

"显性白"（dominant white）是影响鸡羽色的一个重要基因（PMEL17），位于第

图 8-4　白色来航鸡

33 号染色体。该基因（I）对色素沉着，尤其是对真黑色素（true melanin）的合成有抑制作用。目前在该基因座上共发现 4 种等位基因（Kerje S, et al, 2004）：

I（显性白羽），I*S（smoky, 烟灰色羽），I*D（dun, 浅棕色羽），i（野生型，即其他有色羽）。

PMEL17 基因编码区的插入或缺失被认为是产生这些等位基因的主要原因。

2. 引种目的

为了提高东乡黑羽绿壳蛋鸡的产蛋性能和保持绿色蛋壳，从国内其他种鸡场引进白来航鸡，公母都有。据介绍，72 周龄产蛋数可达 320 枚。育种目标是：

（1）育成的新鸡种要求保持东乡黑羽绿壳蛋鸡红冠型的体型外貌。

（2）改进绿壳蛋的蛋壳颜色，使其更加均匀一致。

（3）保持蛋重（50 g 左右），提高产蛋数，72 周龄产蛋数要求从目前的 180 枚提高到 240 枚。

（三）正反交

1. F_1

正交组 A：东乡黑♂ × 白来航♀ → F_{1A}

反交组 B：白来航♂ × 东乡黑♀ → F_{1B}

F_{1A} 和 F_{1B} 公母鸡均为白羽（部分带有黑色斑点），母鸡全部产绿壳蛋，说明白羽对黑羽为显性，蛋壳绿色对白色为显性（图 8-5）。

图 8-5　F_1 鸡和 F_1 的绿壳蛋

2. F_2

为了要从 F_2 中分离出足够的黑羽、青胫、绿壳蛋三种性状同时存在的纯合子鸡，无论是常染色体还是性染色体上的基因，整体来说这三种性状的纯合子的概率都只有 1/4。而且有色羽中并不都是黑羽。所以三对基因都是纯合子概率小于 1.56%。

本次研究，F_2 共出雏 10 万余只。经统计，白羽和有色羽的比例为 3∶1，符合孟德尔分离定律。有色羽中有多种羽色（图 8-6），在黑色雏鸡中有相当一部分鸡头顶部位有白色小块绒羽，根据经验这部分鸡成长后应是芦花鸡。果然，在绒羽换成片羽后确实为芦花羽型。根据研究需要，F_2 中只留黑羽和芦花羽。

图 8-6　F_2 雏鸡中有色羽有多种羽色

3. F₂中正反交结果不同

在饲养过程中发现，由杂交组合 A 产生的 F₂中，选留的黑羽和芦花羽都有公有母；由杂交组合 B 产生的 F₂中，选留的芦花羽有公有母，但黑羽只有母鸡没有公鸡。所以对芦花羽基因的遗传规律有必要做进一步分析。

（四）芦花羽基因

1. 遗传背景

芦花羽基因（*CDKNIA/B*）为 Z 染色体上的伴性显性基因（B）。它能冲淡形成羽毛颜色的黑色素，使其成为黑白相间的斑纹，所以又叫伴性横斑基因（sex-linked barring gene）。有的斑纹清晰呈条纹状，有的斑纹模糊呈点状，很像芦花（图 8-7）。

图 8-7　多种斑纹的芦花羽型

1988 年，Bitgood 通过连锁作图把 B 基因定位在 Z 染色体的长臂末端；2009 年 Dorahorst 和 Ashwell 把它定位在 Z 染色体长臂末端的 355 kb 的范围内；2010 年 Hollsrom 等又把横斑突变的基因最终定位在 *CDKNIA/B* 座位上。

2. 性染色体上的基因正反交结果不同

（1）反交组 F₂中没有黑羽公鸡的遗传解释

根据伴性遗传理论，很容易解释该研究中反交组后代 F₂中黑羽鸡只有母鸡没有公鸡的现象。

已知 *I* 基因座在常染色体上，*B* 基因座在 Z 染色体上，设反交的亲本白来航公鸡基因型为 IIBB，东乡黑羽母鸡的基因型为 iib-。则 F₁中的基因型 IiBb（♂）和 IiB-（♀）都是白羽。"-"代表母鸡 W 染色体上无相同的等位基因。

F₂中，所有带有 I 基因的无论公母鸡都是白羽，iiBB 和 iiBb 为芦花公鸡，iiB- 为芦花母鸡，iib- 为黑羽母鸡，不可能有 iibb 黑羽公鸡（图 8-8）。

		♂配子			
		IB	Ib	iB	ib
♀配子	IB	√	√	√	√
	I-	√	√	√	√
	iB	√	√	iiBB	iiBb
	i-	√	√	iiB-	iib-

图 8-8　无黑羽公鸡的遗传解释图示

图 8-8，反交组 F_2 中 √ 为白羽，B 为芦花，b 为黑羽，不可能出现 iibb 黑羽公鸡。

（2）反交组 F_2 中没有黑羽公鸡的分子证明

不要忘记，我们在遗传解释中假设反交亲本的白来航公鸡基因型为 IIBB，即在显性白羽和芦花羽基因座上都是纯合子。II 基因型已在 F_1 群体中得到证明，因为 F_1 都是白羽鸡，但公鸡的 ZZ 染色体上 B 基因也是纯合子 BB，这一点还没有证明。因为 B 基因座上如果是杂合子 Bb，那么 F_2 中就会出现黑羽公鸡 iibb。

经对该亲本白来航群的公鸡抽样作 B 基因座 PCR-RFLP 测定，结果均为纯合型 BB，证实了 F_2 黑鸡群中只有母鸡没有公鸡的遗传解释。

（五）芦花羽基因的提纯

所谓"提纯"就是芦花羽色鸡自群繁殖后代，不出现其他羽色。尽管该白来航群中芦花羽基因座是纯合型 BB，但经过和黑鸡杂交，F_2 中的芦花鸡，母鸡的表型和基因型是一致的，即都是 B-，但是公鸡有两种基因型 BB 和 Bb，因此提纯的关键在于区别公鸡是纯合型还是杂合型。

用 D.S.Thalmann 等（2017）介绍的方法可以区分这两种不同的基因型，如图 8-9 所示。

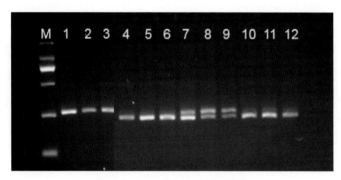

图 8-9　PCR-RFLP 电泳图

（1, 2, 3：$Z^B Z^B$；4, 5, 6：$Z^b Z^b$；7, 8, 9：$Z^B Z^b$；10, 11, 12：$Z^b W$）

当然，也可以等公鸡长大后和有色羽母鸡测交来鉴别是否是纯合型，但这延长了育种时间和增加了饲养成本。

二、评估

（一）评估 1：提高地方特色蛋鸡的产蛋性能

由于有色羽基因是在高产白来航鸡群中被挖掘的，有多种羽色。其中有些羽色和一些地方品种鸡相似，可以育成地方特色蛋鸡，产蛋数可由 160 ～ 180 枚提高到 220 ～ 240 枚，而且保持了原有地方鸡种的羽色和体型外貌。

（二）评估 2：高产芦花蛋鸡新品种选育

如果亲本是用高产洛岛红型鸡和高产白来航杂交，F_2 群体中会分离出红色羽、黄色羽、麻羽、黑羽等，还会有"红芦花"和"白芦花"等稀有特色羽型，而且这些鸡都产粉壳蛋，72 周龄产蛋数可在 300 ～ 320 枚。

图 8-10 "红芦花"和"白芦花"

（三）评估 3：提高地方优质鸡的产肉性能

用速生型显性白羽肉鸡和地方品种鸡杂交的 F_2 群体中，也能分离出不同的有色羽，用同样方法可育成增重快而又一定程度上保持地方鸡种的羽色特征和肉质风味的新品种或配套系。当然做这项工作之前一定要留出足够地方品种的保种群体。

（四）评估 4：速生型有色羽肉鸡新品种选育

速生型肉鸡并不都是白羽，如澳大利亚狄高黄鸡。用本研究介绍的类似方法，完全可以育成速生型白皮肤或浅黄皮肤的黑羽肉鸡、红羽肉鸡、芦花肉鸡等有色羽品种。

如果有色羽基因存在于隐性白羽鸡中，则和地方有色羽杂交的 F_1 中就能分离出各种有色羽型。

参考资料

1. 联合国世界粮食与农业组织编，编辑：杨红杰、张娜等译、校、审 . 北京：中国农业出版社，2009.The State of the World's Animal Genetic Resources for Food and Agriculture. D Pilling, B Rischkowsky [FAO, 2007, 罗马].

2. 李宁，方美英 . 家养动物驯化与品种培育 . 北京：科学出版社，2012.

3. 吴常信 . 动物遗传学 . 北京：高等教育出版社，2009：370-391.

4. 吴常信 . 动物遗传学 . 2 版 . 北京：高等教育出版社，2015：372-374.

5. 吴常信 . 显性白羽鸡群中有色羽基因的挖掘、筛选和应用 . 中国畜牧兽医学会家禽学分会第十九次学术讨论会报告，济南，2019.

6. 李俊英，邓学梅，吴常信，等 . 东乡黑羽绿壳蛋鸡育种中芦花羽基因的发现与应用（待发表）.

7. Li C C. An Introduction to Population Genetics. Peking: National Peking University, 1948.

8. C C Li. Population Genetics. The University of Chicago Press，1955.

9. Wu Changhsin. Theory and methology of population genetics applied to the conservation of animal genetic resources. 16th International Congress of Genetics, 1988. Proceedings p.336.

10. Wu Changhsin. Conservation of animal genetic resources and potential of animal production in China. 4th World Congress on Genetics Applied to Livestock Agriculture, 1990 Proceedings Vol.14:488-491.

第九章　肉用动物育种

第九章
肉用动物育种

本章重点讨论占市场份额大、有代表性的肉用动物的育种技术。其中，猪代表单胃、多胎、杂食动物；肉牛代表复胃、单胎、草食动物；肉鸡代表肉用家禽。

第一节
猪的育种

我国是一个养猪大国，无论是饲养量还是产肉量（胴体）都接近世界的 50%。我国人均猪肉生产量已接近 40 kg，占肉类总产量的 60% 以上。

我国猪种资源十分丰富，根据国家畜禽遗传资源品种名录（2021 年版），猪有地方品种 83 个，培育品种（含家猪与野猪杂交后代）25 个，培育配套系 14 个，引入品种 6 个，引入配套系 2 个。为今后育种提供了必要和充分的条件。

一、育种目标与选择性状

猪的育种目标比较单一，就是为了产肉。对这一目标的完成主要通过选择、杂交和繁育体系。

（一）繁殖性状

繁殖性状是猪的一项重要的经济性状，包括产仔数、初生个体重和初生窝重、泌乳力、断奶个体重和断奶窝重、断奶时育成小猪数等。长期以来，认为繁殖性状是限性性状，选择重点一直是针对母猪。繁殖性状从度量上看是一种限性性状，但从遗传上看，公猪对繁殖性状也有遗传能力，而且不次于母猪，育种上应给予足够的重视。

1. 产仔数和产活仔数

猪的产仔数受品种、胎次、配种技术以及母猪饲养管理的影响，也就是这一性状的表现受遗传、环境和遗传与环境互作的影响。

产仔数是一窝猪出生时的总数，包括死胎、木乃伊、畸形猪在内；产活仔数是出生时一窝猪的成活仔猪数。产仔数和产活仔数都是低遗传力性状，对母猪个体选择效果差。

产仔数又可分解为一次的排卵数、受精卵数和胚胎存活数。作为研究可以这样细分，但是作为育种只看结果，就是对产活仔数的选择。

2. 初生重和初生窝重

仔猪出生后立即称重（吃初乳前）为初生重，一窝仔猪初生重之和为初生窝重。初生重为低遗传力性状，初生窝重为中等遗传力性状。两者都受母猪的年龄、胎次、妊娠期的营养状况和同窝仔猪数的影响。选种时初生窝重比初生重意义更大，因为对以后的断奶窝重或 60 日龄窝重都有显著的正相关。

3. 断奶窝重和断奶仔猪数

各猪场实际断奶日龄不同，2 周、3 周、4 周、5 周的都有。哺乳期仔猪补料会影响断奶窝重。农业农村部行业标准中规定，21 日龄仔猪窝重为衡量母猪的泌乳力指标，因为此前仔猪吃料很少，窝重基本上可以反映母猪的泌乳能力。

断奶仔猪数直接影响每头母猪每年提供的断奶仔猪数（PSY）。这是衡量猪场效益和母猪繁殖能力的重要指标，计算方法是 PSY ＝母猪年产胎次 × 母猪平均窝产活仔数 × 哺乳仔猪成活率。

已知对繁殖性状有明显影响的基因有雌激素受体（estrogen receptor, *ESR*）基因、促卵泡激素 β 亚基（follicle-stimulating hormone β subunit, *FSHβ*）基因以及催乳素受体（prolactin receptor, *PRLR*）基因等。

（二）生长性状

生长性状中，生长速度是衡量猪经济价值的重要指标，有两个指标进行度量，即日增重和达 100 kg 体重日龄。日增重（daily gain）是猪生长育肥期间每天体重的增加量。在实际生产和育种工作中，以平均日增重作为度量指标，是指参加测定猪只在测定期间的平均日增重，单位是克（g）。达 100 kg 体重日龄，是指参加测定的猪达到 100 kg 体重所需要的天数，单位是天（d）。这两个指标是度量猪生长速度的等价指标。

在实际的育种工作中，生长测定猪在 80 ～ 105 kg 时全群进行个体称重，按实际体重和日龄校正为达 100 kg 体重日龄，校正公式为

$$校正达 100\,kg\,体重日龄＝\frac{a-(b-100)}{c} \qquad （式 9-1）$$

公式中，a：实测日龄

b：实测体重

c：校正系数

公猪校正系数为 $\qquad c_m = \dfrac{b}{a} \times 1.826\,0$ （式9-2）

母猪校正系数为 $\qquad c_f = \dfrac{b}{a} \times 1.714\,6$ （式9-3）

公式（9-2）和公式（9-3）中的数字可由实测值与理论值的回归方程求得。对于不同品种的猪，如瘦肉型猪和国内地方猪种或是这两者的杂交猪，最好分别计算 c 值。套用同一个 c 值会造成较大的误差。

已知和生长性状有关的基因有生长激素（growth hormone, *GH*）基因、肌肉生长抑制素（myostatin, *MSTN*）基因等。

（三）胴体性状

胴体性状涉及很广泛，除一般的屠宰率、瘦肉率、胴体重、眼肌面积、腿臀比例以外，还有肉色、肌肉 pH、滴水损失等，在选种时也应考虑。某些胴体性状往往和肉的品质有关，如肌内脂肪含量就和肉的嫩度与风味有关。

与胴体和肉质有关的基因的报道很多，但真正能用于选种的却很少，作用比较肯定的基因有氟烷敏感基因（halathame gene, *Hal*），氟烷测定阳性的基因型（nn）个体，易感应激综合征（porcine stress syndrome, PSS）和产生 PSE 肉。另外影响猪肉品质的还有酸肉（rendement napole, *RN*）基因，已定位在第 15 号染色体上，是一个显性基因，带有这种基因的个体，肌肉中的糖原含量高，酵解后产生的乳酸含量也高，导致肌肉 pH 下降，呈酸性肉，且肌肉的系水力下降，增加了鲜肉在商业条件下真空包装的重量损失。

（四）毛色性状

1. 色素形成

猪的毛色是由毛中"黑色素"一类物质决定的。而黑色素主要是由酪氨酸酶将酪氨酸以及与之密切相关的化学物质氧化后形成的。在哺乳动物中，"黑色素"有两种：一种称为"真黑色素"（eumelanin），以黑色和褐色两种形式存在；另一种是"褐黑色素"（phemelanin），以黄色和红色两种形式存在。黑色素是一种结合蛋白质，在各种猪的被毛中广泛存在，如在大约克猪的被毛中含量为 0.07%，大黑猪中为 6.13%，由于黑色素在不同猪种的被毛含量和分布不同，就使不同品种的猪表现出不同的毛色类型。

2. 毛色遗传

毛色是猪的品种特征，主要有白、黑、花、棕、白腰（肩）带和"六白"等。一般认为白色（显性白）猪比有色猪有较快的生长速度，但抵御紫外辐射的能力差。在中国和日本普遍认为黑猪肉好吃，价格亦高。

据研究，猪的毛色遗传受以下几个基因座位控制：

（1）基因座 A

控制真黑色素和褐黑色素在不同部位的分布。目前在猪中发现了两个等位基因 Aw 和 a，前者控制野灰色即野猪毛色，后者控制非野灰色。据研究，显性白基因也可能在这一基因座，能抑制黑色素的产生。

（2）基因座 B

决定产生黑色还是褐色的黑色素。B 基因产生真黑色素，b 基因产生褐黑色素。

（3）基因座 C

控制色素合成的强度。该座位已发现有两个等位基因 C^t 和 C^{ch}，前者使猪产生污白色毛，后者使有色猪中的黄色"稀释"为乳黄色。

（4）基因座 D

为色素淡化基因，控制色素表现的深浅程度，但不影响色素的本质，可能是一个修饰基因。

（5）基因座 E

决定黑色（或褐色）的真黑色素与红黄色的褐黑色素的相对扩展范围。在 E 位点上可能有 4 个等位基因，即产生显性黑色的 E^d，使黑色正常扩展的 E，使黑色在局部扩展的 e^p，控制波中猪、巴克夏猪的六白特征的可能是该基因。以及完全抑制黑色而使红色或金黄色充分扩展的隐性基因 e。此外可能还有 e^g 基因控制花豹色。

（6）基因座 S

决定在色素沉着时，颜色连续分布面积的大小，当显性时被毛多为单色，隐性时出现花斑。

尽管猪的毛色遗传相当复杂，但在多数情况下仍可看成是质量性状，或是主基因和修饰基因共同作用的性状。如大白猪、长白猪都是显性白色，和我国地方有色猪种杂交时，F_1 为白色，F_2 中白猪和有色猪的比例仍接近 3:1。

二、选种方法

养猪生产中多以三元杂交的方式生产商品猪，因此对母本母系猪、母本父系猪和终端父本猪要有不同的选择重点，以期在杂交配套中有更好的组合效果。

以国际上应用最广的"LYD"为例，D 是终端父本猪（杜洛克猪），写在最后面，Y 是母本父系猪（大约克猪），L 是母本母系猪（长白猪）。在我国一般把父系猪写在前面，如"杜长大"，杜洛克猪是终端父本，长白猪是母本父系猪，大白猪是母本母系猪。但现在配套系中"杜长大"和"杜大长"都存在，即二元杂种猪是两个白猪系正反交的后代。

（一）对 LYD 三个外种猪的选育

1. 母系猪

国外用长白猪作为母系猪是在大量的数据分析后，认为长白猪比大白猪平均窝产仔数要多 1 头。在我国普遍认为大白猪比长白猪体质结实、日增重快、抗逆性强，所以多数养猪者愿意用大白猪作为母系猪。由于饲养量大，成本较低。

2. 第一父本

如大白猪作为母系猪，则长白猪成为第一父本，在选种时除繁殖性状外还要选择生长性状。如二元杂种猪来自大白和长白两个系的正反交后代，那么两个白猪品种在选择性状上就没有什么差别，这时选种方法要以两系杂交的杂种优势为主，也就是以 F_1 的成绩来选择两个亲本，可以考虑用正反交重复选择方法。

3. 终端父本

对终端父本选种的重点是生长性状和胴体性状。杜洛克猪有较高的生长速度和较多的肌内脂肪，符合终端父本的要求。而且由于二元杂种猪的白色为显性，所以商品猪仍是白猪（或有少量暗花）。

为了充分利用基因的加性效应（纯繁）和非加性效应（杂优效应），在猪的育种中要采用"正向选择"与"逆向选择"相结合的"双向选择"法（图 9-1）。也就是通过二元杂种猪的成绩选母本父系和母本母系，用商品猪的成绩（胴体性状可由屠宰场获取）选终端父本。

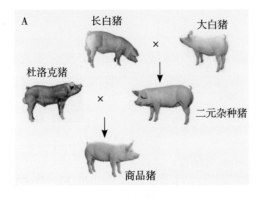

A. 正向选择   B. 正向、逆向选择

图 9-1　正向选择和逆向选择相结合

（二）对地方猪种的选育

我国多数地方品种猪生长速度慢，体型小，耐粗饲，积累脂肪能力强，肉纤维细，肌内脂肪高。产仔数因品种而异，并不是所有国产猪种繁殖力都高。根据我国猪种特点，在小农经济时代，农村养猪是有利的，"吃的是草，长的是肉"，而且猪粪又可肥田。尽管一头猪要养 8～10 个月，但过年吃肉不成问题。所以养猪先要拉架子，屠宰

前 2 个月再催肥，这样养的猪瘦肉率低，一般地方猪的瘦肉率都在 40%～50%，有的猪种还不到 40%。

1. 地方猪种以保种为主

由于多数地方品种猪经济效益低，不宜大量饲养，只要按保种要求作为遗传资源保存就行。有的地方领导盲目追求地方特色，一定要保存当地猪种，有的要求"一县一品"，动不动就要发展 100 万头当地猪种，而且还不能搞杂交改良。而真正 100 万头猪养起来了，市场销路在哪里，卖不卖得掉？而且饲料转化效率低，饲养成本高，赔钱算谁的？

所以地方品种猪应以保种为主，留出保种群后再谈开发利用。

2. 地方猪种的开发利用

地方品种猪的育种一定要和开发利用相结合，开发利用一定要和市场需求相结合，不然开发出来的产品卖不掉就谈不上利用，也不会带来经济效益。

（1）和瘦肉型外种猪杂交培育新品种

直接用地方品种作三元杂交的母系猪是很难推广的，因为二元杂种猪比不过长白猪和大白猪的二元杂种。所以要先培育一个含有地方猪种血统的新猪种，如杜洛克型的太湖猪，大约克型的"两头乌"，长白型的"乌云盖雪"等，使其具有相当高的生长速度和瘦肉率。如要生产白色商品猪，就用大白猪或长白猪分别为三元杂交的第一父本和终端父本。由于含有一定比例的本地猪血统，在肌内脂肪含量和肉质风味方面也会比"洋三元"要好些。

（2）直接作为配套系中的一个系

可以直接将地方猪种作为配套系中的一个系，如图 9-2 所示。

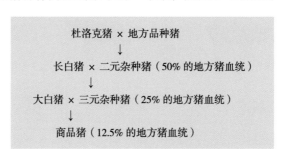

杜洛克猪 × 地方品种猪
↓
长白猪 × 二元杂种猪（50% 的地方猪血统）
↓
大白猪 × 三元杂种猪（25% 的地方猪血统）
↓
商品猪（12.5% 的地方猪血统）

图 9-2　含有地方品种的四系配套

这一配套方式可以直接利用地方品种，省去了培育新品种的时间。但要做好商品猪生产的繁育体系计划，否则同一个猪场同时要饲养 6 个猪种是很困难的，最好由一个大型企业组织几个分场承担。

无论是先育成新品种还是直接作为四元杂交的母系猪，如果用杜洛克作为终端父本，在商品猪中就会有毛色分离，产生白猪、黑猪、棕色猪、花斑猪等。上面的模式是以杜洛克作为第一父本，就解决了这个问题。

三、对国外育成"白太湖猪"的思考

（一）育成"白太湖猪"的过程分析

国外引进我国梅山猪的目的是要提高母系猪的产仔数，所以这里假设是和长白猪杂交，当然也可以和大白猪杂交，育种模式相同。

设梅山猪的毛色基因型为（ww），长白猪为显性白（WW）。育成过程由杂交、回交、横交、测交和纯繁5个阶段组成，整个过程需要6个世代，5年即可完成（图9-3）。因为育种目标是毛色，在仔猪出生时即可鉴别。

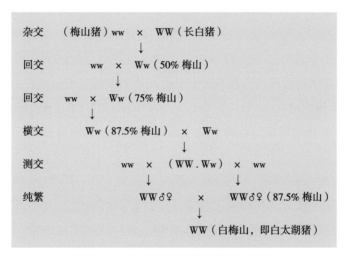

图9-3 "白太湖猪"的育成过程分析

（二）"白太湖猪"的应用

由于引进了太湖猪血统，不仅提高了产仔数，而且也改进了肉质，很大程度上提高了商品猪生产的经济效益。

如图9-4所示，父母代母系含有25%的白太湖猪血统，有更高的产仔数；商品猪含有12.5%的白太湖猪血统，在一定程度上可以改进肉的品质。

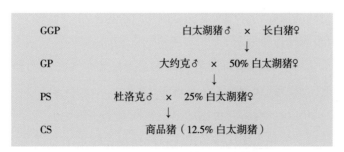

图9-4 利用"白太湖猪"生产商品猪

（三）对我国猪育种的思考

国外猪育种公司可以育成白太湖猪，我们反其道而行之，照样可以把地方品种猪育成杜洛克型的太湖猪，大约克型的"两头乌"，长白猪型的"乌云盖雪"等生长快的瘦肉型地方特色猪种，用于商品猪生产。

四、猪基因组选择策略

基因组选择被认为是在分子层面对数量性状选择的一种新方法。其实从 Meuwissen et al.（2001）提出到现在也已经 20 年了。这一方法最初应用于奶牛，后来肉牛、猪、羊、蛋鸡、肉鸡都纷纷跟进，一时成了基因组选择热，所有的报道都是有效的，因为没有效的就不报道了。而且比传统的方法要提高多少多少。这里没有讲传统方法具体是指什么方法。更没有做符合试验设计要求的对比试验。对一种新方法一是要学习，二是要创新，要根据具体畜种的特点和存在的问题提出符合该畜种选种要求的不同策略，同样还是叫基因组选择，但是策略上要不同于奶牛的基因组选择。

（一）参照群体的建立

1. 通过联合育种或种猪遗传评估建立以品种为单元的参照群体，按统一要求进行表型和表型值记录。

2. 对参照群体中的个体作高通量基因组标记分型。

3. 利用数学模型估计出各种标记效应。

4. 根据对父系猪和母系猪的不同要求对标记效应作不同的加权。父系猪着重生长速度、瘦肉率和肌内脂肪，母系猪着重产仔数和泌乳力。

（二）候选群体

1. 根据配种产仔记录建立亲缘关系。

2. 对个体进行基因组标记分型。

3. 根据参照群体的标记效应分别计算父系猪和母系猪的基因组估计育种值（GEBV）。

（三）杂种猪资料的利用

1. 根据二元杂种猪成绩加权到两个亲本品种的基因组育种值。

2. 根据商品猪成绩加权到终端父本的基因组育种值。

（四）猪基因组选择作用分析

1. 在繁殖力的选择方面，猪基因组选择的意义比奶牛大，因为猪是多胎家畜，产仔数多，遗传力低，表型记录选择遗传进展慢。

2. 世代间隔比奶牛短，对青年公猪的早期选择意义比奶牛小。

3. 冷冻精液输精的效果不如奶牛、肉牛，冻精保存技术还需提高。

五、生产"超级猪"和"牛精猪"的设想

（一）"超级猪"

1. 目标

每头母猪年产瘦肉 1.5 t。指标分解：

（1）每头母猪每年育成出栏商品猪 30 头（屠宰数）；

（2）育肥猪全程（1～120 d）平均日增重 1 000 g，即 120 日龄 120 kg 活重；

（3）全猪瘦肉率（屠宰率 × 瘦肉率）42%。

在目标不变的条件下，各项指标是可以调整的。如育成的商品猪头数增加了，平均日增重稍低也能达到每头母猪年产瘦肉 1.5 t 的目标。

2. 措施

以上这些指标都有一定难度，就需要有新的技术措施。

（1）智能养猪

智能养猪技术包括生物科学、信息科学在猪育种和生产中的应用，遗传育种、饲料营养、疾病防控、生态环保、经营管理等综合技术的应用。如根据猪瘦肉生长需要的精准饲料配方；把许多复杂多变的信息转变为可以度量的数字，建立起数字化模型，通过计算机进行数字化育种；通过卫星遥感对疾病进行预测预报的地理信息系统。

（2）影像技术的应用

① X 线成像　可用于猪体内肋骨数和病灶的检查。

② 超声（B 超）　可用于猪检测背膘厚度、眼肌面积、胚胎数和胚胎发育情况。

③ CT 扫描　可用于猪皮下脂肪、肌肉、骨骼的分层扫描，通过造影、计算，可测瘦肉率、肉骨比等。

④ 磁共振　主要反映的是内部脏器形态和结构变化，比 X 线透视更加准确，而且没有辐射损害，可检查妊娠母猪着床胎儿数、死胎、木乃伊等情况。

影像技术应用需要解决从人医到兽医的转变问题，如设备的转型，使其成为能适用于猪的小型、便携式仪器。再是相关软件的重新编程，使其能符合动物（猪）的实际需要。由于影像技术都是在猪活体上进行测定，测得数据和造影可用于对猪进行准确的数字化育种。

（二）"牛精猪"

1. 理论依据

在分类学中牛和猪虽然同属偶蹄目，但牛是洞角科，猪是猪科，形态和结构上有很大不同。从遗传上看，牛有 30 对染色体，其中一对为性染色体；猪有 19 对染色体，其中一对为性染色体。

牛染色体数：母牛 29 + XX，公牛 29 + XY

猪染色体数：母猪 18 + XX，公猪 18 + XY

使牛精细胞和猪卵细胞中的染色体数加倍，即在原始生殖细胞减数分裂时，让染色体分裂而细胞不分裂，形成二倍体的精子和二倍体的卵子，精卵结合而成异源 4 倍体或双二倍体。异源 4 倍体是可育的。

2. 实验尝试

在自然情况下，马和驴杂交能产生骡子，但无论是马骡还是驴骡都没有生育能力。骡子产生后代是极稀有的事情，虽然古今中外都有过骡子生育的报道。

20 世纪 50 年代，原北京农业大学动物遗传教研组老师们在吴仲贤教授的指导下，用秋水仙素（在细胞分裂时能阻碍着丝粒的分裂和纺锤体的形成）处理驴睾丸和马卵巢，希望能产生二倍体的精子和卵子，交配受精后胚胎可以发育成一个双二倍体的骡子，成长后有可能进行正常减数分裂，但没有成功。如果换一种思路，马和驴的体细胞都是二倍体，用体细胞融合技术就可以得到双二倍体的细胞，移植到代孕母马或母驴子宫，激活后就有可能发育成为双二倍体的胚胎，这样产生的骡子是可育的。

3. 植物中成功例子

（1）萝卜甘蓝

1928 年苏联植物遗传育种学家 G.Karpechenko 通过同属于十字花科的萝卜（2n = 18）和甘蓝（包心菜，2n = 18）杂交，能获得杂交的种子，但不能繁殖后代。在自然条件下，他偶尔发现不育的杂种产生了几粒种子，而这些种子播种后长成了带有 36 条染色体的可育个体。这些个体都是双二倍体，是染色体自发加倍形成的。

（2）小黑麦

普通小麦是天然的异源六倍体（AABBDD），配子中有三个染色体组（ABD），每组有 7 条染色体，共 21 条染色体；二倍体黑麦配子中有一个染色体组（R），有 7 条染色体。普通小麦和黑麦杂交后，子代会有 4 个染色体组（ABDR），28 条染色体。由于是异源的，减数分裂时配对紊乱，高度不育。

20 世纪 50 年代，中国农业科学院鲍文奎先生带领他的团队，用秋水仙素的代用品"富民隆"，使染色体数目人工加倍，获得了异源八倍体（AABBDDRR）的小黑麦，能形成正常的雌雄配子，育成了一个新的物种。

4. 育成"牛精猪"评述

许多理论上可行的事，在实践中并不现实，至少是困难重重。但预言或猜想后来成为事实的例子也不在少数。

（1）异种动物体细胞形成双二倍体胚胎

这一步骤比用秋水仙素处理产生双二倍体更为可行，特别是对哺乳动物来说，体细胞克隆技术已相当成熟。现在提升到异种动物体细胞融合和移植，当然困难会大得多，不过仍值得尝试。

（2）双二倍体胚胎的发育

这里所说的异种动物体细胞克隆不是让狗生出狼，把狼的细胞核移植到狗的去核卵母细胞中；也不是骡子克隆出骡子，这种"复制"出来的骡子，还是没有生育能力。这里说的是两种动物的体细胞先在体外融合成双二倍体，再移植到去核的代孕母畜的卵细胞中，使其发育成正常的胚胎。这样看来驴马杂交要比牛猪杂交容易成功，因为马、驴都是马属动物，而且已经有了骡子，也可以考虑用骡子的体细胞在体外加倍成双二倍体进行核移植，成功的可能性比用马和驴的体细胞加倍成双二倍体要大得多。

（3）期待"怪物"的出现

如果"牛精猪"能实现，这不但是一个新的物种，而且肯定是一种现在很难想象的"怪物"。例如：

① 外形像牛还是像猪？或是长牛角的猪？

② 是复胃还是单胃？能吃草就长肉吗？

③ 是单胎还是多胎？母亲有多少对奶头？能人工挤奶吗？

④ 长的是牛肉还是猪肉？这种牛猪肉好吃吗？

不管是什么怪物，30 年后见！

第二节
肉牛育种

一、我国牛种资源与肉牛育种概况

（一）牛种资源

根据 2021 年版的《国家畜禽遗传资源品种名录》，我国普通牛（Bos taurus）共有地方品种 55 个，培育品种 10 个，引入品种 15 个。过去把地方牛统称为黄牛，包括黑牛、白牛、花牛。现在则统一称为普通牛，其中秦川牛、南阳牛、鲁西牛、延边牛和晋南牛为我国著名"五大黄牛"品种（图 9-5）。20 世纪 80 年代以来，随着市场经济的发展和人们消费水平的提升，以役用为主的地方品种牛已逐步过渡到乳肉兼用和肉用为主的改良牛，有的还通过审定成为新品种。

秦川牛　　　　　　　南阳牛　　　　　　　鲁西牛

延边牛　　　　　　　晋南牛

图9-5　中国五大黄牛品种（引自《现代肉牛产业化生产》）

（二）黄牛改良

我国肉牛或乳肉兼用牛的育种往往是在黄牛改良的基础上进行。

1. 用国内大体型牛品种改良小体型牛

我国黄牛改良工作早在20世纪50年代就已经开始。由原西北农业大学黄牛研究室邱怀教授团队用秦川牛杂交改良山地黄牛和部分陕北蒙古牛，取得了良好效果。杂种牛体型普遍增大，役力增强，外貌近似秦川牛。

2. 用国外肉牛品种改良国内品种

我国黄牛长期以来作为畜力，以耕地为主，又称为"耕牛"，老了才能屠宰吃肉。耕牛和肉牛的体型有很大差别，尤其在后躯。国外肉牛品种后躯宽而平直，国内地方品种牛后躯窄而倾斜。在体重和生长速度上国内牛与国外肉牛品种也有很大差距。下面将要介绍的我国自己培育的无论是肉牛品种还是乳肉兼用品种，无一例外的都是引入外血，这是十分必要的措施。

（三）新品种培育

牛新品种培育基本上都经过杂交改良、横交固定和选育提高三个阶段。现在也有直接用引进品种选育几代后达到品种审定要求而育成新品种的，那就不存在杂交改良和横交固定两个阶段了。

1. 乳肉兼用品种

（1）中国西门塔尔牛（Chinese Simmental）

大型乳肉兼用品种，2002年通过农业部品种审定。由德系、苏系、奥系的西门塔尔牛和内蒙古、辽宁、吉林、四川、安徽、河北等省（自治区）的本地黄牛级进杂交，向农业部联合申报而成，含西门塔尔牛血统87.5%～96.9%，育种过程长达20余年。

（2）中国草原红牛（Chinese Caoyuan Red）

乳肉兼用型品种，1985年通过当时农牧渔业部组织的品种鉴定验收。1953年起用引进的短角牛为父本与吉林、内蒙古、河北三个省（自治区）的当地蒙古牛级进杂交，在二代、三代牛中选优进行横交固定。以后又导入利木赞肉牛血统，产肉性能明显提高。

（3）新疆褐牛（Xinjiang Brown）

乳肉兼用型品种，1983年通过自治区畜牧厅组织的品种审定。1935年引入瑞士褐牛与当地哈萨克牛杂交，1951年又引入苏联阿拉托乌牛和少量科斯特罗姆牛继续杂交改良。1977年、1980年先后从德国、奥地利引入纯种瑞士褐牛及冻精和胚胎用于纯繁或杂交，直到新品种育成。

（4）三河牛（Sanhe）

乳肉兼用型品种，1986年通过农业部组织的品种鉴定验收。曾称滨洲牛，育成于大兴安岭西北麓额尔古纳市的三河（根河、得尔布尔河、哈乌尔河）地区以及呼伦贝尔市境内滨洲铁路沿线而得名。三河牛经过多品种杂交，含有俄罗斯改良牛（西门塔尔杂种牛）、西伯利亚牛和蒙古牛血统。1976年成立"三河牛育种委员会"进行有计划的系统选育，直到品种育成。

（5）蜀宣花牛（Shu Xuan Piebald）

蜀宣花牛是以宣汉黄牛为母本，引入西门塔尔牛和荷斯坦牛杂交育成的乳肉兼用品种。从1978年开始对西门塔尔牛和宣汉黄牛的杂种牛导入荷斯坦牛血统，以后再用西门塔尔牛级进杂交选育而成，含有西门塔尔牛血统81.25%，荷斯坦牛血统12.5%，宣汉黄牛血统6.25%。于2012年通过国家畜禽遗传资源委员会审定，历时30余年。

2. 肉用品种

（1）夏南牛（Xianan）

肉牛培育品种，由南阳牛导入夏洛来牛培育而成。1986年开始导入杂交，1995年对含有夏洛来牛血统37.5%的牛进行横交固定，1999年调整技术路线进一步选育提高，2007年通过国家畜禽遗传资源委员会审定，历时21年。

（2）延黄牛（Yanhuang）

肉牛培育品种，由延边牛导入利木赞牛育成。1979—1991年杂交改良，1992—1998年横交固定，1999—2006年选育提高，2008年通过国家畜禽遗传资源委员会审定，历时29年。

（3）辽育白牛（Liaoyu White）

肉牛培育品种，由辽宁本地黄牛与夏洛来牛级进杂交4代后横交固定，含有夏洛来牛血统 93.75%。1974 年开始杂交改良，1999 年开始横交固定，2003 年以后扩繁提高，2009 年通过国家畜禽遗传资源委员会审定，历时 35 年。

（4）云岭牛（Yunling）

大型肉牛培育品种，由婆罗门牛（Brahman）、莫累灰牛（Murray grey）和云南黄牛 3 品种杂交育成，含 50% 婆罗门牛血统，25% 莫累灰牛血统，25% 云南黄牛血统。1984 年澳大利亚根据两国协议赠送该国莫累灰牛 87 头，用于纯繁和与云南黄牛杂交，但该品种牛对牛蜱抵抗力差，死亡率高。1987 年引入瘤牛品种婆罗门牛解决了这一问题，育成了耐热、抗蜱的新品种，于 2014 年通过国家畜禽遗传资源委员会品种审定，历时 36 年。

介绍这些品种，一是为了说明我国牛育种工作的成就；二是想说明大家畜的育种远比猪、禽的育种要困难，这不是技术上的问题，而是世代间隔长，往往需要两代人的努力才能育成一个品种，所以在品种审定时不要忘记上一代人做出的努力。

二、与国外肉牛生产的比较中找出问题

（一）国外主要肉牛生产国的基本数据

截至本书编写时，能看到的最新统计资料是 2018 年，资料分别来自世界粮农组织（FAO）和美国农业部（USDA）网站。如表 9-1 至表 9-4 所示（数据由鲍海港整理）。

表 9-1　2018 年世界牛肉生产量前 10 名的国家或地区（胴体重）　　万 t

排名	国家或地区	生产量
	世界	6 069.0
1	美国	1 225.6
2	巴西	990.0
3	欧盟（28 国）	800.3
4	中国	644.0
5	阿根廷	305.0
6	澳大利亚	230.6
7	墨西哥	198.0
8	俄罗斯	180.0
9	法国	135.7
10	加拿大	126.5

数据来源：USDA 数据，https://apps.fas.usda.gov/psdonline/circulars/livestock_poultry.pdf.

表 9-2　2018 年世界牛肉消费量前 10 名的国家或地区（胴体重）　　　　万 t

排名	国家或地区	消费量
	世界	5 867.1
1	美国	1 218.0
2	欧盟（28 国）	807.1
3	巴西	792.5
4	中国	780.8
5	阿根廷	256.8
6	墨西哥	190.2
7	俄罗斯	179.0
8	巴基斯坦	175.3
9	日本	129.8
10	加拿大	101.4

数据来源：USDA 数据（2018），https://apps.fas.usda.gov/psdonline/circulars/livestock_poultry.pdf.

表 9-3　2018 年世界肉牛屠宰数前 10 名的国家或地区（不包括水牛）　　　　万头

排名	国家或地区	屠宰数
	世界	30 212.81
1	中国	3 963.46
2	巴西	3 960.20
3	美国	3 370.34
4	欧盟（28 国）	2 685.02
5	阿根廷	1 345.28
6	墨西哥	813.93
7	俄罗斯	794.25
8	澳大利亚	791.33
9	乌兹别克斯坦	560.80
10	巴基斯坦	503.25

数据来源：FAO 数据（2018），http://www.fao.org/faostat/en/#data/QL.

表 9-4　世界主要肉牛生产国家或地区的胴体重　　　　kg / 头

排名	国家或地区	胴体重
	世界	222.9
1	日本	444.4
2	以色列	430.8
3	美国	362.6
4	奥地利	336.7
5	爱尔兰	336.6
6	加拿大	335.1
7	英国	328.0
8	韩国	325.5
9	德国	322.6
10	瑞典	321.6
⋮	⋮	⋮
（160）	中国	146.6

数据来源：FAO 数据（2018），http://www.fao.org/faostat/en/#data/QL.

（二）对上述 4 个表中某些国别（地区）调整的说明

尽管数据来自相当权威的数据库，但我们觉得还有不合理的情况，所以对少数国别作了必要调整，有些还提出了质疑。

1. 印度

在 FAO 的数据库中 2018 年印度肉牛的屠宰数为 920 万头，列世界第六位；在 USDA 的数据库中，2018 年印度牛肉生产量为 424 万 t，消费量为 273 万 t，都列世界第五位。我们知道由于宗教信仰，印度一般是不杀牛的，在国内的老百姓也不吃牛肉。如果是牛肉都出口了，那也只能是生产量减去消费量以后的数字。至少在这个问题上我们不清楚，所以在表 9-1、表 9-2 和表 9-3 中都不列印度，而是用列第 11 位国家的国名和数据往上替补。

2. 对表 9-4 的说明

该表表头为"世界主要肉牛生产国的胴体重"，而不是按 FAO 数据库胴体重前 10 名排列。因为前 10 名中有几个小国家，无论是牛肉生产还是消费都无足轻重，但胴体重却很大，这可能和收集到的数据有关。所以表 9-4 的序号只是按主要肉牛生产国胴体重大小排列的顺序，而不是按 FAO 世界所有国家的排名。中国排第 160 位是按 FAO 的实际排名顺序，没有改动。

3. 日本

多年来日本肉牛的胴体重都居世界之首。如 2008 年是 418 kg，2014 年是 408 kg，2018 年是 444 kg。我们曾在两次肉牛国际会议上（2011 年，2017 年）询问在场的日本代表，因为据我们了解，日本的牛肉主要是从美国和澳大利亚进口，本地牛（如和牛）体型体重都不是很大，怎么会有那么高的胴体重呢？两次会议的日本代表都说要回国后进行核实再告诉我们，第一次肉牛国际会议过去了 9 年，第二次肉牛国际会议也过去了 3 年，但仍然不知道他们核实的结果。FAO 数据库中的数据是各国报的还是他们自己专家推算的？估计是兼而有之，因为数据每年都有变动。

（三）从比较中分析问题

1. 牛小了

我国牛的屠宰数多年来都居世界首位。2008 年是 4 357 万头，2014 年是 4 584 万头，2018 年是 3 963 万头，比巴西和美国都多（表 9-3）。但胴体重不但低于世界平均水平，而且排名越来越靠后。2008 年排名第 134 位，2014 年排名第 143 位，2018 年排名第 160 位。可以看出我国的牛明显体型偏小，体重偏低，胴体重更低。

2. 肉少了

从表 9-1 和表 9-2 可以看出，2018 年我国牛肉生产量为 644 万 t，牛肉消费量为 780 万 t，缺口 136 万 t，需要靠各种渠道的进口。即使这样，按人口平均的牛肉生产量仅 4.6 kg，按人口平均的牛肉消费量（加进口量）也只有 5.6 kg。为了满足市场对牛肉的需求和减轻对猪肉生产的压力，应当大力发展养牛，而且要科学养牛。

（四）从比较中提出解决问题的办法

从以上分析可知我国发展肉牛生产的关键是提高单位牛的产肉量，其切入点就是要养大牛。怎么能养大牛呢？

1. 有计划的杂交改良

（1）用国内大体型品种公牛配小体型品种母牛。在地方品种按计划留出保种群（遗传资源保护群）后，提前淘汰小体型公牛，根据母牛体型情况选择适配公牛，避免因胎儿过大造成难产。

（2）对大体型品种或已经形成的改良牛，公牛用于小体型品种母牛配种，母牛用进口肉牛品种的公牛配种，形成商品杂种群。

2. 高代杂种牛横交固定

由大型龙头企业牵头，行政领导支持，高等院校或科研院所作为技术支撑，制定合理的育种方案和科学的技术路线，按品种审定要求进行育种工作。按育大牛的方向进行选种选配，横交固定目标性状。

3. 开展系统的肉牛育种

我国系统的肉牛育种工作起步较晚，当然杂交改良、横交固定等前期育种工作也很重要，为系统的肉牛育种打下了基础。什么是系统的育种工作呢？那就是应当要有：①育种目标，②育种参数，③选种性状，④选种方法，⑤繁育体系，⑥有计划的杂交，⑦资源保护，⑧良种登记。当然也还可以再提出几点，但上面的 8 点是一个系统的肉牛育种工作所必须考虑的。如作为一个育种规划，除上述 8 点外，还应考虑疾病防控、环境保护、市场分析和投入产出等问题。

三、选择性状

根据肉牛育种的需要，选择性状主要包括 4 个方面：①生长速度和效率，②繁殖及母性性状，③胴体品质或终端产品质量，④和上述生产性能有关的体型外貌。

（一）生长速度和效率

1. 生长速度（growth rate）

现行的肉牛遗传改良计划或方案，首先关注的性状就是肉牛的生长速度。生长速度比较容易观测，遗传力也比较高，遗传改良的效果也会比较明显。

肉牛生长速度一般是指断奶后性能测定期间每天的体重增加量，即平均日增重。在实际的性能测定和记录过程中，需要测定和记录不同时期的体重，例如初生重、断奶重、周岁体重、18 月龄体重等。

（1）初生重（birth weight）

初生时称重不但可以了解犊牛出生时的健康状况，而且初生重与哺乳期间日增重呈正相关，所以是选种的一个指标。

（2）断奶重（weaning weight）

断奶重是指犊牛断奶时的体重。但在实际工作中，断奶时间是一致的，因为一群差不多日龄的牛，同一天断奶，转群到育肥牛饲养。但由于出生日期不同，在计算断奶体重时，必须校正到同一断奶天数，以便比较（校正公式见9-4）。

2. 成年牛大小或体重（mature size or weight）

成年牛大小或体重在有些育种计划中也比较重要，美国无角海福特牛协会（American Polled Hereford Association，APHA）与美国西门塔尔牛协会（American Simmental Association）将产犊母牛断奶时的体重或髋高作为指示性状（indication trait）。

3. 饲料转化效率（feed efficiency）或饲料转化比（feed conversion ratio，FCR）

饲料转化效率在肉牛生产中相当重要，在一些肉牛的育种计划或方案中，选择性状就包括测定FCR，但是实际的应用中存在测定该性状比较困难以及测定费用较高的问题。

（二）繁殖性状

在牛中，繁殖性状通常是高遗传力性状，经济重要性大，因为繁殖性能的高低直接影响肉牛群体的生产效率。非常具有挑战性的是，繁殖性状除产犊数外，多数性状比较难以反映出繁殖或母性的特性。

1. 分娩的难易程度评分（calving-ease score）

分娩的难易程度评分是大家比较认可的一个性状，它是一个等级性状（categorical trait），在实际的工作中，测定第一胎产犊分娩难易程度。

2. 骨盆大小的度量（pelvic area measurement）

骨盆大小是一个高遗传力性状，与产犊分娩难易程度呈强相关，美国西门塔尔牛协会（ASA）测定这个性状。

3. 周岁睾丸周径（yearling scrotal circumference）

周岁睾丸周径是另一个常用的性状，为高遗传力的性状，与繁殖力和性成熟日龄呈强相关。美国海福特牛协会（AHA）与美国无角海福特牛协会（APHA）在全国肉牛遗传评估计划中就有测定周岁睾丸周径的项目。

4. 乳房评分

美国无角海福特牛协会还收集乳房附着及乳头的线性评分，分值为0～50分，25分为最佳值，较低值和较高值都被认为需要改进。

（三）胴体品质性状

胴体品质性状，也被称为终端产品品质性状。有关胴体品质以及胴体组成成分的性状是中高遗传力性状，基于胴体品质的市场价格体系（value-based marketing）传递的信息在肉牛的种牛生产中有所反映，而导致肉牛养殖的终端产品的评价（end-product evaluation）。

在20世纪70年代，许多肉牛后裔测定遗传改良计划需要进行胴体品质测定，这个工作在20世纪80年代就没有再进行，主要原因是参加屠宰的同群牛个体数量少，以及胴体性状收集的数据准确性也难以保证。

（四）体型外貌

肉牛的理想体型呈"长方砖型"。从整体看，肉牛的体型外貌特点无论从侧面、上方、前方或后方观察，其体侧均呈明显的矩形或圆筒状。从局部看，能体现肉牛产肉性能的主要部位有：头、鬐甲、背腰、前胸、尻部（后躯）以及四肢等，尤其是尻部最为重要。

头：宽、厚、短。眼大有神，口宽大，唇不下垂。头部肌肉附着丰满。

颈：颈比较粗短而肌肉发达，头与颈、颈与肩结合良好。

鬐甲：低平、宽厚、丰满。

背部：背部稍长，平直而宽厚，肌肉丰满，背腰结合良好。

腰部：长短合适，宽平而充实，与背部协调一致，腰尾结合良好。

胸部：肋骨弓圆，肌肉附着良好，肋部宽深。前胸饱满，突出于两肋之间，肉髯大而丰满。

腹部：大小适中，呈圆筒状，肷部充实。

尻部：长、宽、平、直，肌肉丰满，一直延伸到飞节处，两腿宽而深厚，腰角钝圆，坐骨间距宽，厚实多肉。

乳房：发育良好，乳头大小、长短一致，排列开阔整齐。

四肢：粗而短，肢间距离宽。健壮结实，姿势正确，肌肉向下延伸较长，而且附着良好。

皮肤和被毛：皮肤较厚而手感松软，毛密有光泽。

肉牛的外貌特征可总结为"五宽五厚"，即"额宽、颈宽、胸宽、背宽、尻宽，颊厚、垂厚、肩厚、肋厚、臀厚"。

四、选种方法

（一）外貌评分

外貌评分是将牛体各部依其重要程度分别给予一定的分数，总分为100分。鉴定人员根据外貌要求，分别评分。最后综合各部位评得的分数，即得出该牛的总分数。然后按给分标准，确定外貌等级。

现将我国肉牛繁育协作组制定的肉牛外貌评分（有修改补充）列于表9-5，肉牛外貌评定等级列于表9-6。

表9-5　肉牛外貌鉴定评分表

部位	鉴定要求	评分	
		公	母
整体结构	品种特征明显，结构匀称，体质结实，肉用体型明显，肌肉丰满，皮肤柔软有弹性	25	25
前躯	胸深宽，前胸突出，肩胛平宽，肌肉丰满	15	15
中躯	肋骨开张，背腰宽而平直，中躯呈圆筒形，公牛腹部不下垂	15	20
后躯	尻部长、宽、平，大腿肌肉突出延伸，母牛乳房发育良好，公牛睾丸发育良好，左右匀称。	25	25
肢蹄	肢蹄端正，两肢间距宽，蹄形正，蹄质坚实，运步正常	20	15
合计		100	100

表9-6　肉牛外貌评分等级评定表

性别	特等	一等	二等	三等
公	85～100	80～84	75～79	70～74
母	80～100	75～79	70～74	65～69

（二）性能测定

1. 生长速度

（1）初生重和断奶重

犊牛的初生重即出生时的体重。

犊牛断奶重是选种的重要指标。断奶重除遗传因素外，受母牛泌乳力影响很大。母牛泌乳力强，犊牛增重的遗传潜力才得以发挥。另外，犊牛断奶重还受母牛的保姆性和犊牛本身性别的影响，公犊一般高于母犊10%左右。

在计算断奶重时，由于出生时间不一致，必须校正到同一断奶天数，以便比较。断奶时间多采用180 d或200 d（国外），计算方法如下：

$$校正的断奶体重 = \frac{断奶重 - 初生重}{实际断奶日龄} \times 校正的断奶天数 + 初生重 \qquad （式9-4）$$

（2）断奶后的增重

根据肉牛生长发育特点，断奶后至少应有140 d的饲养期才能较充分地表现出增重的遗传潜力。因此，为了比较断奶后的增重情况，应采用校正的周岁（365 d）体重。

$$校正的365\,d体重 = \frac{实际最后体重-实际断奶重}{饲养天数} \times \qquad（式9-5）$$

$$（365-校正断奶天数）+校正断奶体重$$

2. 饲料转化率

饲料转化率是考核肉牛经济效益和选种的重要指标。它与增重速度之间存在正相关。在计算时应以 140 d 以上的饲养期，按标准日粮饲喂，最后用增重 1 kg 活重所消耗的饲料干物质（kg）计算。

$$增重1\,kg体重所需饲料干物质（kg）= \frac{饲养期内共消耗饲料干物质（kg）}{饲养期内纯增重（kg）} \quad（式9-6）$$

3. 产肉性能测定

产肉性能需要进行屠宰测定，主要项目有：

（1）宰前活重。绝食 24 h 后的宰前活重。

（2）胴体重。屠体除去头、皮、四肢下端、内脏、尾，带有肾脏及周围脂肪的重量。

（3）骨重。胴体剔除肉后的重量。

（4）净肉重。胴体剔除骨后的全部肉重。

（5）屠宰率（%）=（胴体重／宰前活重）×100

（6）净肉率（%）=（净肉重／宰前活重）×100

（7）胴体产肉率（%）=（净肉重／胴体重）×100

（8）肉骨比=净肉重／骨重

（三）种用价值评定

有了性能测定的记录和育种参数就可以估计群体层面的种用价值。如果还测定了分子标记，就可以进行标记辅助选择和基因组育种值选择。

1. 群体层面种用价值评定

尽管育种值估计可以用本身、亲代、半同胞、后裔任何一种记录资料进行，由于产肉性能的遗传力都比较高，而且除胴体性状外，本身活体都可以测量，所以肉牛根据本身成绩的个体选择就有好的效果。

牛是单胎动物，同胞和半同胞头数少，测定的意义不大；亲代资料也就是看看系谱记录，了解一下是否为优秀种公牛的后代而已，不必根据系谱资料做详细的计算，因为对于高遗传力的性状，n（可为任意值）次亲代的记录都不如本身 1 次记录重要。

后裔测定虽然能准确地评价种畜，但牛的世代间隔长，而且肉牛多数选择性状公、母牛都能度量，其意义也不如奶牛重要。

2. 分子层面的种用价值评定

尽管对分子标记作为辅助选择的期望很高，但真正有选种意义的标记并不多。在肉牛中比较有确定效应的是在 2 号染色体上的双肌基因（double muscle gene）。许多国外的肉牛品种都有携带双肌基因的个体，但以意大利的皮埃蒙特牛和比利时的蓝白花牛中双肌基因的频率最高。双肌牛的生长速度快，胴体脂肪少而瘦肉多。据报道，双肌牛胴体比非双肌牛胴体的脂肪少 3% ～ 6%，瘦肉多 8% ～ 10%。但双肌牛也存在明显的缺点：一是对营养饲养的要求高，要有优质饲草饲料；二是造成与配母牛的难产率高。

在肉牛育种中应用基因组选择对青年公牛早期选种会有很好的效果，而且冷冻精液能长期保存，可以充分发挥优秀公牛的作用。

五、杂交与杂种优势利用

这里讨论的杂交与杂种优势的利用，已经超出了前面介绍的黄牛杂交改良的范畴。杂交改良后代的杂种牛即改良牛，一般仍留作种用作为繁殖母牛，如新品种育成的第一阶段。这里所说的杂交是指商用杂交，是杂种牛作为商品牛的一种繁育体系，而且参与杂交的品种可以不是黄牛。

（一）两品种杂交

1. 肉牛与奶牛杂交

这种杂交方式，最早出现在欧美国家。因为牛奶产量已达到饱和状态，为了维持奶价，将一部分奶牛用肉用公牛配种，杂种犊牛无论公母都做肉用，母牛继续泌乳。这样降低了乳用牛的繁殖速率，同时又增加了牛肉产量。

2. 肉牛与肉牛杂交

尽管生长速度的杂种优势并不高，但杂种优势体现在对饲料的利用效率和抗病抗逆性方面。根据需要选用杂交亲本可使杂种牛耐热或抗寒，有的还可以增加对内外寄生虫的抵抗能力。

（二）三品种杂交

1. 含有黄牛血统的三品种杂交

一般以地方品种黄牛作母本，用乳肉兼用牛作第一父本，这样两品种杂种牛在产肉和泌乳方面都有所改进，能提高犊牛的断奶体重；再用大体型肉牛作为终端父本，进一步提高杂种牛的产肉性能，这时作为商品牛的三品种杂种牛在生长速度和肉的品质方面都会有较大提高。

2. 不含有黄牛血统的三品种杂交

也就是三个肉牛品种间杂交生产商品牛。这种杂交方式常用于生产优质牛肉。也就是在肉牛与肉牛的两品种杂交的基础上，再加一个生长速度快、胴体品质好的肉牛品种作为终端父本。

至于采用几个品种杂交，选怎样品种的牛作为杂交亲本，要根据市场需要和对不同品种牛性能了解的基础上确定杂交方案。

第三节 肉鸡育种

在我国，肉鸡不仅是指生长速度快的肉用仔鸡（broiler），而且还包括名称各异、五花八门的其他鸡种，如白羽肉鸡、黄羽肉鸡、三黄鸡、优质鸡、杂优鸡、肉杂鸡、土鸡、柴鸡、笨鸡等。似乎只要能杀来吃肉的鸡都是肉鸡。

本节只是从育种的角度，结合我国国情把肉鸡分成"速生型"和"优质型"两类进行比较。

一、速生型肉鸡

也就是现在肉鸡产业技术体系所说的"白羽肉鸡"，相当于国外的肉用仔鸡。目前全世界每年约生产 210 亿只肉用仔鸡，提供了人类约 1/3 的肉类产品（不包括水产品）。

我国速生型肉鸡或肉用仔鸡的概念还是在 20 世纪 60 年代从国外家禽育种公司介绍进来的，什么是纯系，什么是原种，还有曾祖代、祖代、父母代、商品鸡等制种体系的名词术语也逐渐被养鸡界人士熟悉起来。"十年内乱"结束后，国内开始从国外育种公司进口种畜、种禽。20 世纪 80 年代初期，我国曾经想从美国 Arbor Acress 公司购买 AA 肉鸡曾祖代 4 个系，但被拒绝。后又转向其竞争对手，一家新成立的肉鸡公司 Avian Farm，该公司当时有鸡但没有任何育种记录。询问之下被告知母系来自 AA，父系来自罗斯肉鸡。当时要价 120 万美元，比此前进口的蛋鸡"星杂 579"和"罗斯褐"都贵得多。后来和北京市合资成立肉鸡育种公司，出售的商品鸡叫"艾唯茵"肉鸡。

在对 Avian Farm 考察中发现来自罗斯肉鸡的只有一个系（7 系），来自 AA 肉鸡的有两个系（3 系和 4 系），配套成商品鸡叫"734"。那么为什么在出售祖代鸡时又以 A♂、B♀、C♂、B♀ 4 系报价呢，原来他们把 7 系公鸡叫作 A，母鸡叫作 B；3 系叫作 C，4 系叫作 D。也就是我们后来所说的"真三假四"。

看来商业中的"诚信"和科研中的诚信还是有不同的标准，商业中的诚信只要不是以次充好，产品能达到养鸡手册中的标准就行了，你不用管他们是几个系配套。也就是说他们只对产品的结果负责，而不必过问其生产过程。

（一）选择性状

1. 早期生长速度

在肉鸡育种中，早期生长速度是首选指标，因为达到上市体重所需要的日龄越少，就越能赚钱。

半个世纪以来，肉鸡上市体重以 2.0 kg 左右的标准已从 10 周龄缩短到 5 周龄，平均每 10 年提前 1 周，早期生长速度已达到极致，尽管这一性状还没有达到极限，但改进的余地已越来越小，因为总不能再过 50 年，肉鸡一孵出来就能上市。所以对于速生型肉鸡来说，选择性状的重点应该从早期生长速度转向提高生产效率和保障产品安全上来。

2. 提高生产效率

（1）繁殖效率

肉鸡是均衡上市，需要全年饲养。肉种鸡也需要全年供应初生雏鸡。所以对肉种鸡的母系，除要求生长速度快以外还要求有较多的种蛋；对公鸡，除要求生长速度快以外还要求有好的精液品质，提高受精率。

（2）饲料利用效率

从饲养上要考虑根据肉鸡生长速度和不同季节营养需要的精准饲料配方，从育种上要考虑提高饲料利用效率的遗传因素。

（3）对疾病的抵抗能力

从健康养殖方面要考虑鸡群健康的遗传和环境因素，从遗传育种方面建议如何把研究了几十年的抗病育种付诸实践。

3. 产品安全

看来这不像是育种的选择性状，似乎更多的是生产环节的管理问题，但现代育种是一项系统工程，产品的安全十分重要。主要考虑 3 个方面：人、鸡、场，也就是①鸡场各类人员工作认真负责，②鸡群健康高产，③对鸡场内外环境要进行公害控制。如企业要经过国际标准化组织（ISO）的 ISO 9001 质量管理体系认证，鸡场环境要经过 ISO 14001 环境管理体系认证，畜产品（包括饲料）要经过 ISO 22000 食品安全管理体系认证。

（二）选种方法

从速生型肉鸡的生产效率来看选种方法已经相当成熟，这里只是根据育种原理和实践经验提出改进意见。

现代商品肉鸡生产从充分利用杂种优势和简化制种的角度考虑，可以从"真三假四"发展为"真二假三"。用一个母系，两个父系就可以生产两套针对不同客户需要的商品肉鸡。下面就来分析"一个母系、两个父系"生产模式中的育种问题。

1. 性能要求

（1）母系

如要求一只母鸡在 64 周龄内生产可孵化种蛋 170 枚，以入孵蛋孵化率 85% 计算，就可出混合雏 144.5 只，这已经是一个相当高的供雏数了。尽管现在育种公司广告中的供雏数还更多，但要知道父母代的供雏数越多后代商品鸡的增重速度越慢。

（2）父系

父系 1，生产肉用仔鸡（整鸡），要求在公母混养情况下 5 周龄体重不低于 2 kg。

父系 2，生产肉用仔鸡（分割肉），要求 5 周龄体重达 2.3～2.5 kg。

2. 育种措施

（1）对母系种鸡的选择

由于产蛋和增重的负遗传相关，速生型母鸡的产蛋数不是越多越好，因为它会影响商品鸡的增重速度，所以选种时要设置上限。根据经验，上限可设在平均数 +2 个标准差，即淘汰产蛋数最多的 2%～3% 的鸡。对母系种鸡体重的选择也要设置上限，否则会降低母系鸡的产蛋数，影响对商品鸡的供雏数。一般体重的上限也设在平均数 +2 个标准差，即选种时淘汰体重最大的 2%～3% 的鸡。这样做的结果不但解决了肉鸡母系种鸡产蛋和增重这两个负遗传相关性状的选种难题，还间接提高了商品鸡的均匀度。

（2）对父系种鸡的选择

无论是对父系 1 还是父系 2，选择的重点都是早期增重和精液品质，甚至可以不考虑产蛋的多少。对于生产以分割肉为主的父系 2，还要特别重视肉骨比的选择，主要是提高胸肌和腿肌的比例。对肉骨比这一性状的直接改进还可以间接降低腹部脂肪和提高饲料利用效率。

以上"一个母系，两个父系"的选育模式都是两系配套生产商品肉鸡，如供应的是混合雏，就不用初生雏自别雌雄，种鸡可以不分快羽系和慢羽系。

（三）肉鸡基因组选择策略的思考

前面第五章中已经提到，基因组选择是在基因组范围内的标记辅助选择。至今，基因组选择的策略都是仿照奶牛育种设计的，这对有的畜种适用，有的畜种不适用。如肉鸡，世代间隔和利用年限短，生长和胴体都是中、高遗传力性状，而且两个性别都能度量，与奶牛的产奶性状的育种相去甚远，如果也用同样的策略，势必是"费力不讨好"。那么肉鸡是否也可以从分子层面上作标记辅助选择呢？答复是肯定的。

十多年来，笔者曾多次在家禽育种会议上提出，要有自己的速生型肉鸡商用配套系，不能总依靠进口。而且强调肉鸡育种要比蛋鸡育种容易，在某些方面还有可能超过外国公司的育种水平。

特别是，我国有东北农业大学杨山教授、李辉教授等几代人建立起来的肉鸡"低脂系""高脂系"这样双向选择的群体，而且两个系在增重上没有差异。那就说明低脂系在饲料转化效率上要优于高脂系，这一点就超过了国外肉鸡的育种水平。而且李辉教授的团队近年来还找到了多个与高脂或低脂相关的基因，为在基因组水平上做标记辅助选择提供了极好的分子基础。只要根据现有的标记就可以对肉鸡的随机群体在初生雏时就分成低脂群和高脂群。甚至可以根据不同的探针（分子标记）从低脂到高脂分成 4 ～ 5 个群体来进行验证。如的确有效，那就是一个创新性的成果。只要将最好的低脂肪那组鸡留种就行了。

这里，奶牛和肉鸡基因组选择最大的区别是前者根据个体的基因组育种值选产奶性能最好的几头公牛；后者选出的不是个体，而是脂肪最低的那一组群体。

二、优质型肉鸡

优质型肉鸡又称"优质鸡"（quality chicken），至今仍无明确定义。不明确定义也许还是一件好事，可以各抒己见，留有遐想或创新的余地。在第一届海峡两岸三地（大陆、香港、台湾）"优质鸡改良生产暨发展"研讨会（香港，1989）上，四川农业大学邱祥聘教授认为"从消费者角度要求，优质肉鸡的内涵应有风味、外观、保存性、清洁度、嫩度、营养品质和价格等项目"。这是一个含义非常广泛的概念，连屠宰、加工、市场都有了。不过这也难怪，因为是从"消费者角度要求"的。在第三届"优质鸡改良生产暨发展"研讨会（台湾省，1994）上，台湾大学马春祥教授认为"下述 4 点，似为大家对优质鸡的共识（简录）：①简而言之，即所谓土鸡；②嚼之有味、鲜美可口，为称为肉鸡（broiler）者之所不及；③（仿土鸡）常被列入土鸡中；④优质鸡生长缓慢，是为一大缺点。"按照马教授的观点，优质鸡就是土鸡或仿土鸡，而不是 broiler。嚼之有味、鲜美可口，但生长缓慢。我们基本认同这个观点。当然"适时屠宰"没有提到，但这个标准十分重要。有一次在北京讨论优质鸡立项论证时，主人好客，说中午吃饭时要请评委们品尝他们正在培育的优质鸡新品种。于是打电话让鸡场准备。届时端上来清炖鸡块和爆炒鸡丁，评委们品尝后多数皱眉摇头，但又不好明说，只是委婉地问，你们打算上项目的就是这种鸡吗？后来才知道鸡场工作人员舍不得送来适龄的育成鸡，而是送来即将淘汰的老母鸡！

我国许多地方品种鸡，早期生长速度慢，但肉质细嫩，被称为优质鸡或优质肉鸡。一般在 7 周龄后脂肪沉积增加，13 ～ 15 周龄体重可达 1.5 ～ 2.0 kg。过去多数是活鸡上市，现在已转型为冷鲜鸡、冰鲜鸡或冷冻鸡。

（一）肉品质的评价

1. 肉质评价标准

（1）客观标准

在物理学指标方面有肉色、持水性、嫩度（剪切力）等，在化学指标方面有酸度、游离氨基酸、游离脂肪酸、呈味核苷酸、芳香类物质等，在卫生指标方面有细菌数、农药和非法添加剂残留等。

（2）主观标准

肉质评价的主观指标主要是通过品尝与感官判断。对于生肉，用视觉判断肉的新鲜度、颜色、光泽等；用触觉判断肉的弹性、系水力情况等。对于熟肉主要根据色（视觉）、香（嗅觉）、味（味觉）判断。

2. 肉质风味的评价方法

目前对鸡的肉质风味评价方法主要是通过品尝，包括品尝鸡肉和鸡汤。在品尝时采用盲评打分，根据人数统计出平均数和标准差。品尝者也可以根据性别和年龄段分组。严格说，品尝每个样本后应漱口，但一般做不到，大家都高兴地急着去吃肉喝汤，来不及漱口。我们做过多次品尝实验，效果都不错，基本能反映实际状况。

（二）育种目标与选择

1. 育种目标

要明确是只利用肉还是蛋肉兼用，因为这两种鸡的选择重点是不同的。前者主要考虑肉质，不要求早期生长速度；后者一般是前期产蛋、后期吃肉，要求开产日龄早，前期产蛋多，淘汰时仍有较好的肉质。淘汰日龄根据市场行情，考虑蛋价、肉价和饲料成本，一般在 300 日龄左右。

2. 选择性状和选种方法

（1）外形

表型选择＋基因型选择。在活鸡市场基本出局的情况下，羽毛和羽毛覆盖程度可以不用考虑。

（2）生长速度

个体选择＋家系选择。尽管优质鸡不追求早期生长速度，但在 7 周龄后到上市前还是希望有一个较快的生长速度。

（3）肉骨比

胫围＋全同胞屠宰测定。肉骨比这一性状，优质鸡虽然没有做分割肉的速生型肉鸡重要，但这一性状的选择对增加胸、腿肉比例还是很起作用的。地方品种鸡和速生型肉鸡不同，前者是腿肌率大于胸肌率，后者是胸肌率大于腿肌率。所以提高地方品种鸡胸肌比例很有必要，主要是选胸宽的鸡留种。

（4）脂肪

手感触摸＋脂肪酶活性测定。一般情况下脂肪酶活性测定比较困难，因要大量样本的个体测定，也可用 10 周龄后的全同胞屠宰测定代替。

（5）嫩度

适时屠宰＋全同胞屠宰测定。

（6）肉质风味

客观评定＋主观评定。

（7）肉用种鸡的繁殖性状

母鸡：产蛋数、蛋重、蛋品质、合格种蛋率。

公鸡：精液品质、一定时间内的配种次数（平养或散养）、按家系出雏的孵化率、健雏率。

（8）对冰鲜鸡的要求

屠宰后冷却但不冷冻，在 0 ～ 4 ℃货架上保鲜。要求放血完全、胴体美观、无毛根残留、色泽淡黄或乳白、皮肤完整、胸肉丰满。因此在育种中要选用黄羽或白羽以及胸肉发育良好的品种，或以此作为育种目标。

参考资料

1. 王林云. 现代中国养猪. 北京：金盾出版社，2009.

2. 李英，桑润滋. 现代肉牛产业化生产. 石家庄：河北科学技术出版社，2000.

3. 李辉，王宇祥，张慧，等. 鸡脂肪组织生长发育的分子遗传学基础. 北京：科学出版社，2017.

4. 国家畜禽遗传资源委员会. 中国畜禽遗传资源志·牛志. 北京：中国农业出版社，2011.

5. 吴常信. 中国肉牛育种中几个问题的讨论. 2011 中国肉牛选育改良与产业发展国际研讨会，陕西杨凌，2011.

6. 吴常信. 未来中国猪业 30 年发展畅想. 2019 博鳌猪业科技论坛——"面向未来中国猪业 30 年发展"行动，博鳌，2019.

7. 吴常信. 中国肉牛产业发展中几个问题的讨论. 第四届中国肉牛选育改良与产业发展国际研讨会，陕西杨凌，2017.

8. 吴常信. 我国肉牛产业发展中几个问题的讨论. 第十三届中国牛业发展大会特邀报告，山西祁县，2018.

9. 吴常信. 对美国肉用动物研究中心的考察. 中国畜牧杂志，1987(1).

10. 吴常信. 鸡的遗传育种（一）. 中国畜牧杂志，1989(1).

11. 吴常信. 鸡的遗传育种（二）. 中国畜牧杂志，1989(2).

12. 吴常信. 丹麦猪的育种. 中国畜牧杂志，1987(6).

13. 吴常信，杨子恒. 法国对中国猪的十年试验总结（译文）. 国外畜牧科技，1990(6).

14. 吴常信. "动物比较育种学"课程讲稿（PPT），我国肉牛育种策略.

15. 吴常信. "动物比较育种学"课程讲稿（PPT），我国猪育种策略.

16. 吴克亮. "动物比较育种学"课程讲稿（PPT），肉用动物育种.

17. 吴克亮，田有庆. 中国动物遗传育种研究进展：肉鸡育种的历史、现状和前景. 北京：中国农业科技出版社，1997.

18. Devine C E. Meat-based foods. Reference module in food sciences. http://dx.doi.org/10.1016/B978-0-08-100596-5.03411-9.

19. McNeill S, M E Van Elswyk. Red meat in global nutrition. Meat Science, 2012, 92: 166–173.

20. Middleton B K, J B Gibb. An overview of beef cattle improvement programs in the United States. J Anim Sci, 1991, 69: 3861-3871.

21. Willham R L. Evaluation and direction of beef sire evaluation programs. J Anim Sci, 1979, 49(2): 592-599.

22. Wu Changhsin. The beef production in Asia. International Beef Forum. Oita, Japan. 1992, 21:34-36.

23. Zhang Lao, Wu Changhsin. Nonlinear technigues applied to broiler breeding and production. Proceedings 19th World's Poultry Congress. Amsterdam, Netherland. 1992, Vol(2)155.

24. Zhang Xiaolan, Wu Changhsin. Study on early selection period for meat-type chicken breeder. Proceedings 19th World's Poultry Congress. Amsterdam, Netherland. 1992, Vol(1)338-339.

第十章 乳用动物育种

目 录

第十章 乳用动物育种

本章介绍的是主要乳用动物，也就是奶牛、奶水牛和奶山羊。奶牛育种从理论到技术都是世界上做得最成功的畜种，所以用较多的篇幅介绍。奶水牛和奶山羊通过比较完全可以借鉴奶牛育种的成功经验。

第一节 奶牛育种

一、主要奶牛品种

（一）荷斯坦牛（Holstein）

荷斯坦奶牛是最为著名的奶牛品种，最大特点是产奶量高，饲料转化率高，是世界奶业的主流品种，占据十分突出的优势地位。世界上 80%～90% 的奶牛群体是荷斯坦奶牛品种，但各个国家或地区的情况有所不同。据报道，荷斯坦奶牛在美国占总体奶牛群体的90%，荷兰为70%，英国为80%，加拿大为70%，丹麦为60%。荷斯坦奶牛的风土驯化能力和适应能力非常强，分布和饲养于世界的各个区域，荷斯坦奶牛分布于世界的 128 个国家和地区，是分布最广的家畜品种。

荷斯坦牛，原产地是荷兰，主要在荷兰北部，居于艾瑟尔湖（Zuider Zee）两端的两个省，即北荷兰省（North Holland）和弗里斯兰省（Friesland）。该品种来源于两个原始的群体，其中一个群体是外貌与被毛呈黑色的巴塔文群体（Batavian），另一个群体是外貌与被毛呈白色的弗里森（Friesian）群体。两群牛体型和生产性能相似，后来相互混杂而成黑白花牛称为荷斯坦－弗里森（Holstein-Friesian）。由于当地拥有丰富的优质草原和牧草，以及荷兰处于欧洲的海陆交通枢纽，商业发达，盛产奶酪。当时，干酪的出口量居于世界第一位，黄油的出口量居世界第二位，为了满足出口贸易的需求，而进行了长期的选择，造就了该品种突出的高产奶量特性。由于该品种具有黑白相间毛色的体型外貌特点，因此该品种有时被称为黑白花奶牛（Black-and-white），现在统称为荷斯坦牛。

（二）娟姗牛（Jersey）

娟姗牛原产于英吉利海峡南端的泽西岛(娟姗岛)，是经长期选择和培育的乳牛品种，以乳脂和乳蛋白含量高、乳房形状良好而闻名。毛色深浅不一，由银灰至黑色，以栗褐色最多，在肩、头、尻、舌以及尾端等部位呈黑色。娟姗牛体格较小，成年母牛体重在300～400 kg，成年公牛为500～650 kg，性成熟早，通常在24月龄产犊。2000年美国娟姗牛登记的平均产奶量7 215 kg，乳脂率4.61%，乳蛋白率3.71%。娟姗牛是乳用品种中高脂品种，乳脂黄色，脂肪球大，适于制作黄油。

（三）更赛牛（Guernsey）

更赛牛原产于英国的英吉利海峡的更赛岛，也是世界古老奶牛品种之一。该品种体格中等，被毛颜色是浅黄色、金黄色或浅褐色与白色镶嵌。放牧性能好，放牧条件下其产乳量平均为4 000 kg左右，乳脂率高，约为4.5%。

（四）爱尔夏牛（Ayrshire）

爱尔夏牛起源于苏格兰的爱尔夏县，是一个古老品种，主要的特点是放牧性能好，生活力强，泌乳性能好，尤其是乳房的形态好，其生产的牛奶是苏格兰生产黄油和奶酪的最佳原料。该牛的毛色是红白色，角长，体格中等大小。曾引入我国广西、湖南等地，现已被荷斯坦牛代替。

（五）乳用短角牛（Milking shorthorn）

乳用短角牛原产于英国，被毛为红白镶嵌的沙色或沙红色，性情温顺，易于管理。体格中等，成年牛体高为140 cm，泌乳量平均为4 000 kg，乳脂率为3.5%。主要的生产用途是产奶，因产肉性能亦较优秀，其淘汰母牛具有较高的肉用价值。目前已分别育成肉用型、乳用型和兼用型短角牛。

二、世界奶牛生产概况

（一）牛奶产量

世界奶业生产中，牛奶占有主导地位，占全世界乳畜产奶的80%以上。根据2018年FAO统计数据，牛奶总产量排名前10位的国家或地区如表10-1所示。除欧盟（28国）外，牛奶总产量最多的国家是美国和印度。

表 10-1　世界牛奶产量最多的 10 个国家或地区　　　　万 t

排名	国家或地区	产量
	世界	68 321.7
1	欧盟（28 国）	16 310.1
2	美国	9 869.0
3	印度	8 983.4
4	巴西	3 384.0
5	中国	3 116.5
6	俄罗斯	3 034.6
7	新西兰	2 139.2
8	土耳其	2 003.7
9	巴基斯坦	1 672.2
10	墨西哥	1 200.6

数据来源：http://www.fao.org/faostat/en/#data/QL。（鲍海港整理）

（二）奶牛头数

奶牛饲养头数排名前 10 位的国家或地区如表 10-2 所示，其中印度养奶牛头数最多。

表 10-2　世界奶牛饲养头数最多的 10 个国家或地区　　　　万头

排名	国家或地区	数量
	世界	26 509.9
1	印度	5 284.2
2	欧盟（28 国）	2 301.3
3	巴西	1 635.7
4	巴基斯坦	1 359.5
5	美国	943.2
6	埃塞俄比亚	854.7
7	苏丹	810.0
8	南苏丹	747.3
9	坦桑尼亚	694.1
10	俄罗斯	672.6
⋮	⋮	⋮
14	中国	557.5

数据来源：http://www.fao.org/faostat/en/#data/QL。（鲍海港整理）

表 10-2 中，一些非洲国家奶牛的饲养量很大，但从表 10-3 可以看出单产水平不高，没有一个国家是进入单产排名前 10 位的。

（三）单产水平

表 10-3　世界奶牛单产水平前 10 名的国家或地区　　　　　　kg / 头

排名	国家或地区	产奶量
	世界	2 577.2
1	以色列	13 412.1
2	美国	10 463.3
3	韩国	9 358.3
4	日本	8 603.9
5	沙特阿拉伯	8 461.5
6	加拿大	7 358.0
7	欧盟（28 国）	7 087.5
8	阿根廷	6 595.9
9	科威特	6 416.4
10	澳大利亚	6 006.3
11	中国	5 590.2

数据来源：FAO 数据。（2018）（鲍海港整理）

奶牛单产水平以色列和美国最高，超过 10 000 kg。中国奶牛单产 5 590.2 kg，排在世界第 11 位，是一个可喜的进步。

从整体上看世界奶业的发展，奶业发达国家是减少奶牛饲养头数，提高单产；在发展中国家是增加奶牛饲养头数与提高奶牛单产水平并举。

三、奶牛育种选择性状

（一）产奶量

产奶量是乳用动物产奶性能的主要选择性状，产奶量的度量指标比较多，以奶牛为例，主要的指标有年产奶量、泌乳期产奶量、305 d 产奶量和成年当量。①年产奶量，是指一个自然年度的产奶总量。②泌乳期产奶量，是指从产犊至干乳期间的产奶总量。③305 d 产奶量，是指从产犊至第 305 天的产奶量。这个指标是为了把不同泌乳天数的奶牛的产奶量，进行一个标准化，便于比较。④成年当量，是指不同胎次的奶牛的产奶量，校正至第 5 胎的产奶量，其目的是便于比较不同产犊胎次之间奶牛的产奶量。

产奶量测定的实际操作也分几个层面：①测定日产奶量是指泌乳牛测定日当天 24 h 的总产奶量，奶牛每天分 2 次或 3 次挤奶，在挤奶后记录每头牛的产奶量并保存。②泌乳期产奶量的测定，是对每头泌乳牛一年测定 10 次，每头牛每个泌乳月测定 1 次，2 次测定间隔一般为 26 ～ 33 d。第一次参加测定的母牛为产犊后 1 周。③305 d 产奶量是计算机产生的数据，单位为 kg。如果泌乳天数不足 305 d 则为预计产奶量；如果完成或超过 305 d 产奶量，该数据为 305 d 实际产奶量。④成年当量的单位为 kg。成年当量是借助 DHI（dairy herd improvement）软件将不同胎次一个泌乳周期的 305 d 产奶量校正到第 5 胎时的 305 d 产奶量。利用成年当量可以比较不同胎次泌乳母牛整个泌乳期生产性能的高低，也可用于不同牛群间的比较。

（二）乳脂率

乳脂率就是牛奶中含有脂肪的百分率，它是乳成分或乳品质的重要指标，是奶牛育种提高乳产量和乳品质需要考虑的重要选择性状，但是乳脂率与产奶量的表型相关和遗传相关都是负值，即产奶量高，乳脂率通常会降低。

实际工作中，测定乳脂率是通过确定测定日奶样中所含脂肪的百分比。一般来说，每头奶牛每月测定日时，采取其 24 h 的奶样，总量为 50 mL 左右。若早晚 2 次挤奶，采样比例为 6：4；若挤奶方式为 3 次，则按 4：3：3（早：中：晚）比例取样。奶样的采集是有严格的规范，有专门的测定技术人员进行采样，对奶牛 24 h 内产奶量进行称重以及对奶样的抽样工作。奶样上午由一名测定技术人员进行采集，下午则由另外一名技术人员进行第二次的奶样的提取工作，奶样采集结束后由奶牛场的工作人员进行标记工作，而不是由技术人员进行标记和记录。产奶和奶样的电子记录工作则需要测定技术人员的确定才能最终完成。

奶样采集结束后，样品应尽快安全送达指定的测定实验室，为防止奶样腐败变质，在每份样品中可以加入重铬酸钾 0.03 g，最好在保持 15 ℃的条件下保存和运输。乳脂的测定由专门指定的机构或实验室进行。

（三）乳蛋白率

乳蛋白率就是牛奶中含有蛋白的百分率，也是乳成分或乳品质的重要指标，是奶牛育种发达国家考虑的主要选择性状之一。奶样的采集规范，乳蛋白测定与乳脂的测定一样。

（四）体细胞数

体细胞数，即体细胞评分 SCS（somatic cell score），是指每毫升奶样品中的体细胞数量，体细胞包括嗜中性白细胞、淋巴细胞、巨噬细胞、乳腺组织脱落的上皮细胞等；该指标是用来衡量乳品质量和奶牛乳房健康状况的一个重要指标。正常情况下，牛奶中的体细胞数在 20 万～ 30 万个 /mL。

体细胞数不仅是奶品质的度量指标，同时也是奶牛健康水平，特别是乳房炎的度量指标。如乳房炎的 CMT 检测法（California mastitis test）是根据牛奶中含体细胞数来判断该奶牛的健康状况是属于健康、隐形乳房炎、乳房炎等。

（五）体型性状

体型性状（type trait）是指奶牛体型外貌相关的一类性状的总称，体型性状的评定过程是把待鉴定的奶牛个体与理想型奶牛个体、或理想型奶牛标准进行比较，进而给出评定结果，这个工作一般是由品种协会组织实施。

1. 传统体型性状的评定

1978 年，对娟姗牛开始实施体型性状的遗传评定。1979 年，这个工作扩展至更赛牛和荷斯坦牛。

传统的奶牛体型性状分为 5 个方面：

（1）乳房性状，是指乳房的深度、乳头位置和大小、后乳房的宽度和高度、前乳房以及乳房的质量等方面。

（2）乳牛特性，指奶牛从外形外貌进行评价是否符合奶牛的特点，主要从骨骼和胸肋形状、外貌的清秀程度和棱角的清晰程度（cleanliness & angularity）进行判定和评价。

（3）体型与体格性状，主要包括：①尻部形态、体格、背部平直状态，②前端形态与强健程度，③品种特性与头型等三方面进行评定。

（4）肢蹄性状，主要是四肢和蹄的外观性状。

（5）体格容量，就是体格的长度、宽度以及深度等方面进行综合评判。

体型性状的等级和评分标准分为 6 个：优秀（EX），90～100 分；非常好（VG），85～89 分；尚好（G+），80～84 分；好（G），75～79 分；尚可（F），65～74 分；差（P），50～64 分。

体型性状各方面的重要程度是不同的：乳房性状（mammary system）占 40%，乳牛特性（dairy character）占 20%，体型与体格性状（frame）占 15%，肢蹄性状（feet and legs）占 15%，体格容量（body capacity）占 10%。

2. 线性评定

为了更加客观评价体型性状，提高体型性状评定的实际可操作性，美国农业部和美国荷斯坦奶牛协会于 1982 年引入了奶牛体型线性评定方法。我国奶牛线性评定技术首先由原北京农业大学师守堃教授引入（1986 年）。

奶牛体型线性评定的性状从体格性状、乳房形态、肢蹄形态和乳用特征等 4 个方面，包括 15 个主要线性评分性状。体格性状有：①体高，②体格强度，③体深，④尻宽，⑤尻角度；乳房形态有：①前房附着，②后房高度，③后房宽度，④乳房悬垂，⑤乳房深度，⑥前乳头位置，⑦乳头长度；肢蹄形态有：①后肢侧视，②蹄角度；再加上 1 个乳用特征。根据生物学特性给每个性状一个线性评分值。

（1）体格性状

① 体高（stature）主要依据尻高（十字部到地面的垂直高度）进行线性评分。体高

在现代奶牛的机械化与集约化管理中起一定的作用，过高或过低的奶牛均不适于规范化管理。通常认为，奶牛理想的体高段为 145 ~ 150 cm。评定该性状时，要认清尻部，用 T 型尺或找好固定参照物进行估测。

② 体格强度（strength）主要依据胸部宽度进行线性评分。强健结实度可表现个体是否具有高产奶能力和保持健康状态的维持能力。通常认为，棱角鲜明，强壮结实的体型是奶牛理想的体型结构。胸过宽是肉牛体型，胸窄的牛泌乳不耐久。评定时通常看胸下前肢内裆宽。

③ 体深（body depth）主要依据肋骨长度和开张程度进行线性评分。体深程度可表现个体是否具有采食大量粗饲料的容积。通常认为，适度体深的体型是奶牛理想的体型结构。评定时看中躯，以肩胛后缘的胸深为准进行综合比较。

④ 尻宽（thurl width）主要依据臀宽进行线性评分。尻宽是能否顺利分娩的有关性状。通常认为，尻宽的体型是奶牛理想的体型结构。评定尻宽时，要注意识别臀宽的位置。

⑤ 尻角度（rump angle）主要依据腰角与坐骨连线与水平线的夹角进行线性评分。尻角度直接关系到个体繁殖机能。通常认为，两极端的奶牛均不理想，奶牛理想的尻角度是腰角微高于臀角且两角连线与水平线夹角达 5° 时最好。

（2）乳房形态（udder composite）

① 前房附着（fore udder attachment）主要依据侧面韧带与腹壁连接附着的结实程度进行线性评分。该性状与奶牛的健康状态有关。通常认为，连接附着充分紧凑的体型是奶牛理想的体型结构。乳房损伤时应看不受影响的或影响较小的一侧的乳房。

② 后房高度（rear udder height）主要依据乳汁分泌组织（乳腺）的顶部到阴门基部的垂直距离进行线性评分。后房高度可显示奶牛的潜在泌乳能力。通常认为，乳汁分泌组织的顶部高的体型是奶牛理想的体型结构。评定时，应注意识别乳汁分泌组织顶部的位置，刚挤过奶的乳房的性状不易评定。

③ 后房宽度（rear udder width）主要依据后房左右两个附着点之间的宽度进行线性评分。后房宽度也与潜在的泌乳能力有关。通常认为，后房宽的体型是奶牛理想的体型结构。

④ 乳房悬垂（udder cleft）主要依据后视乳房中央悬韧带的表现清晰程度进行线性评分。悬韧带的强度高才能保持乳房应有高度和乳头正常分布，减少乳房外伤的机会。通常认为强度高的悬韧带是奶牛理想的体型。

⑤ 乳房深度（udder depth）主要依据乳房底平面与飞节的相对位置来进行线性评定。通常认为，只有适宜深度的乳房才是奶牛理想的体型结构。对该性状要求严格，房底在飞节上评 20 分，稍低于飞节即评 15 分。观察乳房时应尽量平视乳房。

⑥ 前乳头位置（front teat placement）主要依据后视前乳头在乳区内的分布情况进行线性评分。乳头在乳区内的位置不仅关系到挤奶方便与否，也关系到是否易受损伤。通常认为，乳头分布均匀的体型是奶牛理想的体型。评定时重要的是看前乳头。

⑦ 乳头长度（teat length）主要依据前乳头长度进行线性评分。乳头长度与挤奶难易以及是否易受损伤有关。通常认为，奶牛理想的乳头长度为 6.5 ～ 7 cm。过去用手工挤奶时乳头长度可偏短一些。

（3）肢蹄形态

① 后肢侧视（rear legs-side view）主要是从侧面看后肢的姿势，依据飞节的角度进行线性评分。该性状与奶牛的耐力有关。通常认为，两极端的奶牛均不具有最佳侧视姿势，只有适度弯曲的体型才是奶牛理想的体型结构。评定时，后肢一侧伤残时，应看健康的一侧。

② 蹄角度（foot angle）主要依据蹄侧壁与蹄底的交角进行线性评分。蹄形的好坏影响奶牛的运动性能和健康状态。通常认为，交角过低和过高的奶牛均不理想，只有适当的蹄角度（55°）才是奶牛理想的体型结构。评定时，以后肢的蹄角度为主，蹄的内外角度不一致时，应看外侧的角度。

（4）乳用特征

乳用特征（dairy form）主要依据肋骨开张度和颈长度、母牛的优美程度和皮肤状态等进行线性评分。乳用性是和产奶量有很大相关的一个性状。通常认为，轮廓非常鲜明的体型是奶牛理想的体型结构。评定时，鉴定员可依据第 12 ～ 13 肋骨，即最后两肋的间距衡量开张程度，两指半宽为中等程度，三指宽为较好。

（六）生产寿命

生产寿命（productive life）主要是奶牛在群的有效生产时间，一般是以 7 年在群的总泌乳时间长短（月）来度量。利用生存能力来反映畜群寿命在生产中的实际作用，该性状已经纳入育种目标中。

（七）难产性状

难产性状（calving ease）美国开始于 1972 年，在 1977 年美国的育种者协会开始资助荷斯坦奶牛的评定系统。1980 年，评定通过 AI 组织进行，用公畜模型 BLUP 法进行评定。1988 年用阈值模型进行评定。

四、奶牛遗传评定方法

（一）母女比较法（daughter-dam comparison）

母女比较法就是母亲和女儿的产奶量进行直接的比较。若女儿的成绩优于母亲，被测定公牛被判定为"改良者"；若女儿与母亲的产奶生产成绩相当，即差异不大，被测定公牛被判定为"中庸者"；若女儿的生产成绩低于母亲的生产成绩，被测定公牛被判定为"恶化者"。

从母女比较法还可以推导出公牛指数。假设女儿的产奶量的遗传一半来自父亲，一半来自母亲。则有

$$Dau. = \frac{S+D}{2}$$

$Dau.$ 为女儿产奶量；S 为公牛可能的产奶量即公牛指数；D 为母亲的产奶量。所以公牛指数为

$$S = 2Dau. - D \qquad （式10-1）$$

母女比较法的优点是简单易行，缺点是母亲和女儿的泌乳年份相差甚远，没有消除环境因素。

（二）同期比较法

同期同龄比较法（contemporary comparison，CC），亦称为同期比较法，被测定公牛的女儿与同时期（在同一季节）产犊的其他公牛的女儿进行比较。优点在于产犊的时间基本一致，而且饲养在同一场内，饲养管理相同，比较时误差小。

在奶牛育种工作中，准确选择优秀的种公牛，其中重要的任务是在后裔测定中，降低遗传评定中的误差，即如何控制牛群、年次、季节等非遗传因素的作用来确保被测定公牛成绩的可靠性。其中的方法就是许多国家从20世纪50年代开始采用的CC法，有计划地把月龄相同的女儿放置于公共的、均衡饲养管理的条件下进行泌乳能力的测定，使非遗传因素的作用降到最低，这种方法最大的限制因素就是同期女儿头数有限，以致被测定的公牛头数也少。

（三）同群比较法

在20世纪60年代，美国的纽约州和新西兰采用了同群比较法（herdmate comparison）。同群（herdmate）与同期（contemporary）相比较，方法基本相同，只是同群比较法，只采用第一胎泌乳记录。

同群比较法采用校正的参测群体女儿成绩，计算参测公牛女儿成绩的预测差，即PD（predicted difference），据此判定参测公牛的优劣程度。

$$PD = R[D - HM + 0.1(HM - BA)] \qquad （式10-2）$$

其中，R 表示被测公牛后裔测定的重复力，D 是女儿的成绩，HM 是参测公牛同群女儿成绩的平均值，BA 是品种平均值。

后来对公式（10-2）进行了进一步的修改，即公式（10-3）计算得到的 $PD74$ 值，就是所谓的改进同期比较法，即MCC法（modified contemporary comparison）。

$$PD74 = R(D - MCA + SMC) + (1 - R)GA \qquad （式10-3）$$

其中，$PD74$ 是指以 1974 年为基数进行估计的预测差（PD 值），R 表示被测公牛后裔测定的重复力，D 是女儿的平均成绩，MCA（modified contemporary average）是改进同期平均值，是指校正后同期同龄群体的生产成绩平均值，SMC（sires of contemporary）为同龄公牛校正后的平均值，$(1 - R)GA$ 代表的是系谱信息值，GA（genetic average）就是公牛的遗传平均值。

公式（10-3）与公式（10-2）进行比较，我们会发现两个公式非常相似，只做了部分的改进，MCC 方法增加了同龄公牛的生产成绩信息，对公牛系谱（祖先）的生产成绩进行校正。用同样方法可把 $PD74$ 换算成任何年份。

（四）BLUP 估计性状育种值

应用 BLUP（best linear unbiased prediction）估计选择性状的育种值。无论是同期比较法还是同群比较法都存在着一个基本的缺点，那就是没有考虑群体结构这一因素。如在测定有血缘关系的种公牛时，对其血缘关系未做任何考虑。为克服这一缺点，不是将种公牛的效应转化为母牛效应，而是更进一步地看成变量，用线性理论说就是 BLUP 法。

计算线性混合模型的有关公式见本书第四章第八节。

（五）预测差（PD）与预测传递力（PTA）

预测差 PD（prediction difference）就是后裔差值 PD（progeny difference），与传递力 TA（transmitting ability）是两个等价概念，是该参测公牛女儿生产性能与全体参测公牛女儿生产性能之间的差值，但是 PD 值或 TA 值的真值是都不知道的，它们的预测值就分别称之为期望预测差 EPD（expected progeny difference）和预测传递力 PTA（Predicted Transmitting Ability），之所以被称之为"期望"或"预测"是因为估计公牛后裔未来的生产成绩，以及与之相关联所有后裔的生产成绩。

在实际的奶牛育种工作中，往往注重公牛的选择，若根据其后裔测定的数据，进行育种值的估计，因为其女儿只有 1/2 的遗传物质是来自公牛，所以预测传递力实际上是估计育种值的 1/2，即可以用下面的公式进行表示。

$$PTA = EBV/2$$

（六）总性能指数（TPI）

1. 美国荷斯坦奶牛协会（Holstein Association USA）于 1979 年提出的总性能指数 TPI（total performance index）由产奶量、乳脂率和体型指数 3 个性状组成。具体的计算公式：

$$TPI = \left\{ 50 \times \left[3\left(\frac{PDM}{560}\right) + \left(\frac{PD\%F}{0.09}\right) + \frac{PDF}{0.7} \right] \right\} + 234 \qquad （式10-4）$$

其中，PDM，$PD\%F$ 和 PDT 分别是产奶量的预测差、乳脂率的预测差以及体型指数的预测差；560，0.09，0.7分别是产奶量、乳脂率和体型指数三个指标预测差的标准化因子；234代表美国奶牛产奶性能与1976年遗传基础群（genetic base）相比较的一个差数。

2. 1987年，总性能指数（TPI）更名为体型－生产指数TPI（type-production index）。体型－生产指数不包括产奶量。由乳蛋白、乳脂、体型、乳房形态、肢蹄形态、生产年限、体细胞评分等7个性状组成。具体的计算公式：

$$TPI = \left[36 \times \left(\frac{PTAP}{19.0}\right) + 18\left(\frac{PTAF}{22.5}\right) + 15\left(\frac{PTAT}{0.7}\right) + 10\left(\frac{UDC}{0.8}\right) + \right.$$
$$\left. 5\left(\frac{FLC}{0.85}\right) + 11\left(\frac{PL}{0.9}\right) + 5\left(\frac{SCS}{0.13}\right)\right]3.3 + 1\,241 \qquad \text{（式10-5）}$$

其中，$PTAP$、$PTAF$、$PTAT$分别是乳蛋白、乳脂和体型指数的预期传递力PTA（predicted transmitting ability），UDC、FLC、PL、SCS分别是乳房形态、肢蹄形态、生产年限、体细胞评分的标准化传递力STA（standard transmitting ability）。

3. 2011年，推出新的TPI指数又增加女儿妊娠率、女儿易产性、女儿死胎率等3个预测评定指标。具体的计算公式：

$$TPI = \left[27 \times \left(\frac{PTAP}{19.4}\right) + 16\left(\frac{PTAF}{23.0}\right) + 10\left(\frac{PTAT}{0.73}\right) + \left(\frac{DF}{1.0}\right) + 12\left(\frac{UDC}{0.8}\right) + \right.$$
$$6\left(\frac{FLC}{0.85}\right) + 9\left(\frac{PL}{1.26}\right) + 5\left(\frac{SCS}{0.13}\right) + 11\left(\frac{DPR}{1.0}\right) - 2\left(\frac{DCE}{1.0}\right) - $$
$$\left. 1\left(\frac{DSB}{0.9}\right)\right]3.8 + 1\,832 \qquad \text{（式10-6）}$$

其中，$PTAP$是蛋白量预期传递力，$PTAF$脂肪量预期传递力，$PTAT$是体型预期传递力，DF是乳用特征的估计值，UDC乳房综合指数，FLC肢蹄综合指数，PL生产预期寿命，SCS体细胞评分，DPR女儿妊娠率，DCE女儿易产性（难产率），DSB女儿死胎率。

4. 2020年4月美国又实施更新的TPI公式，增加了饲料效率（FE）、健康性状指数（HT）、繁殖力指数（FI）和奶牛生存力预期传递力（LIV），去掉了乳用特征（DF）和女儿妊娠率（DPR）。有些性状的加权系数也做了调整。具体的计算公式：

$$TPI = \left[19\left(\frac{PTAP}{17}\right) + 19\left(\frac{PTAF}{22}\right) + 8\left(\frac{FE}{45}\right) + 8\left(\frac{PTAT}{0.8}\right) + 11\left(\frac{UDC}{0.8}\right) + \right.$$
$$6\left(\frac{FLC}{0.8}\right) + 5\left(\frac{PL}{1.6}\right) + 2\left(\frac{HT}{2.0}\right) + 3\left(\frac{LIV}{1.4}\right) + 4\left(\frac{SCS}{0.13}\right) + 13\left(\frac{FI}{1.3}\right) - $$
$$\left. 1\left(\frac{DCE}{1.0}\right) - 1\left(\frac{DSB}{0.9}\right)\right]3.8 + 2\,370 \qquad \text{（式10-7）}$$

所以体型－生产指数根据奶牛育种目标和选择性状变化的需要，不断修改和更新。

五、遗传评估的数据采集与实施

（一）性能测定数据的采集

现在提起奶牛的性能测定通常指的就是 DHI，它把性能测定生产数据，如产奶量、乳成分和体细胞数等，结合奶牛的胎次、产犊日期等基础性生产数据，形成详细的 DHI 报表，最终为奶牛的遗传评定工作提供基础数据。

值得注意的是，DHI 已经由专门的生产性能测定逐渐发展演变为综合的牛场记录系统，旨在向奶牛养殖场提供全面的牧场管理的必要信息，是育种、饲养、繁殖、疾病控制、牧场管理等多个部门共享的平台，是辅助奶牛场管理的一个科学有效的工具。DHI 报告不仅为育种工作提供完整而准确的资料，而且还为奶牛场各项管理提供决策依据。

DHI 测定技术于 1906 年诞生并应用，经过 100 多年的发展，已成为全世界奶牛性能测定数据采集的样板而被广泛应用，如加拿大、美国参测比例分别为 70% 和 50%，以色列基本全群参测，我国在 1992 年启动 DHI 测定，历经近 30 年推广，已建设 DHI 测定中心 22 个，参测牛场达 1000 多个，参测奶牛近 50 万头。

性能测定的生产性状，通过全国的 DHI 改良计划，产奶量以及奶样通过每月的农场采访（farm visit）完成数据的采集工作，奶样送至指定的实验室进行乳成分的测定工作，包括乳脂、乳蛋白以及体细胞数等数据的测定，值得注意的是在美国乳脂是每个奶样都要测定，乳蛋白测定只有 90% 的奶样，而体细胞数的测定比例只有 80%。

（二）遗传评估的实施

1. 生产性状的遗传评定

在美国，所有记录数据由九个区域性的数据中心进行处理和分析，并上报美国农业部。

对于生产性状的育种值计算，是采用动物模型 BLUP 法，按单一性状分别计算，即分别计算产奶量、乳脂、乳蛋白的育种值，对于产奶量和乳脂率 2 个性状每次评定都需要进行估计。乳蛋白需要时进行遗传评定，设定方差组分相当于遗传力 0.25，重复力 0.55。

体细胞评分的遗传评定：由 USDA-AIPL 执行。首先根据年龄和泌乳季节对初始测定值进行校正，头 5 胎的平均 SCS。PTA SCS 应用于 TPI 的指数中。

2. 体型性状的遗传评定

体型性状的线性评估（linear type evaluation），首先体型性状评分由协会组织，对于等级注册的母牛的体型性状进行记录。

15 个线性评定的体型性状按照多性状模型进行体型性状遗传评估。美国荷斯坦奶牛协会会给出线性评定的标准传递力 STA（standard transmitting ability），它是以 1995

年为评判的遗传基准（genetic base），线性评分系统是 1 ～ 50 分，中间点是 0 分，一个单位的增加量，表示一个标准差的变化，分数的高低不表示"好"与"坏"。

3. TPI 指数的计算

TPI 指数的综合：把生产性状与体型性状等主选性状的遗传评估值，综合成参测公牛的 TPI 指数，根据指数对参测公牛进行最终的遗传评定工作。遗传的评定结果非常重要，确定被测定公牛的遗传价值、使用程度以及下一代生产配种计划。

4. 难产性状的遗传评定

难产性状的遗传评定在 Iowa 大学进行，模型包含群体的年效应、性别、胎次、季节和公牛效应等，观察的等级评分，呈线性关系。

5. 遗传评定成绩的发布及其作用

性能指数一年进行 2 次发布，分别在 1 月和 7 月。难产性状，在 7 月出一次报告，AI 中心应用遗传评估报告，公牛精液是否被淘汰、精液价格是否调整。1% 优秀的母牛进入种子母牛群体（bull dam）进行未来公牛的生产。

经过后裔测定的公牛，被称为验证公牛（proven sire），性能测定工作结束后，验证公牛差不多 7 ～ 8 岁，基本上是 10 头青年参测公牛，选择 1 头验证公牛。

第二节
奶水牛育种

一、主要奶水牛品种

水牛可以划分为河流型（river buffalo）和沼泽型（swamp buffalo）两大类型。河流型水牛（染色体数为 2n = 50）主要分布在印度及西南亚的一些国家。沼泽型水牛（染色体数 2n = 48）主要分布于中国南方及东南亚的一些国家。水牛是多用途家畜，可以做役畜，主要在中国、东南亚国家；可以做肉用，主要在巴基斯坦、伊拉克、菲律宾、泰国等国家；还可以用于产奶，主要在印度、巴基斯坦、意大利等国家。用于乳用的奶水牛品种介绍如下：

（一）摩拉水牛（Murrah）

原产于印度次大陆的西北地区，是经长期乳用选择的世界著名乳用水牛品种，305 d 的产奶量达到 1 800 kg，乳脂率 7.2%。摩拉水牛体型高大，四肢粗壮，成年公牛的体高达 142 cm，成年体重约为 750 kg，被毛稀疏，呈黝黑色，角短呈螺旋形。

（二）尼里－拉菲水牛（Nili-Ravi）

原产于巴基斯坦，是世界著名的乳用水牛品种，初始的用途是役用，在1950年之前是尼里和拉菲两个品种，但是后来由于育种目标的相互交织，两个群体在外貌上难以区分，这样统一名称尼里－拉菲水牛就被认可。尼里－拉菲水牛在巴基斯坦的畜牧业中，占有极其重要的地位，是第一大水牛品种，占巴基斯坦水牛总数的70%。该品种的种质特性与摩拉水牛非常相似，只不过该品种前额、颜面部、四脚和尾端普遍为白色，玻璃眼（walled eye），角比摩拉水牛的角弯曲度要小一些，母牛的乳房形状更为发达，更向胸部靠近。尼里－拉菲水牛305 d的产奶量为2 000 kg，乳脂率6.5%。根据报道高产尼里－拉菲水牛产奶量可以达4 000 kg，产奶冠军牛的378 d产奶量为6 535 kg，为世界水牛产奶之冠。

（三）中国水牛

中国水牛属亚洲水牛中的沼泽型水牛。按地理分布和体型大小可分为滨海型、平原湖区型、高原平坝型和丘陵山地型4大类型。按2011年出版的《中国畜禽遗传资源志·牛志》，确定中国水牛群体有26个地方品种。中国水牛一般泌乳期8～10个月，每个泌乳期的泌乳量为500～1 000 kg。

二、世界奶水牛生产概况

（一）水牛奶产量

奶水牛主要分布在热带和亚热带地区，是世界第二大产奶家畜。占全世界乳畜产奶的15%左右。

根据2018年FAO统计数据，水牛奶总产量排名前10位的国家或地区如表10-4所示。

表10-4　世界水牛奶产量最多的10个国家或地区　　万t

排名	国家或地区	产量
	世界	12 733.8
1	印度	9 181.7
2	巴基斯坦	2 810.9
3	中国	300.3
4	埃及	212.0
5	尼泊尔	133.8
6	欧盟（28国）	25.9
7	缅甸	19.4
8	伊朗	13.0
9	斯里兰卡	8.6
10	土耳其	7.6

数据来源：FAO数据。（2018）（鲍海港整理）

水牛奶产量以印度和巴基斯坦最高，两国产量占了全世界产量的94.2%。

（二）奶水牛饲养数量

奶水牛饲养头数排名前10位的国家或地区如表10-5所示。其中印度和巴基斯坦饲养头数最多，两国占全世界饲养头数的85.2%。

表10-5　世界奶水牛饲养头数最多的10个国家或地区　　　　万头

排名	国家或地区	数量
	世界	6 961.4
1	印度	4 476.7
2	巴基斯坦	1 452.7
3	中国	597.7
4	埃及	160.8
5	尼泊尔	153.6
6	缅甸	43.1
7	欧盟（28国）	25.5
8	印尼	9.7
9	斯里兰卡	9.4
10	孟加拉国	9.1

数据来源：FAO数据。（2018）（鲍海港整理）

（三）单产水平

世界奶水牛的单产水平，如表10-6所示。出乎意外的是，单产水平最高的是伊朗2 637.4 kg/头，比印度和巴基斯坦都高得多。

表10-6　世界奶水牛单产水平前10名的国家或地区　　　　kg/头

排名	国家或地区	产奶量
	世界	1 829.2
1	伊朗	2 637.4
2	印度	2 051.0
3	巴基斯坦	1 934.9
4	叙利亚	1 615.4
5	马来西亚	1 385.0
6	埃及	1 318.7
7	欧盟（28国）	1 015.7
8	土耳其	998.2
9	越南	992.3
10	不丹	989.7
⋮	⋮	⋮
16	中国	502.5

数据来源：FAO数据。（2018）（鲍海港整理）

FAO 的单产数据，明显是从产奶量除以饲养头数算出来的。和各国上报数据的准确性有很大关系。如少报了奶水牛饲养头数，单产水平就明显提高了。

三、我国奶水牛育种方向

（一）从役用到乳用的转型

我国水牛有 7 000 多年的驯养历史。长期以来，饲养水牛以役用为主，特别是在南方稻田里劳作，水牛是主要畜力。随着农业机械化程度的提高，以机耕代替畜耕，水牛的役用作用越来越小，饲养头数也逐年下降。1995 年饲养水牛头数最多时超过 2 300 万头，到 2018 年已下降到不足 600 万头。

我国一般水牛泌乳期产奶量在 500 ~ 1 000 kg，要往乳用水牛或乳肉兼用水牛转型，引进国外产奶量高的品种进行改良是不可避免的。

（二）高产奶水牛品种的引进

1974 年巴基斯坦政府赠送我国尼里 - 拉菲水牛 50 头，1987 年从印度引进摩拉水牛 55 头。这些乳用品种水牛的引进对我国地方品种水牛的杂交改良起到了良好作用。

但是由于河流型和沼泽型水牛在染色体数量上的差异，杂种后代出现了染色体组型的多态性，而且 2n = 49 的个体存在受胎率低、产犊数少、产犊间隔长等缺点，给杂交改良工作带来一定难度。

（三）对水牛遗传改良的建议

1. 对引进品种进行纯繁选育，扩大群体数量。因为饲养高产牛比饲养杂种牛效益高。

2. 在染色体组型的多态性问题没有解决之前，对从杂种后代育成新品种不要抱太大希望。没有 30 年的时间是拿不下来的。

3. 纯繁水牛的选种方法尽可能参照奶牛中行之有效的方法，先做群体层面的育种，有条件后再做分子层面的育种。

4. 水牛受胎率比普通奶牛低，哺乳期受胎率更低，要从繁殖生物技术上来解决这一问题。

四、我国地方水牛的保种问题

1986 年出版的《中国牛品种志》中，水牛只有"中国水牛"一个品种，而 2011 年出版的《中国畜禽遗传资源志·牛志》中，有 26 个地方品种。现在都在强调开发利用和杂交改良，很可能有的地方品种就会消失。当然，中国水牛总的说是一个大的基因库，少几个品种问题不大。但是各省对已经上了资源志的品种，总不希望丢失，所以能保的还是要保，哪怕是维持最低数量。保种的水牛群体数量至少要多少头公牛和多少头母牛呢？在本书第八章"动物遗传资源的保护"中已经提到"大家畜"和"小家畜"的保种要求，但对于水牛来说头数还可以减少，因为水牛寿命长、繁殖年龄也长，如果世代间隔可以达到 10 年，在群体等量留种的情况下，每个品种保持 10 头公牛、50 头母牛就行，但都要求有系谱记录，在配种时要尽量避开全同胞、半同胞交配。

第三节 奶山羊育种

一、主要奶山羊品种

奶山羊是人类最早驯化的奶畜品种之一，品种数量也比较多，据统计全世界大约有 200 个品种。但应用较多的品种有萨能奶山羊、吐根堡奶山羊、阿尔卑斯奶山羊、努比亚奶山羊，以及我国的关中奶山羊、崂山奶山羊等品种。

（一）萨能奶山羊（Saanen）

萨能奶山羊原产于瑞士，是世界上最优秀奶山羊品种之一，全身白色或乳白色（cream-colour），立耳，体型外貌具有"头长、颈长、躯干长、四肢长"的"四长"特点，泌乳性能良好，平均产奶达到 873.2 kg，仅次于阿尔卑斯奶山羊的产奶量，乳脂率为 3.5%。

（二）吐根堡奶山羊（Toggenburg）

吐根堡奶山羊原产于瑞士的吐根堡山谷（Toggenburg valley），是一个历史悠久的知名奶山羊品种，体格中等大小，被毛呈不同程度的褐色（fawn to dark chocolate），但是脸、耳、嘴、腿以及尾巴有白色斑点或印记，产奶量平均可达 841.8 kg，乳脂率为 3.3%。

（三）阿尔卑斯奶山羊（Alpine or French-Alpine）

阿尔卑斯奶山羊的原产地是法国，被毛颜色有多个类型，立耳。主要的特点是产奶量高，平均产奶量是 946.8 kg，平均日产乳量 3 kg 以上，乳脂率为 3.5%，而且泌乳期长，在产奶后期产奶性能还能维持在一个相当高的水平。

（四）努比亚奶山羊（Nubian）

努比亚奶山羊原产于非洲东北部的埃及、苏丹及邻近的埃塞俄比亚、利比亚、阿尔及利亚等国，在英国、美国、印度、东欧及南非等国家和地区都有分布。该品种中等体型，耳大下垂，鼻梁隆起，称为罗马鼻（Roman nose），毛色较杂。产奶量一般，不及瑞士品种（萨能奶山羊、吐根堡奶山羊、阿尔卑斯奶山羊等）的产奶量，但是乳脂率高，可达 4.6%，奶的风味好。

（五）关中奶山羊（Guanzhong dairy goat）

关中奶山羊是我国培育的优良乳用山羊品种，最初叫"西农奶山羊"，是由原西北农业大学（现西北农林科技大学）刘荫武教授及其团队从 20 世纪 30 年代开始，利用萨能奶山羊同当地山羊进行杂交育成，经过长期选育，后又有陕西省各基层县畜牧技术部门参加，共同培育而成，并于 1990 年通过国家畜禽品种验收鉴定，正式命名为关中奶山羊。据测定，平均产奶量是 684 kg，乳脂率为 4.1%。

（六）崂山奶山羊（Laoshan dairy goat）

崂山奶山羊是我国培育的优良乳用山羊品种，由青岛市崂山区农牧局和山东农业大学共同培育。育种历史悠久，20 世纪初在《胶州志》中已有记载。1927 年后又引入萨能奶山羊和吐根堡奶山羊与当地山羊进行级进杂交育成。据测定，第三胎平均产奶量是 613 kg，乳脂率为 3.7%。崂山奶山羊 1989 年收录于《中国羊品种志》，2011 年又收录于《中国畜禽遗传资源志·羊志》。

二、世界奶山羊生产概况

（一）世界山羊奶产量排名前 10 的国家或地区（表 10-7）

表 10-7　世界山羊奶产量前 10 名的国家或地区　　　　　　万 t

排名	国别或地区	产量
	世界	1 871.2
1	印度	609.9
2	欧盟（28 国）	204.5
3	苏丹	115.1
4	孟加拉国	112.3
5	巴基斯坦	91.5
6	土耳其	56.2
7	马里	52.6
8	南苏丹	45.9
9	索马里	37.5
10	印尼	36.6
⋮	⋮	⋮
16	中国	23.7

数据来源：FAO 数据。（2018）（鲍海港整理）

在牛奶、水牛奶、山羊奶的总产量中，山羊奶只占 2.3%。因此，在市场上供应的主要是羊奶粉和其他羊奶制品，鲜羊奶仅在产地供应。

（二）世界奶山羊饲养数量排名前 10 的国家或地区（表 10-8）

表 10-8　世界奶山羊饲养量前 10 名的国家或地区　　　　　　万头

排名	国家或地区	数量
	世界	21 623.2
1	印度	3 683.4
2	孟加拉国	3 009.7
3	马里	1 891.9
4	苏丹	1 797.9
5	巴基斯坦	854.9
6	印尼	734.2
7	南苏丹	690.4
8	欧盟（28 国）	670.7
9	索马里	628.1
10	尼日尔＊	609.4
⋮	⋮	⋮
28	中国	128.5

数据来源：FAO 数据。（2018）（鲍海港整理）

注：＊尼日尔（Niger）是非洲中西部国家。

从表 10-8 中可以看出，不少非洲国家饲养奶山羊的数量相当多，当然饲养数量最多的还是印度和孟加拉国。

（三）世界奶山羊单产水平排名前 10 的国家或地区（表 10-9）

表 10-9　世界奶山羊单产水平前 10 名的国家或地区　　　　　kg/ 头

排名	国家或地区	产奶量
	世界	86.5
1	乌克兰	504.4
2	白俄罗斯	491.9
3	牙买加	355.7
4	古巴	344.8
5	俄罗斯	324.4
6	欧盟（28 国）	304.9
7	塞尔维亚	302.5
8	以色列	294.7
9	塔吉克斯坦	254.1
10	亚美尼亚	244.7
⋮	⋮	⋮
13	中国	184.5

数据来源：FAO 数据。（2018）（鲍海港整理）

三、奶山羊的选择性状和选种方法

（一）选择性状

1. 质量性状

山羊外观的质量性状主要有角的有无、毛色、肉髯、耳型等，某些遗传缺陷也属于基因控制的质量性状。

（1）角

有角无角是遗传学教科书中首选的单基因控制的质量性状遗传的例子。在羊和牛中，无角对有角为显性。在自然界，有角隐性是有利的，能抵御大型肉食动物的进攻。无角母羊间性率高是很早就有研究的问题。

（2）毛色

毛色是品种的特征。对乳用羊，只要产奶性能好，什么毛色并不重要。一般山羊的白色对黑色为显性，所以有"白羊家中的黑羊"（不肖子）的外国谚语，而不会有"黑羊家中的白羊"。

（3）肉髯（肉垂）

有无肉髯因品种而异，受常染色体上的显性基因控制。

（4）耳型

耳型也是品种特征之一，与生产性能似无相关。

2. 数量性状

奶山羊的主要选择性状是产奶量和奶中的成分率。作为数量性状的选择，首先要计算遗传参数，如重复力、遗传力、遗传相关和亲缘相关等。

对于产羔率，并不像肉羊那样要求迫切，双羔羊的产奶性能多数不如单羔羊。所以不必刻意选择多胎性。倒是健康和体质这样的一些表观性状应予足够的重视。

（二）选种方法

一般的家畜选种方法如个体表型选择、系谱选择、半同胞选择、后裔测定、育种值和选择指数等方法同样适用于奶山羊。特别是奶牛育种中的许多选种方法可以作为奶山羊选种的借鉴。例如在奶牛中已经行之有效的基因组选择，对有条件的奶山羊种羊场和教学科研单位可以尝试。尽管奶山羊的世代间隔和利用年限比奶牛要短，但由于冷冻精液和人工授精技术的普及，优秀种公羊的作用比猪、鸡要大。"公羊好，好一坡；母羊好，好一窝"的道理，在牧民中早有流传。

等级评定和分阶段选择也是多年来常用的方法，已经取得了良好的效果。等级评定要制订"外貌评分等级标准"和"生产性能评定等级标准"。公羊的标准要高于母羊，再把用这两个标准评出来的个体作综合鉴定，如两个标准评出的都是特级羊，就评为特级。如一个标准是特级，一个标准是一级，就以生产性能评定的等级为准。中间相隔一个等级，如生产性能特级，外貌评分二级，则综合鉴定为一级。

分阶段选种，这是牛、羊、猪、鸡普遍采用的方法，根据不同畜种对各阶段采用的评定时间也有所不同，对奶山羊来说一般分3个阶段选种。第一阶段是断奶后，主要是对生长发育进行选择；第二阶段是配种前，公羊要检查精液品质，母羊要选择乳用体型和特征；第三阶段是根据第一个泌乳期的生产性能。有的地方为了缩短世代间隔，进行早期选种，用产后90 d的产奶成绩进行选留，理由是90 d的产奶量和全泌乳期的产奶量成正相关，而第一个泌乳期的产量又和以后泌乳期产量成正相关。在本书第三章育种参数中已经分析到，相关不仅要看正负和是否显著，而且要看相关系数绝对值的大小，只有显著的强相关，在选种上才有好的效果。

四、奶山羊新品种选育

奶山羊新品种的选育也同样要经过杂交改良、横交固定和选育提高三个阶段。

（一）杂交改良

我国的奶山羊品种，如关中奶山羊、崂山奶山羊，在育种工作前期都采用外来高产品种和本地山羊作杂交改良开始，在达到改良目标后开始横交固定。

（二）横交固定

在改良群中按新的育种要求选出优秀的种羊进行自群繁殖。在提高生产性能的同时进行提纯。

（三）选育提高

对公母羊进行性能测定，不断选育提高。并按品种审定要求，从数量、生产性能以及系谱记录等方面都要做好充分准备，对育种主要过程要进行照相和录像，在条件成熟后，提出新品种审定报告。

参考资料

1. 张沅，张勤，孙东晓. 奶牛分子育种技术研究. 北京：中国农业大学出版社，2012.

2. 储明星，师守堃. 奶牛体型线性评定及其应用. 北京：中国农业科技出版社，1999.

3. 吴克亮. "动物比较育种学"课程讲稿（PPT），乳用动物育种.

4. Barker F H. History and development of beef and diary performance program in

the United States. 58th Annual Meeting of the American Society of Animal Science, New Brunswick, New Jersey, 1996.

5. García-Ruiz Adriana, Cole John B, VanRaden Paul M, et al. Changes in genetic selection differentials and generation intervals in US Holstein dairy cattle as a result of genomic selection. www.pnas.org/cgi/doi/10.1073/ pnas. 1611570113.

6. Harris D L. Livestock Improvement: Art, Science, or Industry? J Anim, Sci, 1998, 76:2294–2302.

7. More S J. Global trends in milk quality: implications for the lrish dairy. lrish Veterinary Journal, 2009, 62 Supplement 5-14.

8. Nayeri S M, Sargolzaei M K, Abo-Ismail S, et al. Genome-wide association study for lactation persistency, female fertility, longevity, and lifetime profit index traits in Holstein dairy cattle. J Dairy Sci, 2016, 100:1246-1258, https://doi.org/10.3168/jds.2016-11770.

9. Schafberg R, H H Swalve. The history of breeding for polled cattle. Livestock Science, 2015, 179:54-70.

10. USDA The goat industry: structure, concentration, demand and growth. Electronic report for APHIS.

11. Wiggans G R. National genetic improvement programs for dairy cattle in the United States. J Anim Sci, 1991, 69:3853-3860.

12. Wilton J W, V M Quinton, C D Quinton. Optimizing Animal Genetic Improvement. Centre for Genetic Improvement of Livestock, University of Guelph.

第十一章　毛皮用动物育种

11

第十一章
毛皮用动物育种

　　动物的体表覆盖着毛发和皮肤，直接与外界环境接触，具有保护、排泄、调节体温和感受外界刺激等作用。皮肤分为表皮和真皮两层，表皮属于复层扁平上皮组织，真皮是致密的结缔组织，富含弹力纤维和胶原纤维，具有较好的弹性和韧性，加之皮肤密布毛囊，具有较好的天然透气性，是很好的加工皮革和毛皮的原料。动物毛发主要成分是由一系列氨基酸经肽键结合成链状结构的蛋白质，纤维柔软富有弹性，保暖性好，吸湿能力强，光泽柔和，可以制成四季皆宜的中高档服装，以及装饰用和工业用织物，为优良的纺织原料。毛绒制品美观大方、保暖耐用，是冬季寒冷地区人民御寒的佳品，随着人们生活条件的改善和衣着观念的变化，毛绒制品正成为引领消费者进行低碳消费的载体。在畜牧业出口贸易中，毛绒及其产品占据着重要的地位，在国际市场上享有较高声誉。

　　毛皮动物养殖业是我国畜牧业的重要组成部分。我国毛皮动物遗传资源丰富，《中国畜禽遗传资源志·特种畜禽志》（2012年）共收录了毛皮动物13个，其中培育品种7个，分别是吉林白貉、吉林白水貂、金州黑十字水貂、山东黑褐色水貂、东北黑褐色水貂、米黄色水貂、金州黑色标准水貂。《中国畜禽遗传资源志·羊志》（2010年）共收录绵羊品种42个、山羊品种58个。中国已经成为毛用、皮用、绒用动物饲养大国，培育的新品种改变了我国毛皮动物生产长期依赖国外引种的被动局面。

第一节
毛皮用动物类型与养殖现状

　　广义上的毛皮用动物包括毛用、绒用、裘皮用和板皮用。动物毛和绒的种类很多，最主要的是绵羊毛，简称羊毛。羊毛广泛用于制造各种纺织品，也用以制毡。除羊毛外，还有山羊绒、兔毛、骆驼毛、牦牛毛等。羊毛以外的动物毛，有时统称为特种动物毛，也用来制造纺织品，可纯纺或与其他纤维混纺。在混纺中，利用它们特有的光泽、细度和柔软性，可以改善织物的保暖性和手感。裘皮是指带毛动物皮经鞣制、染整所得到的具有使用价值的产品。裘皮由毛被和皮板两部分构成，其价值主要由毛被决定，皮板柔韧，毛被松散、光亮、美观、保暖，经久耐用，用于制作服装、披肩、帽子、衣领、手套、靠垫、挂毯和玩具等制品。裘皮原料分家养和野生两大类，有 150～180种。家养动物皮主要羊皮、家兔皮、狗皮、家猫皮、牛犊皮和马驹皮等，野生动物皮主要有水貂皮、狐狸皮、紫貂皮、猞子皮、黄鼠狼皮和麝鼠皮等。动物板皮经过脱毛和鞣制等物理、化学加工，可以得到不易腐烂的皮革，是由天然蛋白质纤维在三维空间紧密编织构成的，其表面有一种特殊的粒面层，具有自然的粒纹和光泽，手感舒适。天然动物板皮按其种类来分主要有猪皮、牛皮、羊皮、马皮、驴皮和袋鼠皮等；其中牛皮又分黄牛皮、水牛皮、牦牛皮和犏牛皮，羊皮分为绵羊皮和山羊皮。

一、绒毛用

（一）绵羊

全世界养羊历史悠久，20 世纪 20～50 年代，世界绵羊业以产毛为主，着重生产60～64 支纱的细毛和 48～50 支纱的半细毛。进入 60 年代后，由于合成纤维产量迅速增长和毛纺工艺技术的提高，在世界养羊生产中，对细毛和半细毛的需求量下降，单纯的毛用养羊业受到了冲击。20 世纪 90 年代以来，随着毛纺织品朝着轻薄、柔软、挺括的方向发展，对 66 支以上的高支羊毛需求剧增。澳大利亚加强了对细毛羊纤维细度的育种和改良工作，培育出超细羊毛品种，羊毛平均细度 12.9 μm，净毛率 76.2%，细毛羊业朝着超细类型发展。同时，由于国际市场对羊肉需求量的增加和羊肉价格的提高，英国、法国、美国、新西兰等养羊大国主体已变为肉用羊的生产，世界养羊业出现了由毛用转向肉毛兼用甚至肉用的趋势。

我国养羊业有几千年的历史，是各族人民生产和生活资料的重要来源。绵羊产业覆盖范围包括新疆、内蒙古、甘肃、青海、西藏、吉林、辽宁、山西、河北、山西、云南、贵州、四川、浙江、宁夏、山东、北京等省（自治区、直辖市），涉及细毛羊、半细毛羊、地毯毛羊、毛用裘皮羊等品种。近年来，随着国民经济的高速发展，人民生活水平的不断提高，西部大开发步伐的加快，人们对生态环境的保护意识不断增强，加之退耕还林、还草、封山禁牧等生态政策的实施，绒毛用羊存栏量略有下降；2019年全国绵羊存栏约 1.63 亿只，羊毛产量约 34 万 t。

我国的绵羊品种资源也十分丰富，具有许多优良和独特的性状，例如小尾寒羊、湖羊的高繁殖性能，滩羊的优秀裘皮性能，在世界上也是罕见的，其产品在国际市场上久负盛誉。新中国成立以来，我国政府就非常重视羊毛生产，为了改变我国不能生产细毛和半细毛的养羊现状，先后从国外引进羊毛产量高、品质好的细毛羊、半细毛羊有：澳洲美利奴羊、波尔华斯羊、斯塔夫洛波羊、高加索羊、苏联美利奴羊、茨盖羊、罗姆尼羊、林肯羊、边区来斯特羊、考力代羊等。20世纪50～60年代先后培育出新疆细毛羊、内蒙古细毛羊、东北细毛羊等品种。70年代后，新疆、内蒙古、黑龙江、吉林等省（自治区）相继开展了引进澳洲美利奴公羊培育我国新型细毛羊的工作，至1985年培育成了中国美利奴羊品种，随后又培育出细毛型、无角型、多胎型、强毛型、毛密品系、体大品系、毛质好品系等一系列新类型和新品系，极大地丰富了品种的基因库，为提高中国美利奴羊品种质量和发展我国细毛羊业奠定了遗传基础。但我国绵羊群体主要以产毛量低的地方品种居多，细毛羊、半细毛羊及其改良羊数量较少，超细毛羊刚起步。

绵羊毛是一种天然动物毛纤维，有角质组织，呈现光泽，有弹性和韧性，是毛纺工业原料。绵羊品种很多，根据毛的类型可分为细毛羊、半细毛羊、粗毛羊、半粗毛羊。目前，国际国内主要绒毛用绵羊品种如下：

1. 澳大利亚美利奴羊（Australian Merino）

澳大利亚养羊业具有悠久的历史，养羊数量、羊毛产量以及羊毛出口量一直居世界首位。澳大利亚美利奴羊是世界上最著名的细毛羊品种，在长期的育种过程中，曾用过萨克逊美利奴羊、兰布列美利奴羊和佛蒙特美利奴羊以及林肯羊。

澳大利亚美利奴羊在品种选育和不同的生态条件及社会条件作用下，形成了细毛型、中毛型和强壮型，每个类型中又分有角和无角两种。体型近似长方形，体宽，背平直，后躯肌肉丰满，腿短。公羊颈部有1～3个横皱褶，母羊有纵皱褶，腹毛好（图11-1）。细毛型体格结实，有中等大的身躯，毛密柔软，有光泽。中毛型体格大毛多，前身宽阔，体型好，毛被长而柔软，油汗充足，光泽好。强壮型体格大而结实，体型好。

图11-1　澳大利亚美利奴羊

澳大利亚美利奴羊成年公羊，剪毛后体重平均为90.8 kg，剪毛量平均为16.3 kg，毛长平均为11.7 cm。细度均匀，羊毛细度为20.8～26.4 μm，即58～64支，有明显的大弯曲，光泽好，净毛率为 48.0% ~ 56.0%。油汗呈白色，分布均匀，油汗率平均为 21.0%。澳洲美利奴羊具有毛被毛丛结构好、羊毛长、油汗洁白、弯曲呈明显大中弯、光泽好、剪毛量和净毛率高等优点，其重要生产性能见表 11-1。

表 11-1　不同类型的澳洲美利奴羊的生产性能

类型	体重 /kg		产毛量 /kg		细度 / 支	净毛率 /%	毛长 /cm
	公	母	公	母			
超细型	50 ~ 60	34 ~ 40	7.0 ~ 8.0	3.4 ~ 4.5	70 ~ 80	65 ~ 70	7.0 ~ 8.7
细毛型	60 ~ 70	34 ~ 42	7.5 ~ 8.5	4.5 ~ 5.0	66 ~ 70	63 ~ 68	7.5 ~ 8.5
中毛型	65 ~ 90	40 ~ 44	8.0 ~ 12.0	5.0 ~ 6.5	64 ~ 66	62 ~ 65	8.5 ~ 10.0
强毛型	70 ~ 100	42 ~ 48	9.0 ~ 14.0	5.0 ~ 8.0	58 ~ 64	60 ~ 65	8.8 ~ 15.2

数据来源：郎侠等主编《绵羊生产》，中国农业科学技术出版社 2017 版。

目前，澳大利亚共有绵羊 1.35 亿余只，其中 75.1%（1.015 亿只）为美利奴羊，主要分布在澳洲大陆与其临近岛屿。澳洲美利奴羊的特点是适应性强，它能够适应干旱草原与半荒漠干旱草原气候条件，在湿润热带草原区也能繁殖。美利奴羊比较早熟。母羊在 3 岁以前可达到最大活重指标，2 岁以前净毛量达 3.7 ~ 3.8 kg，毛丛长，净毛率高达 65% ~ 78%。

澳大利亚的绵羊育种工作，在全国范围内步调协同，层次分明，但没有统一规定，除品种协会对品种特征的细节有过描述外，种羊场相互间没有统一的育种计划和鉴定标准，决定羊群育种方向和品种水平的重要因素是严格的种羊流通环节，种羊展览评比，市场对羊毛和种羊规格的要求趋势，以及育种人员的偏爱、传统的经验等。

2. 新疆细毛羊（Xinjiang Finewool sheep）

新疆细毛羊是我国培育的第一个毛肉兼用型细毛羊品种。新疆细毛羊的育种工作始于 1934 年，乌鲁木齐市南山种畜场利用高加索细毛羊和泊列考斯细毛羊等品种，与当地哈萨克羊和蒙古羊进行杂交。到 1949 年，新疆巩乃斯种羊场有以四代为主的杂交羊 9 000 余只，羊群生产性能较低，品质也不整齐。1949 年后制定了新品种选育目标，开展了有计划的选种选配。1950—1953 年羊群趋于整齐，生产性能得到提高。1953 年由农业部组织对巩乃斯种羊场的羊群进行鉴定。1954 年农业部批准命名为"新疆毛肉兼用型细毛羊"，简称"新疆细毛羊"。

新疆细毛羊被毛为白色，体质结实，结构匀称。公羊有螺旋形角，母羊无角或者只有小角。公羊颈部有 1 ~ 2 个完全或不完全的横皱褶，母羊有 1 个横皱褶或者发达的纵皱褶，体躯皮肤宽松但无皱褶。胸宽深，背直而宽，体躯深长，后躯丰满。四肢结实，肢势端正（图 11-2）。

图 11-2　新疆细毛羊

新疆细毛羊体型较大，周岁公母羊剪毛后体重平均为 42.5 kg 和 35.9 kg；成年公母羊体重平均为 88.0 kg 和 48.6 kg。周岁公母羊剪毛量平均为 4.9 kg 和 4.5 kg；成年公母羊平均为 11.6 kg 和 5.2 kg。周岁公母羊羊毛长度为 7.8 cm 和 7.7 cm；成年公母羊平均为 9.4 cm 和 7.2 cm。净毛率为 48.1% ～ 51.5%。羊毛主体细度为 64 ～ 66 支，羊毛油汗主要为乳白色及淡黄色。经产母羊产羔率为 130%，2.5 岁以上的羯羊经夏季牧场放牧后的屠宰率为 49.5% ～ 51.4%。

新疆细毛羊育成后，针对该品种存在的问题，采取了积极措施，进一步提高品种质量，扩大种群数量。从 1972 年起，部分羊场导入澳洲美利奴羊的血液，显著提高了新疆细毛羊的羊毛长度、净毛率、净毛量，改善了羊毛的色泽和油汗颜色，羊毛品质逐渐达到澳毛的水平。

新疆细毛羊的毛细度、强度、伸长度、弯曲度、羊毛密度、油汗和色泽等方面，都达到了很高的标准。1995 年，新疆巩乃斯种羊场 2.3 万只细毛羊平均净毛产量高达 3.32 kg，毛长 9.98 cm，创造了国内育种场细毛羊大群平均净毛单产的最高纪录，获农业部颁发的全国农牧渔业丰收奖和全国农垦系统羊毛最高单产奖。用细毛羊的毛纺织出的各类毛纺或混纺织品，畅销国内外，深受人们的青睐。新疆细毛羊向全国 20 多个省（自治区）大量推广，表现出较好的适应性，并作为主要父系之一，参加了青海细毛羊、甘肃高山细毛羊、鄂尔多斯细毛羊、内蒙古细毛羊、青海高原半细毛羊、彭波半细毛羊等国内新品种的培育。

3. 中国美利奴羊（Chinese Merino）

中国美利奴羊是 1972—1985 年在新疆紫泥泉种羊场、内蒙古嘎达苏种畜场、吉林查干花种畜场和新疆巩乃斯种羊场联合育成的。1972 年，农林部从澳大利亚引进 29 只澳洲美利奴公羊，组织成立了良种细毛羊育种协作组，确定在新疆紫泥泉种羊场、内蒙古嘎达苏种畜场、吉林查干花种畜场和新疆巩乃斯种羊场开展联合育种。协作组制定了统一的育种方案和选种标准，在 4 个育种场分别采用澳洲美利奴公羊与新疆细毛羊、军垦细毛羊和波尔华斯羊的母羊进行杂交，从杂交二三代羊中挑选达到理想的个体，进行横交固定，使后代优良性状得以巩固，遗传性能进一步稳定。1985年12月通过农业部新品种验收，正式命名为"中国美利奴羊"，并分为中国美利奴羊新疆型、军垦型、内蒙古科尔沁型和吉林型，标志着我国细毛羊业进入了一个新阶段。中国美利奴羊品种育成后，为了进一步提高其生产性能和改进部分性状的不足，在品种内建立了体大、毛长、毛密、多胎、超细毛等多个新品系，使中国美利奴羊的生产性能不断提高，以满足多元化市场需求。

中国美利奴羊体质结实，体躯呈长方形。公羊有螺旋形角，颈部有1～2个横皱褶或发达的纵皱褶；母羊无角，有发达的纵皱褶。体躯皮肤宽松，无明显的皱褶。鬐甲宽平，胸深宽，背腰平直，尻宽平，后躯丰满，四肢结实。被毛为白色，呈毛丛结构，闭合良好，密度大，腹毛着生良好（图11-3）。

图 11-3　中国美利奴羊

中国美利奴羊具有毛长、毛密、净毛率高、羊毛品质优良等特点，成年公、母羊体重分别为91.8 kg和43.1 kg，剪毛量分别为17.7 kg和7.6 kg，羊毛长度分别为12.0 cm和10.2 cm，净毛率分别为54.83%和53.34%。羊毛细度64～70支，以66支为主。成年羯羊宰前体重为51.9 kg，胴体重平均为22.94 kg，屠宰率44.19%。经产母羊产羔率120%以上。

中国美利奴羊育成后，在新疆、内蒙古和吉林等省（自治区）进行了繁育体系建设，向全国20多个省（自治区）推广了大量种羊，其后代的体型、毛长、净毛率、净毛重、羊毛弯曲、油汗、腹毛等均有较大的改进，杂交改良效果显著，使全国细毛羊产毛量和质量得到明显改善。今后应加强选育提高，不断提高羊毛产量，改善羊毛品质，并着重肉用性能的开发利用，以满足多元化市场的需求。

4. 东北细毛羊（Northeast Finewool sheep）

东北细毛羊属毛肉兼用型细毛羊培育品种，由东北三省农业科研单位、大专院校和种羊场联合育种培育而成，主要产区在辽宁、吉林、黑龙江三省的西北部平原和部分丘陵地区。1952年用苏联美利奴羊、斯达夫洛波尔细毛羊、高加索细毛羊、新疆细毛羊和阿斯卡尼细毛羊等品种与兰布列羊和蒙古羊的杂交羊进行杂交改良；1959年成立东北细毛羊育种委员会，开展联合育种，数量增加，质量得到提高；1967 年由农业部组织鉴定验收，命名为"东北毛肉兼用细毛羊"，简称"东北细毛羊"；1974 年后，又引入了澳洲美利奴羊的血液，使东北细毛羊的质量获得了较大改进。

东北细毛羊体质结实，结构匀称。公羊有螺旋形角，颈部有 1～2 个完全或不完全的横皱褶；母羊无角，颈部有发达的纵皱褶。被毛白色，毛丛闭合良好，羊毛密度大，弯曲正常，油汗适中。头毛着生至两眼连线（图 11-4）。

图 11-4　东北细毛羊

东北细毛羊周岁公母羊体重平均为 43.0 kg 和 37.8 kg；成年公母羊体重平均为 83.7 kg 和 45.4 kg；剪毛量成年公羊平均为 13.4 kg，成年母羊为 6.1 kg，净毛率为 35%～40%；成年公羊毛长度平均为 9.3 cm，成年母羊为 7.4 cm；羊毛细度 60～64 支。成年公羊屠宰率平均为 43.6%，净肉率为 34.0%；经产母羊产羔率为 125%。

东北细毛羊育成后，向全国 12 个省（自治区）推广了 112 万只种羊，在推广地表现较好的适应性和杂交改良效果。

5. 青海高原半细毛羊（Qinghai Semifine-wool sheep）

青海高原半细毛羊育种工作于 1963 年开始。先用新疆细毛羊和茨盖羊与当地的藏羊和蒙古羊杂交，后又引入罗姆尼羊血液，在海北藏族自治州、海南藏族自治州导入 1/2 罗姆尼羊血液，海西蒙古族藏族自治州导入 1/4 罗姆尼羊血液的基础上横交固定，培育而成。因含罗姆尼羊血液不同，青海高原半细毛羊分为罗茨新藏和茨新藏两个类型。青海高原半细毛羊于 1987 年育成，经青海省政府命名为"青海高原毛肉兼用半细毛羊"。育种基地主要分布于青海的海南藏族自治州、海北藏族自治州和海西蒙古族藏族自治州的英德尔种羊场、河卡种羊场、海晏县、乌兰县巴音乡、都兰县巴隆乡和格尔木市乌图美仁乡等地。

罗茨新藏型头稍宽短，体躯粗深，四肢稍矮，公、母羊都无角；茨新藏型虽含有 1/4 罗姆尼羊血液，但体型外貌近似茨盖羊，体躯较长，四肢较高。公羊多有螺旋形角，母羊无角或有小角（图 11-5）。

图 11-5　青海高原半细毛羊

公羔初生重 3.3 kg，母羔 2.2 kg；成年公羊剪毛后体重 64.1 ～ 85.6 kg，母羊 35.3 ～ 46.1 kg。成年公羊平均剪毛量为 5.98 kg，母羊 3.10 kg。毛的细度为 48 ～ 58 支，以 50 ～ 56 支为主。成年公羊平均毛长为 11.72 cm，母羊 10.01 cm。体侧毛净毛率平均为 61%。羊毛呈明显或不明显的波状弯曲，油汗多呈白色或乳黄色。青海高原半细毛羊一般在 6 ～ 8 月龄性成熟，公、母羊一般在 1.5 ～ 2.0 岁时第一次配种。成年母羊受胎率 90% 以上，多为单胎，偶有双胎，母性较好。

青海高原半细毛羊对严酷的高寒环境条件具有良好的适应性，能登山远牧，耐粗放管理，对饲养管理条件的改善反应明显。虽四肢较短，仍能在海拔 4 000 m 以上的夏季牧场游走放牧，且采食性好，对牧草选择不严，能充分利用各种牧草，抗病力强，具有良好的保膘性能。

6. 云南半细毛羊（Yunnan Semifine-wool sheep）

云南半细毛羊的育种工作始于 1969 年，是以本地藏系母羊和细毛杂种羊为基础，引入罗姆尼羊和林肯公羊进行杂交和横交固定，经过 10 个世代的封闭选育。1996 年 5 月通过国家新品种委员会鉴定验收，2000 年列为国家培育新品种，正式命名为"云南半细毛羊"。云南半细毛羊主产为昭通市永善县和巧家县，属高寒山区，气候湿润，常年冷凉。

云南半细毛羊为毛肉兼用型羊，身体中等大小，体质结实，公母羊均无角，头大小适中，头毛着生至两眼连线，颈短而粗，背腰宽而平直，胸宽深，尻宽而平，后躯丰满，四肢粗壮，腿毛覆盖过飞节，腹毛好，体躯呈桶状。被毛白色，毛丛丰满，弯曲一致（图 11-6）。

云南半细毛羊成年公羊体重（67.1±0.7）kg，剪毛量（5.85±0.09）kg，毛长（15.10±0.09）cm；成年母羊体重（46.7±0.2）kg，剪毛量（4.41±0.02）kg，毛长（15.00±0.05）cm。毛白色，细度 44 ～ 50 支，其中 48 ～ 50 支个体占 80% 以上。羊毛长度和细度均匀，弯曲呈中弯或大弯。油汗白色、乳白色或极少量呈浅黄色，含量适中，净毛率 65% 以上。肉用性能好，10 月龄羯羊屠宰率 51.04%，净肉率 42.85%，肉骨比 4.87。云南半细毛羊 10 月龄性成熟，18 月龄初配。母羊一般一年一产，产羔率 115%。

图 11-6　云南半细毛羊

云南半细毛羊对当地的生态环境有很好的适应性，常年放牧饲养，羊毛品质优良，具有高强力、高弹性、全光泽（丝光）特点。用云南半细毛羊羊毛所生产的纯毛水纹提花毛毯，水纹明显牢固，手感丰厚，有底绒，光泽自然柔和，色泽鲜艳，保暖性强。

（二）绒山羊

我国是世界上绒山羊最多的国家，品种众多，其中以辽宁绒山羊和内蒙古绒山羊最为名贵。2000 年，我国生产绒的山羊约占全国山羊数量的 46%，羊绒总产量 1.1 万 t，居世界之首。2010 年，我国绒山羊约 6 500 万只，原绒产量超过 1.1 万 t，占世界原绒产量的 70% 以上。

山羊身上的毛有粗毛和绒毛。一般品种的粗毛只能造毛笔，不能纺纱，只有安哥拉山羊所产的马海毛是一种优质毛纤维，表面光滑，极少卷曲，具有蚕丝般的柔软和光泽，富有良好的回弹性、耐磨性和高强度。山羊绒毛（Cashmere）是生长在山羊外表皮层，掩在粗毛根部的一层薄薄的细绒，入冬寒冷时长出，抵御风寒，春天转暖后脱落。羊绒细而柔软，具有轻、软、柔、暖等特点，被称为"纤维宝石""软黄金"等。山羊产绒具有季节性，在每年 4 ～ 5 月份，一般在羊绒顶起时随机抓绒。山羊绒按其颜色分为白绒、紫绒和青绒等。

国际羊绒市场需求推动了绒山羊的生产与科研，20 世纪 80 年代开始，许多国家加快发展绒山羊业。我国对绒山羊业从品种选育、杂交改良和饲养管理方面开展研究，内蒙古绒山羊、辽宁绒山羊、西藏绒山羊、新疆绒山羊、河西绒山羊等优秀地方品种生产性能得到了较大的提高，并育成了多个绒山羊新品种（系）。

1. 安哥拉山羊（Angora goat）

安哥拉山羊起源于土耳其安纳托利亚高原中部和东南部地区，并以中部地区安哥拉为中心，是生产优质马海毛（Mohair）的古老培育品种。现主要分布在土耳其、美国、南非、阿根廷、俄罗斯和澳大利亚等国。安哥拉山羊生产光泽好、价值高的马海毛，逐渐被人们重视，16 ～ 20 世纪相继出口到一些国家。

安哥拉山羊体格较小，公母羊均有角，角白色扁平，长度短或中等，向后上方延伸并略有弯曲，耳大下垂，颜面平直，嘴唇端或耳缘有深色斑点。颈短，体躯较窄，骨骼细，四肢短而端正，蹄质结实。全身被毛白色，羊毛有丝样光泽，手感滑爽柔软，由螺旋状或波浪状毛辫组成，毛辫长可垂地（图11-7）。

图 11-7　安哥拉山羊

安哥拉山羊成年公羊体重40～45 kg，母羊30～35 kg。成年公羊剪毛量3.5～4 kg，母羊2.5～3 kg，净毛率70%～80%。该羊在土耳其每年剪毛1次，在美国和南非每年剪毛2次。羊毛长度13～16 cm，细度平均32 μm左右，可纺50～52支纱。被毛主要由无髓同型毛纤维组成，部分羊被毛中含有3%～5%的有髓毛，羊毛含脂率6%～9%。性成熟晚，2岁开始配种，繁殖力低，多产单羔，产羔率100%～110%。羔羊在大群粗放条件下放牧，成活率为75%～80%。

我国1984年以来，从澳大利亚引进安哥拉山羊，主要饲养在陕西、山西、内蒙古、甘肃、四川和青海等省（自治区），作为父系品种，参与陕北马海毛山羊、甘肃毛用型山羊等新品种的培育；在内蒙古、青海、四川、山西等省（自治区），用其改良当地地方山羊，成效显著。国内安哥拉山羊分别与陕北土种山羊、太行山土山羊、中卫山羊、内蒙古白绒山羊、凉山山羊、海门山羊、藏山羊等进行了杂交，以提高中国地方山羊的生产性能。

2. 辽宁绒山羊（Liaoning Cashmere goat）

辽宁绒山羊原产于辽宁省东南部山区步云山周围各市县，属绒肉兼用型品种，是中国绒山羊品种中产绒量最高的优良品种。1955年辽宁省农业厅在盖县丁庄村发现一群体格较大、可产白色羊绒的山羊，1959年省农业厅组织辽宁省畜牧兽医科学研究所、沈阳农学院和盖县农业局在畜禽品种资源调查时，确认为地方优秀资源。1964年暂定名为盖县绒山羊，1965年成立绒山羊育种站，开始有组织的选育，1983年经农业部组织的有关专家验收，正式命名为辽宁绒山羊。1984年农业部认定为绒用山羊品种，并列入《中国畜禽品种志》。2008年辽宁绒山羊产区存栏量350万只，现已推广到内蒙古、陕西、新疆等17个省（自治区）。

辽宁绒山羊体格大，毛色纯白，公母羊都有角，公羊角粗大并向两侧平直伸展，母羊角较小，向后上方生长，体质结实，结构匀称，头较大，颈宽厚，背平直，后躯发达，四肢健壮，被毛光泽好（图 11-8）。

图 11-8　辽宁城山羊

辽宁绒山羊体重：成年公羊 81.7 kg，成年母羊 43.2 kg，育成公羊 37.3 kg，育成母羊 26.6 kg。产绒量：成年公羊 1368 g，成年母羊 642 g，育成公羊 591 g，育成母羊 543 g。绒毛长度：成年公羊 6.8 cm，周岁公羊 5.9 cm，成年母羊 6.3 cm，周岁母羊 5.7 cm；羊绒细度：3 岁公羊 16.67 μm，3 岁母羊 15.41 μm，周岁公羊 13.20 μm，周岁母羊 13.70 μm；净绒率 76.37%。

辽宁绒山羊产肉性能良好，成年公羊宰前体重 49.84 kg，屠宰率 50.65%；成年母羊宰前体重 41.50 kg，屠宰率 52.66%。公母羊 7～8 月龄开始发情，周岁产羔，平均产羔率 120%～130%。

辽宁绒山羊是世界最优秀的绒山羊品种之一，是中国农业领域拥有自主知识产权的特殊品种资源，受到我国北方广大山羊绒产区的青睐，作为父系，参与了我国罕山白绒山羊、陕北白绒山羊、柴达木绒山羊、博格达绒山羊和甘肃陇东白绒山羊新品种的育成。同时，还被全国 17 个省（自治区、直辖市）大批引入，改良当地山羊，取得了显著的效果，对促进我国绒山羊业的发展做出了重大贡献。为此，该品种在 2000 年和 2006 年先后两次被农业部列入《国家级畜禽品种资源保护名录》。

3. 内蒙古绒山羊（Inner Mongolia Cashmere goat）

内蒙古绒山羊主要分布在内蒙古阿拉善盟、鄂尔多斯市、巴彦淖尔市等地。根据产区不同特点，分为 3 个类型，即阿尔巴斯型、阿拉善型和二郎山型。所产白山羊绒品质优良，国内外享有盛誉。2006 年被农业部列入《国家级畜禽品种资源保护名录》。

内蒙古绒山羊体格较大，体质结实，结构匀称，毛色全白。头中等大小，公、母羊均有角，公羊角大，母羊角小。鼻梁微凹，眼大有神，耳大向两侧半下垂。体躯深而长，近似方形，背腰平直，后躯略高，尻略斜，尾短小上翘，四肢粗壮结实（图 11-9）。

图 11-9　内蒙古绒山羊

不同类型的内蒙古绒山羊生产性能略有差别，羊绒产量、羊绒长度、羊绒细度和净绒率，阿尔巴斯型分别为 623 g、12.45 cm、15.2 μm 和 37.76%，阿拉善型分别为 404.5 g、5.0 cm、14.46 μm 和 66.89%，二郎山型分别为 415 g、4.35 cm、13 ～ 15 μm 和 50.04%。该品种繁殖率低，多产单羔，羔羊发育快，成活率高，产羔率 100% ～ 105%，屠宰率 40% ～ 50%。

内蒙古绒山羊，皮板厚而致密，富有弹性，是制革的上等原料。制作的皮夹克，光亮、柔软、经久耐穿，颇受欢迎。长毛型绒山羊的毛皮与中卫山羊裘皮近似，可供制裘。内蒙古绒山羊所产山羊绒纤维柔软，具有丝光、强度好、伸度大、净绒率高的特点，所产羊肉细嫩。这种山羊抗逆性强，适应半荒漠草原和山地放牧。内蒙古绒山羊已被引到其他适宜发展绒山羊的 10 多个省（自治区），适应性和杂交改良效果良好。

（三）牦牛

牦牛身体被粗毛和绒毛，牦牛毛的毛髓少而小，强度和伸长性好。牦牛绒有不规则弯曲，鳞片呈环状紧密，弹性强，光泽柔和，手感光滑，是和山羊绒品质相似的高级纺织原料。牦牛粗毛外形平直，表面光滑，刚韧而有光泽，毡缩性差，多用来编织衬垫、帐篷、毛毡等。牦牛每年采毛一次，成年牦牛年产毛量为 1.17 ～ 2.62 kg；幼龄牛为 1.30 ～ 1.35 kg，其中粗毛和绒毛各占一半。牦牛绒很细，直径小于 20 μm，长度为 3.4 ～ 4.5 cm，有不规则弯曲，鳞片呈环状紧密抱合，光泽柔和，弹性强，手感滑糯。牦牛绒比普通羊毛更加保暖柔软，近年来已被应用于服装生产领域。常见的产品有牦牛绒纱、牦牛绒线、牦牛绒衫、牦牛绒裤、牦牛绒面料和牦牛绒大衣等。随着加工工艺和技术的提高，牦牛绒被广泛认可，并成为继羊绒之后的又一种高档纺织原料。

1. 九龙牦牛（Jiulong Yak）

九龙牦牛主要分布于四川省甘孜藏族自治州的九龙县及康定市南部，中心产区位于九龙县境内九龙河西之大雪山东西两侧的斜卡和洪坝。2014 年 11 月 18 日，农业部正式批准对"九龙牦牛"实施农产品地理标志登记保护。

九龙牦牛体型高大，额宽头较短，额毛丛生卷曲，公、母牦牛均有角，颈粗短，
耆甲高耸（尤以公牦牛）。前胸发达开阔，肋开张，胸极深，背腰平直，腹大不下垂，
后躯较短，尻欠宽略斜，臀部丰满。尾根着生较低，尾短，尾毛丛生成帚状。四肢结实，
前肢直立，后肢弯曲有力。蹄较小，蹄质坚实，蹄叉紧合。前胸、体侧裙毛着地。毛
色以全身黑褐为多，少有白斑或黑白相间（图 11-10）。

图 11-10 九龙牦牛

九龙牦牛经一般草地放牧，成年公牦牛体重一般 390 kg，体高 122 cm，体斜长
152 cm，胸围 192 cm；成年母牦牛体重一般达 270 kg，体高 110 cm，体斜长 132 cm，
胸围 170 cm。成年阉牦牛的平均屠宰率为 54.6%（宰前重 471.2 kg），净肉率 46.1%（净
肉重 217.4 kg），骨肉比 1 : 5.5，眼肌面积 88.6 cm²，公母牦牛的屠宰率分别为 57.6%
和 56.2%；净肉率分别为 47.9% 和 48.5%；骨肉比分别为 1 : 4 和 1 : 6；眼肌面积分
别为 83.7 cm² 和 58.3 cm²。母牦牛一般泌乳期产乳量平均为（346.9±132）kg，乳脂率
5.0%～ 7.5%。

公牦牛的产毛量为（13.9±2.4）kg；阉牦牛为（1.3±0.9）kg；母牦牛为（1.8±
0.7）kg。母牦牛一般 2 ～ 3 岁初配，6 ～ 12 岁繁殖力最强，17 ～ 18 岁丧失繁殖能力。
2 岁配种、3 岁初产的母牦牛占初产母牦牛数的 32.5%，3 岁配种、4 岁初产占总数的
59.9%，5 岁和 6 岁初产者分别为 6.1% 和 1.5%。一般是三年两胎，繁殖率为 68.4%，
繁殖成活率为 61.8%。

九龙牦牛季节性发情，每年 7 月份进入发情季节，8 月份是配种旺季，10 月底结
束发情配种。性周期为 18 ～ 20 d，发情持续期一般是 8 ～ 24 h，妊娠期约为 9 个月。
公牦牛 4 ～ 5 岁正式留种使用，6 ～ 10 岁是配种最旺时期，使用年限一般为 8 年。

2. 青海高原牦牛（Qinghai Platen Yak）

青海高原牦牛产于青海南部、北部高寒地区，包括果洛藏族自治州和玉树藏族自
治州两个州的十二个县，黄南藏族自治州的泽库县和河南蒙古族自治县，海西蒙古族
藏族自治州的天峻县和格尔木市唐古拉山公社，海北藏族自治州的祁连县和海南藏族
自治州的兴海县西，大多在海拔 3 700 m，甚至 4 000 m 以上的高寒地区。

青海高原牦牛由于混有野牦牛的遗传基因，因此带有野牦牛的特性，结构紧凑，黑褐色占 72%，嘴唇、眼眶周围和背线处短毛，多为灰白色或污白色。头大，角粗，母牛头小，额宽，鬐甲高长而宽，前躯发达，后躯较差，乳房小，成碗碟状，乳头短小（图 11-11）。

图 11-11　青海高原牦牛

青海高原牦牛成年公牛体高为 129 cm，母牛为 111 cm，体重分别为 440 kg 和 260 kg。成年阉牛屠宰率为 53%，净肉率为 43%。泌乳期一般为 150 d，年产奶为 274 kg，日产奶为 1.4 ～ 1.7 kg，乳脂率为 6.4% ～ 7.2%。成年牦牛产毛为 1.2 ～ 2.6 kg，粗毛和绒毛各半，粗毛直径 65 ～ 73 μm，两型毛直径 38 ～ 39 μm，绒毛直径 17 ～ 20 μm。粗毛长 18 ～ 34 cm，绒毛长 4.7 ～ 5.5 cm。驮重为 50 ～ 100 kg，最大驮重为 304 kg。

公牛 2 岁性成熟即可参加配种；2 ～ 6 岁配种能力最强，以后则逐渐减弱，个别老龄公牦牛有霸而不配的表现。母牛一般 2.0 ～ 3.5 岁开始发情配种，母牦牛季节性发情，一般在 6 月中下旬开始发情，7、8 月份为盛期，个别可延至年底。每年 4 ～ 7 月份产犊，4 ～ 5 月份为盛期，个别可延至 10 月份产犊，繁殖成活率为 60%，一年一胎占 60%，双犊率为 3%。母牛发情周期平均为 21.3 d，个体间差异大，14 ～ 28 d 者占 56.2%。发情持续期为 41 ～ 51 h。自然交配时公母比例为 1 :（30 ～ 40），此时受胎率较高，个别可达 1 :（50 ～ 70），利用年龄在 10 岁左右。

青海高原牦牛能适应海拔 3 200 ～ 4 800 m 生态环境。其胸廓发达，心肺发育指数大，心指数为 0.45 ～ 0.63，肺指数为 0.96 ～ 1.40。寒冷季节，牦牛胸部腹侧下、粗长毛根部着生密而厚的绒毛，借以保护胸、腹内脏器官、外生殖器官、乳房及各关节，以防受冻。在牧草缺乏季节，利用其长而灵活的舌，舔食灌丛、落叶、根茬以及残留在凹处的短草，极耐艰苦，并具有宜于爬山的四肢和似马蹄铁样硬质蹄壳，随处都可攀登自如。

青海高原牦牛是我国青藏高原型牦牛中一个面较广、量较大、质量较好的地方良种。它对高寒严酷的青海高原生态条件有着杰出的适应能力，是雪山草地不可缺少的特种役畜。但是，由于经营方式和饲牧管理粗放，畜群饲养周期长，周转慢，产品率和经济效益都还较低。为此，必须加强本品种选育，实行科学养殖。

3. 西藏高山牦牛（Tibetan High Mountain Yak）

西藏高山牦牛主要产于西藏自治区东部高山深谷地区的高山草场。以嘉黎县产的牦牛最为优良。

西藏高山牦牛头较粗重，额宽平，面稍凹，眼圆有神，嘴方大，唇薄，绝大多数有角，角形向外折向上、开张，角间距大，母牦牛角较细。公母均无肉髯。前胸开阔，胸深，肋开张，背腰平直，腹大而不下垂，尻部较窄、倾斜。尾根低，尾短。四肢强健有力，蹄小而圆，蹄叉紧，蹄质坚实。前胸、臂胸腹体侧着生长毛及地，尾毛丛生帚状。公牦牛鬐甲高而丰满，略显肩峰，雄性特征明显，颈厚粗短；母牦牛头、颈较清秀。西藏高山牦牛毛色较杂，以全身黑毛为多，约占60%，面部白、头白、躯体黑毛者次之，占30%左右，其他灰、青、褐、全白等毛色占10%左右（图11-12）。

图 11-12　西藏高山牦牛

西藏高山牦牛成年公牛的体高、体斜长、胸围、管围和体重分别为：130.0 cm，154.2 cm，197.4 cm，22.4 cm，420.6 kg，成年母牛分别为：107.0 cm，132.8 cm，161.6 cm，16.1 cm，242.8 kg。经草地放牧不补饲，11月上旬在嘉黎测定的成年阉牛，达中等膘情，平均体重379.1 kg，平均胴体重208.5 kg，屠宰率55%，净肉率46.8%，眼肌面积50.6 cm²。母牦牛产后第二个月开始挤乳，产乳高峰期为每年的七八两月牧草茂盛期，以第二胎的产乳量高。每年六七月份剪毛一次，毛和绒的比例为1:（1～2）。经调教的阉牦牛，性温驯，驮力强，耐劳，供长途驮载货物运输。一般驮100～200 kg，边走边放牧采食，日行15 km左右，可连续驮运数月。

西藏高山牦牛晚熟，绝大部分母牦牛在3.5岁初配，4.5岁初产。早配的所产犊牛孱弱，很难成活。公牦牛3.5岁初配，以4.5～6.5岁的配种效率最高。母牦牛季节性发情明显，7～10月份为发情季节，7月底至9月初为旺季。发情周期平均为17.8 d（7～29.5 d），发情持续时间为16～56 h，平均为32.2 h。母牦牛发情受配时间以早晚为多，牦牛本交群配的受胎率可达96.3%，产犊率为92.6%，犊牦牛成活率为95.1%。

西藏高山牦牛数量多，分布广，适应性强，是当地人民（主要是藏族）生产、生活所不可缺的重要畜种。其分布地区海拔高，空气含氧量少，日温差大，牧草生长期短，其他家畜难以生存和充分利用牧草资源，它均能适应。为满足人民生活的需要，必须大力发展牦牛畜牧业，要改良草场，建立和培植人工割草地，改进饲养管理；建立牦牛繁育场，有组织地开展群众性的本地品种选育，提高其生产性能。

（四）家兔（Rabbit）

兔被毛由混型毛组成，一般分为细毛、粗毛和两型毛3种。细毛又称绒毛，呈波浪形弯曲，长 5～12 cm，细度为 12～15 μm，占被毛总量的 85%～90%。兔毛纤维的质量，在很大程度上取决于细毛纤维的数量和质量，在毛纺工业中价值很高。粗毛又称枪毛或针毛，是兔毛中纤维最长、最粗的一种，直、硬、光滑、无弯曲，长度 10～17 cm，细度 35～120 μm，一般仅占被毛总量的 5%～10%，少数可达 15% 以上。粗毛耐磨性强，具有保护绒毛、防止结毡的作用。两型毛是指单根毛纤维上有两种纤维类型。纤维的上半段平直无卷曲，髓质层发达，具有粗毛特征，纤维的下半段则较细，有不规则的卷曲，只有单排髓细胞组成，具有细毛特征。在被毛中含量较少，一般仅占 1%～5%。两型毛因粗细交接处直径相差很大，极易断裂，毛纺价值较低。

目前，全世界兔毛产量为 1.2 万 t 左右。我国是白色安哥拉兔毛的主要生产国和出口国，年产毛量为 1.0 万 t 左右；其次是智利年产 300～500 t，阿根廷 300 t，捷克 150 t 等。世界各地饲养的长毛兔均属安哥拉兔，根据被毛性状分：细毛型长毛兔、粗毛型长毛兔、普通毛型长毛兔。

1. 德系安哥拉兔（Germany Angora Rabbit）

原产于德国，属于中型毛用兔品种。因其具有全身被毛密度大、毛丛结构及毛纤维的波浪形弯曲明显、不易被缠结及粗毛含量低等特点，在 20 世纪被世界公认为产毛量最高、绒毛品质最好的长毛兔品种。我国自 1978 年开始引进饲养，主要分布在浙江、江苏、安徽等地。

德系安哥拉兔体型较大，肩宽，胸部宽深，背线平直，后躯丰满，结构匀称。头稍长，根据头毛情况可分为两种类型：一种面额部绒毛少，大部分耳背无长毛，仅耳尖有一撮长毛着生，俗称"一撮毛"型；另一种类额毛和颊毛丰盛，耳背一半或全部长满毛，俗称"狮子头"型。德系安哥拉兔眼睛呈红色，两耳中等偏大、直立、呈 V 形。全身密被白色绒毛，毛丛结构及毛纤维的波浪形弯曲明显，不易缠结，枪毛较少，腹部、四肢、脚趾部及脚底均密生绒毛（图 11-13）。

图 11-13 德系安哥拉兔

德系安哥拉兔属于大型兔，标准体重为 3.18～5.4 kg。细毛型，被毛密度大，达 16 000～18 000 根 /cm²。有毛丛结构，产毛量高，年产毛量公兔为 1 190 g，母兔为 1 406 g，最高者达 1 700～2 000 g，毛长 5.5～5.9 cm，年繁殖 3～4 胎，每胎产仔 6～7 只，配种受胎率为 53.6%。

德系安哥拉兔是世界著名的绒毛型长毛兔，具有被毛密度大、产毛量高、毛品质好等突出的优良遗传特性，为提高我国毛兔生产水平和商品兔毛品质量及新品种培育做出了重要遗传贡献，对进一步改善各地培育的毛兔新品种（系）和杂交群体的被毛品质及发展兔绒生产均具有重要的遗传资源利用价值。

2. 法系安哥拉兔（Franch Angora Rabbit）

法系安哥拉兔原产于法国，选育历史较长，是现在世界上著名的粗毛型长毛兔。我国早在 20 世纪 20 年代开始引进饲养，1980 年以来又先后引进了一些法系安哥拉兔。

法系安哥拉兔全身被白色长毛，粗毛含量较高。额部、颊部及四肢下部均为短毛，耳宽长而被厚，耳尖无长毛或有一撮短毛，耳背密生短毛，俗称"光板"。被毛密度差，毛质较粗硬，头型稍尖。新法系安哥拉兔体型较大，体质健壮，面部稍长，耳长而薄，脚毛较少，胸部和背部发育良好，四肢强壮，肢势端正（图 11-14）。

图 11-14 法系安哥拉兔

法系安哥拉兔体型较大，成年体重 3.5～4.6 kg，高者可达 5.5 kg，体长 43～46 cm，胸围 35～37 cm。年产毛量公兔为 900 g，母兔为 1 200 g，最高可达 1 300～1 400 g；被毛密度为 13 000 ～ 14 000 根 /cm²，粗毛含量 13% ～ 20%，细毛细度为 14.9 ～ 15.7 μm，毛长 5.8 ～ 6.3 cm。年繁殖 4 ～ 5 胎，每胎产仔 6 ～ 8 只；平均乳头 4 对，多者 5 对；配种受胎率为 58.3%。

法系安哥拉兔的主要优点是产毛量较高，兔毛较粗，粗毛含量高，适于纺线和作粗纺原料；适应性较强，耐粗性好，繁殖力较高，并适于以拔毛方式采毛。主要缺点是被毛密度较差，面、颊及四肢下部无长毛。

3. 中系安哥拉兔（Chinese Angora Rabbit）

由法系和英系安哥拉兔互相杂交，并导入中国白兔血液，经长期选育而成，1959 年正式通过鉴定，命名为中系安哥拉兔。

中系安哥拉兔的主要特征是全耳毛，狮子头，老虎爪。耳长中等，整个耳背和耳尖均密生细长绒毛，飘出耳外，俗称"全耳毛"；头宽而短，额毛、颊毛异常丰盛，从侧面看，往往看不到眼睛，从正面看，也只是绒球一团，形似"狮子头"；脚毛丰盛，趾间及脚底均密生绒毛，形成"老虎爪"。骨骼细致，皮肤稍厚，体型清秀（图 11-15）。

图 11-15　中系安哥拉兔

中系安哥拉兔体型较小，成年体重 2.5 ～ 3.0 kg，高的达 3.5 ～ 4.0 kg，体长 40 ～ 44 cm，胸围 29 ～ 33 cm；年产毛量公兔为 200 ～ 250 g，母兔为 300 ～ 350 g，高的可达 450 ～ 500 g；被毛密度为 10 000 ～ 13 000 根 /cm²，粗毛含量为 1% ～ 3%，细毛细度 11.4 ～ 11.6 μm，毛长 5.5 ～ 5.8 cm。繁殖力较强，年繁殖 4 ～ 5 胎，每胎产仔 7 ～ 8 只，高的可达 11 ～ 12 只；配种受胎率为 65.7%。

中系安哥拉兔的主要优点是性成熟早，繁殖力强，母性好，仔兔成活率高，适应性强，较耐粗饲。体毛洁白，细长柔软，形似雪球，可兼作观赏用。主要缺点是体型小，生长慢，产毛量低，被毛纤细，结块率较高，一般可达 15% 左右，公兔尤高，有待今后进一步选育提高。

二、裘皮用

（一）水貂

水貂是裘皮产业三大动物之一，2016年我国水貂取皮数量2 616万张。水貂是世界上最贵重的毛皮动物之一，在动物分类学上属于哺乳纲、食肉目、鼬科、鼬属。在野生状态下，自然生活在北半球，有美洲水貂和欧洲水貂两种。目前，人工养殖水貂的品种主要有标准色水貂和人工培育的水貂品种（彩貂）。最初水貂颜色为深棕色，底绒略浅，通过生物技术的应用，人工养殖的水貂已经拥有了很多种自然色，如黑色、马赫根尼、红棕色、蓝宝石色、铁灰色、银蓝色、钢蓝色、紫罗蓝色、黎明色、浅棕色、珍珠色、白色、米黄色等。

1. 美国短毛漆黑色水貂（American shorthair painted black mink）

1997年我国从美国引进，公貂头型轮廓明显，面部粗短，眼大有神；母貂纤秀。颈短而圆，胸部略宽，背腰粗长，后躯较丰满，腹部较紧凑。前肢短小、后肢粗壮，爪尖利，无伸缩性（图11-16）。引种季节（9月下旬）公貂体重2 kg，母貂1 kg；成年体重公貂2.25 kg，母貂1.25 kg。成年体长公貂不小于47 cm，皮张长度71 cm以上。毛色漆黑，背腹毛色一致，底绒灰黑，全身无杂色毛，下颌白斑较少或不明显。针毛高度平齐，光亮灵活有丝绸感，绒毛致密，无伤损缺陷。公貂针毛长16 mm、绒毛长14 mm；母貂针毛长12 mm、绒毛长10 mm；针、绒毛长度比1∶0.8。毛被短、平、齐、亮、黑、细。母貂繁殖平均每胎成活4只以上。

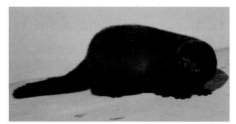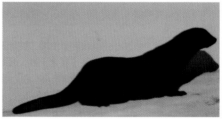

图11-16　美国短毛漆黑色水貂

2. 金州黑色标准水貂（Jinzhou black standard mink）

由辽宁金州珍贵毛皮动物公司以美国水貂为父本，丹麦水貂为母本，历时10余年自行培育的优良品种。头短粗，耳小，头型轮廓明显，面部短宽，嘴唇圆，眼圆明亮。体细长，四肢短，趾间有微蹼，尾较长。毛色为黑褐色（图11-17）。成年公貂体重2.15～2.55 kg，体长45～50 cm；成年母貂体重1.10～1.32 kg，体长38～43 cm。毛平齐绒毛丰满，针毛平齐，光亮灵活，绒毛丰厚、柔软致密，无伤残缺陷。

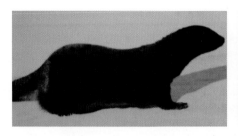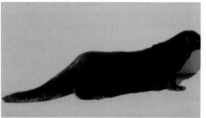

图 11-17　金州黑色标准水貂

幼龄貂 9 ～ 10 月龄性成熟，每年繁殖 1 胎，种用年限 3 ～ 4 年。公貂参加配种率 90% 以上，母貂受配率 95% 以上，年产仔率 85%，胎平均产仔 6 只以上，仔貂成活率 85% 以上。

3. 蓝宝石水貂（Sapphire mink）

蓝宝石水貂又名青玉色貂，被毛呈金属灰色，接近于天蓝色，有 1 对青蓝色（阿留申色）和 1 对银蓝色基因共同组合的双隐性遗传基因型（aapp）。体型外貌与标准水貂相仿，头短粗，耳小，头型轮廓明显，面部短宽，嘴唇圆，眼圆明亮。体细长，四肢短，趾间有微蹼，尾较长。成年公貂体重小于 2.10 kg，体长小于 44 cm；成年母貂体重小于 1.10 kg，体长小于 38 cm。每年春季发情交配，怀孕期为 46 d，每胎产 5 ～ 6 只。9 ～ 10 个月达到性成熟，寿命为 15 ～ 20 年。

（二）狐

狐皮是毛皮业的三大支柱之一，是比较流行的高档裘皮原料。2016 年我国狐取皮数 1 265 万张。狐狸属于食肉目、犬科动物，外形似犬、吻尖、颜面狭长、耳壳竖立、四肢较短、趾行性、爪不能伸缩，尾长且粗，尾毛蓬松。目前人工饲养的狐狸主要有银黑狐（*Vulpes falva*）和北极狐（*Alopex lagopus*）等。野生北极狐有两种毛色类型：一种是白色北极狐，其毛色在冬天为白色，在夏季变深；另一种是浅蓝色北极狐，其毛色有较大变异，由浅黄色到深褐色，从浅灰、浅蓝到接近黑色。

一般养殖场有蓝狐和银狐 2 种。蓝狐一般比银狐体型小，且腿短，头部宽短，耳朵更圆，其皮毛比银狐通常更丰厚。狐毛皮毛绒柔细，色泽鲜艳，皮板轻便，保暖御寒。

1. 赤狐（Red fox）

赤狐又名火狐狸，是狐属动物中分布最广、数量最多的一种。赤狐体躯较长，四肢短，颜面长，吻尖，尾长超过体长的一半。毛色变异大，耳背面和四肢通常是黑色或黑褐色；喉部、前胸、腹部的毛色浅淡，呈浅灰褐色或黄白色；体躯背部的毛色是火红色或棕红色；尾毛蓬松，红褐带褐色，尾尖白色（图 11-18）。

赤狐体高 40 ～ 45 cm，公狐体重 5.8 ～ 7.8 kg，体长 66 ～ 75 cm；母狐体重 5.2 ～ 7.4 kg，体长 55 ～ 75 cm。

图 11-18　赤狐

2. 银黑狐（Silver fox）

银黑狐是赤狐的一个变种，起源于北美洲的阿拉斯加和西伯利亚的东部地区。经过 100 多年的人工饲养驯化。银黑狐体型与赤狐基本相同，全身毛色基本为黑色，并均匀分布有银色毛，臀部的银色更重。银黑狐的嘴部、双耳的背面、腹部和四肢毛色均为黑色。在嘴角、眼睛周围有银色毛，脸上有一圈银色毛构成的银环，尾部的绒毛为灰褐色，尾尖为纯白色（图 11-19）。

图 11-19　银黑狐

银黑狐腰细腿高，尾巴粗而长，善于奔跑，行动敏捷。嘴尖而长，眼睛大而亮，两耳直立，视觉、听觉和嗅觉比较灵敏。银墨狐体型大，适宜家养。雄狐体重一般为 6～8 kg，体长 66～75 cm；雌狐体重 5.5～7.5 kg，体长 62～70 cm。银黑狐每年换毛一次，夏天的毛色比冬天的暗。狐狸的性格狡猾、多疑，性情机警，银黑狐则更警觉。银黑狐一年发情一次，一次产崽 4～6 只。经过驯化，有些银黑狐可以抱在怀中，很容易与人亲近。银黑狐的寿命一般为 8～10 年。

（三）貉

貉是毛皮产业三大动物之一，2016 年我国貉取皮数量 1 469 万张左右。貉别名狸、貉子、土狗、毛狗等，是一种珍贵的经济动物，与水貂、狐一起被称为当前三大黄金毛皮动物。貉属于食肉目、犬科、貉属。在我国分布较广，按其分布和栖息环境，分为北貉和南貉。

貉的体型与狐相似，略小于狐，其吻、耳和四肢比狐短，体型肥胖。头部大小与狐接近，其面部狭长，颧弓扩展，鼻骨狭长，额骨中央无显著凹陷。吻部灰棕色，两颊横生淡色长毛。眼的周围，尾毛蓬松，面颊两侧均有一道灰白色长毛。眼的周围尤其是下眼生黑色长毛，突出于两侧，构成明显的八字形黑纹。趾行性，以趾着地。前后肢均有发达的足垫。前足5趾，后足4趾，爪短粗，不能伸缩（图11-20）。

图 11-20　貉

（四）獭兔

学名力克斯兔（Rex rabbit），属于兔形目、兔科、野兔属，是一种典型的皮用型兔，因其毛皮酷似珍贵毛皮兽水獭，故称为獭兔。獭兔体型匀称，耳长直立，毛绒细密、丰厚、短而平整，外观光洁。獭兔毛色多种，纯色的有白色、蓝色和黑色；花色有紫貂色、海豹色、海狸色、猞猁色、紫蓝色、青紫蓝色、橘黄色、蛋白石色、巧克力色等（图11-21）。

图 11-21　獭兔

（五）裘皮、羔皮羊

取自羔羊身上的毛皮，一般指从未剪过毛的小羔羊皮。羔羊皮毛质手感细密，毛峰自然，毛面平齐，皮板柔韧。

1. 湖羊（Hu sheep）

湖羊产于太湖流域，分布在浙江省的湖州市、桐乡市、嘉兴市、长兴县、德清县、海宁市和杭州市郊，江苏省的苏州市等，以及上海的部分郊区县。湖羊以生长发育快、成熟早、四季发情、多胎高产，所产羔皮花纹美观著称，为我国特有的羔皮用绵羊品种，也是世界上少有的白色羔皮品种。

湖羊头狭长，鼻梁隆起，眼大突出，耳大下垂，公、母羊均无角。颈细长，胸狭窄，被平直，四肢纤细。短脂尾，尾大呈扁圆形，尾尖上翘。全身白色，少数个体的眼圈及四肢有黑、褐色斑点（图11-22）。

图11-22 湖羊

湖羊生长发育快，在较好饲养管理条件下，6月龄羔羊体重可达到成年羊（2岁）体重的87%左右。2岁公羊体重约为76 kg，2岁母羊约为49 kg。湖羊毛属异质毛，成年公、母羊平均剪毛量约为1.7 kg和1.2 kg。净毛率50%左右。成年母羊的屠宰率为54%～56%。

羔羊出生后1～2 d内宰剥的羔皮称为"小湖羊皮"，毛色洁白光润，有丝一般光泽，皮板轻柔，花纹呈波浪形，为我国传统出口商品。羔羊出生后60 d以内屠剥的皮称"袍羔皮"，也是上好的裘皮原料。

湖羊繁殖能力强，母性好，泌乳性能高，性成熟早，母羊4～5月龄性成熟。公羊一般在8月龄，母羊在6月龄配种。四季发情，可年产两胎或两年三胎，每胎多羔，产羔率为229%。湖羊对潮湿、多雨的亚热带产区气候和常年舍饲的饲养管理方式适应性强。2006年该品种被农业部列入《国家级畜禽遗传资源保护名录》。

2. 滩羊（Tan sheep）

滩羊主要产于宁夏回族自治区盐池县及周边地区，主要分布于宁夏及宁夏毗邻的甘肃、内蒙古、陕西等地，是我国独特的裘皮用绵羊品种，以产二毛皮著称。

滩羊体质结实，体格中等。公羊鼻梁隆起，有螺旋形大角向外伸展，母羊一般无角或有小角。背腰平直，体躯窄长，四肢较短，尾长下垂，尾根宽阔，尾尖细长呈S状弯曲或钩状弯曲，达飞节。被毛绝大多数为白色，头部、眼周围和两颊多有褐色、黑色、黄色斑块或斑点，两耳、四肢上部也有类似的色斑，纯黑、纯白者较少（图11-23）。

图 11-23　滩羊

成年公羊体重 47.0 kg，成年母羊 35.0 kg。被毛异质，成年公羊剪毛量 1.6～2.7 kg，成年母羊 0.7～2.0 kg，净毛率 65% 以上。成年羯羊的屠宰率为 45.0%，成年母羊为40.0%。肉质细嫩，味道鲜美。滩羊 7～8 月龄性成熟，每年 8～9 月为发情配种旺季。一般年产一胎，产双羔者很少，产羔率 101.0%～103.0%。

宁夏滩羊的羔羊皮，俗称"滩羊二毛皮"，是指出生 35～40 d 宰杀的羔羊皮，底绒少，绒根清晰，具有波浪形花弯，俗称"九道弯"，毛长，柔软，光润，毛色多为白色，少数为黑色。滩羊二毛皮毛股长达 8～9 cm，毛股结实，有美丽的花穗，毛色洁白，光泽悦目，皮板面积平均为 2 029 cm²，鲜皮重 0.84 kg。生干皮皮板厚度0.5～0.9 mm。二毛皮的毛纤维较细而柔软，有髓毛平均细度为 26.6 μm，无髓毛17.4 μm，两者的重量百分比为 15.3% 和 84.7%。鞣制好的二毛皮平均重为 0.35 kg，毛皮美观，具有保暖、结实、轻便和不毡结等特点。

滩羊耐寒抗旱、耐风沙袭击、适应性好、遗传性能稳定，2006 年该品种被农业部列入《国家级畜禽遗传资源保护名录》。

3. 中国卡拉库尔羊（Chinese Karakul sheep）

中国卡拉库尔羊俗称波斯羔羊，属羔皮用绵羊品种。由新疆和内蒙古共同培育而成。育种工作始于 1951 年，是以卡拉库尔羊为父本，库车羊、蒙古羊、哈萨克羊为母本，采用级进杂交方法培育而成的。中国卡拉库尔羊主要分布于新疆的库车、沙雅、新和、尉犁、轮台、阿瓦提等县和北疆准噶尔盆地莫索湾地区的新疆生产建设兵团农场，以及内蒙古的鄂托克旗、准格尔旗、阿拉善左旗、阿拉善右旗和乌拉特后旗等地。

中国卡拉库尔羊头稍长，鼻梁隆起，耳大下垂，前额有卷曲毛发。公羊多数有角，呈螺旋形向两侧伸展；母羊多数无角，少数有小角。颈中等长，胸深体宽，背腰平直，体躯呈长方形，尻斜，四肢结实。尾肥厚、基部宽大，尾尖呈"S"状弯曲，并下垂至飞节。毛色主要为黑色，少数为灰色、棕色、白色和粉红色。毛色随年龄的增长而变化，黑色羔羊到成年后，毛色逐渐变为黑褐色、灰白色。灰色羔羊到成年时多变成浅灰色和白色，彩色羔羊变为棕白色。但头、四肢、腹部和尾端的毛色，终生保持初生时的毛色（图 11-24）。

图 11-24　中国卡拉库尔羊

中国卡拉库尔羊成年公羊平均体高、体长、胸围和体重分别为：（74.3±0.6）cm、（79.2±5.9）cm、（91.6±4.5）cm 和（71.12±9.02）kg；成年母羊分别为：（66.0±5.1）cm、（73.5±5.0）cm、（84.9±5.0）cm 和（45.62±5.81）kg。中国卡拉库尔羊的毛属异质半粗毛，可制织毡、粗呢、粗毛毯和地毯。剪毛量，成年公羊为 3.0 kg，成年母羊为 2.0 kg。中国卡拉库尔羊 6～8 月龄性成熟，初配年龄为 1.5 岁。母羊发情主要集中在 7～8 月，产羔率 105%～130%。

中国卡拉库尔羊主要产品为出生后 3 天内宰剥的羔皮，具有毛色黝黑发亮、花纹美观、板皮优良等特点，毛被形成独特美丽的毛卷。

中国卡拉库尔羊对荒漠、半荒漠的生态环境适应性强，耐粗饲、抗病力强。其羔皮纯黑、卷曲特殊，在国际市场有较高声誉。

4. 中卫山羊（Zhongwei goat）

中卫山羊主要分布于宁夏回族自治区中卫市和甘肃省景泰、靖远县，及与其毗邻的中宁、同心、海原、皋兰、会宁等地，产区属于半荒漠地带。2006 年中卫山羊被农业部列入《国家级畜禽遗传资源保护名录》。

体格中等，成年羊头清秀，面部平直，额头有丛毛一束。公、母羊均有角，向后上方并向外延伸，呈螺旋状。体躯短深近方形，结构匀称，结合良好，四肢端正，蹄质结实。被毛分内外两层，外层为粗毛，色泽纯白，光泽悦目；内层为柔软、光滑纤细的绒毛（图 11-25）。

图 11-25　中卫山羊

成年公羊体重 30～40 kg，母羊体重 25～35 kg。外层粗毛长 25 cm 左右，细度 50～56 μm，具有波浪状弯曲；内层绒毛长 6～7 cm，细度 12～14 μm。公羊产毛量 250～500 g，产绒量 100～150 g；母羊产毛量 200～400 g，产绒量 120 g 左右。

中卫山羊羔羊出生后 1 月龄左右，毛长达到 7.5 cm 左右时宰杀剥取的毛皮，因用手捻毛股时有沙沙粗糙感觉，故又称为"沙毛裘皮"。其裘皮的被毛股结构，毛股上有 3～4 个波浪形弯曲，最多可有 6～7 个。毛股紧实，花色艳丽。裘皮皮板面积 1 360～3 392 cm^2。适时屠宰得到的裘皮具有美观、轻便、结实、保暖和不擀毡等特点。

中卫山羊性成熟早，母羊 7 月龄左右可配种繁殖，多为单羔，双羔率约 5%，产羔率 103%。屠宰率 40%～45%。

中卫山羊具有体质结实、耐寒、抗暑、抗病力强、耐粗饲等优良特性。

三、板皮用

一般的绵羊、山羊和牛都可以生产板皮。板皮经脱毛鞣制后，可制成皮夹克、皮鞋、皮箱、包袋、手套等各种各样皮革制品，在人们日常生活和国民经济中都具有重要的意义。我国有些品种山羊以生产板皮而驰名中外，如黄淮山羊、建昌黑山羊、宜昌白山羊等。

（一）绵羊皮

绵羊皮是来源于生长成熟绵羊的板皮。绵羊皮毛孔细密，手感丰满光滑，粒面细致，皮纹清晰。我国的绵羊皮品种很多，主要品种有蒙古羊、西藏羊、哈萨克羊、寒羊、同羊、新疆细毛羊、湖羊、滩羊、三北羊等。

1. 蒙古羊（Mongolian sheep）

蒙古羊是我国三大粗毛绵羊品种之一，分布广，数量最多，原产于蒙古高原，目前除分布在内蒙古自治区外，东北、华北、西北均有分布。

蒙古羊体型外貌由于所处自然生态条件、饲养管理水平不同而有较大差别。一般表现为体质结实，骨骼健壮，头略显狭长。公羊多有角，母羊多无角或有小角，鼻梁隆起。颈长短适中，胸深，肋骨不够开张，背腰平直，四肢细长而强健。短脂尾，尾长一般大于尾宽，尾尖卷曲呈 S 形。被毛为异质毛，多为白色，头、颈和四肢侧多有黑或褐色斑块（图 11-26）。

在内蒙古自治区，蒙古羊从东北向西南体型由大变小。苏尼特左旗成年公、母羊体重分别为 99.7 kg 和 54.2 kg；乌兰察布市公、母羊体重分别为 49 kg 和 38 kg；阿拉善左旗成年公、母羊体重分别为 47 kg 和 32 kg。产肉性能较好，成年羊满膘时屠宰率可达 47%～52%，5～7 月龄羔羊体重可达 13～18 kg，屠宰率 40% 以上。母羊一般年产一胎，一胎一羔，产双羔率为 3%～5%。

图 11-26　蒙古羊

蒙古羊在育成新疆细毛羊、东北细毛羊、内蒙古细毛羊、敖汉细毛羊及中国卡拉库尔羊过程中，起到重要作用。

2. 哈萨克羊（Kazakh sheep）

哈萨克羊为中国三大粗毛绵羊品种之一，肉脂兼用，主要分布在新疆天山北麓、阿尔泰山南麓和塔城等地，甘肃、青海、新疆三省（自治区）交界处亦有少量分布。

哈萨克羊体格结实，公羊多有粗大的螺旋形角，母羊多数无角，鼻梁明显隆起，耳大下垂。背腰平直，四肢高、粗壮结实。被毛异质，毛呈棕褐色，纯白或纯黑的个体很少。脂肪沉积于尾根而形成肥大椭圆形脂臀，称为"肥臀羊"（图 11-27）。

图 11-27　哈萨克羊

周岁哈萨克公、母羊体重分别为 42.95 kg 和 35.80 kg，成年公、母羊体重分别为 60.34 kg 和 44.90 kg，剪毛量 2.03 kg 和 1.88 kg，净毛率 57.8% 和 68.9%。哈萨克羊肌肉发达，后躯发育好，屠宰率 45.5%。母羊一般年产一胎，一胎一羔，平均产羔率为 101.95%。

（二）山羊皮

来源于山羊的皮张，结构结实，拉力强度好，皮表层较厚耐磨。山羊皮毛孔眼一排排呈"瓦状"，表面细致，纤维紧密，手感较紧。

1. 黄淮山羊（Huanghuai goat）

黄淮山羊又称槐山羊、安徽山羊、徐淮山羊，原产于黄淮平原的广大地区。黄淮山羊结构匀称，骨骼较细。鼻梁平直，面部微凹，颌下有髯。分为有角和无角两个类型；有角者，公羊角粗大，母羊角细小，向上向后伸展呈镰刀状。颈中等长，胸较深，肋骨开张良好，背腰平直，体躯呈圆桶形。四肢强壮。母羊乳房发育良好，呈半圆形。被毛白色，毛短有丝光，绒毛很少（图11-28）。

图 11-28　黄淮山羊

黄淮山羊平均体重，成年公羊为 33.9 kg，成年母羊为 25.7 kg。黄淮山羊 7 ～ 10 月龄羯羊，宰前活重 21.9 kg，胴体重 10.9 kg，屠宰率 49.29%；成年羯羊宰前活重为 26.32 kg，屠宰率平均为 45.90%。

黄淮山羊皮板质量好，呈蜡黄色，细致柔软，油润光亮，弹性好，是优良的制革原料。

黄淮山羊性成熟早，初配年龄一般为 4 ～ 5 月龄。母羊常年发情，能一年产两胎或两年产三胎，产羔率平均为 238.66%。

2. 建昌黑山羊（Jianchang Black goat）

建昌黑山羊主要产于云贵高原与青藏高原之间的横断山脉延伸地带，主要分布在四川省凉山彝族自治州的会理和会东的海拔 2 500 m 以下地区。

建昌黑山羊体格中等，体躯匀称，略呈长方形。公母羊大多数有角。被毛光泽好，大多为黑色，少数为白色、黄色和杂色，毛被内层生长有短而稀的绒毛（图11-29）。

图 11-29　建昌黑山羊

成年公羊体重为 42.3 kg，成年母羊 38.4 kg。生长发育快，周岁公羊体重相当于成年公羊体重的 71.6%，周岁母羊相当于成年母羊体重的 76.4%。成年羯羊体重 32.4 kg，胴体重 16.1 kg，净肉重 12.4 kg，屠宰率 49.69%，净肉率 38.27%。建昌黑山羊皮板幅张大，厚薄均匀，富有弹性，是制革的好原料。

建昌黑山羊性成熟年龄公羊 7～8 月龄，母羊 4～5 月龄，平均产羔率为 156%，羔羊成活率 95%。

（三）牛皮

牛皮的表层革面毛孔细小，呈圆形，分布均匀而紧密，皮肤光亮平滑，质地细腻，平坦柔润，坚实而富弹性。牛皮广泛运用于各行业，是皮鞋、皮包、皮带等原料。中国地方黄牛品种资源丰富，《中国畜禽遗传资源志·牛志》（2011 年）收录了地方品种 53 个，著名的有秦川牛、南阳牛、鲁西牛（图 11-30）、延边牛和晋南牛等。适应性强，耐粗饲。牛易养易肥，既可放牧，又可舍饲。采食性能好，消化能力强，无论粗精饲料，均能较好地生长发育。

图 11-30　鲁西牛

第二节
毛皮动物的选择性状及遗传特征

一、品质性状

（一）毛绒品质

1. 颜色和光泽

羊毛的颜色是指毛纤维在洗净以后的天然色泽。羊毛在洗净以前的颜色与其天然色彩是不完全相同的，因为在未洗净的羊毛上往往含有不同程度的油汗、尘土、粪尿和污物等外来杂质。所以要准确判断羊毛的颜色，必须先将羊毛洗净后才可评定。

羊毛的颜色因羊品种而不同。在同一品种内，毛色亦因个体而异。颜色是由羊毛纤维中的色素决定的，这些色素主要分布在毛纤维皮质细胞中。色素在细胞中的存在形式，有扩散状和颗粒两种，而以颗粒为主。这些色素可能存在于整根纤维上，也有的可能仅仅存在于纤维的某一段上。

羊毛所具有的天然颜色，可分为以下几种：

（1）白色　凡羊毛不带任何颜色，并且也不夹杂单根的有色纤维的称为白色。

（2）黑色　凡羊毛带有各种色度的黑色，称为黑毛色，其中也包括深褐色。

（3）灰色　凡羊毛具有黑（深）、白两种纤维相混杂在一起的称为灰色毛。根据这两类型纤维在羊毛中所占数量比例的不同以及深色毛色度的深浅，可分为浅灰色和深灰色。

（4）杂色毛　凡在白羊毛中，除了白色纤维之外还含有各种色度的有色纤维，包括黑色纤维在内，这种羊毛称为杂色毛。灰色毛、纯棕色毛和浅褐色毛也归属此类，但纯黑色和纯深褐色毛则不包括在内。

除一些羔皮羊和裘皮羊品种具有天然有色毛外，羊毛以白色为最理想，因为它在纺织加工中，可以任意染成各种颜色，且光泽好看。有色毛很难染色，即使染上也不均匀，因而会大大降低其利用价值。澳大利亚羊毛研究所指出，白色在决定羊毛加工利用上与细度占同等重要地位，因为发黄的羊毛不适合做浅色和颜色鲜艳的织品，色泽发暗会影响织品外观。所以在养羊业中，一般应注意选留白色个体，以提高羊毛品质。

毛色是用于区分家畜品种最重要的特性之一，在基因调控及环境的共同作用下，家畜表现出最终的毛色。很多基因，如 *TRY*、*ASIP*、*MC*1*R*、*TRYP*1 等基因都与毛色相关，参与调节黑色素细胞分布、生物合成活性等过程来调控毛色。

控制家兔毛色的基因至少有 8 个系统，这些基因间的作用各不相同，所以毛色遗传是一个非常复杂的遗传现象。白色长毛兔（llcc）主要受白化基因 c 控制，黑色长毛兔的基因型为 llaa，蓝色长毛兔为 llaadd，浅黄褐色长毛兔为 llee。

毛色深浅是数量性状。对标准貂毛色深浅的研究发现，毛色深浅性状的遗传力高，针毛毛色深浅遗传力为 0.43～0.70，绒毛毛色深浅遗传力为 0.22～0.40。

2. 毛细度

毛细度指毛纤维直径的大小。直径在 25 μm 以下为细毛，以上为半细毛。工业中常用"支"来表示，1 kg 洗净毛每纺出 1 个 1 000 m 长度的毛纱称为 1 支，如能纺出 50 个 1 000 m 的毛纱，即为 50 支。羊毛越细，则支数越多。绵羊毛细度受年龄和饲养管理条件影响，遗传力为 0.26。

3. 毛长度

毛长度指毛丛的自然长度，一般用钢尺量取羊体侧毛丛的自然长度。在相同细度的情况下，羊毛伸直长度愈长，纺纱性能愈高，羊毛制品的成品品质越好。羊毛纤维主要由角蛋白关联蛋白（KAPs）和角蛋白中间丝（KRT-IF）组成，这两种蛋白类型具有高度规则的晶状体结构，这种复杂的结构需要高度协调的遗传来进行控制。目前，还未彻底了解这种复杂的调控机理。绵羊毛长度的遗传力为0.22，属于遗传力中等的数量性状。晏华春等（2016）报道KRT35基因与羊毛长度有关，鉴定了一个与羊毛长度显著相关的SNP位点。李少斌等（2017）鉴定了一个影响绵羊羊毛纤维长度相关的遗传标记，位于KRTAP21-2基因上。李文蓉等（2018）鉴定了一个位于MLH1基因内突变影响羊毛生长和伸长长度。狄江等（2016）通过全基因组关联分析，在中国美利奴绵羊群体中鉴定了FIBIN、HSD17B11和PIAS1等基因参与羊毛生长和发育，可能对羊毛长度具有调控作用。

4. 毛质性状

根据羊毛纤维表观形态的不同，分为刺毛、有髓毛、无髓毛和两型毛。刺毛是覆盖毛，着生于羊的面部和四肢下部，起保护作用。有髓毛分为干毛、死毛和正常有髓毛。干毛的形成主要是受雨水冲刷、风吹日晒等外界因素的影响，从而使毛纤维易断、缺乏光泽。死毛的纤维粗、短、脆或无规则螺旋形弯曲，主要呈灰白色，光泽度较差。正常有髓毛是一种粗、长而无弯曲或浅弯曲的纤维。无髓毛亦称细毛或绒毛，细毛羊的被毛基本上全部由无髓毛组成。粗毛羊被毛中的绒毛对羊只具有保护作用，在寒冷季节可以防止羊只体温散失，在春夏季则自然脱落，而到秋冬季节又可以重新生长。两型毛又称中间型毛，较无髓毛粗而较有髓毛细。毛质性状主要包括毛弯曲性、柔韧性、抗张强度、光泽度等，与毛类型有关。王宁等（2013）以中国美利奴（新疆军垦型）细毛羊为材料，利用羊50 K全基因组SNP芯片进行羊毛品质性状的全基因组关联分析，筛选了显著影响毛细度、卷曲度、长度等品质性状的SNP标记。张文建等（2017）进一步验证了羊毛品质相关基因CCNY，鉴定了CCNY基因3个SNPs标记显著影响羊毛品质。

长毛兔的被毛由粗毛和绒毛两种纤维组成。粗毛特点是粗、直、无弯曲，绒毛的特点是细、软、有弯曲。正常的粗毛基因R1、R2、R3和绒毛基因L均为显性。长毛兔绒毛基因L发生隐性突变为l，只有隐性纯合体ll才具有长绒毛。普通家兔与长毛兔的杂种一代（Ll）不具有长绒毛；杂种一代互交则可产生1/4的长毛型后代，杂种一代如用长毛兔回交则可获得约1/2的长毛型后代。

（二）裘皮毛绒品质

毛绒品质是毛皮动物的重要生产性状，也是主要育种目标。由于毛绒品质不易度量，且变异呈不连续状态，界限不清楚，人为表观鉴定影响较大，不易准确分类。目前，对于毛绒品质的性能测定主要有两种方式：一种是皮张分等与分级；另一种是活体打分。皮张的分等与分级是指送到拍卖行，依据已定的质量标准进行等级分类，使皮张能够根据自身的条件和特点归类。例如Saga系统的质量标准将皮张分为Saga皇冠级、Saga 级、I 级、II 级和 III 级 5 个等级。丹麦哥本哈根具有最先进的皮张分级机器，应用 X 射线照相技术，从照片上分析皮张长度、缺损、底绒厚度及针绒密度。活体打分的性能测定主要包括：体长、清晰度、光泽度、毛密度、针毛覆盖率和整体毛绒质量。相比较，皮张分等与分级的记录来源于取皮的个体，而活体打分的记录是在种畜选择的过程当中，种畜仍能继续利用。

Kempe 等（2013）对蓝狐的毛绒品质采用活体打分的方法测定，进行遗传参数估计，体长、清晰度、光泽度、毛密度、针毛覆盖率和整体毛绒质量的遗传力分别为 0.47±0.11、0.20±0.08、0.52±0.13、0.36±0.11、0.34±0.10 和 0.34±0.10。

1. 毛色和色型

毛皮动物的毛色变异范围很大。毛色应朝人们对裘皮毛色的要求方向进行选育。

（1）狐的毛色

狐的毛色主要为银黑和蓝，随着养狐业的发展，又培育出多种彩色狐，其中赤狐的毛色突变型近 40 种，北极狐的毛色突变型近 10 种。现在已知的赤狐毛色基因有 9 种，其基因符号分别为 AA、BB、EE、GG、mm、P1P1、P2P2、SS、ww。不少彩色狐是野生型赤狐的突变型，并通过各种组合，使狐的毛色增加到 40 多种。有的彩色狐是隐性突变基因导致的，如阿拉斯加黑色狐（aa），毛色黑，针毛尖端呈白色；加拿大黑色狐（bb），毛色黑；这两种不同位点的黑色隐性基因，分别与野生型赤狐杂交或互交时出现不同的银狐：

aaBB ×AAbb → AaBb（银狐）

aaBB ×AABB → AaBB（金黄十字狐）

AAbb×AABB → AABb（金黄狐）

AABb×AABb → AABB + AABb + AAbb

赤狐还有褐色突变基因（gg），毛色基本与野生赤狐相似，但耳、腿、尾的毛色呈褐色。毛色从青紫褐色到青灰白色，头和四肢处褐色增加，尾端无白斑。淡灰色突变（ee），耳、腿、尾部毛色淡灰色，其他部位与野生型赤狐相同。蓝灰色突变（pp），有 p1p1 和 p2p2，表型基本相同，都呈蓝灰色，但基因型不同，互交能得到野生型赤狐。深灰色突变（ss），主色为棕灰色。有的彩色狐是显性基因突变，如日辉色突变（M），毛色与北极大理石色狐相同，只是背部有红色的标志；铂色突变（W^p），毛色基本与银狐相似，但身上有白斑，从鼻到前额、颈部有一圈白斑。这是铂色基因的一个等位基因作用的结果，但纯合时出现死胎，因此铂色狐自群繁殖产仔率显著下降。白脸型突变（W），属深色类型狐，在鼻、前额、颈、足、胸、腹部均有或多或少的块状白斑，W 是 W^p 的复等位基因。另外，还有 2、3、4 对突变基因组合控制毛色的色型，常见的组合色型有双隐性银黑狐（aabb）、珍珠狐（bbpp）、白脸狐（bbWw）、北极大理石色狐（bbmm）、红琥珀色狐（ppgg）、棕色狐（bbee）、葡萄酒色狐（bbgg）、琥铂色狐（bbppgg）、浅棕色狐（bbppee）、珍珠铂色狐（bbppW^{P}w）、蓝宝石浅棕色狐（bbppssee）、琥珀铂色狐（bbppggW^{P}w）和蓝宝石铂色狐（bbppssW^{P}w）等。狐的色型差别很大，有时颜色上的微小差别，却表现出很大的差价，这对狐的育种及选种带来一定的困难。

（2）水貂的毛色

水貂毛色遗传基因型，已知标准貂的毛色基因有21对，其符号采用美国系统的基因符号。彩色水貂是标准貂的毛色突变型，目前已出现30多个毛色基因型突变，其中包括复等位基因，这些毛色突变基因通过各种组合，使毛色组合型已增加到100余种。彩色水貂皮，色泽鲜艳，绚丽多彩，有较高的经济价值。美国彩色水貂占总貂群的65%，日本占87%。目前世界上通用的水貂基因符号和彩貂的名称，有美国和斯堪的纳维亚两个系统，我国采用的是美国系统。

彩色水貂的色型，根据毛色和基因来分。根据毛色可分为灰蓝色系、浅褐色系、白色系、黑色系；根据基因的显隐性，可分为隐性突变型、显性基因型、组合型。灰蓝色系、浅褐色系、白色系为隐性突变系；黑色系为显性突变型；由两对或两对以上的隐性基因组成为组合色型。

①灰蓝色系（隐性突变）

银蓝色貂（pp）是最早（1930年）发现的突变种，呈金属灰色。颜色深浅变化较大，体型大，繁殖力高，适应性强，缺点两肋常带霜状的灰鼠皮色。

钢蓝色貂（psps）基因型由银蓝色复等位基因组成，比银蓝色深，近似深灰，色调不匀，被毛粗糙，品质不佳。

阿留申貂（aa）又称青蓝色貂，呈青灰色，毛绒短平美观。这种貂体质较弱，抗病力差，但其隐性突变的aa基因在育种上有价值。

②浅褐色系（隐性突变）

褐咖啡色貂（bb）又称烟色貂，呈浅褐色、体型较大，体质较好，繁殖力高，但部分貂出现斜颈。

米黄色貂（bpbp），眼粉红色，体型较大，美观艳丽，繁殖力强。

索克洛特咖啡色貂（bsbs），同褐咖啡色貂相近，体型较大，繁殖力高，但毛粗糙。因在bsbs基因位点上有3个复等位基因，其中两个属于浅褐色系（bssbss和bsmbsm），一个属于白色系（bsabsa），在色型组合时有价值。

③白色系（隐性突变）

黑眼白貂（hh），又称海特龙貂，毛色纯白，黑眼，被毛短齐。母貂耳聋，繁殖率低。

白化貂（cc）毛呈白色，鼻尾、四肢呈油黄色，眼畏光，被毛的纯白度不如黑眼白貂。

④黑色系（显性突变）

漆黑色貂（jj），又称煤黑色貂，呈深黑色，光泽性强，由于真皮层有大量黑色素聚集，故仔貂出生时比标准貂黑。

黑十字貂，有两种基因型和两个表现型：纯合型（SS）毛呈白色、头颈和尾根有黑色斑，肩、背和体侧有散在黑针毛。它是很好的育种材料，与隐性突变彩貂杂交培育出彩色十字貂。杂合型（Ss）肩背部有明显的黑十字图形其余部分毛色灰白，少有黑针。

⑤组合色型

蓝宝石貂（aapp），由银蓝（pp）和青蓝（aa）2 对纯合隐性基因组成。色泽近于天蓝色，毛皮质量优良，但繁殖力和抗病力较低。

银蓝亚麻色貂（bbpp），由银蓝（pp）和咖啡（bb）2 对隐性基因组合而成，毛被呈灰色，眼深褐色。

红眼白貂（bbcc），由咖啡色（bb）和白化（cc）2 对隐性基因组合而成，毛色呈白色，眼粉红色。体大，繁殖力优于黑眼白貂（吉林白）。

紫罗蓝色貂（aa, mm, pp），由银蓝色、青蓝和莫伊尔浅黄 3 对纯合隐性基因组合而成的，毛为淡蓝棕色。

玫瑰色貂（bb, bsbs, kk, Ff），由咖啡色（bb）、索克洛特（bsbs）和米黄色（kk）3 对纯合隐性基因，加一对银紫色（Ff）杂合基因组合而成，毛呈淡玫瑰色，其价格高于标准貂 25 ～ 40 倍。

（3）獭兔的毛色

獭兔的色型有 20 多种。如海狸色獭兔（rr），全身被毛呈红棕色，毛纤维基部呈瓦蓝色，中段呈深橙色或赤褐色，毛尖略带黑色；青紫蓝獭兔（$C^{chd}C^{chd}rr$），被毛基部呈暗瓦蓝色，中段为珍珠灰色，毛尖部为黑色，颈部色泽比体毛略淡；巧克力獭兔（aabbrr），被毛呈深巧克力色或肝脏褐色，毛基部为珍珠灰色，全身毛被色泽基本一致；天蓝色獭兔（aaddrr），全身被毛一致，从毛尖到毛基部均为天蓝色，毛绒柔软似鹅绒，弹性良好；黑色獭兔（aarr），全身被毛为全黑色，并富有光泽，毛绒柔软浓密，眼睛呈棕色，爪为暗色；白色獭兔（ccrr），被毛全白，毛绒短密而柔软，富有光泽，眼睛呈红色，爪为白色或肉色；海豹色獭兔（$C^{chm}C^{chm}rr$），鞍部呈深褐色或近似褐色，体侧和腹部色泽较浅，整根毛纤维色泽一致；紫豹色獭兔（aa $C^{chl}C^{chl}$ rr），背部被毛呈黑褐色，体侧、四肢逐渐变为栗褐色，颈、耳等部位呈深紫褐色；浅紫色獭兔（aabbddrr），全身被毛一致，呈淡紫色，富有光泽，毛绒柔软细密，眼睛呈蓝宝石色；喜马拉雅獭兔（C^HC^Hrr），全身被毛短密、柔软，白色而富有光泽，鼻、耳、四肢下部及尾为黑色，人称八点黑；浅黄色獭兔（a^ta^tddeerr），全身被毛略呈浅黄色，背部毛色较深近似黄褐色，毛绒柔软而细密；红棕色獭兔（ddrr），全身被毛略呈蓝灰色，背部毛色较深，毛绒短密、柔软，眼睛呈瓦灰色，爪为暗色。

2. 皮张大小

皮张大小、形状类型均影响其经济价值。皮张大小可以用皮张面积表示，单位用平方厘米。在被毛品质相同的情况下，皮张面积越大，毛皮性能越好，利用价值越高。裘皮的长度也直接影响价格，应该重视对皮张长度性状的选育。活体皮张长度的测量一般都是通过视觉评判（体型打分）和直接对体重、体长进行测定。

体型的测量通常都用主观的打分，也可以采用将其自然伸展后测量鼻尖到尾根的长度。由于动物的脂肪会影响对体型的评估，因此视觉的评判打分仍然不够准确。

体型的遗传力评估，主观的体型打分为 0.16 ～ 0.34，低于皮张长度（0.30）、动物体长（0.51）和动物体重（0.37 ～ 0.49）的遗传力。

蓝狐主观的体型打分和皮长之间的遗传相关很高，为 0.74，因此用任意一种方式进行选择都能达到效果。

3. 毛密度

毛密度以单位面积上毛的数量表示，可分为单位面积上针毛数和绒毛数。毛密度与毛皮的保温性和美观程度密切相关。被毛过稀，则毛皮的保温性差，毛绒不挺，欠美观。影响毛绒质量的不仅是两种毛密度的绝对值，还有两种密度之间的比例。

被毛密度受遗传、营养、年龄、季节等因素影响。毛绒密度的遗传力高，一般达到 0.3 ～ 0.4。针毛密度的遗传力是 0.30 ～ 0.44，绒毛密度的遗传力是 0.4 ～ 0.6。这种性状基因主要以加性效应为主，毛绒密度高的亲本，后代也具有较高的毛绒密度；而毛绒密度低的亲本，后代会保持低的密度；杂交后代的毛绒密度将得到中间型的密度，杂种优势不高。因此，在育种工作中，可以通过有效的选择增加或减少毛的密度。

毛皮的优良品质并不一定是密度越高越好，而是应当有适当的密度，多数情况下是需要提高密度，也有时需要降低密度，但通过选择和交配都可以达到目的。如果已有了优良毛皮密度的种兽，可以采用品系育种的方法，并进行严格的选择。如果需要引入外来种兽时，应该选择相同或相近密度的种兽，以保持适当的密度。

4. 毛长度

被毛长度是指毛纤维的自然长度，优质毛皮要求毛有适当的长度。这个长度随毛皮动物的种类不同而不同。狐皮的针毛长度要求在 70 mm 左右。毛的长度也有较高的遗传力，赤狐针毛长度的遗传为 0.39，北极狐针毛长度的遗传力为 0.35 ～ 0.51。选择对于改变毛的长度是有效的，其方法可参考密度的育种方法。毛长度育种的控制因素除了绝对长度外，还有一个相对的因素，是针毛和绒毛长度之比。裘皮要获得优美的外观，针毛和绒毛必须有适当的长度比，一般的比例 3：2。针毛和绒毛长度的变异并不完全是同步的，需要通过选择加以控制。

5. 毛细度

毛的细度决定毛的弹性。毛直径过细，受压后不易恢复原来的状态；毛直径过粗，外观显得粗糙。因此，优质毛皮的毛需要有一定的直径和弹性。目前，对毛皮动物毛细度的遗传力研究较少，从绵羊羊毛直径的遗传力（0.3～0.4）来看，毛细度的遗传力是较高的，可以通过选择来进行育种。

6. 毛滑润度

毛滑润度指用手感觉针毛的密度。良好的皮毛，针毛和绒毛都很整齐，比例适中；针毛不宜过长，触摸时有一种充满张力的光滑感，手感舒适柔软、顺滑温暖。对毛皮吹气，如果气流在该范围内通过，针毛可以在跌落后立即恢复到原始状态。

二、产量性状

（一）毛产量

从一只羊身上获得的全部羊毛的重量称为产毛量。一般在5岁以前逐年增加，5岁以后逐年下降。公羊的产毛量高于母羊。去除所产毛中各类杂质后的羊毛重量为净毛量。净毛量与总毛量之比，称为净毛率。绵羊、山羊、牦牛、长毛兔等毛用动物的产毛量是典型的数量性状，受遗传和环境控制。产毛量是细毛羊育种中需要选择的最重要指标之一，直接反映细毛羊的产毛性能。细毛羊的周岁产毛量的遗传力为0.14～0.48；周岁产毛量与周岁体重、周岁毛纤维直径的遗传相关分别为0.48和0.60。绒山羊周岁产绒量遗传力为0.44，成年产绒量遗传力为0.26，抓绒量、绒厚、毛长、体重、绒伸长度和绒细度遗传力分别为0.3、0.21、0.31、0.11、0.21和0.28。抓绒量与绒厚、绒厚与毛长、绒伸直长度与绒厚、绒伸直长度与毛长的遗传相关分别为0.33、0.51、0.38和0.74，存在较强的正向遗传相关。长毛兔的产毛量遗传力为0.538。

BMPR1B 基因调节细胞分化和凋亡，对毛囊发育具有重要作用，调控羊毛产量和羊毛细度（王小佳等，2017）。中国美利奴绵羊群体中，*KAP*16基因有2个SNPs多态位点，影响毛纤维直径、剪毛量和弯曲度（何军敏等，2017）。

（二）体重生长

生长发育是毛皮动物的主要生产性能之一，通常以初生、断奶、6月龄、周岁、1.5岁、2岁、3岁等不同阶段的体重来表示。称重是应在早晨空腹情况下进行。体重虽然不是毛皮动物选育的目标性状，但其与产毛量、皮张面积等性状遗传相关性高。毛皮动物体重生长性状属于中等遗传力。绒山羊的初生重、断奶重、日增重、周岁重的遗传力分别为0.21、0.11、0.14和0.17。

Nielsen等（2012）通过2个世代的自由采食和限制性饲喂对11月水貂体重进行选

择，对照组、自由采食组和限饲组的公貂体重遗传力分别为 0.62、0.52 和 0.73；母貂为 0.68、0.51 和 0.60。

三、繁殖性状

绵羊多为季节性繁殖，在进化意义上，季节性繁殖是一种适应性，使产羔时有最高概率的理想气候和营养条件。绵羊品种间和品种内的发情季节存在较大差异，发情季节开始时间的遗传力范围为 0.17 ~ 0.25。窝产羔数是绵羊育种最为关注的指标，遗传力平均值为 0.10，不同的品种群体窝产羔数遗传力估计变异较大。

在毛皮动物育种中，繁殖性能是除了毛皮质量性状外的另一个主要选择目标性状，也是毛皮动物的重要生产性状之一。繁殖性能的高低直接关系到生产成本和生产效率。因此，增加每胎的产仔数和改善母性行为是提高生产效益的重要措施。

母兽的第 1 次受精时间（AFI）是母兽性成熟的标志。Peura 等（2004）对蓝狐 AFI 性状进行遗传参数估计，遗传力为 0.16 ~ 0.18。蓝狐为季节性发情动物，每年只发情 1 次，过早或过晚的发情都将导致窝产仔数降低的情况发生。蓝狐的成活数一般指断奶或断奶 2 ~ 3 周后分窝时的仔兽数，蓝狐分窝成活数遗传力为 0.05 ~ 0.21。Koivula 等（2009）对芬兰蓝狐繁殖性状进行遗传参数估计，母兽妊娠率和繁殖率的遗传力分别为 0.028 和 0.049；产仔数与妊娠率和繁殖率的遗传相关分别为 0.63 和 0.75。体型与妊娠率、繁殖率呈较弱的负遗传相关，分别为 −0.05 和 −0.27，表明体型越大的个体在妊娠期出现流产以及在出生后损失、弱仔的机会越大。

水貂出生总产仔数进行遗传参数估计，遗传力为 0.09。长毛兔产活仔数遗传力为 0.118，断奶成活数遗传力为 0.595，断奶窝重遗传力为 0.387。

四、饲料转化率与利用率

饲料转化率和利用率在经济术语中定义为产出与投入之比，在畜牧学中称为饲料报酬，饲料的利用率是衡量动物对饲料利用效率高低的一项重要的经济技术指标，准确分析饲料利用率的遗传参数是制定良好的育种规划的前提与基础。饲料的低效率利用还会导致营养成分变为废物直接排放到环境中，导致环境污染。随着自动打食机的应用，可以精确记录每个动物饲喂量，可以更好地获得饲料利用率的遗传进展。Kempe 等（2008）测定蓝狐的饲料利用率及其成分均为中等遗传力，其中干物质采食量（DMI）、日增重（DG）遗传力分别为 0.24 和 0.29。水貂饲料利用率的遗传力为 0.30。

五、抗病抗逆性状

动物遗传学在疾病控制方面的作用日益显现，对动物抗病抗逆遗传变异检测手段也在不断提高。因此国内外对毛皮动物的抗病遗传研究与应用日益增多。绵羊的疾病耐受在品种间和品种内表现遗传变异，这种遗传变异可以为抗病育种提供可能，其中抗线虫感染、抗细菌感染、抗蚊蝇叮咬育种是可行的。在没有感染时，可以通过寻找与抗感染有关的遗传标记提高动物的抗病力选择。绵羊的许多疾病都存在遗传变异，对这些变异的 QTL 或基因正在日益被人们所鉴定识别。

第三节
毛皮动物的育种规划

一、育种目标规划

育种目标是制定育种规划的首要工作，适宜的育种目标不仅对群体内的选择是重要的，而且对选择品种或杂交组合、评估基因效应和设计最优化育种方案也是必要的。因用途不同，毛皮动物的育种与普通家畜育种有一定差异。家畜以提高乳、肉、蛋等生产性能为主要育种目标，毛皮动物则以获得优质的毛和裘皮来确定育种方向。因此必须把提高毛皮质量放在育种工作的首位。

确定育种方向的基本原则是，适合我国国民经济发展的需求和国际毛皮市场的需求，适应当地的气候条件和饲养管理特点，并能保持原种的优良特性。

育种规划的最优化程序包括以下阶段：育种目标的确定，不同育种方案的制订，经济和生物（包括遗传）参数的估测，选择指数的制订，以及不同育种方案的选择效果和成本的数量化比较。

育种目标是动物育种规划的基础。为了确定育种目标性状的遗传改良的最适合水平，这些性状需要与其对提高经济收益的估测贡献值合并考虑，并进入选择指数。而某一性状对提高育种经济收益的贡献值取决于两个因素：①性状的遗传优势在未来表达的时间和频率（累积贴现表达值，CDE）；②性状遗传优势得到表达时的经济效益（经济价值）。性状的累积贴现表达值和经济价值均受生产环境的影响，比如累积贴现表达值受生产系统结构的影响，而经济价值则极其显著地依赖于市场价格比。

育种规划的内容包括：基本情况（现有品种素材的数量和质量、饲养管理条件等）、育种目标（预期要达到的各项指标，如毛色、体型、体重、繁殖性能、适应性能等）、育种措施（选种方法、选配方法、培育制度、防疫措施等）。

育种目标取决于社会、经济和自然生产环境。不同地域之间的生产环境差异显著，应针对每一地域情况确定特定的育种目标。

二、育种目标制定

育种目标性状是指希望改进的性状，选择性状是指用于估计育种值制定选择指数的性状。对于毛皮动物，育种的目的是培育毛绒或裘皮品质高、产量高的个体。高繁殖力也是一个主要的选育目标，在确定育种目标性状时，要以毛绒或裘皮性状为主，同时兼顾其他性状。但也要注意纳入育种目标的性状不宜过多，随着性状个数的增加，育种值估计的难度加大，估计的准确性也随之降低，每个性状所获得的遗传改进也相应减少。所以在实际育种中应该考虑那些有代表性的、可测量的性状作为选择的性状，同时考虑选择性状与目标性状间的遗传相关，以及选择性状内部之间的相关。

随着育种技术的发展，毛皮动物育种目标已从侧重体型外貌发展到侧重生产性能，从定性发展到定量，从单纯追求高生产性能发展到用经济指标和遗传参数来确定数量化的育种目标。动物育种应当以经济效益作为一般的育种目标。当用经济效益来作为育种目标的基础时，评估育种目标的问题则转化为挑选拟选择改进的性状和制定这些性状的相对经济加权值的工作，即在确定的育种目标和生产系统中，评估并比较各个性状的育种重要性。黄锡霞（2005）根据我国超细型细毛羊的育种、生产和市场条件，并适当考虑未来一段时间的发展趋势，计算制定了育种目标所必需的经济学和生物学参数，并规划了毛用性状、繁殖性状和生长性状 3 类 6 个生产性状的育种目标。通过边际效益分析得出，超细型细毛羊毛用、繁殖和生长发育性状的权重比为 66.43∶25.12∶8.41，近似 8∶3∶1。

在综合育种值中既要包括一定数量的目标性状，又要使之达到理想的育种成效。因此，在选择指标中保留那些育种重要性较大的性状，突出选择重点，加快遗传进展速度。如果要对这些重要性状做指数选择时，则需要估计出这些性状的相对经济加权值。实际上，性状的育种重要性与相对经济加权值是相互统一的。一个性状的边际效益越大，表明这个性状对于群体经济收益的影响越大，通过遗传改良可获得的育种收益就越多。各性状的遗传改良潜力，主要是指性状的遗传变异，也包含估计遗传变异的准确性，也要考虑性状间的遗传相关。

在 BLUP 方法中用到遗传力及遗传相关是群体的重要遗传参数。不同品种或不同资料估计值差异较大。在实际应用时对数据资料多的大群体，利用实际资料估计值比参照其他资料得到的借用值准确可靠；而如果群体较小，利用实际资料估计误差较大，在这种情况下利用借用值可能准确一些。

从理论上讲，多性状模型分析综合了更多的信息，并同时剔除了性状间的相关效应，其估计结果更准确一些。但当性状间无遗传相关，或遗传相关接近于 1 时，多性状分析等同于单性状分析，此时可以得到各个单性状的估计育种值，再用性状经济重要性进行标准化后进行加权计算综合育种值。

第四节
毛皮动物的育种技术与方法

一、育种技术

（一）表型选择

表型选择是根据个体的表型记录进行选种，简单易行，尤其在育种初期，是选择种畜的基本依据。表型选择是我国绵羊等毛绒用和裘皮用动物育种工作中应用最广泛的一种选择方法。表型选择的效果取决于表型与基因型的相关程度，以及被选性状遗传力的高低。高遗传力的性状个体选择有较好效果。毛皮动物生长性状、毛绒品质和饲料转化率属于中等或中等以上遗传力，可以通过个体选育进行选择。在个体选择中，外貌鉴定结果还不能认为是较全面的评定，必须测定鉴定后的主要经济性状的表现，然后进行综合评定，按育种指标确定等级。

（二）综合选择指数

选择指数是应用综合育种值估计值进行选择的常用方法。自 Hazel 提出综合选择指数理论后，相继发展出约束选择指数、最宜选择指数、综合育种值估计以及通用选择指数等，是多性状选择的重要方法。根据祖先的品质来估计个体的遗传力，估计个体育种值，并确定个体间的亲缘关系，为选种和选配提供基础。毛皮动物种公畜的评价最好能进行后裔测验，根据后代的质量做出最后的评价。针对多个性状的选择，制定性状表型观察值的选择指数，当主要目标性状中经济重要性大的性状，如产绒量低的种群可做优先选择性状，对公母羊分设不同的目标性状，制定选择指数做第一步选择，设法把产绒量提高上去。如果按性状遗传相关，提高产绒量后，羊绒直径变粗丧失质量优势，则可及时用纤维直径约束的选择指数进行选种，力求把育种目标性状保持在预期理想状态。

（三）动物模型 BLUP 育种值

BLUP 法是评定畜禽种用价值的一种先进方法，自 1972 年美国数量遗传学家 C.R. henderson 首次提出以来，得到了大量的研究与广泛的应用，并取得了良好效果。此方法将选择指数法和最小二乘估计方法有机结合起来，所用的混合线性模型，能够在同一方程组中既能估计固定的环境效应，又能预测随机的遗传效应。20 世纪 70 年代以来，这一方法在牛的遗传改良中得到了广泛的应用，如美国、日本、英国、加拿大等将 BLUP 法应用于乳牛、肉牛种公牛的育种值估计，取得了十分显著的成绩。我国自 20 世纪 80 年代中期以来将 BLUP 法应用于奶牛、肉牛、绵羊、猪和家禽的选育研究。根据 BLUP 法估计的育种值进行选种，比根据表型值选择获得更快的遗传进展，特别是对低遗传力的性状。动物模型 BLUP 方法可以利用亲属的资料估计没有本身记录的个体育种值，在选留仔公畜时可以应用 BLUP 方法先估计其育种值，再根据毛色和综合育种值进行选留。

李玉荣等（2000）应用动物模型 BLUP 法估计了阿尔巴斯白绒山羊种羊场 1989—1998 年共 10 个年度 3 981 只个体的抓绒量和体重的单性状育种值，以及这两个性状的综合育种值。在模型中考虑的固定效应有年龄、性别、群体和年度效应，随机效应有个体的加性效应和个体永久性环境效应。比较育种值选择与表型选择的结果表明：①公羔依据断奶重选择与依据育种值选择的结果差异较大，②育成母羊依据表型值选择与依据综合育种值选择的结果差异极显著，③育成公羊依据表型值选择与依据综合育种值选择的结果差异极显著，④种公羊依据抓绒量和体重的表型值选择结果分别与依据各自性状育种值选择结果的秩相关均未达到显著水平。研究表明：内蒙古白绒山羊应用个体表型值选种存在准确性较差的缺点；动物模型 BLUP 法适合内蒙古白绒山羊的选种，并根据生产实际情况提出了一套选择种公羊的具体方法。

多性状 BLUP 法可以综合利用家畜个体所有相关的信息，能够全面地反映种畜的价值，但是在实际工作中参与评定的性状过多，不仅会增加测定工作的复杂性，而且还会使测试时的误差增多，从而最终影响计算结果的准确性，同时性状过多也无疑增加了计算过程的烦琐程度和困难性，因此探索准确反映真实育种值的多性状动物模型的简化是当前 BLUP 方法在毛皮动物育种中存在的一个问题。

（四）群体继代选育

群体继代选育因世代周转快、基因传布均匀、操作相对简单、育成周期短等特点而成为我国毛皮动物的主要选育手段。闭锁群继代选育是在建立基础群后，一直闭锁选育，会限制育种群的遗传潜力、选择强度和遗传进展。变闭锁选育为闭锁与开放相结合，必要时适当迁入优良基因，开放选育群，利用开放迁入优良的增效基因，提高群体遗传潜力。利用闭锁加快稳定，可以从繁殖群、生产群中选择优秀的个体进入核心群。变世代分明为部分世代重叠，少数优秀的种兽允许跨世代使用，加大优秀个体利用强度，提高高产基因频率。

（五）超数排卵和胚胎移植技术

超数排卵和胚胎移植（MOET）是繁殖生物技术，可以将其纳入牛、羊等单（或双）胎动物的育种技术方案中。1975 年 Land 和 Hill 首次论述了胚胎移植在提高肉牛遗传进展上的作用，1986 年 Nicholas 和 Smish 分别讨论了胚胎移植在奶牛、绵羊育种中的应用价值。我国家畜胚胎移植的研究自 1973 年在家兔上获得成功，此后在羊（1974）、牛（1978）、马（1982）上相继获得成功。

据报导，实施 MOET 核心群育种体系可以提高遗传进展和育种效益。在一个规模为 5 000 只基础母羊的群体中，选择 50 只供体母羊，每个供体提供 6 个有效胚胎的成年型 MOET 核心群育种方案所能获得的综合育种进展、育种效益比优化的后测体系分别高 9.2% 和 8.2%，青年型 MOET 核心群育种方案比优化的后测体系分别高 27.9% 和 33.9%。这主要是因为缩短了世代间隔，而且种母羊的选择强度得到了提高，虽然 MOET 核心群育种体系的选择准确性低于后测体系，但世代间隔的缩短足可以抵消选择准确性的损失。

MOET 核心群育种方案的优点是：①提高母羊繁殖力，加强了母羊的选择，在繁殖力较低的细毛羊中，适合做种用的青年母羊 50% 左右要用于更新羊群。如果实施 MOET 技术，在每个供体羊每年生产 6 个以上后代的情况下，这个群体更新比例可以下降到 10% 左右，将大大提高母羊的选择强度。②公羊的选择可以充分利用全同胞和半同胞资料，而不进行后裔测定，从而缩短了世代间隔。③在核心群中能够评定在大群内不便测定的生产性状，由此使得性能测定工作更为广泛和准确。④在核心群中育种资料集中，可提高实施育种方案的效率，并且为高新技术的应用提供了条件。但 MOET 缺点是：①与后裔测定相比，选择准确性较差。②核心群的群体规模有限，若不采取措施，核心群内近交程度增加过快。③胚胎移植技术的一次性投入费用较高。

MOET 核心群育种方案可以提高育种进展、育种效益，但并不是简单地做移植就能达到目的，除了技术上需要有一定的保证，还需要对育种方案进行细致的研究，根据实际情况选择合适的育种方案，同时也需要有一个合理的群体结构，必须适当控制供体母羊和公羊的年龄。

（六）分子育种

分子育种技术是以分子生物学为基础，遗传学为依据，在 DNA 分子水平上对家畜品种进行分析和改良。现代分子、细胞生物技术开启了解读生物基因功能的大门，从分子水平揭示、理解动物遗传现象和规律已成为可能。随着基因组测序、基因定位、基因转移、基因编辑等技术的研究与应用，对动物功能基因的鉴定和标记变得容易，使分子标记育种在动物新品种培育过程中被推广采用。分子育种技术加快了动物育种速度，改良了动物品种。

1. 分子遗传标记

分子遗传标记由于遗传稳定，不受生理期和环境等因素的影响，已广泛应用于畜禽遗传图谱构建、种质鉴定、遗传多样性分析、种质资源保存、杂种优势利用等分析。

用微卫星 DNA 进行个体识别和分子鉴定在家畜中已广泛应用，应用微卫星为家畜进行系谱确证是非常合适的，如在家畜育种必须搞清楚畜群的亲子关系，这样才能利于根据亲属信息准确选留个体，并能防止近交的发生。在某种情况下（如寄养、母畜返情重配等），不能准确判断某一个体的亲代。借助多个微卫星标记位点在群体中的等位基因频率，通过计算排除率（exclusion probability）便可以进行亲子鉴定和血缘控制。

分子遗传标记的多态性反映了物种基因组 DNA 的变异程度，由于 DNA 是物种根本属性之所在，DNA 的差异程度直接体现了不同物种间的差异性，因而采用分子遗传标记研究物种遗传资源，可以全面地了解物种基因型的遗传变异程度和分布情况，科学地判定不同种群动物之间和同一种群动物的不同群体之间的遗传差异、遗传距离和进化中的关系，对动物品种资源的科学分类、合理保存、开发和利用具有重要指导意义。雒林通等（2008）采用 15 个微卫星位点分析了甘肃高山细毛羊优质毛品系的遗传多样性，发现该群体遗传多样性丰富，遗传变异程度高，基因一致度差，变异性较大，具有较大的遗传潜力。

分子遗传标记为研究毛品质提供了技术支持，加快了研究毛品质的进程，通过 PCR–SSCP 技术对基因 PROP1 进行多态性分析，发现该基因的三个基因型都与纤维直径显著相关。对基因 KAP11–1 进行 PCR–SSCP 多态性检测发现，基因 KAP11–1 的变异可能导致羊毛纤维结构的变化。繁殖力是低遗传力，在绵羊常染色体上存在 BMPR1B 基因，通过 PCR–SSCP 研究绵羊 BMPR1B 基因的多态性时发现，该基因突变后能够增加母羊的排卵率。研究发现 BMP15 基因和基因 GDF9 影响羊的繁殖力和排卵率。通过荧光原位杂交技术确定影响羊的排卵率和繁殖力的三个主效基因：BMPR1B、BMP15、GDF9 属于 TGFβ 超家族成员。研究者对产胎率高的母羊的基因进行检测时发现，控制繁殖力的主效基因是 FecX 基因（BMP15 突变的基因型）和 FecB 基因（BMPR1B 突变的基因型）。FecX 基因和 FecB 基因已经应用到实际生产中，研究者首先通过分子生物学技术获得控制繁殖性状的主效基因，再采用传统育种技术进行杂交，对 FceB 基因进行标记辅助选择，获得 FecB 基因纯合体，可获得多胎性状，培育高繁殖力育种核心群，加快羊的育种进程。

Utzeri 等（2014）研究发现家兔 TYRP1 基因序列存在 23 个 SNPs，其中外显子 2 突变（g. 41360196 G>A）造成 1 个终止密码子（p. Trp190ter），预测蛋白缺失酪氨酸酶功能域，基因分型表明该突变仅在褐色 Havana 兔中出现，推测该突变为家兔褐色位点隐性等位基因 b 的突变来源。Fontanesi 等（2014）研究发现 MLPH 基因内含子 1 的

1个插入缺失，与毛皮色表型完全连锁，结果证实该突变与蓝色毛皮完全连锁，Vienna 和其他所有蓝色品种都是该缺失纯合突变。Fontanesi 等（2014）研究发现 *KIT* 中 1 个 SNP 与英格兰白斑毛色表型完全连锁。

分子标记辅助选择（MAS）是利用功能基因的分子标记在动物早期进行选择，从而缩短育种进程，提高选择的精确度。目前，MAS 主要应用在绵羊的多胎基因育种方面，如 *Booroola* 基因的检测来实现绵羊早期个体是否多胎的应用。随着毛皮动物 QTL 研究的深入，利用高分辨率的基因图谱和先进的分析方法，QTL 定位的研究速度大大加快，MAS 在毛皮动物育种的应用会非常广泛。

2. 转基因和基因编辑

通过转基因技术获得转基因绵羊和绒山羊，可以影响羊的产毛（绒）量。转基因技术能够打破生殖隔离，为人类提供更多的有益蛋白和优质皮毛。羊品种的改良需要与分子技术相结合。*IGF*-1 是胰岛素样生长因子，能够促进羊毛囊形成和发育，增加纤维直径，研究者通过转基因技术获得 *IGF*-1 的转基因绵羊和转基因绒山羊，*IGF*-1 转基因绵羊 F1 代的净毛量比非转基因绵羊高 6.2%，*IGF*-1 转基因绒山羊能够显著提高绒的产量和质量。研究者通过转基因技术改变羊毛蛋白质的成分，结果发现 II 型中间丝角蛋白基因高表达能够引起羊毛纤维结构的显著变化，这种羊毛更有光泽，弯曲度降低。通过基因修饰技术增强启动子的活性，促使生长激素基因在绵羊体内过量表达，可进一步提高绵羊的生长速度。通过分子标记研究基因 *GH*（生长激素基因）、基因 *MSTN*（肌抑制素）和基因 *IGFBP*-3（胰岛素样生长因子结合蛋白 3）的多态性时发现，以上基因突变后能够影响山羊的发育。

羊的乳房可以作为生物反应器，通过基因整合、转基因技术将某种基因转入羊体内，使该基因能够表达特定的蛋白，可用于治疗人类的某种疾病，如治疗血友病，是通过转基因技术将人凝血因子 IX 整合到绵羊上，获得能够表达凝血因子 IX 的转基因绵羊，并以此研究治疗人的血友病。目前，通过转基因技术已经生产出药用蛋白抗胰蛋白酶、抗凝血酶 III、红细胞生成素等。

羊毛颜色在绵羊育种上被作为最重要的选育性状之一。由于毛色遗传属多基因控制，并且在遗传上具有显隐性表现，常规育种手段选育并固定一种毛色常常要经历几个世代，周期长、难度大，被认为是遗传育种的主要难点之一。针对这一难题，新疆畜牧科学院生物技术研究所选择影响绵羊毛色的一个关键基因进行修饰编辑，在不改变羊毛品质的基础上，培育出能够生产不同色彩羊毛的细毛羊。新疆畜牧科学院生物技术研究所于 2014 年建立并利用基因组编辑技术进行绵羊新品种培育。2016 年 3 月，通过基因组编辑技术改变毛色的 5 只细毛羊诞生了。这是国际上首次成功利用基因组编辑技术改变大动物的毛色，标志着我国绵羊基因育种技术研究进入国际领先行列。西北农林科技大学等单位在绒山羊基因工程育种方面取得了进展，获得 19 只活体基因编辑的陕北白绒山羊羔羊（10 只公羔，9 只母羔），形成了基因编辑绒山羊种群。

基因组编辑技术被誉为 21 世纪的一项"革命性"技术，该技术能够让人类在生物基因组的任何位置对基因进行剪切、修饰和改造，从而根据需要来改变生物的各种性状表现。与常规的"转基因技术"不同，该技术不会有其他附加基因成分进入动物染色体，也不会在动物染色体上添加任何其他的遗传物质，不会产生常规转基因技术所担忧的生物安全问题，因此被认为是目前最安全的基因操作技术。

3. 基因组选择

目前，基因组选择（genomic selection, GS）已成为现代动植物育种的主要技术之一，已经在奶牛育种中发挥了重要作用，但在羊等毛皮用动物上的应用很少。Dodds 等（2014）认为 GS 技术可以在混合品种的群体中进行 GEBV 估计，要考虑混合品种的结构的效应以增加 GEBV 估计的准确度。Daetwyler 等（2012）使用 50 K 芯片运用 BayesA 和 GBLUP 两种算法，以纯种美利奴羊和与终端杂交的美利奴羊作为参考群，研究了 GS 对羊毛性状预测的准确性，其中 GBLUP 和 BayesA 结论差异明显，说明当 SNP 密度不足以跨物种使用标记效应，可能由不同品种中相同 QTL 的位置不同导致，认为随着参考群样本含量以及 SNP 芯片密度增加，将会进一步提高 GEBV 的准确性。

毛皮动物繁殖性状由多基因控制，且受环境影响，遗传力低。Newton 等（2017）利用基因组信息评估澳大利亚绵羊繁殖性状的遗传进展，研究发现不同年龄的基因组信息会影响遗传增益，公羊 1 岁时的遗传增益显著高于 2 岁。Pickering 等（2013）对 4 237 只罗姆尼羊进行 GS 预测，发现繁殖性状的准确性在 0.16～0.52 之间。Daetwyler 等（2010）指出，针对美利奴羊来说，1 岁时油性毛重量和 1 岁时羊毛纤维直径的准确度均超过 0.70，短纤维强度的准确性低于 0.70。Moghaddar 等（2014）发现基因组选择对 1 岁和成年美利奴羊羊毛性状的估计准确性为 0.33～0.75。Bolormaa 等（2017）对 3 种羊毛质量性状进行基因组选择分析，发现 BayesR 和 GBLUP 算法的平均 GEBV 精确度相似，约为 0.22，BayesR 对羊毛产量和羊毛纤维直径准确度均大于 0.40，而对羊皮质量和污浊程度的准确度较差。

在绵羊基因组选择育种中，结合超数排卵和胚胎移植（multiple ovulation and embryo transfer, MOET）、早期胚胎体外培养和胚胎移植（juvenile in vitro embryo production and embryo transfer, JIVET）等繁殖技术可以促进遗传进展，但也会增加近交率。综合利用繁殖技术和基因组选择具有进一步提高遗传进展的潜力（Granleese 等，2015）（图 11-31 和图 11-32）。

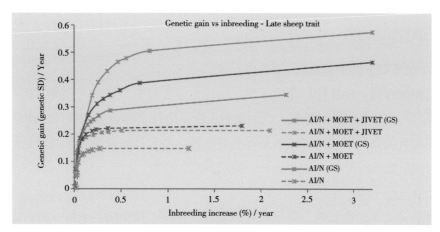

图 11-31　综合利用人工授精（AT）、MOET、JIVET 和
GS 对绵羊后期性状遗传进展的效果（Granleese 等，2015）

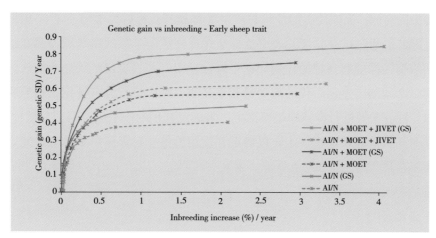

图 11-32　综合利用人工授精（AT）、MOET、JIVET 和
GS 对绵羊早期性状遗传进展的效果（Granleese 等，2015）

　　Karimi 等（2018）采用模拟方法研究了基因组选择在美国水貂育种的应用，比较了不同育种值评估方法（BLUP、GBLUP 和 SSBLUP）、不同性状遗传力（0.1、0.2 和 0.5）、不同标记数量（10 k 和 50 k）和不同参考群体（1 000 只、2 000 只、3 000 只、4 000 只和 5 000 只）对育种值评估的准确性，发现准确性随着标记密度增加，随着遗传力的增高而增加。在参考群为 1 000 时，GBLUP 和 SSBLUP 的准确性并不比传统 BLUP 方法高；对于遗传力为 0.5 的性状，参考群体数目至少要 3 000 只，GBLUP 和 SSBLUP 才会比传统 BLUP 准确性高；对于低遗传力（0.1）的性状，SSBLUP 比 GBLUP 的准确性要高；对于高遗传力的性状，SSBLUP 优势不明显。

二、育种综合措施

（一）绒毛用羊选种方法

绒毛用羊重要的选择性状是毛品质，遗传力中等或中等偏上。选种方法可以考虑3个方面：一是根据外貌鉴定和生产性能的表现，进行个体表型选择；二是考察系谱；三是根据后代的品质。这三种方法并不是对立的，而是相辅相成、互有联系的，应根据不同时期所掌握的资料合理利用，以提高选择的准确性。

1. 个体表型选择

个体表型选择标准明确、简单易行，尤其在育种工作初期，当缺少育种记录和后代品质资料时，是选择羊只的基本依据。个体表型选择是我国绵羊育种工作中应用最广泛的一种选择方法。表型选择的效果取决于表型与基因型的相关程度，以及被选择性状遗传力的高低。高遗传力的性状（>0.3）个体选择效果好，如剪毛量、油汗颜色等。李金泉（2005）通过试验验证，表型选择法对提高绒山羊抓绒量与后裔测定法显著相关，说明表型选择能起到好的作用。在个体选择中，外貌鉴定结果还不能认为是较全面的评定，必须测定鉴定后代的剪毛量和毛品质，然后进行综合评定，按照育种指标确定等级。种公羊要进行个体净毛率测定，来确定真正的产毛量，便于分析种用价值。同时还要对其精液品质进行评定，以确定其使用价值。对繁殖母羊除抽样测定净毛率外，还要注意其产羔性能和泌乳性能。泌乳力的测定，用羔羊出生后15～20 d内的体重来衡量。

2. 系谱选择

系谱是反映个体祖先生产性能和等级的重要资料，是一个十分重要的遗传信息来源。根据祖先的品质来估计个体本身的遗传力，确定个体间的血缘关系，为选配奠定基础。在研究系谱时，应根据各代祖先对后代影响的程度，分析祖先性状以怎样的趋势遗传给后代。如系谱中所有的祖先性状都很类似，互相间的血缘关系又很密切，便可以证明它们的遗传性很稳定，能够将其性状稳定地遗传给后代。相反，倘若历代性状变化不定，则表示遗传性状不稳定，此时很难估计后代的性状。如果系谱上的祖先一代比一代好，这是有价值的特征；反之，一代不如一代，尽管祖先生产性能很高，则不是一个优良的系谱。如能对祖代性状表现时的饲养管理条件做进一步的了解，则可以更容易、更准确地做出结论。对于系谱的考察一般考察2～3代便可以了。

3. 后裔测定

种公羊的遗传品质（种用价值）只有根据后代的质量才能做出最后的评价。李金泉（2004）通过比较几种选择方法，认为种公羊不应采用个体表型进行选种，用BLUP或后裔测定。绵羊的后裔测定可以按照如下方法进行：

把培育的公羊在 1.5 岁时进行初配，每只交配一级母羊 50 只以上，与配母羊年龄在 2～4 岁为宜，尽量选择同龄并同群放牧的羊群。如果一级母羊不够，可以搭配一部分二三级母羊，但是交配的母羊质量必须大致一样才能进行比较。用公羊提高品质较低的母羊是容易的，但要让一级母羊继续提高是困难的，因此用一级母羊交配才能看出一只公羊的质量。

羔羊断奶鉴定和生产性能测定（毛长、毛细度、剪毛量、净毛率和体重等）可作为被测公羊的初评，按初评成绩决定被测公羊的使用。许多试验表明，羔羊断奶的评价与成年时的评价基本是相符的。在 12～18 月龄时，通过鉴定与剪毛量进行最后的评定。

优秀的青年公羊，如果第一年测定结果很不满意，2 岁半时可以做第二次测定。对决定参与配种的公羊，每年都要仔细研究它们后代的质量，以决定其使用范围。

种公羊的品质评定，以采用同龄后代对比和母女对比两种方法为主。同龄要求各公羊后代中，特级和一级比例最大生产性能高，或某一性状特点突出，均可评为优秀种公羊，后代与母代对比时，生产性能应有提高。在评定时，除了比较主要生产性能外，还要观察后代中某些个别特性（如毛丛结构、毛密度、细度与均匀度、毛光泽、腹毛情况等）的表现，以便决定每只公羊的利用计划。不论用何种计算方法，如果仅用少量的后代表现来对一只种羊得出育种价值的结论是不完备的，必须通过大群的后代继续观察验证，才能得出确切的结论。当前，大部分地区养羊以放牧为主，不同年度的饲养水平波动很大，应采用同龄对比方法为宜；如果饲养水平能够稳定下来，则采用母女对比的方法为好，而将同龄对比方法作为参考。

对参加测验的公羊、母羊及其后代都要给予正常的饲养，以保证生产与发育，使性状的遗传力充分发挥。对不同公羊的后裔，应尽可能在相同的环境中饲养，以排除不同环境因素的影响。

（二）裘皮用动物选种方法

目前，我国裘皮用动物育种大多根据个体表型特征进行选择，体型和毛皮质量是主要的选择依据，还需要考虑繁殖力指数。目前已经有专门为毛皮动物设计的计算机育种软件。

1. 记录个体信息

毛皮动物个体的信息要通过建立身份识别（ID）卡进行记录、保存和使用。育种场对个体数据统计的时间越长，可用于评估的可靠信息就越多，表型指标的数据也就越准确。在育种场，根据长期的数据统计，在动物毛皮成熟之前就可以根据计算的指数对好的性状加以选择。种兽个体 ID 卡的基本信息包括遗传系谱、出生日期、饲养笼编号、等级评定结果、多种特征指数及往年的繁殖情况等。幼兽 ID 卡的基本信息包括遗传系谱、性别、出生日期、饲养笼编号、出生窝产仔数及性别比、繁殖力指数及表型指数等。仔兽的各种指数大小取决于双亲，所以 ID 卡的信息也反映了仔兽母本的繁殖力情况。

2. 品质等级评定

品质等级评定的特征包括动物体重大小、体型、毛色及其纯度、针毛覆盖率、底绒密度及毛皮整体外观。根据质量分为 1～5 等，1 等用来表示性状较差、体型较小、毛色较差的个体，5 等用来表示性状较好、体型较大和毛色较好的个体。通过分等级对动物表型进行评价，可以将饲养场具有优良性状及较差性状的个体同其他动物区分开来。活体打分的性能测定主要包括体长、清晰度、光泽度、毛密度、针毛覆盖率和整体毛绒质量。活体打分的记录是在种兽选择的过程当中，种兽仍能继续利用。利用毛绒品质活体打分法测定，蓝狐的体长、清晰度、光泽度、毛密度、针毛覆盖率和整体毛绒质量的遗传力分别为 0.47、0.20、0.52、0.36、0.34 和 0.34。

3. 皮张筛选

根据获得的毛皮质量、尺寸、毛色和毛色纯度等方面的信息进行皮张筛选。皮张的分等是指送到拍卖行，依据已定的质量标准进行等级分类。如 Saga 系统的质量标准将皮张分为 Saga 皇冠级、Saga 级、I 级、II 级和 III 级 5 个等级。丹麦哥本哈根具有先进的皮张分级机器，应用 X 光照相技术，从照片上分析皮张长度、缺损、底绒厚度及针绒毛密度。皮张评估的是制成的皮张，所以皮张特性的评估准确性比动物分等要高。皮张筛选使用的是取皮后的皮张特征信息，数据只能在下一年的选种时使用。

4. 选种

选种本身并不影响遗传物质本身，但能改变不同基因的频率，从而使整个群体的基因型值发生改变。选种是根据动物个体表现和遗传性能，把真正优良的个体选出来，留做种用，进行繁殖后代。经过长期的选优去劣，使优良性状基因频率增加，不断提高种群的品质。种兽的种用价值，是选种的最重要的标准。测定种兽的种用价值，鉴定种兽的遗传性能要根据来自亲属的遗传信息，包括个体鉴定、系谱测定、同胞测定和后裔测定等。

（1）个体鉴定 根据个体本身的表型成绩进行选择。从大群中选出一定数量的优秀个体，组成新的种兽群体繁殖后代，使下一代的毛绒品质、体型和系列性能有所提高。个体选择只是考虑个体本身选育性状的高低，而不考虑个体与其他的亲缘关系。这是缺乏生产记录及其他资料时进行选择的方法，也是生产中应用最广泛、选择方法最简单的一种方法。遗传力高的性状，群体中的表型差异主要是遗传上的差异造成的，可以直接按表型值进行选择，标准差越大的群体选择效果越好，且不必花费很大的人力和物力。

（2）系谱测定　系谱是某个体祖先及其性能的记载。系谱测定时通过查阅各代祖先的生产性能、发育表现及其他材料，来估计该个体的种用价值，同时还可以了解该个体祖先的近交情况。系谱测定首先应注意的是父母代，然后是祖父母代。系谱记录中重点看优良祖先的个数，尤其是在最近几代中所出现的优良祖先个数。优良祖先个数多，后代得到优良基因的机会就越多。祖先中是否出现过遗传性疾病或缺陷，如有这类记录者一般不留作后备种兽。

（3）同胞测定　同胞分全同胞和半同胞。同胞测定时根据其同胞的成绩，来对个体本身做出种用价值的评定。对某些不易直接测定的性状和一些限性性状，可以采用同胞测定来进行间接选择。

（4）后裔测定　后裔测定时根据其后代的成绩对这一个体本身做出种用价值的评定。这是评定种兽种用价值的最可靠方法，因为选种的目的就是要选出能产生优良后代的种兽。对于遗传力低的性状，用后裔测定可以加快遗传进展。但后裔测定的不足之处是需要时间太长，延长了世代间隔。

（5）单性状的选择　一般育成品种中大部分性状已达到要求或达到一定标准，而个别性状在短期需进行突出地改善或个别性状选择潜力仍较大时采用。例如北极狐（蓝狐）毛的色泽的选择应保持既不是很淡，又不是太黑的程度，色泽较为适宜。那么当毛色达到这个标准时，就应该调整选择方向。同样，当市场上流行针毛较短的狐皮服装后，就应该把选择的重点放到选择针毛短齐上来；必要时，可以把其他性状的选择停止，以便加快单一性状的遗传进展。单一性状选择的优点就是方法简单，遗传进展快，能在较短的时间里，收到明显的选择效果。

（6）顺序选择法　在一段时间内只选择1个性状，当这个性状达到要求后，再选另一个性状，然后再进行第3个性状的选择。这种逐一选择也可看成是一定阶段内的单性状选择，需要全面了解性状间的相关关系，并利用这种相关关系来提高选择效果。

（7）独立淘汰法　同时对几个性状进行选择，对所选的几个性状分别规定标准，凡不符合性状要求的都要淘汰。由于几种性状全面优良的个体不多，这就增加了选种的难度，有时不得不放宽选择标准。有时也不得不将某个性状低于标准，以免将其他性状优良的个体淘汰掉。采用此种选择方法时要考虑表型值的遗传力。

（8）综合选择法　同时选择几个性状，将几个性状的表型值根据其遗传力、经济加权和性状间的表型相关和遗传相关综合考虑，制定出一个综合指数，以这种指数作为淘汰标准。此种方法消除了上述几种选择方法的不足，提高了总体选择效果。

在选种中要根据育种目标制定各指标的标准，同时标准也不是一成不变的。如裘皮色泽，受裘皮市场需求的影响。不同物种（品种、品系）有不同的选种标准，不同育种目标有不同选种标准。选种应考虑几个基本要素：产仔数高、体型和毛皮质量较好、健康、温顺、来自成熟早的动物种群、来自发情期短且集中的繁殖种群。

（三）标准水貂的选种方法

根据育种目标，标准水貂可分 3 个阶段进行选种。

1. 初选

在 6 ～ 7 月仔貂分窝前后进行，经产母貂主要根据繁殖能力，幼龄貂主要根据发育情况进行。成年公貂选择配种早、性情温顺、性欲旺盛、交配能力强、配种次数 8 次以上、精液品质好、所配母貂空怀率低、产仔数多的留种。成年母貂选择发情早、交配顺利、妊娠期在 55 d 以内、产仔早（5 月 5 日前）、产仔数多（6 只以上）、母性强、泌乳量充足、幼貂发育正常的留种。幼貂选择 5 月 5 日前出生、发育正常、系谱清楚、采食较早的仔貂留种。初选时符合条件的经产母貂全部选留，育成貂选留数比计划留种数多 40%。

2. 复选

在 9 ～ 10 月进行。成年貂根据体质恢复和换毛情况，幼貂根据生长发育和换毛情况进行，成年貂除个别有病和体质恢复较差者外，一般作为种貂。育成貂选择发育正常，体质健壮，体型大和换毛早的个体留种。复选的数量比计划留种数多 20%。10 月下旬对所有留种貂进行阿留申病血检，把阳性貂全部淘汰。

3. 精选

在 11 月中旬进行，根据选种条件和综合鉴定情况，对所有种貂全部进行 1 次精选，精选时把毛皮品质列为重点。种貂的性别比例一般为：国内标准貂的雌雄比为 1:(3.5 ～ 4)，白彩貂为 1:(2.5 ～ 3)，其他彩貂为 1:(3 ～ 3.5)；国外为 1:(5 ～ 6)。

第五节 毛皮动物的繁育体系

繁育体系一般包括育种场、繁殖场和商品场，在合理分工并密切配合下，才能使毛皮动物繁育和生产有效开展。育种场的主要任务是优良种兽引进和选育提高，新品种或品系的培育、改良，开展杂交组合试验等。繁殖场的主要任务是对种兽扩大繁殖，为商品场或养殖户供应种兽或商品仔兽。商品场的任务是以最低成本，生产出品质好、数量多的商品。毛皮动物商品场一般采用自繁自养形式，可采用纯繁，也可以采用配套杂交生产商品代仔兽。商品场的产品质量，是鉴定育种场、繁殖场种兽品质的最好依据，也是评定选育效果的重要标志。

一、纯种繁育体系

同一品种或品系内的公母兽进行配种繁殖与选育，目的在于保留和提高与亲本相似的优良性状。一般的，当一个品种经过长期选育，具备一定的优良特性并趋于遗传稳定，也符合市场经济需求时，就可采用纯种繁育方式，扩大群体数量，提高品种质量。

（一）绵羊

我国绵羊除了地方品种以外，改良羊按照育种阶段基本上可分为两类：一类是改良阶段，继续引进部分外来品种血统，然后进行横交固定；另一类是育成阶段，品种已基本定型，进一步做品种内的纯繁提高。我国在新疆建立的中国美利奴羊（军垦型）繁育体系，有 27 个农牧场参加，有 40 万只细毛羊；设中心育种场 1 个，有基础母羊8 000 只；繁育场 3 个，有基础母羊 3 万余只。由于中心育种场选育水平高，羊群质量好，所以采用公母羊单向移动，即中心育种场向繁育场提供种用公母羊等。该体系内所有羊场种群质量提高后，再采用合作育种方式使种羊双向流动。

（二）标准水貂

我国水貂类型已达到育种目标，可采用纯种繁育，以保持和巩固本类型的优良性状，逐年进行选优去劣，不断扩大种群。

（三）獭兔

在同一品种或品系内的公、母兔进行繁殖与选育。一个优良的品种，其优良性状在该群中有较高的基因频率。进行纯繁，可以保持这种基因频率。

二、品系杂交繁育体系

（一）绵羊杂交繁育体系

杂交是指品种间或品系间公母羊交配。在绒毛用羊育种中，为了改变绵羊或山羊品种的遗传基础，提高生产性能，除采用本品种繁育体系外，还可以采用杂交对现有品种改良、培育新品种和建立繁育体系。可以根据毛色、毛质、体型、生长发育、繁殖性能等特点进行选育，形成具有不同优良性状的品系，然后进行杂交，在后代中综合不同品系的优良性状，提高产品产量和质量。

目前我国大型羊场多是自繁自养，很少在商品生产中利用杂种优势。在育种技术上，可以考虑用血统较远而生产方向一致的系或品种进行杂交，以产生杂种优势。也可以做地区性的联合育种，有计划的建系。例如每个育种场建立一个或两个系，做场间或系间杂交。在繁殖场中饲养系间杂种，再推广到商品场或牧民饲养。

育种场的任务是：①根据个体或系谱成绩做纯种（系）选育；②根据系间正反交的结果做后裔测定；③为繁殖场提供杂种母羊和纯种公羊，或直接提供纯种公羊和母羊，由繁殖场做杂交。

繁殖场的任务是：①繁殖扩群，为商品场或专业养殖户提供杂种母羊；②向育种场提供公羊后裔测定的结果。

商品场的任务是：提供符合市场需求的产品。

这一杂交繁育体系，无论是毛用、肉用、皮用、绒用的绵（山）羊都可参考使用，只要商品场的最终产品能符合市场需求。绵羊的纯种繁育体系可采用"开放核心群育种体系"，当前常用的杂交方式如图 11-33 所示。

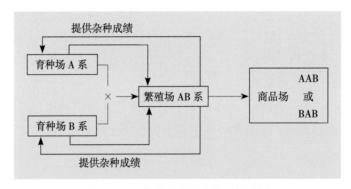

图 11-33　绵羊杂交繁育体系模式图

（1）级进杂交　又叫改良杂交、改造杂交等，指用高产的优良品种种公畜与低产品种母畜杂交，所得到的杂种后代母畜再与高产的优良品种公畜杂交。一般连续进行 3～4 代，就能迅速而有效的改造低产品种。当需要彻底改造某个种群（品种、品系）的生产性能或者是改变生产性能方向时，常用级进杂交。应注意根据提高生产性能或改变生产性能方向选择合适的改良品种；对引进的改良公畜进行严格的遗传测定；杂交代数不宜过多，以免外来血统比例较大，导致杂种对当地的适应性下降。

（2）导入杂交　指在原有种群的局部范围内引入不高于 1/4 的外血，以便在保持原有种群的基础上克服个别缺点。当原有种群生产性能基本符合需要，局部缺点在纯繁下不易克服时，宜采用导入杂交。例如，新疆细毛羊净毛率和羊毛长度差，导入 1/4 的澳洲美利奴羊血统后，净毛率、羊毛长度明显改进，且保持了原有的品种特性。应注意针对原有种群的具体缺点进行导入杂交试验，确定导入种公畜品种；对导入种群的种公畜严格选择。

（3）育成杂交　指用两个或更多的种群相互杂交，在杂种后代中选优固定，育成一个符合需要的新品种。育成杂交用于原有品种不能满足需要，也没有任何外来品种能完全替代时采用育成杂交。要求外来品种生产性能好、适应性强；杂交亲本不宜太多，以防遗传基础过于混杂，导致固定困难；当杂交出现理想型时应及时横交固定。

（4）简单经济杂交　又称单杂交，是两个种群进行杂交，利用 F1 代的杂种优势获取畜产品。在大规模杂交前，必须用少量的动物进行配合力试验。配合力是通过不同种群的杂交所能获得的杂种优势程度，是衡量杂种优势的一种指标。配合力有一般配合力和特殊配合力两种，应筛选最佳特殊配合力的杂交组合。

（5）三元杂交　指两个种群的杂种一代和第三个种群杂交，利用含有 3 个种群血统的多方面的杂种优势。此法多用于建立配套系或新品种培育过程中。

（6）轮回杂交　指轮回使用几个种群的公畜和它们杂交产生的各代母畜相配，以便充分利用在每代杂种后代中保持的杂种优势。每代都利用了杂种母畜繁殖性能的杂种优势；进行 3 ～ 4 轮杂交后，杂种优势明显下降；纯种利用率不高，可采用几个场的种公畜轮换使用予以克服。

（二）标准水貂

标准水貂的生产也可以采用杂交繁育体系，通常用于杂交的母本是本地水貂。因本地水貂数量多，适应性强，繁殖力高。采用的父本多为引入公貂。选择 2 个亲本时，应具备本类型特征的品种，特别是引进的父本，应具有良好的遗传性能。在养貂业中常用级进杂交，此法可以较快地改良原有品质较差的种貂群。一般级进杂交 3 ～ 4 代，杂交效果较为明显。

毛皮动物生长性状、毛绒品质和饲料转化率属于中等或中低等遗传力，可以通过个体选育进行选择。繁殖性状的遗传力通常比较低，属于低遗传力，选择对于该性状影响较小，对于这类性状可以通过杂交的方法进行提高。对于体型与繁殖力遗传相关成反比，及肥胖所造成的负面影响，通常在实际配种前期逐渐减轻体重。体重的迅速减轻会导致动物的刻板行为，并增加代谢性疾病，保持母兽理想体型，增加配种母兽的繁殖成功率及产仔成活率。

参考资料

1. 国家畜禽遗传资源委员会 . 中国畜禽遗传资源志·羊志 . 北京：中国农业出版社，2011.

2. 国家畜禽遗传资源委员会 . 中国畜禽遗传资源志·特种畜禽志 . 北京：中国农业出版社，2012.

3. 田可川，贾志海，石国庆，等 . 绒毛用羊生产学 . 北京：中国农业出版社，2015.

4. 张英杰.羊生产学.2版.北京:中国农业大学出版社,2015.

5. 赵有璋.羊生产学.3版.北京:中国农业出版社,2011.

6. 中国皮革协会.中国貂、狐、貉取皮数量2016年统计报告.皮革与化工,2017,34(2): 43-44.

7. 张浩."动物比较育种学"课程讲稿(PPT),毛皮动物育种.

8. Daetwyler H D, Hickey J M, Henshall J M, et al. Accuracy of extimated genomic breeding values for wool and meat traits in a multi-breed sheep population. Anim Prod Sci, 2010, 50(12): 1004-1010.

9. Daetwyler H D, Kemper K E, van der Werf J H J, et al. Components of the accuracy of genomic prediction in a multi-breed sheep population. J Anim Sci, 2012, 90(10): 3375-3384.

10. Dodds K G, Auvray B, Lee M, et al. Genemic selection in New Zealand dual purpose sheep. In: 10th World Gongress on Genetics Applied to Livestock Production, Vancouver, Canada. 2014.

11. Granleese T, Clark S A, Swan A, et al. Increased genetic grains in sheep, beef and dairy breeding grograms from using female reproductive technologies combined with optimal contribution selection and genomic breeding values. Genetics Selction Evolution, 2015, 47: 70.

12. Moghaddar N, Swan A A, van der Werf J H J. Genomic prediction of weight and wool traits in a multi-breed sheep population. Anim Prod Sci, 2014, 54 (5): 544-549.

13. Newton J E, Brown D J, Dominik S, et al. Impact of young ewe fertility rate on risk and genetic gain in sheep-breeding programs using genomic selection. Anim Prod Sci, 2017, 57(8): 1653-1664.

第十二章　马属家畜育种

目　录

12

第十二章
马属家畜育种

在人类漫长的农耕时代，马属家畜是农业生产中主要的役畜。工业革命后，随着社会的发展马的用途转向体育运动方面，育种方向较之前有了重大改变；而农业机械化的普及也使驴由役用转向皮、肉、乳等产品用途。本章主要阐述马属家畜的育种目标、选择性状、育种方法等内容。本章第五节着重介绍纯血马登记及血统鉴定方法，以使大家对现代马育种特点有更深入的了解。

第一节
马的用途和分类

马的育种工作是以人类社会需求为导向的，虽然其他畜禽也是如此，但这一点在马上体现得尤为明显。因此本节介绍马的用途及其分类，以便大家对马的利用有一个总体的了解，也为后续章节内容的阐述做一个铺垫。

一、马的用途

人类对马的利用可分为三个阶段，其中有两次马的利用方向的转变。第一个阶段是马驯化之前至驯化之初，马作为人类皮、肉、乳的来源。第二阶段是农耕时代，马的用途从皮、肉、乳用转变为农役和军事用途。尽管这一阶段马的用途出现了分化，除了农役用马和军马外，还出现了田马（打猎用马）、齐马（礼仪用马）、驿马（传讯用马）等，但这些马为数不多，不占主流。第三阶段是在工业革命之后，马由农役用途转向非农役用途。马业也由第一产业进入第三产业。其中速度赛马、马术用马和休闲骑乘是主要方向。以下就对不同阶段马的用途做简单介绍。

（一）马的传统用途

马的传统用途是指农耕时代及之前的农役、军事、皮、肉、乳等用途。马在驯化之前，即被原始人类捕猎，以皮为衣、以肉为食。在这方面与猎取其他野兽并无二致。在驯化之后的一个时期，马除了皮、肉用途外，还用于产奶。在马最早的驯化地哈萨克斯坦出土的公元前 3 500 年的陶器上有乳液和脂肪的成分，且这些成分与现代家马乳液中的成分一致。这说明马在驯化之初的一段时间，乳用是马利用的一个重要方向。在人们对马的性能有了一定了解之后，马的速力性状成为人类利用的重点。马从一般的肉、乳用家畜转变为役用家畜，成为人类农业生产上的得力助手。人类利用役用马的方式最早是骑乘还是挽用（拉车）是存在争议的。一般认为，草原地带游牧的人们是骑乘用，而平原农区则是拉车用，这样更能发挥马的运载能力。甚至农耕文明国家最初是用战车（马拉车，内载武士）的方式用马作战，这与早期游牧民族骑着马四处争掠形成了鲜明的对照。那一时代的马多以未经系统选育的地方马为主。尽管公元 5 世纪左右，阿拉伯世界培育成了阿拉伯马；西方国家培育了一些重型挽马，但这些马在当时数量和分布都很有限，尚未形成大范围的影响。

（二）现代社会马的用途

工业革命后，随着农业、军事机械化的进程，在发达国家农役用马和军马大幅减少，而用于体育竞技和休闲骑乘的马则不断增加，而且现代赛马和以奥运马术为代表的马术运动已形成了巨大的产业。尽管农役用马还广泛用于广大发展中国家的农业生产中，但随着社会的发展，农役用马与非农役用马的此消彼长已成为世界范围内的大趋势。这些非农役用途的马品种绝大多数都是近三四百年来育成的，属于现代马品种。这些马品种与传统的用于第一产业的农役用马不同，它们的主要用途在第三产业中，是应人们休闲娱乐等精神需求育成的，代表了现代马业总体的发展方向。现代赛马，以博彩赛马为代表，是现代马业中产值最大的行业，也是现代马业的龙头行业，其带动了马业的繁育、饲养、训练，乃至制造、传媒等各个相关行业。而奥运马术为代表的马术运动，赏心悦目，爱好者众多，影响巨大，是现代马业的高端行业。马的休闲骑乘也是现代社会中马的主要用途之一。随着人们生活水平的提高，休闲娱乐的需求也日益增长，休闲骑乘也成为许多人的爱好。散布在各城市的马术俱乐部集中了众多训练有素的马，可提供休闲骑乘服务。现代社会马的用途还有许多，在下面马的分类中还会提到马的其他一些用途。

二、马的分类

马的分类方法有多种。如按其产地的生态类型可分为森林型、山地型和草原型；按产业类型，可分为现代赛马、马术用马、产品养马、观赏型马等。这里仅对与育种密切相关的马分类方式做一简介。

（一）按培育程度分类

按培育程度可分为地方品种（原始品种）、培育品种和育成品种。马的这一分类方式与其他畜禽相似。

1. 地方品种

又称为原始品种，指未经系统人工选育的地方马种群。与人工因素相比，这些马受自然环境影响更大。地方品种马耐粗饲、抗逆性强，主要作农役用，也有役、肉、乳兼用。地方品种在农耕时代是重要畜力，但在现代社会由于其运动性能不突出而逐渐被性能优越的育成品种所取代。

2. 培育品种

是由原始品种到育成品种之间的过渡品种。这些品种经过了一定时间的系统选育，在性能方面已显著高于原始品种。但其群体的遗传还不够稳定，群体一致性尚不够高，与育成品种还有一定差距，还需要进一步选育以提高其性能和群体的一致性。

3. 育成品种

是经过长期系统选育、在某一项或多项符合社会需要的性能方面表现突出、并能稳定遗传、群体性能整齐的品种，是现代马业的种质资源基础。育成品种是在育种目标的引导下育成的，需要较为严格的人工条件，对饲料营养、训练调教的要求都较高，并需要持续的选育，否则这些品种将无法发挥其高性能，甚至会出现退化。

（二）按气质分类

马的气质，即马的神经类型的外在表现。可分为热血马、冷血马和温血马等。这种分类方法由西方最早提出，也在西方国家较为流行，更适合育成品种的分类。

1. 热血马

性情活泼、机警，反应敏捷，易兴奋。各类轻型骑乘马、速度赛马等都属于这类。这类马奔跑速度快，与人亲和力好，易于调教。

2. 冷血马

性情安静，对外界刺激不敏感，神经类型上属于抑制性，多为重型马，一般体型厚重高大，适合于农役用途。

3. 温血马

性情温和、平稳，具有良好的反应能力。一般由热血马和冷血马杂交而成，神经类型上兴奋和抑制相平衡。尽管其速度没有热血马快、挽力没有冷血马大，但其具有较好的爆发力和持久力，动作精确度好，易于调教，适合于技巧性较高的马术运动项目，如盛装舞步、场地障碍等。

（三）按用途分类

马按用途分类，可能更为直观，与马业产业类型的对应关系也更为明了。

1. 农役类型

农役，主要包括耕作、运输、放牧等，是马的传统用途。尽管随着社会发展马由农役向非农役的体育竞技、休闲骑乘用途转轨是马业的大趋势，但在广大发展中国家，马仍是重要的役畜。这些马主要是耐粗饲、抗逆性强的本地马品种。这类型的马在世界马匹总量中占的比例较大，但其对应的产业产值较小，而且随着社会的发展其数量也会不断下降。

2. 非农役类型

（1）竞速比赛类型

这类马以轻型骑乘马为主。竞速比赛用马包括多个育成品种，主要有以中短程竞速项目为主的纯血马、快步竞速项目的主要品种美国标准竞赛马等。这类马在世界马匹总量中占的比例并不大，但其支撑的竞速类产业却在现代马业中影响巨大。其中，纯血马的赛事（平地赛为主，一般属于博彩赛马）是现代马业中最大的产业。纯血马由于较高的商业价值，带动了其繁育业的发展。我国自20世纪90年代起从西方国家大量引入了纯血马，用于比赛、纯繁和杂交改良等。与现代赛马形式不同的是民族传统赛马，主要出现在发展中国家，以未经系统选育的地方马品种为主。这些马平时用于农役，只是在重要民族节日参加赛马会。尽管它们也可算作一种竞赛马类型，但其运动性能和影响力却无法与西方竞速赛马品种相比。

（2）马术运动类型

这一类型马体型高大结实，比竞速型马略重，温顺、敏捷、平衡性好，适合对动作要求比较高的、以奥运马术比赛为代表的马术运动项目。尽管许多马品种都可以用于马术运动，但在马术运动中占主导地位的还是温血马。温血马并非是一个马品种，而是指一类马品种，在历史上由重型马和轻型马杂交培育而成，时至今日仍采用开放育种方式。近二十年来，我国也引入了为数不少的马术运动类型马，并已开始繁育。

（3）休闲骑乘类型

这一类型包括多种马。性情温顺、经过一定训练调教的马即可胜任此用途，所以适用于休闲骑乘的马范围较广，既包括了运动性能较高的西方育成品种，也包括了地方马品种中的优良个体。

（4）观赏型（宠物类型）

这类马主要是矮马类型。在西方国家主要是以设特兰矮马为代表的矮马品种。经过长期系统培育的矮马，体型矮小、外貌可爱、性情温驯，尤其适合与儿童为伴，也可用于儿童骑乘、马术运动。我国也有一些矮马品种，主要分布在西南各省。但我国的矮马基本上都是原始品种，培育程度较低，在性能方面尚不能与西方矮马相比。

（5）其他非农役用途马

其他用途的马还包括用于肉乳生产的马、军警用马、医疗马、导盲马等。用于生产肉、乳是马的传统用途，现仅局限于某些地区。肉、乳用马一般是体型略重的兼用型或重型马品种，一些地区也用地方品种生产乳肉。军事用途曾是马最重要的功用之一，但随着现代化进程，现在已鲜有军马的用武之地，现仅有极少军警用马，用于仪仗、警务等任务。骑马对一些慢性病和心理疾病有一定疗效，用作此用途的马即为医疗马。导盲马一般为矮马品种。医疗马、导盲马一般都是育成品种，经过严格的训练而成。

第二节 马的选择性状和遗传特征

由于在不同的历史时期，马的主要用途有所不同，所以选择性状也有差异。如在农耕时代，力量大的马是受欢迎的，挽力就成为重要的选择性状；而近代以来，现代赛马的盛行使马的奔跑速度成为赛马最为重要的性状。如上所述，现代社会中运动用马成为马匹培育的主要方向，另外还有观赏型宠物马和生产肉、乳的产品用马，而挽力大的农役马培育方向已不是现代社会马匹育种的主流。以下就对现代马业育种中主要的选择性状及其遗传特征做一简述。

一、生长与生产性状

（一）体尺和体型

体尺主要指马身体各主要部位的尺寸，但最常用的体尺还是体高、体长、胸围和管围。体型则指马身体主要部分之间的结构和比例。体尺和体型与马的性能密切相关，不同用途的马体型外貌也有明显差异。运动型的骑乘马体型紧凑，四肢修长，体高与体长相等或略大于体长；挽用型马体型厚重，体长大于体高，胸围和管围较大。与其他主要家畜类似，马体尺的遗传力也在 0.2 ～ 0.5 之间，属于中高遗传力。其中以体高的遗传力为最高（0.45 ～ 0.5），体长、体型性状次之。

（二）体增重

对于运动型马，一般不对体增重进行选择，只是将其作为一匹马是否正常生长发育或体况的指标。而对于以产肉为生产目的马品种，与其他肉畜一样，体增重是一个重要的经济性状。马的体增重具体测定方法与其他大型肉用家畜类似。一些国家和地区有食用马肉的习俗。在农业机械化之后，重型挽用品种由于生长速度快、性早熟而成为理想的肉用马品种。马在 6 月龄之前（断奶之前）体重增长最快；6 月龄到 18 月龄次之，此后增长放缓，直到成年体重趋于稳定。本地品种（原始品种）生长期较长，有些甚至持续到 5 岁之后。这些原始品种需要进一步改良、提高后才能成为性能较高的肉用马品种。

（三）产奶量

用于产乳用途的马须对产奶量进行选择。马虽然不是传统的乳用家畜，但一些国家和民族却喜食鲜马奶或酸马奶。虽然各类型马都可用于产奶，但运动类型马的乳汁仅用于哺育幼驹，不用来挤奶。用于产奶的品种多为地方品种或体型较重的挽用品种，一般在产后 5 个月以内进行马乳生产。与牛不同，马的乳池较小，一天内需要多次挤奶才能刺激马乳房更多产奶。马乳生产中，一般白天母、驹分离，以便挤奶；而夜晚则让母马和马驹在一起，以保障马驹的哺乳时间。

二、运动性状

（一）速度

这里的速度即马的奔跑速度。不同竞赛类型的马，速度也有不同的表现形式。以纯血马为主的平地赛事，赛程多在 1 000 ～ 3 200 m，对于这类比赛最为重要的性状是中短途速度；而耐力赛的赛程可以长达上百公里，马的长途速度（持久性的速度）则是最为关键的。另外，快步赛中，马拉轻驾车以快步或对侧步的步伐竞赛，其选择性状则是以特定步伐行进所表现出来的速度。尽管上述不同类型速度的遗传力有所不同，但不少研究表明马的速度是一个遗传力较高的性状（遗传力约为 0.4）。

（二）步法

步法是马的重要性状。步法可分为慢步、快步、跑步、袭步等，还包括一些人工步法。上述步法又可细分为更为具体的类型。马天生就会一些步法，后天的训练、调教可使这些步法更为规整有力，并可习得一些新的步法。长期选择可使一些控制步法的基因在某些群体几乎达到固定，其后代出生后就会走一些特定步法，如美国标准竞赛马（The American Standard Horse）分为快步品系和对侧步品系。马天生就会走快步，而对侧步则一般需要后天习得。但标准竞赛马中的对侧步品种的后代，许多天生就会对侧步。国内一些地方品种也有出生后未经调教就会走对侧步的个体，俗称"胎里走"。这些都是人工选育后相关步法基因纯合，并在群体内频率升高的结果。随着分子遗传学研究的深入，对侧步的相关基因已得到鉴定和解析。研究表明，DMRT3 基因上的变异可导致马出现对侧步步法，这一致因突变在模式动物小鼠上也得到了验证。

三、毛色和性情性状

（一）毛色

马的毛色是一个重要的选择性状。人们对马的毛色有不同的喜好，不同时代和地域受欢迎的马毛色也不同。如商朝以白马为贵，而到了周朝则喜黑马。时至今日，我国南方的一些地区仍喜白马。同时马的毛色也是重要的品种特征。如著名的阿拉伯马多为青毛。马的主要毛色有骝毛、栗毛、黑毛，除了这些毛色外，还有青毛，白毛、兔褐毛、海骝毛、鼠灰毛、银鬃毛、沙毛、花毛等。

马的毛色形成的机制比较复杂。主要毛色之间的显隐性关系大体如下：骝毛 > 黑毛 > 栗毛。但这三种毛色主要由两个基因位点决定，所以其具体的显隐关系实际上比上面描述的要复杂。在 $MC1R$ 基因中调控毛色的等位基因为 E/e；而 $ASIP$ 基因也有影响毛色的等位基因 A/a。这两个位点不同等位基因的组合，形成了各主要毛色类型。如当基因型为 EE 或 Ee +，AA 或 Aa 时，为骝色；EE 或 Ee + aa 时，马为黑毛色；ee + AA，Aa，或 aa 时为栗毛色。青毛色一般表现为显性毛色。白色也为显性毛色，但白色基因纯合时，则形成致死基因。

（二）性情

尽管对于其他常见家畜，人们也对不够温驯、过于暴烈的个体予以淘汰，但在马的培育中对性情的要求更高。马无论是骑乘还是挽用，都是与人关系密切的伙伴，安全性是最需要关注的方面，其次是马的服从性。如果安全性或服从性方面存在问题，则马就不能为人所用或不能发挥其应有的功效。因此，马的性情很早以前就被人们所重视。西方国家马的性情的分类方式是将马分成热血马、温血马和冷血马。而在我国传统上将马的性情或神经类型分为烈悍、上悍、中悍、下悍四类。简单地说，烈悍，指性情暴烈类型；上悍，指性情灵敏而温顺，勇敢而又服从指挥的类型；中悍，指马温顺，但反应不算太灵敏的类型；下悍，指马对外界刺激不敏感，虽温顺，但学习能力差，不易训练调教。因此，上悍是马最佳的性情和神经类型。

第三节
马的育种目标

马的育种目标与其他畜禽一样，不同用途有不同的目标。但与其他畜禽不同的是，马由于在现代社会中用途多种多样，其育种目标也表现出多样性。同时，不同用途的马，其理想型都有一些共性的地方，这也是各类马品种育种目标的共同之处，这里主要包括：①良好的体型外貌，即体质结实、身体各部位紧凑、匀称，无失格（先天性的缺陷）；②性情（神经类型）为上悍；③步伐流畅、有力。

一、速度赛马

速度赛马的主要育种目标是竞赛速度。本文的速度赛马主要指的是中短途赛程的竞赛，赛程一般在 1 000 ～ 3 200 m。虽然速度赛马育种目标中对马的体型外貌没有做出明确的规定，但速度赛马一般都要求体型较为高大，体质结实，骨量不过大，灵敏而温驯。尽管耐力赛也依据速度取胜，但与速度赛马的育种目标却有明显的区别。中短途的赛马肌肉组织中以爆发力强的白肌为主；而耐力赛的马则以持久力较强的红肌为主；速度赛由于赛程较短，在整个比赛中马的起跑、奔驰、冲刺一气呵成，以展示马的短程速度为主，而耐力赛则是分成若干个赛段进行比赛，中间有间歇，由于其赛程较长，展示的是以持久力为基础的速度。因此速度赛马与耐力赛尽管都是以跑完赛程的时间决出名次，但其培育的目标是有所不同的。

二、马术用马

马术用马，一般指用于奥运马术赛事为代表的马术运动的马。这类马的育种目标主要是马匹的马术竞赛能力，其中主要包括动作准确度、推进力、服从性、灵敏性和易调教性等，这些项目不是彼此独立的指标，而是紧密联系、作为一个整体展现的。这些育种目标都与马匹比赛成绩密切相关。但不同马术竞赛类型，其具体培育目标也不同。如场地障碍比赛马，需要最短的时间内跳跃十几个障碍物，对于其跳跃能力、爆发力、步法和动作的协调性都有较高的要求；而盛装舞步比赛，马匹需要较高的训练程度，具有良好动作精确度、动作记忆能力、对骑手辅助（指骑手通过缰绳、坐姿和腿部等对马发出的指令）的灵敏反应和服从性等。因此马术用马作为一个大类，各具体马术项目的培育目标也有所不同。

三、休闲骑乘型马

休闲骑乘型马的培育要求低于竞赛类马（如速度赛马和马术比赛用马），尽管不少退役的竞赛类马也用于休闲骑乘。在社会发展水平较高的国家和地区，人们生活水平也较高，对于休闲娱乐的需求也大，休闲骑乘作为一种集体育和娱乐为一体的运动项目，成为广大爱马人士所喜爱的活动。休闲骑乘马总体的培育目标有：（1）性情温顺、服从性好。这主要是从骑乘的安全性方面考虑的，而且也是对这类马的最为重要的要求。由于许多休闲骑乘人士并非专业骑手，驭马能力有限，在这种情况下马良好的性情对于保障人、马安全就非常重要。休闲骑乘需要温驯、状态稳定、与人亲和性好、对外界刺激不过于敏感、不易受惊的马。（2）良好的运动能力。其体型、体质等身体素质适合于骑乘运动，平衡感好，步伐平稳，易于基础的训练调教。（3）良好的体型外貌。马的体型外貌会影响人们的骑乘体验。无论是适合儿童骑乘的矮马还是成人骑乘的普通马，都要求体型外貌匀称、协调、无明显的失格或损症（损症是马出生后、非遗传因素造成的外貌方面的损伤）。

四、矮马

尽管矮马在历史上曾用于农役，甚至矿井内的运输，但在现代社会中，矮马则主要用作宠物及儿童骑乘。这类马的培育目标包括：（1）低矮的体高。尽管在西方国家147 cm 以下都被称为 pony（矮马），但一般矮马体高的参照是设特兰矮马（Shetland Pony），这是在英国育成的世界上最著名的矮马品种。设特兰矮马要求体高不得超过106 cm。但这个体高要求在矮马培育中不是一成不变的。如美国在设特兰矮马基础上培育的美国设特兰矮马，体高要求在 117 cm 即可，这一品种由于体型更高一些，也更适合儿童骑乘。还有一类更小的矮马，称为 minimum stature pony，即微型矮马，体高要求在 84 cm 以下。总而言之，低矮的体高是矮马培育的主要目标之一。（2）良好的性情。与休闲骑乘马类似，为保障儿童骑乘的安全，矮马的性情会作为一个重要的培育目标。矮马应与人亲和性好，性情温驯，无踢咬、性情暴躁或其他怪僻，人与之接触无安全方面的顾虑。（3）良好的外貌和运动能力。这些方面的要求与休闲骑乘型马类似，这里不再赘述。

五、肉乳用马

马的产肉、乳用途是传统用途。一般原始品种多为役、肉、乳兼用型。年迈的农役用马被屠宰作肉用，而一些地区，役用马产驹后 5 个月内，还用于挤奶之用。在前苏联地区的一些国家，有一些适合肉乳生产的马品种。马的肉乳生产具有地域的局限性，远未达到像其他大型肉、乳用家畜那样的规模化和集约化。但马的肉、乳有其生物学或功能上的特点，如马乳成分与人乳接近，乳糖含量较高；马乳中白蛋白和球蛋白的含量较高、脂肪含量较低，适合于人类饮用，而且发酵后的酸马奶还可治疗慢性胃、肠道疾病。马肉则具有高蛋白、高不饱和脂肪酸、低胆固醇的特点，是肉类中的佳品。因此马的肉乳用途是有一定市场需求的。肉乳用马的育种目标与其他大型肉、乳用家畜是相似的，主要以乳、肉产量和品质为主，具体内容可参照奶牛或肉牛的育种目标。

第四节
马的育种方案和方法

马的育种基本原理与其他家畜类似。但由于马用途的多样性，马匹育种目标性状也不尽相同，在育种方面有其自身特点。本节就拟对马育种方案和方法做一简述，并对其中有特色之处着重阐述。

一、育种方案

（一）杂交改良与闭锁选育

该育种方案中，先进行改良性杂交，待目标性状提高后，再进行横交固定，进入闭锁选育提高阶段。这一育种方案适用于诸如提高马的竞赛速度这类育种目标相对专一、育种性状遗传力比较高的育种工作。其中典型的例子是纯血马（Thoroughbred）的培育。英国是现代赛马的起源地，纯血马最早也是由英国培育而成的，是平地赛和障碍赛最主要的马品种，也是对现代赛马业影响最大的赛马品种。纯血马中短距离（1 000～3 200 m）速力最为卓越，保持着这一赛程速力的世界纪录。纯血马的培育分为两个阶段：

1. 杂交提高阶段

18 世纪英国工业革命和社会经济的快速发展，为现代马业的发展奠定了良好的社会基础，也为马品种提出了更新、更高的要求。随着武器装备的改进，英国在军事方面需要快速灵活的轻型骑乘马，蓬勃发展的赛马运动对马的速力等要求也越来越高。皇室贵族对赛马的爱好和倡导对现代速度型赛马的培育也起到重要推动作用。17 世纪起，英国从西亚及北非等地区引入了上百匹优良的东方马匹，主要是阿拉伯马。影响较大的有 28 匹马，其中有三匹著名的阿拉伯种公马对纯血马的育成起了重要的作用，被认为是纯血马的三大祖先。这三匹马即为达雷阿拉伯（Darley Arabian）、培雷土耳其（Byerley Turk）和哥德尔阿拉伯（Godolphin Arabian）。现代纯血马的血统大多出自这 3 匹种公马。这些奔跑速度快的东方热血马与英国本地马杂交，以改良本地马的竞赛速度和体型外貌。这种杂交模式持续了上百年，这期间以赛马成绩为主要选种依据，对马匹进行选育，赛马的速度性能有了显著提高。

2. 闭锁选育阶段

1791 年经过长期杂交的英国赛马开始进行品种登记，并正式冠名为纯血马。英国纯血马品种登记机构建立起一整套系统的纯血马登记制度，严格而详细地记录了纯血马系谱，成为后来其他赛马国家效仿的典范。登记制度规定，只有已登记的纯血马繁殖的后代，才能登记为纯血马。这样，该品种就进入了本品种闭锁选育阶段。纯血马以赛事成绩来选种，冠军马除了丰厚的奖金外，作为种公马参与繁育还有高昂的配种费。冠军马的后代也售价不菲。这样赛马业就又推动了纯血马的繁育业，使纯血马的赛事和繁育进入了一个良性循环。

（二）开放式育种

开放式育种，是不断引入外来品种以提高改良本品种性能的育种方式。马术用马的培育一般采用温血马的开放式培育方案。温血马由热血马和冷血马杂交而成。马术用马需要温和稳定而又灵敏的性情、良好的动作推进力和精确度、对骑手辅助的敏感和良好理解力等，其中的行为学性状为复杂性状，受微效多基因控制，遗传力低，宜采用杂交的培育方式，以集合有利基因位点，全面提高马术运动性能。温血马中有不少育成品种，其中以德国和荷兰温血马最为著名。德国温血马品种如汉诺威、荷斯坦、奥登堡等，都是优秀马术用马品种。在培育之初，采用纯血马和当地的重型农役用马杂交产生温血马后代，并以马术比赛成绩为主要依据进行选种。这些马品种时至今日仍然采用开放式的育种模式，即在品种登记中，允许两亲本中的一方为其他品种马，这样后代有 50% 本品种血统就可以登记为该品种，但对于亲本中非本品种的另一匹马，要求必须来自高运动性能的育成品种。如一匹汉诺威马，其双亲中可以有一方为荷斯坦马、奥登堡马或其他温血马品种，甚至可用纯血马。由于采用了开放式育种，不同高运动性能品种的融合带来了显著的杂交优势，温血马健壮、行动敏捷、性情温顺而灵敏，适于复杂、高难度步法和动作的训练调教和竞赛。同时，由于各温血马品种之间频繁的血统交流，许多温血马品种从体型外貌到性能上都出现了趋同现象，品种间的差异呈不断缩小的趋势。

（三）本品种选育

马本品种选育的概念与其他畜禽一样，指在品种内根据育种目标选择性能优良的个体进行留种，逐代提高群体的性能。尽管大多数现代马品种都有引入外血杂交的过程，但在一些马品种中本品种选育仍有运用。一些古老的育成品种，如阿拉伯马、阿哈-捷金马，主要通过本品种选择育成，品种形成过程中未有外血的渗入。一些品种出于遗传资源保护和开发利用的目的，采用了本品种选育方案，向现代用途定向培育，以推陈出新，育成符合现代社会需求的品种。如芬兰马，直到 20 世纪初，仍是一种重型的冷血马品种。随着芬兰的现代化进程，机械替代畜力，芬兰马的数量急剧下降。在有识之士的呼吁下，政府开始采用本品种选育对该马品种向快步马方向培育，经过连续选育终于育成了适合快步比赛的冷血马品种。对于向宠物方向培育的矮马，一般也采用本品选育，以便更好地固定矮小性状。如著名的设特兰矮马，数百年前只是英国北部设特兰岛上体格矮小的原始品种，在社会的不同发展阶段，曾是农役、矿井用马，在现代社会则是宠物用马，其在各阶段都采用了本品种选育的方法。

二、选种方法

马的育种和人类社会的发展密切相关。现在的家马由野马驯化而来。最初人类驯化马匹主要用于肉、乳生产，随着人类社会的发展，马又多用于农役或战争。到了现代社会，马转向非农役用途，赛马、马术、休闲骑乘逐渐成为马的主要用途。不同用途的马有不同的选育侧重点，不同的社会发展阶段也对应着人类不同的需求及不同的科学发展水平，因此马的选种方法也是一个由低级到高级、不断变化和改进的过程。

（一）传统选种方法

在经典的遗传学理论出现之前，那时的育种者主要是依靠"眼力"来判断马的优劣，如伯乐相马、按图索骥等，其实主要利用的就是马的形态学标记，以人主观的印象与期望为依据进行选种。近代育种学主要根据实践经验，从血统、个体和后代情况选择种马，同时熟练应用近交选配，提高种群内个体在多个性状上的一致性。现代育种学结合了孟德尔经典遗传理论和数量遗传学理论与方法，使得选种的准确性有了较大提高。马和其他家畜一样，选种主要也是基于自然选择和人工选择。自然选择对野外的原始牧群影响较大，在此主要介绍人工选择。人工选择主要包括个体选种、后裔或同胞选种及综合选种等选择方法。

个体选种是按马个体本身的品质、气质、性能表现和工作能力进行选择，对于高遗传力的性状，如体高、骑乘马竞赛速度等常采用此方法，但此法容易造成只有被选择的性状效果明显而忽略了其他性状。后裔或同胞选种是根据后裔或同胞的性能表现和工作能力进行选种，可用于低遗传力的性状的选种，如繁殖力，但由于马的世代间隔长达8年，且通常是单胎，因此此法所需时间较长。综合选种主要是根据系谱、体质外貌、体尺类型、生产性能和后裔品质这5项指标进行马的综合鉴定和选择。

1. 系谱

通常选种时首先要看其祖先中的优秀个体数，其次看被鉴定的马是否继承了其祖先优秀的品质和性状特点。例如纯血马，18世纪末英国就出版了第一部纯血马血统登记册，其中记载了赛马的系谱。1891年，完成百年系谱专号，以后每隔四年就出版一卷血统登记簿。至今该项登记工作已延续了二百多年。首卷中登记的纯血马，正是后来几十万匹纯血马的核心群。纯血马登记制度建立后，纯血马也由开放式育种转入闭锁繁育阶段，即只登记前卷登记过的马匹后代，从而保证了品种的血统纯正性，同时也为科学的选种选育打下了基础。

2. 体质外貌

不同用途的马选择不同的体质和气质，如运动类马应选择体质干燥结实，气质为上悍的个体；役用马应选择体质干燥，气质尽量为上悍或中悍的个体；肉用马应选择体质湿润细致，气质中悍即可。无论是哪一种用途的马外貌都要求体型尽量匀称，颈正、背腰短而宽广、良腹、无失格和损征。

3. 体尺类型

对于马属动物来说最重要的四大体尺是体高、体长、胸围和管围。与体质外貌的选择一样，不同用途的马也对应着不同的体尺类型。运动型马宜选择体格较高大的，休闲骑乘类可选择体格适中的，而宠物马多选择体高比较矮小的，如设特兰矮马。

4. 生产性能

赛马要求有很好的速力；骑乘马要求与人亲近、易于调教；役用马要求挽力大；肉、乳用马要求产肉、产乳性能好。依据不同的用途确定不同的生产性能目标，并在生产实际中要准确的进行生产性能测定，以保障选择的准确性。

5. 后裔品质

后裔鉴定是衡量种马优劣的主要依据。鉴定的后代越多，结果越准确。在实际育种中，种公马的后代中出现冠军马越多，其配种费也越高。这种通过后代比赛成绩评定种公马的方式与其他家畜后裔测定的原理是一致的。

（二）分子辅助选择方法

随着分子生物学的发展，近年来除了传统的育种方法，分子辅助育种逐渐成为马育种中的重要技术手段，其原理是利用分子标记与目标基因紧密连锁的关系在群体中对特定性状进行选种，在一定程度上解决了后裔测定耗时长的问题。该技术在染色体和 DNA 水平上揭示了马各种表型的遗传基础，再与传统的综合选种相结合，提高了选种效率。分子辅助选择的基础是分子标记，不同于传统的形态学标记、细胞学标记及生化标记，分子标记是 DNA 水平的标记，主要有限制性片段长度多态性（RFLP）、随机扩增多态性（RAPD）、扩增片段长度多态性（AFLP）、简单序列重复（SSR）、单核苷酸多态性（SNP）及插入缺失（InDel）等。随着高通量测序技术的发展，现在较为常用的标记是 SNP 及 InDel。下面就拟简要介绍可用于马毛色、步伐及速度等重要性状选择的分子标记。

1. 毛色

马的毛色有很多，在选种时是非常重要的一个表型，这不只是为了迎合人们对毛色的喜好，也是因为有些毛色与一些遗传疾病相关。由于马的毛色众多，且有些很相似，因此在生产实际中进行毛色登记时，常常容易混淆，此时找到各个毛色的分子标记进行 DNA 检测就显得很有必要。马的毛色主要分为基础毛色、淡化毛色及白斑和褪色，与其他哺乳动物相同，马的毛色也是由真黑素和褐黑素的比例和分布决定的。基础毛色由黑素皮质素受体 1（melanocortin-1 receptor，*MC1R*）和刺鼠信号蛋白（agouti-signalling protein, ASIP）相互作用形成，ASIP 是 *MC1R* 的拮抗剂。激动剂促黑激素活化 MC1R，进而刺激黑色素表达，从而合成真黑素。然而 ASIP 可以扭转这个作用，并引起褐黑素的产生。淡化毛色中的香槟毛色由 Champagne（*CH*）基因座决定，为显性遗传。候选基因溶质载体 36A 家族成员 1（solute carrier 36 family A1，*SLC36A1*）外显子 2 中的一个单核苷酸突变位点，导致蛋白质跨膜结构域中的精氨酸被苏氨酸替换，减少了马匹中的红色和黑色色素，从而产生了香槟毛色。在白斑和褪色表型中，分背花毛显性纯合致死型是由于 B 型内皮素受体外显子 1 上的第 353、354 核苷酸 AG 发生错义突变，导致第 118 位氨基酸由异亮氨酸变为赖氨酸。在生产实践中可据此进行分子检测，以准确判断毛色并及早发现疾病。

2. 步法

步法作为马的重要性状，除了普通慢步、跑步和袭步外，马还有其他步法，包括一些特殊步法。会特定步法的马品种遍布全球，这表明步法是一种古老的特征，已在许多品种中被固定。有研究发现，在 *DMRT3*（double-sex and mab-3-related transcription factor 3）中的一个突变会对马的步态产生重大影响，且为因果突变位点。该突变在轻驾车马品种中以较高的频率出现。现已有学者利用 PCR-RFLP 技术对马的 DMRT3 基因进行分型，来检测马的步态优势进而判断其竞技能力。

3. 速度

不同的比赛对马的速度性状要求也不同，中短程比赛需要更好的爆发力和速度，而长途赛更需要的是耐力。肌肉生长抑制素基因（myostatin，*MSTN*）是著名的速度基因，在骨骼肌中高表达。对 1 岁的纯血马进行 10 个月的训练后，发现其 *MSTN* 基因 mRNA 表达量显著降低。但国内的蒙古马运动训练后 *MSTN* 基因表达量上调。也有研究对 3 006 匹有比赛成绩的纯血马（精英和非精英马）进行比赛距离能力的全基因组关联分析，证实了 *MSTN* 是速度性状的调控基因。在国外纯血马的研究中发现，位于 MSTN 基因第一个内含子的 g.66493737 T > C 位点，C / C 纯合型马更适合短距离比赛（≤ 1 300 m），而 C / T 基因型似乎在中距离比赛（1 301～1 900 m）中成绩更好，而 T / T 纯合子则通常在更长的距离比赛（> 2 114 m）中表现更佳。现该位点已用于赛马的选育中。

（三）基因组选择

西方马业发达国家对运动用马的各类性状有着详尽的记录。近年来随着马基因组高密度芯片的商业化，以及基因组测序成本的降低，使大规模检测基因组水平的遗传标记成为可能。迄今为止，已有不少采用 GWAS 研究马运动、遗传疾病性状的研究报告。这些都为马基因组选择打下了良好基础。如上所述，尽管马在参考群建立、全基因组遗传标记检测等方面已有较好基础，但与牛、羊、猪等家畜不同的是，马由于用途方向不同，选择性状也多有不同，不少品种群体规模较小，这些都在一定程度上限制了基因组选择在马育种中的应用。但不可否定的是，基因组选择是未来马育种的一个重要方向，是一个总体趋势，该方面的研究和相关方法的建立是必要的。

三、马育种的其他重要方面

（一）竞赛

竞赛在现代运动马的育种中起着核心作用。其他畜种也有一些比赛形式，如着重看体型外貌的展示性比赛，但它们的选种主要依据肉、蛋、奶等生产性状表现，比赛成绩在其选种中并非占主导作用。而在现代马业中，比赛成绩既是育种目标又是选种的重要手段。尽管比赛成绩是一匹马遗传和外界因素共同作用的综合结果，但比赛成绩无疑是和马的遗传潜质成正比的。对冠军马或成绩优秀的马进行留种、选配得到优秀后代的概率显著高于随机交配。如在纯血马主导的平地赛事中，常以冠军马留种。优秀公马的配种费高昂，这就通过比赛刺激了优秀公马的培育和使用，使运动的优良基因逐代传递、积累，马匹的运动性能也得到不断提高。

（二）协会组织

马的协会组织是由马生产、利用和管理等相关人员组成的组织，可以是民间的，也可以是官方的。在马业发达国家，这些协会组织多种多样，其中马品种协会在马的育种中起着重要作用。近代以来，正因为马品种协会的建立，才出现了许多现代马品种。马品种协会的一项重要功能是进行品种登记，将合格的个体登记在册。登记的内容包括幼驹登记、马名登记、种用登记、繁殖记录以及其他相关登记。其中幼驹登记是最为核心的登记内容，包括了马匹性别、出生日期、毛色、出生地、血统、特征、体尺、外貌文字描述等。在这些登记内容中，血统登记最为重要，其显示了幼驹的系谱信息，它在一定程度上反映了幼驹的遗传潜质。马名登记即记录马的名字。协会负责制定马匹命名规则，马主须按照此规则进行马匹的命名，然后报请品种协会登记。种用登记则记录种公马及其后代的信息，以及配种证明等。其他登记包括了马主变更等信息。马品种登记起到规范育种过程的作用，尤其是其系谱记录，是马匹继代选育的基础。

（三）训练和调教

与其他家畜不同的是，马运动方面的遗传潜质，不仅仅要靠合理的饲养管理，还要依赖科学的、系统的训练调教才能充分发挥出来。马的训练调教就是马在驯马师的引导下有计划、有步骤的通过系统的指令和动作学习掌握运动方面的技能。通过训练调教可使受训马匹建立稳定的心理和生理方面的条件反射，从而提升马的素质和运动能力。而对马匹的训练调教其实从马驹出生时就开始了，一直持续到马匹运动生涯结束。调教可以促进马驹生长发育，锻炼和增强体质，发挥其生长潜质。后天的训练能够增进马的新陈代谢，使马与运动相关的各系统、器官得到有效锻炼，机能之间更加协调。同时合理的训练调教可增进人和马之间的信任感，这对于培育温驯、服从性好的马品种至关重要。马往往通过比赛成绩来进行选种，而比赛成绩与马的调教过程和所受的训练密切相关。遗传基础相似的马会由于训练调教水平的差异而在比赛成绩上出现较大的差距；而没有科学、系统的训练调教，即使是遗传基础很好的马也不太可能有理想的比赛成绩。地方品种马的训练调教常常依靠人们口口相传的经验，驯马师一般也是没有受过系统培训的当地人，不同驯马师水平可能相差较大，对马的训练调教效果也有较大差异。对于不少成熟的运动用马品种，人们经过长期摸索，已建立起了系统、规范的训练调教规程。比赛用马的专业驯马师（也称为教练）都需要经过相关知识和技能的系统培训，通过考核后才能成为马匹教练。尽管这些马匹教练的水平仍有差异，但规范的马匹训练调教规程和驯马师的培训过程在很大程度上消除了人为因素的影响，使得马匹的遗传潜力在比赛中得以充分表现。综上所述，训练调教对马的运动能力的表现具有直接的、重大的影响。在马品种的培育中，当训练调教水平基本一致时，依据其比赛成绩进行选种才会准确。因此在马的育种中，训练调教既是培育马的重要手段，也是准确、科学选种的重要保障。

四、马与其他主要家畜育种特点的比较

（一）世代间隔

与其他主要家畜相比，马的世代间隔较长。世代间隔指的是相邻两代之间的间隔时间，可以用留种个体出生时的双亲平均年龄来表示。以猪为例，如果公猪与母猪都在 8 月龄时配种，并在头胎仔猪中留种，当种用仔猪出生时，公母猪的年龄为 8 个月加 4 个月的妊娠期，共计 12 个月，则世代间隔为 1 年；如果亲本有了两次（胎）记录，并从第三胎才开始正式留种，则世代间隔延长至 2 年。羊的世代间隔为 3.5 ～ 4.5 年。采用后裔测定选种方法，牛的世代间隔为 4.5 ～ 5 年。马的性成熟期是在 15 ～ 18 月龄，而适配年龄则在 3 岁以上，要比其他家畜性成熟和体成熟时间晚；马的妊娠期平均为 11 个月，也长于猪（4 个月）、羊（5 个月）、牛（10 个月）。在现代赛马业中，马有了优秀的比赛成绩后才留作种用。速度赛马中，马参加比赛的黄金年龄在 3 ～ 6 岁。优秀公马退役后留作种用，一般在 6 岁以上，繁殖母马一般也在 4 岁以上配种，再加上较长的妊娠期、后代表现出可作种用的优良性能所需的时间，马的世代间

隔可达 8 年以上。同时，马也是典型的单胎动物，母马"3 年 2 胎"甚至"4 年 2 胎"的情况也较常见。这些都造成了马世代间隔比其他常见家畜长。遗传进展是与世代间隔成反比的，即世代间隔越长，遗传进展越小，所以马育种中想实现与其他家畜相同的进展，所花费的时间要长得多。因此，马育种中一个品种的形成往往需要几代人的努力。

（二）育种目标

马的育种目标总体来说就是提高马群体的遗传潜质，从而使其运动性能等主要生产性能和经济效益最大化。由此可以将马育种的目标和育种工作定义为：采用科学的育种措施选育优良的马匹，并在马的群体中扩散它们的遗传优势，以便在群体水平上最大限度地提高其优良性能、显著提升经济效益。不同于其他畜禽的育种目标（其目标性状一般是满足人们对肉、蛋、奶的需求），现代社会马的育种目标主要是为了满足现代马业体育运动的需求，包括专业性的比赛和人们的休闲骑乘，具有多样性的特点。在现代马业不同的体系中，马的育种目标也有所不同，如速度赛马、马术用马、休闲骑乘、宠物马、肉乳用马等用途不同，其育种目标也各异。即使是同一类用途的马，又可分为不同亚类，这些亚类对应的育种目标也不尽相同。如竞速类赛马又可分为平地赛、快步赛、越野障碍赛、耐力赛等，这些运动项目的育种目标都有所不同。而且这些亚类还可根据比赛要求细分，如快步赛中又可分为快步步法和对侧步步法比赛。这些细分的用途决定了马育种目标的多样性。从世界范围来看，不同地区的马产业类型对马育种目标的形成具有决定性的影响。英国是现代赛马的起源地，博彩赛马的蓬勃发展，形成了马匹中短程速力的育种目标，最终育成了纯血马这一著名的商业赛马品种。美国的休闲骑乘娱乐马业发达，有众多喜爱休闲骑乘的马迷，形成了休闲骑乘马的育种目标，育成了如摩根马、美国骑乘马、田纳西走马、美国花马等著名骑乘品种。同时随着美国平民化的轻驾车比赛的盛行，逐渐形成了快步马的育种目标，育成了适合轻驾车快步赛的著名马品种—美国标准竞赛马。西欧地区国家，如德国，由于马术运动盛行，形成了马术用马的育种目标，育成了汉诺威马、荷斯坦马、奥登堡马等著名温血马品种。英国宠物马产业的发展，形成了对矮马的需求和育种目标，育成了著名的设特兰矮马。因此，马的育种目标受马产业及用途方向的影响，具有多样性和丰富性，这是其他畜种不能比拟的。

（三）选种和育种

马与其他家畜相比，在育种策略上最大的不同是通过竞赛进行选择。牛、羊、猪等，主要的选种方式是进行生产性能测定。与其他家畜一样，马也进行性能测定，但对于在现代马业中占主导地位的竞赛类运动马（速度赛马和马术比赛用马），其种用马的选择主要是通过比赛，优胜者留作种用。在前文中提到过，比赛成绩是一个综合性状，既包括了遗传因素又有外界环境因素（饲养管理、训练、骑手），但可以肯定的是，比赛成绩一向优秀的马遗传基础一定优于成绩一般的马。虽然优秀母马也很重要，但与其他家畜一样，马选种的重点也是雄性，即种公马。优秀的冠军马一般5岁以后退役，不再参加比赛，转而作为种公马使用。马主可获得高昂的配种费，而其后代也价格不菲。这样，就以赛事为龙头，通过比赛带动和促进了马的育种。现代运动类型马品种在育种过程中另一个共同之处是，引入纯血马进行杂交改良。纯血马是现代马业中较早育成的马品种，也是许多性能卓越的其他现代马品种的奠基品种。无论是著名的温血马品种、休闲骑乘类品种甚至一些矮马品种，都在品种培育过程中引入过纯血马，以改良其体型外貌和运动性能。由于都引入过纯血马的血液，这样许多现代马品种之间都有着一定的遗传关系。

（四）经济效益

牛、羊、猪、鸡等主要畜禽的育种，主要服务于肉、蛋、奶生产的第一产业，但现代马品种的培育则是为第三产业的赛马业服务。第三产业的附加值远高于第一产业。马的育种繁育业在赛马业的带动下也产值巨大。在现代马业中，马品种的培育与赛马业已形成了现代马业产业链的两个重要环节，相辅相成，相互促进，实现了良性循环。在现代马业中，运动马常以拍卖的方式出售。名马之后或冠军马价值高昂，可达数千万美元甚至更高；冠军种公马的配种费也很高，可达百万美元，为马主带来丰厚的收益。因此，以赛马业为龙头的现代马繁育业具有较高的经济效益。

第五节
纯血马登记和血统鉴定

一、纯血马登记简介

品种登记是马育种中重要的内容。在现代马品种中，纯血马的登记开展得最早，也最为系统。这里就拟以纯血马为例，介绍马品种登记的主要内容。纯血马登记是为纯血马的繁育业服务的。只有对纯血马进行严格的品种登记，才能保障纯血马繁育业、赛马业的有序、良性发展。本节拟对纯血马登记相关内容做一个概括性的介绍，以便使大家对纯血马登记的形成过程和主要作用有所了解。

（一）马的登记制度

马的登记制度首先是由阿拉伯人创立的，用于阿拉马的品种登记。英国育马界在培育纯血马时继承了这一经验，并将之系统化，进一步完善了马的登记制度。

英国的纯血马登记开始于 18 世纪末，英国出版了第一部纯血马血统登记册。英国的纯血马登记机构每隔 4 年就出版一卷血统登记簿。登记册只登记前卷登记过的马匹的后代，从而保证了品种的血统纯正性，同时也为科学的选种选育打下了基础。正是得益于这一严格的血统登记制度，现在世界上每一匹纯血马的系谱都可以逐代追溯到 200 年前的祖先。

纯血马登记最主要的内容是系谱记录。这对于纯血马的繁育和赛马业都具有重要意义。正如上节所述，纯血马品种的培育源自英国本地马和阿拉伯马的杂交，后期则通过闭锁选育进行性状的固定和进一步提高。该品种闭锁繁育的方式与纯血马的育种目标性状密切相关。竞赛速度是高遗传力性状，可通过有利基因的纯合而得到有效提高。这样，比赛中优胜马就有很好的种用价值，尤其是公马。名马的后代也往往有不俗的比赛成绩。因此，纯血马的登记也就成为对育种和赛马业有重要意义的一项工作。

（二）国际纯血马登记委员会和登记规则

1. 国际纯血马登记委员会

国际纯血马登记委员会（International Stud Book Committee，ISBC）是管理纯血马登记的国际组织。世界各国繁育的纯血马都需在各自的纯血马登记机构登记，而各国的纯血马登记机构须由 ISBC 认可后方可成为国际公认的、合法的登记机构。

ISBC 最早是由国际赛马联盟（International Federation of Horseracing Authorities，IFHA）提议成立的，是 IFHA 管辖的组织。当时各国的登记机构相互独立地运作了上百年，在登记程序和政策上已存在不小的分歧。各国纯血马登记机构在登记规则上的不同，严重影响了赛马的国际间交流和赛马业的国际化。IFHA 认为需要建立一个专门的国际组织，通过各登记机构之间的有效沟通尽快解决这些问题，于是 ISBC 应运而生。ISBC 的主要任务是建立纯血马登记体系的国际规则。由于各赛马国家都需要在 ISBC 建立的平台上进行纯血马繁育和赛马进出口业务，其影响力越来越大。为了更好履行 ISBC 的职能，在 ISBC 之下又设立了地区性组织，以有效解决地区性问题。地区成员国登记组织形成的一些意见可由地区性代表国提交 ISBC 讨论，同时通过地区组织贯彻执行 ISBC 的决议。这样的组织结构将几十个纯血马登记机构紧密地联系在了一起，建立起了很好的交流平台。ISBC 会议每年召开一次。ISBC 自成立以来，成员国之间签订了一系列国际协议，在规范国际纯血马登记制度方面发挥了重要作用。

亚洲的地区性纯血马登记组织是 ASBC（Asian Stud Book Committee），接受 ISBC 的领导。ASBC 起源于亚洲赛马大会（Asian Racing Conference，ARC）。1995 年日本和印度在 ARC 会议上发起成立了 ASBC，印度和日本分别为主席国和秘书长国，总部设在日本。ASBC 会议原则上每 2 年举办一次。ASBC 在执行 ISBC 相关规则、加强区域内各国纯血马登记信息交流、支持成员国登记业务等方面都起到了重要的作用。我国自 20 世纪 90 年代起成为 ISBC 成员国，同时也是 ASBC 的会员国。

2. 纯血马登记规则

概括地说，由 ISBC 确定的纯血马登记规则主要包括如下几方面：

（1）纯血马登记机构的确定

该机构在其辖区是唯一合法的、独立的纯血马登记组织。唯一合法性是指该机构是在某一国家或地区唯一经过 ISBC 批准的可以进行纯血马登记的机构。这也就是说一个纯血马登记机构一经确立，该地区任何其他机构都不得开展纯血马登记业务。独立性是指纯血马登记机构在管理、运营和开展业务方面独立于其他相关利益团体，以保障其公正性。纯血马登记机构需要签署 IFHA 有关纯血马繁育和登记的协议，并参加 ISBC 地区性纯血马登记会议。

（2）纯血马的登记

纯血马只能通过本交进行繁育。任何通过人工辅助方式（如人工授精等）产生的个体都不能登记为纯血马。纯血马登记的核心业务是幼驹登记。幼驹登记需要进行 DNA（或血液）血统鉴定，以证明幼驹为纯血马亲本的后代，并进行幼驹的外貌特征描述。公马、母马在留作种用时需进行种用登记；进口马和出口马匹也要进行相关登记程序。护照是纯血马在幼驹登记后由纯血马登记机构颁的、证明其身份的文件，其上有系谱、外貌描述等个体主要信息。护照是马匹的重要个体信息文件，无论是售出、购入还是进出口，都须与马相伴。马匹的命名登记对纯血马而言也是一项很重要的工作。纯血马的命名须遵照纯血马登记机构的命名规则，在登记机构进行登记。

（3）纯血马登记册（Stud Book）的出版

纯血马登记机构须定期出版纯血马登记册。早期以纸质出版物形式发行。随着计算机和网络技术的发展，越来越多的登记机构以 CD 出版和在登记机构网站上展示登记信息。纯血马登记册的出版间隔不超过 5 年，其间每年出版一期副刊，登记新生幼驹的情况。

实际上纯血马登记规则内容相当详尽，上面只做了简要介绍。纯血马登记规则中涉及的马血统鉴定内容将在以后章节做详细介绍。

二、纯血马登记内容与规程

在几百年纯血马的培育过程中，为保障纯血马繁育的有序性，纯血马登记制度不断完善，最新的科技成果也被应用于纯血马登记。广义的纯血马登记包括的范围较广，包括了幼驹的登记、繁殖登记、进口登记、出口登记、马主变更登记、马名登记以及近年来发展起来的芯片植入等。为了让大家对纯血马登记有一个全面的了解，本节将对纯血马登记内容进行一个概述。

按照一般的定义，纯血马是指在 ISBC 批准的纯血马登记机构登记过的马匹。按 ISBC 的规定，只有已登记为纯血马的双亲产生的后代才能登记为纯血马；非纯血马连续八代与纯血马杂交的后代，且其竞赛能力已达到与纯血马相当的水平，并经 ISBC 批准方可登记为纯血马。

具体来讲纯血马登记包括如下几方面的内容。

（一）幼驹登记

幼驹登记又称为血统登记，是对刚出生不久的马驹进行的外貌特征描述、系谱鉴定和登记。在该登记中，一般要求在幼驹与母马未分开前，对其进行外貌、体征的描述，其中主要包括对毛色、别征（旋毛、白章、附蝉）等进行图文记录；采集幼驹的 DNA 样本（通常为血液样品或毛囊样品）通过 DNA 方法对幼驹与其亲本的亲子关系进行鉴定。同时在马颈部植入芯片，内含条形码，作为马匹身份鉴定的依据。在幼驹登记时，马主还需提交由种公马主（即幼驹父亲的马主）提供的配种证明书。经亲子鉴定确认后，幼驹即可登记在纯血马登记册（Stud Book）中，并由纯血马登记机构颁发护照或幼驹登记证书。进行幼驹登记时，纯血马登记机构需要预先掌握产驹情况。在运转成熟的纯血马登记机构，其与纯血马繁育场和育马者的信息交流已制度化。这为登记工作带来了方便。一般情况下，幼驹的登记需在幼驹一岁以内进行。幼驹登记是纯血马登记的核心，其他登记业务都是在幼驹登记的基础上开展的。幼驹登记对于保障纯血马系谱的准确性和延续性、纯血马繁育业的有序性都具有重要意义。

在幼驹登记中，芯片的植入是一项重要内容。马的芯片植入是国际上近年来发展起来的一项新技术。这一技术简而言之，就是把一个微型芯片植入马的皮下，该芯片上的信息可用读码器读取，以芯片的编码作为其终身携带的身份证。芯片一般在幼驹登记时植入，在交易、马匹繁殖登记、参赛时可验证其身份。芯片植入技术的应用，大大方便了血统鉴定和系谱记录工作。现在已开发出以芯片为索引、与马的系谱、亲子鉴定结果联网的软件和设备，这就使纯血马登记实现了网络化，更便于马匹的身份鉴定，有利于马匹的国际间交流。

（二）繁殖登记

繁殖登记，即纯血马的种用登记。公母马一般在 4 岁后才作为种用，并进行种用登记。纯血马作为种用后一般就不参加比赛了。进行种用登记时，马主须提交种用登记申请表、马匹的护照或幼驹登记证书、登记费等。种用登记后，马主须每年向纯血马登记机构报告该马匹的繁育情况。种公马主报告马匹配种情况，包括与配母马的数量、最初配种日期、最后配种日期等；繁殖母马马主则需提交产驹报告。这些报告都需在下个繁殖季节开始前完成。种用马马主变更的情况须及时报告纯血马登记机构，以便登记机构与新马主建立联系。马匹死亡也需及时向登记机构报告，以便登记机构及时掌握情况。

（三）进出口登记

进口马匹须进行进口登记。进口马匹应有护照等可以证明纯血马身份的材料。同时，马匹出口国纯血马登记机构须向进口国登记机构提交马匹出口证书、马 DNA 信息等材料。对于妊娠母马，还应携带种公马配种证书。进口国登记机构委托有资质的兽医对进口马匹进行确认，内容主要包括：（1）对照护照等身份材料核实马的外貌体征；（2）采取 DNA 样本，以便进行 DNA 个体鉴定；（3）核对植入的芯片及其他信息。经过这些程序后，将该进口马登记入册。在马匹出口时，马匹出口国登记机构应向进口国登记机构提交出口证书，DNA 型等材料，并将该马的出口情况录入登记系统。

（四）马主变更登记

马主的信息对于纯血马登记工作很重要。只有通过与马主的密切联系，登记工作才能有序、及时地完成。在现代马业中，马匹贸易日趋活跃，马匹的流动性越来越大。一匹马一生中几易马主的情况很常见，这样及时进行马主变更登记就显得很重要。马主变更登记不同国家做法略有差异，但总体上是要求马主将变更信息及时通知登记机构，完成马主变更登记。

（五）马名登记

马匹在正式参加赛事或转为种用前，须进行命名。对于纯血马的命名，ISBC 和 IFHA 有详细的规定。这些规定主要包括了名字的长度、名字所用字符、禁用的名字、对名字含义的要求等。每个国家在此原则性规定的基础上又制定了更为具体的马匹命名规则。马匹一旦开始竞赛生涯，原则上不允许再改名。确有必要改名的，则需要遵循严格的更名规则，并进行登记。进口驹命名时须通知出口国纯血马登记机构。

三、纯血马登记中的血统鉴定技术

（一）血统鉴定技术的演进

血统鉴定工作是纯血马登记的基础。在建立了纯血马登记制度后很长一段时间里，是根据幼驹的出生记录和外貌特征来进行血统记录和鉴定。这一以观察和实事记录为主的方法，对于纯血马的系谱记录和繁育业的有序发展起到了重要作用。但该方法受人为因素影响，会造成一些系谱登记方面的错误。在 20 世纪 80 年代初，ISBC 根据当时马血液生化指标的研究成果做出规定，要求各成员国登记机构采用血液生化多态检测进行纯血马亲子鉴定，其主要检测内容包括：（1）马血液中红细胞表面抗原多态性；

（2）红细胞蛋白多态性；（3）血清蛋白多态性。血液检测方法共测定十几个项目，可较为准确地进行纯血马的血统鉴定。血液检测技术应用于纯血马血统鉴定后，由于其检测结果的客观性和科学性，有效推动了纯血马繁育业的健康发展。但血液检测技术需要较多人力，耗时长，自动化程度不高；血液检测中不少位点在纯血马群体多态性不算丰富，在鉴定中起到的作用不大。从 20 世纪 90 年代开始，DNA 微卫星多态性检测方法（简称 DNA 检测方法）不断完善，逐步成为纯血马血统鉴定的新一代方法。该方法的原理是，基因组上存在丰富的短片段的重复序列位点（即微卫星位点），由于重复片段的数量不同，这些位点呈现丰富的长度多态性。这些位点在遗传过程中遵循孟德尔遗传规律，可应用于亲子鉴定。由于 DNA 检测方法具有采样方便（采取马带有毛根的毛发即可）、自动化程度高、耗时短、位点在群体内多态性丰富、结果更为准确、易读，而成为纯血马血统鉴定的可靠方法。ISBC 根据纯血马微卫星多态性的研究成果，要求各成员国登记机构 DNA 检测中应包括十二个必测的微卫星位点，各成员国可根据自身的情况增测若干个其他微卫星位点。现 DNA 微卫星多态性检测方法已成为纯血马血统鉴定的主流方法。

随着马基因组测序工作的完成，全基因组范围的单核苷酸多态性（Single Nucleotide Polymorphism，SNP）筛选及其应用，成为研究热点。SNP 主要是指在基因组水平上由单个核苷酸的变异造成的 DNA 序列多态性。在基因组上 SNP 位点很丰富。据估算，SNP 在人类基因组上的分布频率可达千分之一。应用 SNP 作为遗传标记有密度高、通量高、易于自动化检测和分析等优点。尤其是马全基因组 SNP 芯片的研制和应用，成为马亲子鉴定和分子遗传研究的最新方法。SNP 芯片，简而言之就是把 SNP 位点 DNA 序列以微阵的方式固定在载体上形成的芯片。检测时芯片上的 SNP 序列与待测样品序列进行杂交，通过荧光信号的变化而测得每个位点的基因型。按照 SNP 数量的多寡，SNP 芯片一般分为高密度基因型检测芯片和低密度基因型检测芯片。一般而言，低密度 SNP 芯片就可胜任亲子鉴定工作。基因组 SNP 芯片的制造成本和检测费用较高，而且芯片只能使用一次，不可重复使用，这就限制了 SNP 芯片的推广和使用。商业化 SNP 芯片的出现在一定程度上降低了成本。illumina 公司已经研制出马的 SNP50 芯片（Illumina Horse SNP50 Bead Chip）及 SNP70 芯片，分别包含多态性丰富的 5 万和 7 万多个 SNP 位点，并且近年来又有新的密度更高的 SNP 芯片推出。但目前以 SNP 芯片进行马亲子鉴定的成本仍然较高，是微卫星 DNA 检测技术费用的数倍以上。尽管 SNP 芯片检测是新一代亲子鉴定技术，但考虑到成本因素，其取代现在普遍使用的微卫星 DNA 检测技术尚需时日。

（二）纯血马登记中的 DNA 血统鉴定

目前，DNA 检测技术已是纯血马血统鉴定的主要方法。如下就拟对有关 DNA 鉴定方法的应用及其国际认证做一简述。

1. 纯血马登记中 DNA 鉴定的应用

一般在如下三种情况下需做 DNA 鉴定：

（1）亲子鉴定

一般在幼驹出生后半年时进行马的亲子鉴定。马的亲子鉴定是为了确认其亲本信息是否正确，以保证系谱的正确性。这里幼驹的基因型必须要同时与父母的基因型进行比对，以确定亲子关系。只有在亲子鉴定 DNA 相符的情况下，才能进行幼驹登记。

（2）繁殖登记

在马匹作为种用时，未做过 DNA 检测的母马须补做该检测；而公马则必须再做一次 DNA 鉴定。种马是品种赖以繁衍的基础，对后代的影响很大，严格的检测是很有必要的。尤其是种公马，由于与配母马众多，其对后代的影响更大，对其 DNA 鉴定结果进行进一步的核实是很重要的。

（3）进出口马的个体鉴定

对于进口马，为了确认其身份都必须做 DNA 检测，以核对所测的基因型是否与出口证书上的 DNA 信息一致，以确认进口马的身份。对于出口马，没有做过 DNA 检测的马必须补做。由于现在世界上绝大多数赛马国家已完全停止做血液检测，对于将要出口的只有血检鉴定结果的马须再进行一次 DNA 鉴定，获得其 DNA 基因型，这对于该马匹的进口国进行确认鉴定是很有帮助的。

2. ISAG 与纯血马 DNA 鉴定

国际遗传协会（International Society for Animal Genetics，ISAG）是由每年一次的免疫遗传学、生化遗传学和分子遗传学领域的研讨会演变而来的。建立该协会的目的在于推动动物遗传领域的研究，并为本领域的研究人员建立一个国际交流平台。ISAG 的一项重要功能是制定国际通用的动物亲子鉴定的标准，并举办两年一度的 ISAG 亲子鉴定国际比对测试。在马的亲子鉴定方面，ISAG 和 ISBC 合作，在 20 世纪 80 年代曾推出包含至少十四个位点的血液检测标准；之后，又根据分子生物学的最新研究成果，确定了用于马亲子鉴定的 DNA 微卫星位点。在确定了鉴定的遗传位点后，ISAG 通过国际比对测试来使结果的读取和记录标准化。ISAG 亲子鉴定国际比对测试的一般过程是，在二年一度的 ISAG 会议上确定一个 Duty Lab，这个 Duty Lab 负责向参加测试的世界各地的马亲子鉴定实验室提供待测样品。一般参加测试的实验室要求在三个月之内完成测试工作。ISBC 规定，只有测试结果准确率达到 98% 以上的实验室才能定义为"令人满意"实验室。达不到规定准确率的则视为不合格实验室，没有资质进行纯血马 DNA 鉴定业务。因此，ISAG 的国际比对测试对于鉴定结果的标准化和保障实验室资质都是很重要的。

四、微卫星 DNA 亲子鉴定

基于微卫星 DNA 多态性的检测方法是目前马血统鉴定的主流技术。本节拟简述微卫星 DNA 亲子鉴定的原理及其主要方法。

（一）微卫星 DNA 亲子鉴定的原理

微卫星（microsatellite）DNA 是 20 世纪 80 年代末期发展起来的一种新型分子标记，微卫星 DNA 是由 2～6 个核苷酸重复单位串联排列形成的 DNA 序列，也被称为简单重复序列（Simple Sequence Repeats，SSRs）、串联重复序列（Short Tandem Repeats，STRs），是一类长度较短、变异性极高的 DNA 序列，在基因组广泛分布。微卫星以其分布广泛、多态性高、共显性遗传、容易检测等特点，已经成为广泛应用的一类 DNA 标记。在进行血统鉴定时，以多个微卫星座位在该群体的等位基因频率为基础，通过计算排除概率（exclusion probability）进行亲子鉴定（parentage testing）和血缘关系的确认。使用 12 个多态丰富的位点排除概率可达到 99.9% 以上。根据孟德尔遗传的分离和自由组合定律，子代基因位点的两个等位基因分别来自双亲。如果子代和亲代微卫星位点的基因型不相符，原则上应排除其亲子关系。但由于考虑到突变的因素，当亲、子代只有一个遗传位点不相符时，不可以轻率排除亲子关系，而是应增加检测的遗传位点，进行进一步的验证。因此，一般只有当两个以上的基因位点不相符时才能否定其亲子关系。

（二）基于 PCR 技术的微卫星 DNA 多态性检测的方法

基于 PCR 技术的微卫星 DNA 多态性检测按探测技术不同，可分为荧光标记引物的检测方法和银染显色方法。荧光标记引物的检测方法中，PCR 产物在自动测序仪中电泳，通过激光激发荧光并记录荧光信号，以精确测定 PCR 产物的大小（即 GeneScan 技术）。而银染显色方法则是 PCR 产物在聚丙烯酰胺胶中电泳后，通过硝酸银染色、甲醛显色测定其多态性。与荧光标记引物的检测方法相比，银染显色方法不需要昂贵的仪器，检测成本低廉，而且显色的灵敏度也较高。但其检测的精确度不高，需要大量人工操作，自动化程度低，难以实现大通量检测。尽管目前仍有一些实验室采用银染显色方法，但荧光标记引物的检测方法已成为微卫星 DNA 多态性检测的主流，如下就着重对这一方法做一介绍。

1. 自行合成的微卫星引物的 PCR 扩增

（1）微卫星位点和引物信息

采用国际动物遗传协会（ISAG）和联合国粮农组织（FAO）联合推荐的用于马属动物遗传多样性分析的 14 个位点（表 12-1），自行合成荧光修饰的引物。为便于多重 PCR 和多个位点在 GeneScan 时在同一泳道内检测，相同荧光物质标记的两个位点 PCR 产物长度最少相差 20 bp，并且 PCR 产物长度最好都小于 500 bp。

表 12-1 微卫星 DNA 位点的相关信息

引物组合	位点名称	引物序列（5′→3′）	荧光颜色*	退火温度	染色体位置	片段大小（bp）
I	AHT4	AACCGCCTGAGCAAGGAAGT CCCAGAGAGTTTACCCT	6-FAM（蓝）	58℃	24q14	148～164
	ASB17	GAGGGCGGTACCTTTGTACC ACCAGTCAGGATCTCCACCG	HEX（绿）	64℃	2q14-p15	93～121
	ASB23	GAGGTTTGTAATTGGAATG GAGAAGTCATTTTTAACACCT	HEX（绿）	55℃	3q22.1-q22.3	176～212
	HTG7	CCTGAAGCAGAACATCCCTCCTTG ATAAAGTGTCTGGGCAGAGCTGCT	TET（黄）	58.5℃	4	118～128
II	HMS2	ACGGTGGCAACTGCCAAGGAAG CTTGCAGTCGAATGTGTATTAAATG	TET（黄）	64℃	10	216～238
	HTG6	CCTGCTTGGAGGCTGTGATAAGAT GTTCACTGAATGTCAAATTCTGCT	HEX（绿）	58.5℃	15q26-q27	84～106
	HMS6	GAAGCTGCCAGTATTCAACCATTG CTCCATCTTGTGAAGTGTAACTCA	HEX（绿）	64℃	4	159～173
	HTG10	CAATTCCCGCCCCACCCCCGGCA TTTTTATTCTGATCTGTCACATTT	TET（黄）	58.5℃	21	94～114
	LEX33	TTTAATCAAAGGATTCAGTTG TTTCTCTTCAGGTGTCCTC	TET（黄）	58℃	4	195～221
III	HTG4	CTATCTCAGTCTTCATTGCAGGAC CTCCCTCCCTCCCTCTGTTCTC	6-FAM（蓝）	58.5℃	9	129～141
	ASB2	CCTTCCGTAGTTTAAGCTTCTG GATCATATGCCCTTATCTCTTTGCGC	HEX（绿）	59℃	15q21.3-q23	212～248
	VHL20	CAAGTCCTCTTACTTGAAGACTAG AACTCAGGGAGAATCTTCCTCAG	6-FAM（蓝）	58.5℃	—	87～105
	HMS3	CCAACTCTTTGTCACATAACAAGA CCATCCTCACTTTTTCACTTTGTT	TET（黄）	59℃	9	150～172
	HMS7	CAGGAAACTCATGTTGATACCATC TGTTGTTGAAACATACCTTGACTGT	6-FAM（蓝）	64℃	1q25	170～186

注：*本文选择了适用于 DNA 自动测序仪 C 虚拟滤镜检测系统的四种荧光素，即 TAMRA（红色），TET（绿色），HEX（黄色）和 6-FAM（蓝色），其中 TAMRA 为分子量内标。

（2）基因组 DNA 的提取

①全血 DNA 提取

在两个微量离心管中分别加入 300 µL 全血样品。每管中加入 900 µL 红细胞裂解缓冲液（200 mmol/L Tris·HCl（pH7.6）），盖上盖子，颠倒混匀。溶液于室温下放置 12 min，中间颠倒混匀几次。室温下用最大转速离心 20 s，每管保留 20 µL 上清，弃去其他部分。用剩余的少量上清重新悬浮白细胞沉淀，将 2 管中的沉淀合成 1 管，加入 600 µL 裂解液混合，加入 15 µL 蛋白酶 K（20 mg/mL），充分混匀后 55℃ 消化过夜。加入等体积 Tris 饱和酚，缓慢颠倒混和约 10 min，12 000 µrpm 离心 15 µmin。小心吸取上清液并转移至另一干净离心管中，分别加入等体积酚：氯仿和氯仿，各抽提一次，每次 12 000 rpm 离心 15 min。将上清液吸取至另一离心管中，加入 1/5 体积（100 µL）3 mol/L 乙酸铵，0.6 倍（400 µL）异丙醇，轻轻颠倒混合，可见白色絮状 DNA 沉淀。12 000 rpm 离心 5 min，用 1 mL 70％乙醇洗涤 DNA 沉淀，洗涤两遍。室温下静置约 30 min，待乙醇挥发干净后加入适量 TE（50 µL）缓冲液溶解 DNA。

②毛发 DNA 的提取

方法一

用 70％的乙醇清洗毛发一次，然后再用蒸馏水冲洗毛发两次。在 0.2 mL 的 PCR 管中分别放入 1～4 根带有毛囊的毛发，毛囊部分置于 PCR 管底部，用干净的剪刀剪去毛发高出 PCR 管的部分。同时设置空白对照。在每个 PCR 管中加入 15 µL 配制好的毛囊裂解液（1×Taq 酶 PCR Buffer，20 mg/L 蛋白酶 K）。在 PCR 仪上设置一个单循环程序：65℃ 30 min，95℃ 15 min，4℃ 10 min。将装有毛囊的 PCR 管放入预热好的 PCR 仪中，运行该程序。程序结束后，将 PCR 管进行瞬时离心，取 1～2 µL 上清液作为 PCR 模板，剩余部分置于 -20℃保存。

方法二

采取马的鬃毛，须带毛囊，10 支以上。取 0.2 mL 离心管，标记样品号。取 6～10 根带有毛囊的毛样，剪取约 0.5 cm 毛根，放入离心管中。加入 80 µL INRA Solution A（200 mM NaOH）于毛囊处，迅速漩涡混合 3 min。在 PCR 仪上用如下程序进行处理：75℃ 1 min，80℃ 2 min，90 ℃ 1 min，97 ℃ 10 min。从 PCR 仪中取出样品，加入 80 µL INRA Solution B（200 mM HCl, 100 mM Tris·HCl，pH8.5），漩涡混合 3 min。取 1～2 µL 上清液作为 PCR 模板，剩余部分置于 -20℃保存（注意：黑毛加标准的 INRA Solution A 和 B，栗毛加 2/3 浓度的 INRA Solution A 和 B）。

（3）微卫星座位 PCR 反应体系

如下是 14 对引物的最佳反应条件（表 12-2）。在保证单个座位扩增成功的基础上，组合并筛选多重扩增体系，可以降低实验成本和提高检测效率。

表 12-2　微卫星位点 PCR 反应体系组成　　　　　　　　　　μL

微卫星位点	ddH₂O	Mg₂₊浓度（25 mM）	dNTP（25 mM）	正向引物（10 mmol/L）	反向引物（10 mmol/L）	Taq 酶（5 IU/μL）	DNA（100 ng/μL）
AHT4	10.25	1.5	1.2	0.2	0.2	0.15	1.5
ASB17	9.7	1.5	1.2	0.2	0.2	0.2	2.0
ASB23	9.7	1.5	1.2	0.2	0.2	0.2	2.0
HTG7	10.2	1.5	1.2	0.2	0.2	0.2	1.5
HMS2	10.25	1.5	1.2	0.2	0.2	0.15	1.5
HTG6	10.2	1.5	1.2	0.2	0.2	0.2	1.5
HMS6	10.25	1.5	1.2	0.2	0.2	0.15	1.5
HTG10	10.2	1.5	1.2	0.2	0.2	0.2	1.5
LEX33	10.25	1.5	1.2	0.2	0.2	0.15	1.5
ASB2	10.25	1.5	1.2	0.2	0.2	0.15	1.5
VHL20	9.5	1.5	1.2	0.3	0.3	0.2	2.0
HMS3	10.25	1.5	1.2	0.2	0.2	0.15	1.5
HMS7	10.25	1.5	1.2	0.2	0.2	0.15	1.5
HTG4	10.2	1.5	1.2	0.2	0.2	0.2	1.5

注：上述 PCR 反应体系总体积为 15 μL。除上述成分之外，体积不足部分由 ddH₂O 补足。

（4）PCR 产物的凝胶电泳检测

微卫星 DNA 扩增产物的检测采用琼脂糖凝胶电泳和聚丙烯酰胺凝胶电泳。在本节中，基因组 DNA 检测及 PCR 产物阳性检测采用琼脂糖凝胶电泳，以初步分析微卫星座位的扩增片段大小范围、多态性以及是否产生非特异条带，而其片段大小则利用变性聚丙烯酰胺凝胶电泳。只有通过聚丙烯酰胺凝胶电泳才能分辨不同座位的扩增效率，再进一步优化 PCR 条件。扩增良好的 PCR 产物即可在 DNA 自动测序仪上进行片段大小的检测。

2. 马亲子鉴定试剂盒的 PCR 扩增

当前，一些公司根据 ISAG 和 ISBC 的规定，在 12 个必需微卫星位点的基础之上，又添加了 5 个微卫星位点，设计合成了进行纯血马亲子鉴定的专用试剂盒，从而使原来较复杂烦琐的操作过程变得简便、快捷，也使结果更加准确、可靠。目前马亲子鉴定中使用最为广泛的是 ABI 公司的 StockMarks Genotyping Kits 试剂盒。

（1）微卫星位点

马亲子鉴定专用试剂盒 17 个微卫星座位的相关信息如表 12-3 所示。

表 12-3　17 个微卫星座位的相关信息

微卫星位点	荧光修饰	荧光颜色	扩增片段大小
VHL20	6-FAM	蓝（Blue）	$83 \sim 102$
HTG4	6-FAM	蓝（Blue）	$116 \sim 137$
AHT4	6-FAM	蓝（Blue）	$140 \sim 166$
HMS7	6-FAM	蓝（Blue）	$167 \sim 187$
HTG6	VIC	绿（Green）	$74 \sim 103$
AHT5	VIC	绿（Green）	$126 \sim 147$
HMS6	VIC	绿（Green）	$154 \sim 170$
ASB23	VIC	绿（Green）	$176 \sim 212$
ASB2	VIC	绿（Green）	$237 \sim 268$
HTG10	NED	黄（Yellow）	$83 \sim 110$
HTG7	NED	黄（Yellow）	$114 \sim 128$
HMS3	NED	黄（Yellow）	$146 \sim 170$
HMS2	NED	黄（Yellow）	$215 \sim 236$
ASB17	PET	红（Red）	$104 \sim 116$
LEX3	PET	红（Red）	$137 \sim 160$
HMS1	PET	红（Red）	$166 \sim 178$
CA425	PET	红（Red）	$224 \sim 247$

（2）微卫星座位 PCR 扩增（以 ABI 公司的 StockMarks Genotyping Kits 为例）。

PCR 体系如下：StockMarks PCR Buffer，2.5 μL；dNTP mix，4.0 μL；AmpliTaq Gold DNA polymerase，0.5 μL；Amplification primer mix，4.0 μL；双蒸水 3.0 μL。向每个反应体系中加入 1 μL DNA（1～10 ng/μL）模板。PCR 反应过程为：95℃ 10 min，30 个循环（95℃ 30 s，60℃ 30 s，72℃ 1 min），72℃ 60 min。PCR 产物 4℃ 保存。上述 PCR 产物即可在 DNA 自动测序仪上进行片段大小的检测。

3. 利用 DNA 自动测序仪进行 PCR 产物的检测和基因型判定

DNA 自动测序仪检测微卫星基因型（称为 GeneScan）的原理与聚丙烯酰胺凝胶电泳类似，都要将 PCR 产物变性后进行电泳，并利用已知分子量的标准物（size standard）计算目的片段的大小。当 PCR 产物在电泳条件下通过 DNA 自动测序仪底端时，内置探头发出激光激发 PCR 引物或标准物上的荧光，测序仪记录荧光信号，并根据标准物的电泳迁移情况测算出 PCR 产物的大小。DNA 自动测序仪具有分辨率高的特点，能灵敏区分 1 bp 长度差异的片段，从而保证了微卫星基因型判定的准确性。

用于马亲子鉴定的微卫星位点重复单元全部为两个碱基。由于在 PCR 过程中存在不完全扩增，可能会导致一个微卫星位点扩增后出现多个扫描峰，但正确的峰一般会更高一些。纯合子个体和杂合子个体典型的峰如图 12-1、图 12-2 所示。

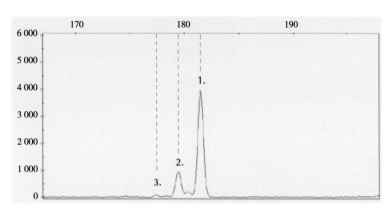

图 12-1 典型的纯合子个体峰图

图 12-1 为一典型的纯合子个体峰图。峰 1 是基于完整的 DNA 序列扩增的等位基因的真实峰；峰 2 是比真实等位基因少两个碱基的扫描峰；峰 3 是比真实等位基因少四个碱基的扫描峰。峰 2、3 是由于扩增不完全导致的，是非特异性扩增的。

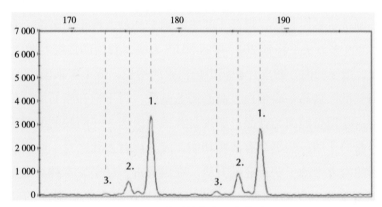

图 12-2 典型的杂合子个体峰图

图 12-2 为一典型的杂合子个体峰图，且两个等位基因间相差大于两个碱基。其中，峰 1 是特异性扩增的峰；而峰 2、3 是由于扩增不完全导致的非特异性产物。

纯血马的血统鉴定中微卫星 DNA 位点的基因型并非直接记录其扩增产物的长度，而是以国际通用的字母来表示。在所检测的微卫星位点中，等位基因数为奇数时，片段长度居中的基因型记为"M"；如等位基因数为偶数，居中的两个等位基因中片段较小的定义为"M"。其他等位基因对照"M"按升序排列。进行马血统鉴定的实验室须参加马亲子鉴定国际比对测试，以保证鉴定、记录方式的正确性。基因型的读取和亲子关系的判断由两人分别完成，其结果互相印证。对于亲子鉴定结果为否定（否定存在亲子关系）的个案，重新采取 DNA 样品进行鉴定，两次鉴定结果一致方能认定为不存在亲子关系。

第六节
驴的育种

一、我国驴业现状

（一）我国驴产业处在重要的转型阶段

随着我国社会经济的发展和畜牧业产业结构的转变，目前我国驴产业正处于重要的转型阶段，驴的利用方向从役用转向产品（经济）用途，养殖模式从粗放的散养转向规模化、集约化。

众所周知，传统上驴是作为役畜使用。驴由于具有耐粗饲、抗逆性好、易于饲养等优点而在我国广大农区饲养量很大，养殖模式以各家各户的散养为主，是农区主要的役用畜种之一。我国驴存栏量长期位居世界第一，但由于农业机械化的普及，驴的役用用途逐渐被机械所替代，近几十年来我国驴品种资源不断萎缩。驴存栏数已从20世纪后期1 000多万头下降到2017年的267.8万头，我国的传统养驴业已经衰落。

另一方面，由于驴肉、驴皮、驴奶市场需求的增长，近十年来国内兴起了养驴热。驴肉是"三高三低"食品：高蛋白、高必需氨基酸、高不饱和脂肪酸、低脂肪、低胆固醇、低热量，是理想的肉类食品；驴皮是我国中医药——阿胶的原材料，具有强身健体、补气养血的作用；驴奶具有清肺功能，成分接近人乳，对一些疾病有辅助治疗的作用。市场的需求带动了驴产业的升级。在内蒙古、辽宁、吉林、山东及西北多个省份已有大量规模化养驴场，不少规模在100头以上，存栏量最大的养殖场达到了5 000头以上。集约化养殖对品种性能、饲养管理、疫病防治都有着较高要求，这些都关系到驴集约化养殖的成败。其中品种无疑是驴养殖业关键因素之一，应予充分重视。

（二）优良驴品种的培育成为驴产业的迫切需求

现代集约化驴养殖业需要性能优良的驴品种，这样才能显著提高养殖效益，使产业进入良性循环。在现代养殖业中，良种对效益的贡献占到35%以上，所占比例最高，是现代养殖业的重要基础。综观现代畜禽养殖业，没有一个规模化产业不是以优质的种业为基石的，如奶业中的荷斯坦牛，肉牛业中的安格斯、海福特等品种，蛋鸡业中的海兰褐、罗曼等品种，肉鸡业中的艾维茵、AA鸡等著名品种，养猪业中的杜洛克、长白猪等。但在驴产业中尚无符合现代化养殖需求的高生产性能驴品种。

我国的驴品种虽然对当地风土环境具有良好的适应性和较强的抗逆性，但都以役用为主，缺乏定向系统培育，尚未形成性能优越的专门化优良品种。缺乏优良品种使得驴规模化养殖业的效益难以提高。因此，针对市场需求，培育性能优良的专门化驴品种已成为一项迫切的工作。

二、育种目标和育种方案

人们对于驴的育种目标随着驴用途的改变而改变。驴作为役用时，挽力和耐粗饲等是主要的选择性状。在现代社会中，驴的用途正在发生重大的转变，人们对驴的需求已从役用转向皮、肉、乳等产品的需求，因此驴的育种目标也由以前的役用驴转变为皮肉乳兼用型驴。目前我国优良驴品种的培育应以提高生长速度、产肉量、产皮量和繁殖力为主要目标，定向培育适合规模化养殖、生长发育快、生产效率高的优良品种，建立高效优质的繁育体系。

（一）育种目标

1. 皮用性状

不同于其他畜禽，驴皮是熬制阿胶的主要原料，因此产皮性能是驴主要的经济性状之一。驴的产皮性能评定主要取决于两个方面，一是驴皮厚度，二是皮张面积。

皮肤厚度的测定技术在一些家畜中已较为成熟，例如在牛中多用游标卡尺测定皮褶厚度。驴的皮肤厚度测量与许多家畜相比存在特殊性。由于驴全身很多部位的皮肤过于紧致，无法准确使用游标卡尺测量皮褶厚度，因此在驴上采用活体取样的方法进行皮肤厚度的测量。在驴背中部进行局部麻醉后用取皮器取下一块皮肤组织，使用游标卡尺直接测量皮肤组织的厚度，该方法已在育种实践中得到应用。

与其他家畜相同，皮张面积是指颈部中央至尾根的直线长度与腰部中间体躯周长的乘积，通常用平方厘米表示，一般需要在屠宰后将皮张铺平进行测量计算。在不允许屠宰测量的情况下，可用体尺信息估计皮张面积（皮张面积 = 胸围 × 体长）。

2. 肉用性状

据《本草纲目》记载："驴肉味甘、性凉、无毒。解心烦、止风狂、补血益气，治远年劳损"。驴肉是良好的动物性蛋白来源，因其味道鲜美、营养价值高而深受消费者的喜爱。驴的肉用性能评定指标与其他家畜几乎相同，主要是评价驴的屠宰性能指标、驴肉加工品质特性以及驴肉营养成分三个方面。屠宰性能测定工作一般在驴屠宰前后进行测定，屠宰前称重，屠宰后称量胴体重、净肉重、皮重等指标；驴肉理化指标及加工品质特性方面主要是检测驴肉的水分含量、嫩度和熟肉率等几项指标；驴肉主要营养成分检测包括驴肉的灰分、蛋白质、粗脂肪、脂肪酸、胆固醇、矿物元素、氨基酸等指标的含量。通过以上三方面的驴肉品质检测可以评定驴肉的主要营养价值，有利于驴肉产品的进一步开发利用，同时也可为肉驴育种工作提供基础数据。

3. 产奶性状

《本草纲目》中对驴奶的描述为："气味甘，冷利，无毒，热频饮之可治气郁，解小儿热毒,不生痘疹"。与牛奶或羊奶相比,驴奶的营养成分比例与人乳更相近,乳脂含量低,营养丰富。母驴具有良好的泌乳能力,大型驴一天可泌乳 3 kg 左右,泌乳期通常为 6 ~ 7 个月。与奶牛相比,驴的产奶特性较为特殊。母驴乳房的乳池容积很小,但富有腺体组织,乳汁的分泌很活跃。由于乳池较小,乳汁会很快充满乳通路,形成的压力会阻碍乳汁的继续生成,这一乳房构造特点要求给母驴要经常挤奶。

虽然生理上存在特殊性,但是母驴产奶性状的评价指标和其他家畜是相同的。主要从泌乳能力和乳生物学价值两方面进行评估。母驴泌乳能力的评价主要从泌乳期、驴乳产量、泌乳力指数等方面进行评价。不同母驴的泌乳能力差异较大,这为高产乳量驴品种的选育提供了良好的育种条件。驴乳的理化指标主要包括蛋白质、乳脂、乳糖、矿物质和维生素含量等。化学成分和生物学价值分析可对驴乳质量安全以及乳制品的加工提供指导,为驴乳开发利用提供有效的技术支持。

4. 繁殖性状

繁殖性状的选育是驴育种工作的重要方面。由于驴是单胎家畜,且妊娠期长达一年,显著长于猪、羊,也比体型更大的牛和马长,是属于繁殖效率较低的家畜。与其他家畜类似,驴繁殖性状主要关注初产年龄、产驹间隔、生产年限(具备良好繁殖性能的年限)等。具体选择方法也与其他家畜相似,这里不再赘述。

驴具体育种目标性状和选择性状如表 12-4 所示。

表 12-4 驴育种目标性状和选择性状

目标性状	选择性状
产皮性状	18 月龄皮厚(背部皮肤厚度) 18 月龄胸围、体长
产肉性状	断奶体重(6 月龄体重) 周岁体重(12 月龄体重) 育肥期日增重(育肥场测得的日增重) 成年母驴体重(头胎驴驹断奶后母驴体重) 屠宰率、净肉率(育肥后 2 岁时测定) 胴体等级:背膘厚(倒数第一肋骨和倒数第二肋骨之间背部的脂肪厚)、眼肌面积(倒数第一和倒数第二胸椎之间的背最长肌的横截面积)、大理石花纹。
产奶性状	产奶量(产后 5 个月的产奶量) 乳脂率(5 个月的平均值) 乳蛋白率(5 个月的平均值)
繁殖性状	初产年龄 产驹间隔(情期一次受胎率) 生产年限(具备良好繁殖性能的年限)

（二）育种方案

我国驴品种资源多为未经培育的地方品种，在产皮、产肉和产乳等生产性能方面并不突出。针对目前的市场需求，培育性能优良的专门化驴品种已经成为一项迫切的工作。对于一些优良地方品种驴（一般为我国的大型地方驴品种）来说，可采用本品种选育的方法进一步提高其质量和生产性能。而对于如下两种情况可采用杂交选育的方案：①为集合不同优良驴品种的优良性状而采用杂交方案；②为提高小型驴的生产性状而采用与大型驴杂交改良的方案。我国绝大多数驴属于小型驴品种，但这些小型驴对当地环境气候具有很好的适应性。为了保留其良好的适应性，同时提高其生产性能，多采用与大型驴杂交的方式。随着分子遗传学的发展，使得动物遗传育种由常规的表型选择发展到现在的标记辅助选择，基因组学的发展为挖掘驴重要经济性状的功能基因和基因组选择提供了可能。

1. 本品种选育

本品种选育的方法已经在许多家畜中有了成功的应用。我国有不少优秀的地方驴品种，例如德州驴作为我国的大型驴品种，在产皮、产肉和产奶方面都具有较好的经济价值。像这种优良驴品种本身生产性能较高，体形外貌也比较一致，基本符合国民经济的需要，为进一步提高其经济性状和种群数量，可采用本品种选育的方法。在本品种选育时要注意保持和发展本品种原有的优点和独特性能，克服该品种普遍存在的缺点。育种过程中选种与选配要结合，选种要注意保留一定基数的备选群体，从中选择性能优良的种驴。选配过程中要注意合理选配，根据准确的系谱记录规避近交，否则会影响到生产性能的提高和驴群的生活力。科学的饲养管理和良好的培育条件是本品种选育工作的基本保障。若饲料营养水平差，即使有再好的高产基因，其高产性能也很难表现出来。因此，实行本品种选育时，切不可忽视饲养管理条件的改善。

2. 杂交改良育种

杂交育种是驴比较常见的育种方式，培育出的驴品种既保持了其母本对当地环境的适应性，又具有其父本体型大、生产性能高的特点。中国驴品种丰富，每种驴资源都有其特有的优缺点，在育种过程中，可以通过不同品种驴的杂交使基因得到重新组合，经过选育后，不同品种所具有的优良性状可集中到一个杂交群体中，为育成新品种和新品系提供素材。通过杂交改良方式，可迅速提高低产驴群体的生产性能。在杂交育种的最后阶段，当群体中出现了大量的理想公母驴时，需要采取横交固定方法使驴群的优良特性稳定下来，并通过继代选育有所提高。我国的疆岳驴就是以关中驴（大型驴）为父本、新疆驴（小型驴）为母本，以杂交改良的方式，按照合理的选种选配技术培育出的役肉兼用型新品种，深受当地农户欢迎。

3. 现代分子育种

随着全基因组测序技术的发展，牛、马、猪、羊等重要家畜的基因组已被陆续解析，大量影响重要经济性状的候选基因已被鉴定，全基因组选择已经在牛、猪等家畜上得到应用。与之相比，驴的基因组挖掘工作才刚刚起步，尚未成熟。2018年丹麦科学家在Science杂志上公布了最新的家驴参考基因组，为未来驴重要经济性状相关功能基因的挖掘与鉴定提供了重要基础。筛选和鉴定调控驴繁殖、产皮、产肉、产奶等重要经济性状的功能基因，利用分子遗传研究成果指导育种，逐步实现基因组选择，是驴遗传育种领域重要的研究方向。

（三）驴的育种与其他大家畜的比较

驴虽然在现代社会中由农役用途转向产品用途，但其仍处于第一产业范畴里，这与龙头产业处于第三产业的马有着明显不同。驴肉、乳的育种方向和育种方法也与牛、猪、羊等其他主要家畜相似，不像马那样特色明显。皮用性能的选择是驴育种的一个特点。驴产皮量性状从测定方法到遗传机制都有需要深入研究之处，这些研究将为驴育种中产皮量的选育提高打下坚实基础。

第七节
驴的育种示例

一、皮、肉、乳兼用型驴的育种

随着养驴业向产品用途转型，适合规模化、集约化养殖的商品化品种的培育就成为一项重要的工作。理想的商品化品种应该是具有优良产皮、肉、乳性能的兼用型品种，以实现驴的综合利用，提高养殖效益。其他家畜的兼用品种往往是两项主要目标性状的兼用型，如肉乳或乳肉兼用型牛、毛肉或肉毛兼用型羊等，而三个目标性状兼用的品种则很少见。这里有畜种主要用途方面的原因，也有遗传进展方面的考虑。对牛而言，人类主要利用其肉用和乳用性能；而对于羊而言，肉用和毛用是其主要用途。按照育种学原理，目标性状越少，越易获得较大的遗传进展。如果目标性状过多，由于在选择中需要兼顾多个目标性状，遗传进展则较为缓慢。对于驴的肉用和乳用的选择，情况与牛相似，不用赘述，特殊的是驴的产皮性状。由于驴皮是阿胶的原料，而驴皮约占驴活重的六分之一，其在驴的育种中是一个不容忽视的重要经济性状。同时选育皮、肉、乳三个性状是否会显著影响兼用型驴的遗传进展？这是一个值得认真考虑的问题。多性状选择时除要考虑性状的变异程度、选择强度、性状遗传力和选择准确度外，很重要的一点就是考察目标性状之间是否存在遗传相关，如存在遗传相关，应确定是正相关还是负相关，这对采取合理的育种方案以及估测遗传进展都很重要。皮、肉、乳用性状之间的遗传相关在驴上的研究尚相对缺乏，但就牛上的情况来看，至少产肉和产乳性状之间不存在显著的负相关，而且两类性状的一些选择指标还存在正相关。在牛中，皮厚与体型外貌指数呈正相关，而后者又与产肉、产乳性状呈正相关。因此，初步判断产皮、肉、乳性状之间不存在显著负相关，在不少选择指标上，是可以向同一方向选择提高的。当然对于驴这三个目标性状之间的遗传相关，还需要进行系统研究加以证实。驴的产皮、肉、乳性状的遗传力尚未有研究报道，但这些性状在其他家畜上属于中、高遗传力的性状，进行个体选择是有效的。目标性状的这些遗传学方面的属性保障了皮、肉、乳兼用型驴育种的可行性。

（一）基础驴品种

一般认为，大型驴适合兼用型驴的育种。大型驴体高一般大于 130 cm，成年体重超过 260 kg。我国大型驴主要有德州驴、关中驴、广灵驴和晋南驴等，这些大型驴体型高大、结构匀称、体质结实，但其在驴的总群体中所占比例较小。德州驴主要产于山东、河北等地，又分为德州三粉驴、乌头驴两个类群。三粉驴即眼、鼻、腹下三处为白毛、其他躯体部位为黑色的毛色类型，而乌头驴则是全身均为黑色，无白章（白色片毛）。虽都为同一品种的大型驴，但乌头驴一般比三粉驴体型更为厚重。关中驴产于关中平原，其毛色有多种，黑色较为多见，常见毛色还有栗色、青色和灰色。广灵驴产于山西广灵县和灵丘县。广灵驴毛色以"黑五白"为主（当地称为"黑画眉"）。该毛色驴的鼻、眼、耳内、腹下、四肢内侧上部为白色（即五白，其中腹下与四肢内侧的白色连成一片），其他身体部位的毛色为黑色。其次为"青画眉"（除具有"五白"特征外，其他部位为黑白毛混杂毛色）、灰色、乌头等。晋南驴产于山西运城、临汾等地，毛色以"三粉"为主。这些大型驴多产于农业比较发达的地区，是当地人民经过世代培育而成，在我国驴种质资源中是属于培育程度较高的地方品种，是向产品用途方向进一步培育的良好基础群体。

值得一提的是，除大型驴外，中型驴或小型驴也可作为兼用型驴育种的基础品种。我国的 24 个地方驴品种中，大多数为小型驴，其次为中型驴，这些驴品种资源也有许多值得利用之处。一些中型驴品种体质结实、肌肉发达、体型厚重，具有肉用家畜的外貌特征，是进一步选育提高的理想个体。小型驴虽然在产肉量与产奶量方面不及中型和大型驴，但其中一些优秀个体饲料转化率、单位体重产奶量并不比大型驴差，甚至可能超过后者。小型驴对当地环境适应性强，抗逆性和繁殖力等方面要优于引入的大型驴品种，易于饲养管理。此外，一些小型驴还有肉质鲜美的特点。因此，中型驴和小型驴也可作为基础群体向兼用型品种方向培育。

（二）育种目标

兼用型驴育种目标主要是有效提高驴的产皮、肉、乳的性能。具体育种目标在表12-4中已提及，不再赘述。这里只简要阐述一下毛色性状。在马属动物中，毛色和生长代谢或运动性状一般没有显著相关性（白色纯合致死基因除外）。但毛色是一个重要的品种特征性状，培育程度越高的畜种，毛色也越趋于一致。因此，在育种中要重视毛色的选择。育种中具体选择哪一种毛色，应根据基础群的情况和市场偏好等来定。基础群中占优势的毛色，其毛色在群体中基因频率也较高，易于进一步纯化。如选择隐性纯合的毛色，毛色性状则更易于选择和纯化，而如果选择显性毛色，则种公驴的毛色往往需要测交来确定其是否为纯合。

（三）育种方案

1. 本品种选育的方案

对于一些基础较好的大型驴品种，可采用本品种选育的方法。大型驴品种多产于土地肥沃、农业较为发达的地区，驴作为役畜长期以来是当地人民耕种、运输的重要畜力。当地百姓对之也进行了一定的选育，并加强饲养管理，因此这些大型驴品种的培育程度比较高，进一步选育的基础也较好。同时，这些群体中重要经济性状的变异也较大，通过本品种选育提高的潜力大。本品种选育中育种核心群的建立非常重要。核心群个体的选择应有较高的选择强度，应在较大群体规模的基础上进行选择。一般需要大群体的调研，以便对已有群体的个体进行合理的等级划分。由于其他基础性数据的缺乏，主要通过体型外貌鉴定来确定个体的等级。评定等级分为特级、一级、二级、三级，以及等级外个体。三级以及三级以上个体占总群体的比例一般不超过50%；特级为排名最靠前的1%～5%的最优个体；一级为排名仅次于特级，占总群体10%～15%的优秀个体；二级为评分在一级之后，占总群体10%～15%的优良个体；三级为排序在二级之后，占总群体15%～20%、评分高于总群体平均水平的个体；等级外个体为评分低于群体平均水平的个体，约占总群体的50%。外貌鉴定应由有经验的人员负责执行。群体中，原则上特级、一级的公畜才能进入育种核心群。评定为二级的公畜如某项重要性状突出，也可进入核心群。为保障育种核心群的家系丰富性，入群的公驴不应太少。进入核心群的母畜要求在二级以上，一些个别性状特别突出的三级母驴也可进入核心群。育种核心群规模不宜过小。过小将严重影响遗传进展。对于进入核心群的个体，由于其系谱往往没有记录，亲缘关系未知。这种情况下，进行亲缘关系分析就显得很重要。多态性丰富的微卫星DNA和线粒体DNA检测技术，为个体间的亲缘关系分析提供了有力的技术手段。利用国际遗传协会（International Society for Animal Genetics, ISAG）推荐的微卫星位点可对个体间的亲缘关系进行有效的分析。线粒体 DNA 可利用 D-loop 区的多态性进行母系关系的分析。通过这些 DNA 分析，可得到群体遗传结构和亲缘关系的结果，为合理选配、避免近交提供科学依据。

2. 杂交选育的方案

对于小型驴而言，进行杂交改良是提高其经济性状的重要途径。杂交育种的主要目的是集中父、母本的优点，体现杂交优势，使子代超过父母本的平均水平，并最终通过横交，固定这些优良性状。一般用大型驴作为父本来改良小型驴，以集合父本的产量（皮、肉、乳）优点和母本适应性强的优势，以便育成经济性状优良、具有较强适应性和抗逆性的新品种。该育种方案一般包括育种群建立、杂交改良、横交固定、巩固提高等几个阶段。对于小型地方驴品种而言，主要涉及的问题是确定用哪种大型驴为父本，即杂交品种的组合问题。在选择杂交品种组合时，应考虑品种间配合力的问题。宜选择在民间驴养殖中已体现明显杂交优势的组合。可用 DNA 技术对驴品种间遗传距离进行分析。一般遗传距离较远的品种之间更易产生明显的杂种优势。确定了杂交品种后，应选择优良个体组建育种核心群。小型驴品种入群的主要为母驴，原则上外貌评定应在二级以上（外貌评定详情请参见上节）；外来大型公驴应达到特级或一级水平。对于进入核心群的个体可通过微卫星 DNA 和线粒体 DNA 检测技术进行亲缘关系分析，以便为合理选配提供参考依据。为了保持原有品种的适应性，外来品种血液不宜超过新品种的 75%。

（四）选种方法

性状测定和系谱记录是进行选种的基础。兼用型驴主要性状的测定方法，如产肉、产奶、体尺等，与兼用型牛等家畜相似，所以不做详述。这里仅对驴与其他家畜不同之处略做介绍。对产皮量的选择是兼用型驴的重要方面。产皮量由皮面积与皮肤厚度（简称皮厚）两方面决定。皮面积与体尺性状直接相关，可根据体尺估算。而皮厚是需要单独测定的性状。皮厚的测定有如下几种方法：（1）显微切片的方法。即采取皮样，制作显微切片，在显微镜下用测微尺测定皮肤厚度。（2）超声波法。用 A 超仪或 B 超仪对驴进行皮厚的活体测定。（3）皮肤褶皱测定法。把测定点的皮肤揪起，形成褶皱，用游标卡尺进行测定（测定值是双层皮肤的厚度）。（4）微创测定法。即用微创皮肤采样器采集小块皮样，再用游标卡尺测定皮厚。这 4 种方法中，显微切片的方法由于操作复杂、耗时长，且在样品处理过程中皮肤易变形，不适合育种中大规模的测定工作，因而一般不采用该方法。超声波和皮肤褶皱测定法都是对驴无创伤的活体测定方法，也相对比较便捷，是比较理想的测定方法。但由于驴皮肤及皮下组织的结构与其他家畜不同，这些测定方法的准确度尚有待于提高。微创测定法是比较直接的测定方法，测定结果也比较准确，但对驴有损伤，不宜多次使用。驴产奶量的测定虽与牛的测定日模型对应的测定方法相似，但驴的泌乳期较短，一般在5个月左右。所以一个泌乳期性状测定的时间一般不到半年。但有报道称驴在不间断挤奶的情况下，泌乳期可长达9～10个月。为了把泌乳期长度也作为一个选择性状，可适当延长测定产奶量的时间。鉴于系谱记录的重要性，育种核心群驴在条件允许的情况下，可用ISAG推荐的12个微卫星位点进行亲子关系的确认。

由于选择性状（产皮、肉、乳）都为遗传力中等或较高的性状，因此针对每个性状的个体选择是有效的。与其他家畜一样，可以根据性状记录、系谱记录等对性状的育种值进行估算，以此为依据并结合体型外貌的评定进行留种。但在育种中，为了取得更高的综合遗传进展，需兼顾每个主要目标性状的遗传进展。在这种情况下，需要进行多个性状的综合育种值的估算，即在对单个性状育种值估算的基础上，通过加权的方式将之合并成一个综合育种值。每个性状的加权系数主要由其经济学重要性和提高的潜力等来决定。这些方法与其他家畜类似。需要在驴各重要生长阶段进行性状测定，并一直持续到成年。除产奶量外，其他性状的测定可在6月龄（断奶时）、12月龄（公母分群时）、18月龄（达到性成熟、体重接近体成熟时）进行，并同时根据得到的数据和外貌评分进行优良个体的选择。其中6月龄和12月龄只对性状表现明显低劣的个体进行淘汰，18月龄时驴的生长发育性状已表现得较为充分、性状数据也已测定得较为齐全，可对产皮、产肉性状做进一步的选择。母驴的产奶性状的测定值最早在4-5岁时得到，而公驴的产奶性能的估测需要用与之有亲缘关系的母驴，尤其是其女儿的性状记录，耗时就更长。待个体有了产奶性能记录后，可利用综合育种值估算法对公、母驴个体进行排序，以选择优秀个体留种。

兼用型驴的选种与其他家畜类似，对公驴的选择很重要。公驴的淘汰率高、选择强度也大。对公驴进行选择时应尽可能集合其所有信息，以便更准确地估测其育种值，同时对其进行严格和准确的外貌评定。后备公驴及留种公驴应进行DNA系谱鉴定，以进一步确认其系谱关系准确无误。

（五）选配方法

兼用型驴的选配中，理想的情况是以综合选配为主，但根据育种方案、育种阶段和需要解决的育种问题不同，会涉及同质选配、异质选配、亲缘选配等。尽管无论本品种选育还是杂交选育都会用到这些常见的选配方法，但育种初期，为了集合多种优良性状，异质选配会应用较多，尤其是杂交选育的初期。而在育种工作进入较高阶段后，重点是对性状的进一步提高和巩固，这一阶段将广泛应用同质选配。有时为了固定重要性状还需要进行亲缘选配。育种工作不可能一帆风顺，性状提高遇到瓶颈时，需要具体问题具体分析，以采取科学恰当的选配方法加以解决。

（六）品种审定

驴的品种审定标准与马类似，主要包括：

1. 基本条件

（1）血统来源基本相同，有明确的育种方案，至少经过 4 个世代的连续选育，核心群有 4 个世代以上的系谱记录；（2）体型、外貌基本一致，遗传性比较一致和稳定；（3）性能、品质、繁殖力和抗病力等方面有一项或多项突出性状；（4）健康水平符合有关规定。

2. 数量条件

基础母驴不少于 1 000 头，其中核心群母驴 200 头。

3. 应提供的外貌特征和性能指标

（1）外貌特征描述包括体质类型和外形结构各部位表现，主要毛色和毛色分布比例，以及作为本品种特殊标志的特征；（2）体尺体重包括初生、六月龄、一岁、二岁、三岁时和成年公母驴各 30 头以上的体尺（体高、体长、胸围、管围）和体重。

4. 性能指标

（1）产乳性能包括产乳胎次、泌乳期（天）、平均挤奶量、最高日挤奶量等；（2）产肉性状包括饲养或者育肥方式、屠宰年龄（2 岁、3 岁、成年）、胴体重、屠宰率、净肉率、肉品质；（3）产皮性能，屠宰年龄的皮重等。

5. 繁殖力

性成熟年龄、初配年龄、平均繁殖力、平均成活率、流产率等。

由上述品种审定条件可看出，达到审定条件是一个漫长的、不断积累的过程。其中经过 4 个世代的连续选育和有突出的性状表现是关键条件。由于驴的世代间隔长，一个新品种的培育意味着几十年的不懈努力。取得显著的遗传进展、目标性状有显著的提升是非常重要的指标。一个新品种与其他原有品种相比，如果在经济性状上没有突出之处，养殖效益不高，则这个品种就很难推广，在市场竞争中难以立足。所以，对于一个新品种而言，市场是其最终体现价值之地，也是一块试金石。

与其他畜禽品种一样，兼用型驴品种审定之后的继续选育提高仍然很重要。品种审定不是育种工作的终点，而是新的起点。对于性能选育，犹如逆水行舟，不进则退。应采用行之有效的育种措施，持之以恒地进行选育提高，尤其是对品种推广中出现的问题，应积极从育种角度尝试解决方案，以使新品种的性能表现臻于完善，让品种产生更大的经济效益和社会效益。应建立品种登记制度，对每个个体的系谱及主要性能进行记录。这对于系谱的完整性和持续选育都具有重要意义。

二、观赏类矮驴的育种

随着驴的用途向非役用转型，除产品用途外，驴的观赏性也是一个值得开发利用的方面。世界上已有一些著名的矮马品种，如英国的设特兰矮马（Shetland Pony）等，这些矮马品种已成为广受人们喜爱的伴侣动物。但驴由于长期用作役畜，目前尚缺乏培育水平较高的矮驴品种。实际上，不少驴小巧可爱，性情温驯，且易于饲养，进一步培育后很适合作为人类的宠物。以下将对观赏类矮驴的育种做一简述。

（一）基础驴品种

许多驴品种都适合作为矮驴育种的基础群体。在我国西南及西北地区，不少地方驴品种的平均体高在 110 cm 以下，其中不乏 100 cm 以下的个体。而著名的设特兰矮马的体高标准在 106 cm。所以这些地方品种中的矮小个体可以组成育种核心群，进行相关育种工作。

（二）育种目标

矮驴的育种目标和矮马相似，主要有如下几方面：（1）体形矮小。对应的选择性状是体高，可参照矮马标准，普通矮驴体高在 86～106 cm，而微型驴的体高在 86 cm 以下。（2）外貌性状。要求驴的体型结实、匀称、头清秀，总体外貌可人。对应的选择性状包括体型比例、身体各主要部位的评分。（3）性情。要求性情温顺，与人亲和，悍威为上悍或中悍。（4）步法。对驴的步法要求低于马，但要求驴能够运步流畅、可以按人的指令熟练走一些基本步法。

（三）育种方案

矮驴的育种宜采用本品种选育的方式。就矮小性状的成因来看，许多矮小品种与地理隔离有关，也就是与群体近交有关。本品种选育的方式是最接近自然状态下地理隔离的繁育方式。其中育种核心群的建立很重要，应对照育种目标筛选可以进入核心群的个体。核心群的基础越好，育种工作就越易取得成效。

（四）选种方法

由于体高是属于高遗传力性状，遗传力可达 0.8 左右，所以对该性状进行个体选择是有效的。也可采取综合选择的方法，初期体高所占的权重可以较大，同时考虑体型外貌、性情因素、运动性能。在体高达标后，加大对外貌、性情的选择，同时对运动性能予以一定重视。体高的测定方式与其他大型家畜相同。外貌以评分的方式记录。驴的外貌评分方法可参考轻型马的外貌评分标准。性情的评价可参照马关于悍威的评定方法。这种评价方法具有一定主观性，应由有经验人员来评定。运动性能虽然不是矮驴育种选择的重点，但具备较高运动能力无疑会更受人们的欢迎。矮驴作为伴侣动物，可用于儿童骑乘，增加宠物相伴的乐趣。矮驴的运动性能应在训练调教的基础上，由有经验者进行评定。矮驴的步法训练和调教可参照马的训练方法，增加其运动的协调性、稳定性和服从性，达到低龄儿童安全骑乘的要求。矮马的毛色可以多样化，并适当增加稀有毛色的比例，如白毛色等，以提高矮驴的观赏性。

（五）选配方法

主要采用同质选配的方法来固定矮小性状，必要时可采用亲缘选配。当采用亲缘选配时，要加大选择强度，淘汰近交衰退者，而且亲缘选配不宜连续使用。除体高性状之外，如育种群体中有理想型公、母个体，则对外貌和性情性状也可采用同质选配。但如果没有，可以先以异质选配的方式进行繁育，出现理想型个体后再进行同质选配。当育种进入较高阶段时，可采用综合选配的方式进一步提高群体的综合性能水平。

（六）品种审定和推广

矮驴的品种审定的基本条件与兼用型驴相似，但评定重点不是产皮、肉、乳等生产性状，而是在观赏性方面。因此，考察的突出性能也是与观赏性相关的，其中主要包括育种目标中的体高、外貌、性情和运动性能等。在矮驴的培育和推广过程中，应进行系统的品种登记。这不仅对系谱记录的准确性和完整性很重要，而且对品种继续选育提高、形成品牌效应具有重要意义。此外，定期举办矮驴展示评比会，对于选留优秀个体、扩大品种影响力也很重要。

（七）国外微型驴介绍

国外微型驴（miniature donkey）主要品种为微型地中海驴（Miniature Mediterranean Donkey），起源于意大利地中海西西里岛和撒丁岛，现主要分布在美国、英国、澳大利亚和欧洲部分地区。1958 年美国成立了微型驴登记会，1987 年并入美国驴和骡协会。1992 年单独成立了国际微型驴登记会（International Miniature Donkey Registry，IMDR）。微型地中海驴体格矮小，体型匀称，体质紧凑结实，四肢强健。一般成年微型驴体高为 66.04 ～ 91.44 cm。

微型驴寿命可达 30 ～ 35 岁，饲养成本低，性情温顺，与人亲近，易于调教，能够供儿童骑乘，可拉载乘坐一名成人或两名儿童的轻型车，也是理想的伴侣动物。

第八节
骡的繁育

与其他许多家畜不同的是，马属动物不同亚属、种之间可以产生具有明显杂种优势的杂种个体。其中最典型的就是马属家畜中马和驴杂交所产的骡。本节就拟对骡的特性及其繁殖学特点等进行简要的说明。

一、骡的分类和特性

根据其父母本不同，骡可分为由公驴和母马杂交而生的马骡（mule），以及由公马和母驴杂交得到的驴骡（又称为駃騠）（hinny）。尽管无论马骡还是驴骡的染色体都为63条（来自马的32条和驴的31条），但由于受母体效应影响，其外貌还是有所差别的。总体来说，马骡更像马一些；而驴骡更像驴一些。马骡的体型更接近马，体格一般大于驴骡，但在驴骡中也有一些体形高大的个体。骡的杂交优势明显，其食量小于马，使役性能好，不易得病。尤其是马骡役用性能出色，深受农区欢迎。过去骡除主要用于农业生产外，由于其性情沉稳，不易受惊，还广泛用于军队的物资运输。在现代社会，由于马属家畜的用途在工业化国家已转向非役用，骡的数量已大幅降低。一些国家培育了快步骡，甚至把骡用于马术比赛，以开发骡的运动性能，这就为骡在现代社会中找到了出路，可进一步提升骡的利用价值。

二、骡的繁殖学特点

作为种间杂种，骡一般没有繁殖能力。但据报道有个别母骡可以产驹。有人对近代以来这类报道进行了统计，可达十几个之多。这些报道中，有的还记载了骡子后代的繁育情况。例如，在1916年德国的《畜牧科技年鉴》中报道，一匹母马骡与公马交配先后产下三个后代。这三个个体外貌与马完全一样，并且具有生育能力；这匹母骡也与公驴配种，产了两个驹子，这两个驹子具有典型骡的外貌特点，而且长大后没有生育能力。1928年《遗传学杂志》（Journal of Heredity）报道，美国一匹母骡与公马交配生下一匹公驹，该公驹有生育能力，其与母马交配后生的驹子具有马的外貌，且均有生育能力。这匹母骡后来又与公驴配过，也产了驹。该驹外貌像骡子，且没有繁育能力。1926年有报道称南非一母骡与公马交配产下一母驹，该驹成年后与公马交配产下一驹，此驹与马外貌一致。

图 12-3　驴骡及其驹（秦应和　供图）

尽管这些记载都是出自正规刊物，但由于当时的科技水平所限，绝大多数都没有经过生物学实验的验证，这就在一定程度上影响了其可信度。中国农业大学畜禽遗传资源研究课题组曾用分子生物学方法验证过一匹有繁殖能力的骡子。在陕西地区有报道称一匹母骡产了一头公驹（图12-3）。由于农村家畜自养，没有系谱记录，这匹骡子的亲本信息不详，仅凭外貌不能完全确定其是否是骡，更不清楚其是马骡还是驴骡，与母骡配种的公畜也未知，不知是一匹马还是一头驴。尽管驹子和母骡在一起，看似母子，但由于马属家畜母畜偶有代养孤儿幼驹的习性，未做进一步确认之前，也不能完全确定它们之间的亲子关系。围绕这些问题，该课题组采用分子遗传和细胞遗传学技术进行了较为全面的验证工作：

1. 亲子关系的确认。采用 ISAG 推荐的 DNA 微卫星位点，对骡和驹的 DNA 样品进行检测。检测结果显示骡和驹微卫星位点完全相符，从而确认了骡与驹之间的亲子关系。

2. 种属的初步分析。采取骡和驹的血液，培养其白细胞，进行了核型分析。发现骡和驹的染色体数分别为 63 条和 62 条，说明母畜的确是个杂交个体，而驹的染色体数与驴相符。

3. 种属的进一步鉴定。虽然采用核型分析的方法，已确认了母畜骡子的身份，但它是马骡还是驴骡尚不知晓；驹子父亲的信息也需要进一步确认。这些工作都借助马、驴种间差异 DNA 检测来完成：（1）通过常染色体上马、驴种间差异位点分析，发现骡在此位点是杂合的，同时拥有马、驴物种特异 DNA；而驹子在此位点是纯合的，与驴相同。这就进一步确定了母畜是由马、驴杂交产生的个体，而驹子在遗传上与驴相同。（2）采用线粒体 DNA 对马、驴种间差异位点进行分析，发现母骡的线粒体 DNA 与驴相同。由于线粒体 DNA 是母系遗传，所以可以判定，母骡的母亲是一头驴。（3）通过 Y 染色体上马、驴种间差异位点分析，发现公驹的 Y 染色体 DNA 与驴相同。由于 Y 染色体是由父系遗传，所以可以推断出驹子的父亲是一头驴。由此得到的系谱关系如图 12-4 所示。

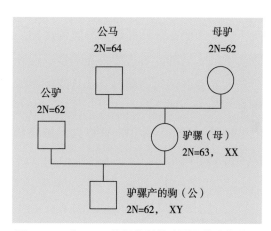

图 12-4　由 DNA 分析推判的驴骡及其驹的谱系

以往的报道以及中国农业大学课题组的研究表明，个别母骡确有繁殖能力。但一个明显的现象是，产驹的无论是马骡还是驴骡，其产生的成熟卵细胞中似乎只有其母系来源的那一套染色体。即马骡虽同时具有马、驴各一套单倍染色体，但在卵子中只有来源于母本的马那一套染色体，这样它与公马配种只能得到马驹而无法得到骡驹，而当其和公驴配时，只能得到骡驹而无法得到驴驹。驴骡的情况也类似，即其与公马配时只可得到骡驹，而与公驴配时，只能得到驴驹。其基本情况如表 12-5 所示。早在 1974 年 Chandley 等就注意到了上述现象，并提出"亲合理论"（affinity hypothesis）对之进行解释。该理论认为，来自母系共同祖先的染色体着丝粒会相互吸引，从而成套地进入卵细胞。

表 12-5　骡所产驹的染色体数　　　　　　　　　　　条

亲本（性别，染色体数）	马骡（母，63）	驴骡（母，63）
马（公，64）	马（公或母，64）	驴骡（公或母，63）
驴（公，62）	马骡（公或母，63）	驴（公或母，62）

值得注意的是，母骡在产生卵母细胞的过程中，来自两亲本的同源染色体之间会发生片段交换。如在上述驴骡产驹的案例中（图 12-3，图 12-4），尽管从染色体数目上看幼驹是一头驴，但其外貌特征却有与马相似之处，并不完全都是驴的外貌。合理的解释是母骡将其父亲（马）的一些基因遗传给了幼驹。这在遗传育种上会有一些特殊的意义。在以往的案例中，公马和马骡产生的马驹（染色体数与马相同）或公驴与驴骡产生的驴驹（染色体数与驴相同）都是有正常繁殖能力的个体。这些骡的子代就可通过繁育后代将驴的基因片段带入马的群体中（公马和马骡产生后代的情况），或将马的基因片段带入驴的群体中（公驴和驴骡产生后代的情况），从而克服了种间生殖隔离的障碍，实现了基因在不同种间的交流。这种种间基因交流可能早就存在于自然状况下。马和驴在野外都是喜群居的动物。据记载，在青海群马放牧时，偶有野驴（藏野驴）混入马群，与马群一起采食、迁徙，不愿离去的情况。在此混居情况下，出现野驴和家马群体间的基因交流是有可能的。这同时也给育种工作一些启示，即可选择有繁育能力的种间杂交后代，并通过回交设计，将一些与家畜种属相近的野生种的有利基因导入家畜群体中。这将大大拓展育种的种质资源来源，并有可能育成某些性能突出的新品种。

参考资料

1. 谢成侠. 中国马驴品种志. 上海：上海科学技术出版社，1987.

2. 侯文通. 现代马学. 北京：中国农业出版社，2013.

3. 侯文通. 驴学. 北京：中国农业出版社，2019.

4. 张沅. 家畜育种学. 北京：中国农业出版社，2001.

5. 姚新奎，韩国才. 马生产管理学. 北京：中国农业大学出版社，2008.

6. 韩国才. 马学. 北京：中国农业出版社，2017.

7. 赵春江. 现代赛马. 北京：中国农业大学出版社，2011.

8. 何美升，于茜，高程程，等. 伊犁马 *DMRT3* 基因多态性研究. 新疆农业科学，

2017，54(01): 184-189.

9. 康德措，其日格日，赵启南，等. 蒙古马高负荷运动训练前后 *MSTN* 基因、*CKM* 基因表达量分析. 中国畜牧杂志，2018，54(01):34-37.

10 林靖凯，刘桂芹，格日乐其木格，等. 驴肉品质及其影响因素的研究进展. 中国畜牧兽医，2019，46(06): 1873-1880.

11. 刘莉敏，郭军，木其尔，等. 蒙古马肉常规营养素和脂肪酸分析评价. 中国食物与营养，2017，23(01):64-68.

12. 陆东林，周小玲，李景芳，等. 疆岳驴泌乳性能研究进展及品种选育. 畜牧兽医科学（电子版），2019(02): 1-5.

13. 薛正亚，刘克俭，石柏良，等. 哈萨克马、伊犁马、伊犁挽马屠宰测定. 中国畜牧杂志，1982(06):29-32.

14. 赵若阳，赵一萍，李蓓，等. 马毛色遗传机理研究进展. 遗传，2018，40(05):357-368.

15. 成广仁，高雅琴. 国外母骡生驹与 B1 繁殖能力的早期报道及遗传学价值. 草食家畜，1996，92(3):9-10.

16. Andersson L S, Larhammar M , Memic F, et al. Mutations in *DMRT*3 affect locomotion in horses and spinal circuit function in mice. Nature, 2012, 488: 642–646.

17. Cook D, Brooks S, Bellone R, et al. Missense mutation in exon 2 of *SLC*36*A*1 responsible for champagne dilution in horses. PLoS Genetics, 2008, 4(9):e1000195.

18. Han H, Zeng L, Dang R, et al. The DMRT3 gene mutation in Chinese horse breeds. Animal Genetics, 2015, 46(3): 341-342.

19. Hill E W, Gu J, Eivers S S, et al. A sequence polymorphism in *MSTN* predicts sprinting ability and racing stamina in thoroughbred horses. PLoS One, 2010, 5(1):e8645.

20. Hill E W, McGivney B A, Gu J, et al. A genome-wide SNP-association study confirms a sequence variant (g.66493737C>T) in the equine myostatin (*MSTN*) gene as the most powerful predictor of optimum racing distance for Thoroughbred racehorses. BMC Genomics, 2010, 11:552.

21. Hill E W, McGivney B A, Rooney M F, et al. The contribution of myostatin (*MSTN*) and additional modifying genetic loci to race distance aptitude in Thoroughbred horses racing in different geographic regions. Equine Veterinary Journal, 2019, 51(5):625-633.

22. Sponenberg D P, Bellone R. Equine color genetics. John Wiley & Sons, 2017.

23. Staiger E A, Almén M S, Promerová M, et al. The evolutionary history of the DMRT3 'Gait keeper' haplotype. Animal Genetics, 2017, 48(5):551-559.

24. Tozaki T, Miyake T, Kakoi H, et al. A genome-wide association study for racing performances in Thoroughbreds clarifies a candidate region near the *MSTN* gene. Animal Genetics, 2010, 41 Suppl 2:28-35.

25. Yamaguchi Y, Brenner M, Hearing V J. The regulation of skin pigmentation. Journal of Biological Chemistry, 2007, 282(38): 27557-27561.

26. Yang G C, Croaker D, Zhang A L, et al. A dinucleotide mutation in the endothelin-B receptor gene is associated with lethal white foal syndrome (LWFS); a horse variant of Hirschsprung disease. Human Molecular Genetics, 1998, 7(6):1047-52.

27. Zhao C J, Qin Y H, Lee X H, et al. Molecular and cytogenetic paternity testing of a male offspring of a hinny. Journal of Animal Breed Genetics, 2006, 123(6):403-405.

第十三章 蛋禽育种

13

第十三章
蛋禽育种

禽类是卵生动物，其产卵（蛋）后，经孵化，在体外发育成新个体，胚胎发育所需的营养物质大部分来源于卵本身。以鸡蛋为代表的禽蛋，外有一层硬壳，内有气室、蛋白、蛋黄和系带等部分，富含蛋白质、脂肪和维生素，氨基酸比例适合人体生理需求、易为机体吸收，利用率和营养价值很高。自古以来，禽蛋就被视为营养补给的最佳来源之一。鸡蛋价格低廉，可做成煮蛋、炖蛋、蒸蛋、茶叶蛋、蛋糕等各式各样的美食。除此之外，蛋中的蛋清也可以作为护肤品的材料。

第一节
蛋禽类型与养殖现状

禽蛋是各种可以食用的鸟类蛋的统称，通常意义上的禽蛋有鸡蛋、鸭蛋、鹅蛋、鹌鹑蛋、鸵鸟蛋等十余种，它们的营养成分和结构大致相同，其中以鸡蛋最为普遍。据国家统计局发布的《2020 年国民经济和社会发展统计公报》数据，2020 年我国禽蛋产量为 3 468 万 t，同比增长 4.8%。

一、蛋鸡

我国有 5 000 多年的养鸡历史，20 世纪 80 年代中期，我国超过美国成为全球生产鸡蛋的第一大国。目前约有 20 亿只蛋鸡，已成为年产值数百亿元的巨大产业。我国鸡蛋总产虽多，但单产水平、效率、效益与国际先进水平相比还有待提高。通过鸡蛋获取优质动物性蛋白，每克蛋白质不到 0.05 元，低于各种肉类和奶类，鸡蛋作为最廉价的动物蛋白质来源，为提高人民生活水平，改善膳食结构起到了重要作用。

近年来，我国培育了一些商用蛋鸡品种（配套系），部分品种的生产性能已经达到或接近国外同类品种水平。

（一）白来航鸡（White Leghorns）

白来航鸡原产于意大利，1835 年由意大利来航港输往美国，现分布于世界各地。白羽单冠来航鸡为来航鸡的一个品变种，属轻型白壳蛋鸡，是世界上最优秀的蛋用品种，也是目前全世界商业蛋鸡生产中使用的主要鸡种。

图 13-1　白来航鸡

白来航鸡体型小而清秀，全身紧贴白色羽毛，单冠，冠大鲜红，公鸡的冠较厚而直立，母鸡冠较薄而倒向一侧。喙、胫、趾和皮肤均呈黄色，耳叶白色，无胫羽（图 13-1）。

白来航成年公鸡体重 2.5 kg，成年母鸡 1.75 kg。生性活泼好动，易受惊吓，适应能力强。成熟早，无就巢性，产蛋量高而饲料消耗少，年平均产蛋数为 200 个以上，优秀品系可超过 300 个。平均蛋重为 54～60 g，蛋壳白色。

白来航鸡是蛋鸡商业化育种中常用的标准品种之一，目前已采用现代育种方法培育出许多具有特定商业代号的商用品系（生产中也称为商业品种），72 周龄产蛋数超过 300 个。如北京白鸡（北京市种禽公司）、海兰 W36（Hy-Line W36，美国海兰公司）、罗曼精选白来航（LOHMANN LSL，德国罗曼公司）。

（二）洛岛红鸡（Rhode Island Reds）

洛岛红鸡原产于美国东海岸的洛德岛州，由红色马来斗鸡、褐色来航鸡和鹧鸪色九斤鸡与当地土鸡杂交育成。1904 年正式被承认为标准品种，有单冠红羽、玫瑰冠红羽、单冠白羽（洛岛白）3 个品变种。国内引进的主要为单冠红羽、单冠白羽，现主要分布上海、北京、河北等地。

洛岛红鸡体躯呈长方形，背部宽平，头中等大，羽毛深红色，尾羽近褐色。冠、肉髯、耳页鲜红色，喙褐黄色，胫、趾、皮肤黄色；无胫羽（图 13-2）。体型中等，体躯各部的肌肉发育良好，体质强健，适应性强。产蛋量高，蛋重较大，蛋壳褐色。因洛岛红鸡具有金色和非芦花羽基因，目前广泛用于褐壳蛋鸡配套系的父系，与带银色羽基因的洛岛白母鸡或芦花母鸡杂交，商品代鸡可以羽色自别雌雄。

图 13-2　洛岛红鸡

洛岛红鸡也采用现代育种方法培育出许多具有特定商业代号的商用品系，72 周龄产蛋数超过 300 个，广泛用于褐壳蛋鸡和粉壳蛋鸡商品配套系的父系。我国以引进的单冠红羽品变种和洛岛白鸡为素材，培育了京红 1 号、新杨褐、京粉 1 号等蛋用型配套系。

（三）蛋鸡配套系

现代蛋鸡生产中，为了全面提高生产性能，并充分利用杂种优势，同时为了在商品代雏鸡通过伴性遗传性状自别雌雄，多采用配套系杂交模式。目前，国内外有很多生产性能优越的蛋鸡配套系。由于育种的商业化，蛋鸡配套系已脱离了原来标准品种的名称，而以育种公司的专有商标和蛋壳颜色来命名。此外，蛋鸡配套系还可以按照蛋壳颜色分为白壳蛋鸡、褐壳蛋鸡、粉壳蛋鸡和绿壳蛋鸡等类型。

1. 白壳蛋鸡配套系

现代白壳蛋鸡全部来源于单冠白来航品变种，通过培育不同的纯系来生产两系、三系或四系杂交的商品蛋鸡。一般利用性连锁的快慢羽基因在商品代实现雏鸡的自别雌雄。如"京白 1 号"（北京市华都峪口禽业有限责任公司）、新杨白蛋鸡（上海新杨家禽育种中心）、海兰白（Hy-Line White，美国海兰公司）、罗曼白（LOHMANN LSL-LITE，德国罗曼公司）、伊莎白（ISA White，法国伊莎公司）、尼克白（Nick Chick，美国 H&N 国际公司）等。

2. 褐壳蛋鸡配套系

褐壳蛋鸡配套系重视利用伴性羽色基因来实现商品代雏鸡自别雌雄。最主要的配套模式是以洛岛红（含有少量新汉夏血统）为父系，洛岛白或白洛克等带伴性银色羽基因的品种做母系。利用横斑基因作自别雌雄时，则以洛岛红或其他非横斑羽型品种（如澳洲黑）做父系，以横斑洛克为母系做配套，生产商品代褐壳蛋鸡。我国引进和培育的褐壳蛋鸡配套系多数是以伴性金银色羽自别雌雄。如"京红 1 号"（北京市华都峪口禽业有限责任公司）、新杨褐蛋鸡（上海新杨家禽育种中心）、海兰褐（Hy-Line Brown，美国海兰公司）、罗曼褐（LOHMANN BROWN-LITE，德国罗曼公司）、伊莎褐（ISA Brown，法国伊莎公司）等。

3. 粉壳（浅褐壳）蛋鸡配套系

粉壳蛋鸡是利用轻型白来航鸡与中型褐壳蛋鸡杂交生产的鸡种。用作现代白壳蛋鸡和褐壳蛋鸡的标准品种一般都可以用于粉壳蛋鸡配套系。目前主要采用的是以洛岛红型作为父系，与白来航型母系杂交，并利用伴性快慢羽性状自别雌雄，如"京粉 1 号"（北京市华都峪口禽业有限责任公司）、农大 3 号（中国农业大学）、新杨粉蛋鸡（上海新杨家禽育种中心）、海兰粉（Hy-Line Pink，美国海兰公司）、大午粉 1 号（河北大午农牧集团种禽有限公司）、罗曼粉（LOHMANN SILVER，德国罗曼公司）等。

4. 绿壳蛋鸡配套系

绿壳蛋鸡配套系是利用我国产绿壳蛋的地方鸡品种为素材培育的特色蛋鸡。绿壳蛋性状是位于常染色体上基因变异导致，对非绿壳表现显性效应。用经过高度选育的绿壳蛋鸡品种与白来航型品系杂交，可以培育商品代蛋鸡产蛋为绿壳蛋的特色蛋鸡配套系。如新杨绿壳蛋鸡配套系（上海新杨家禽育种中心），成鸡全身花羽，带黑点的约占60%，带红点的约占40%；脚均为黑青色；商品代幼雏的雌雄鉴别方式为翻肛鉴别；72周龄产蛋数为227～238个。也可以用绿壳蛋鸡品系与地方黄鸡品系杂交配套，培育出特色绿壳蛋鸡配套系，如苏禽绿壳蛋鸡配套系（江苏省家禽科学研究所），商品鸡具有"三黄"（黄羽、黄喙和黄胫）特征，72周龄产蛋数约为221个。

二、蛋水禽

中国鸭的养殖量占全球的74.3%，鹅养殖量占全球的93.3%。水禽养殖主要是肉用，少数鸭品种可以产蛋用。鹅的产蛋性能远不如鸡、鸭等家禽，根据生产用途，鹅主要分为肉用型品种、肉绒兼用型品种、肝用型品种和玩赏品种。因此，蛋用型水禽，主要为蛋鸭。鸭蛋椭圆形，颜色青色或白色，与鸡蛋一样富有营养，脂肪含量高于鸡蛋，宜加工成咸鸭蛋、松花蛋等产品。蛋鸭是我国特色的养殖业，品种基本实现了国产化。

（一）绍兴鸭（Shaoxing duck）

简称绍鸭，又称绍兴麻鸭、浙江麻鸭，是我国优良的高产蛋鸭品种。浙江省、上海市郊区及江苏的太湖地区为主要产区，目前江西、福建、湖南、广东、黑龙江等省均有分布。

绍兴鸭属于小型麻鸭，体型似琵琶，喙长颈细，臀部丰满，腹部下垂，体躯狭长，结构紧凑、结实、匀称，姿态挺拔，具备产蛋多、成熟早、体型小、适应性强、耗料省等特点，具有理想的蛋用体型（图13-3）。

绍兴鸭全身羽毛以褐麻雀色为基色，有带圈白翼梢（WH系，白颈）和红毛绿翼梢

图13-3　绍兴鸭

（RE系，绿翼）两个品系。WH系母鸭全身羽毛浅褐色，颈中部有2～4cm宽的白色羽环；主翼羽白色；腹部中下部的羽色纯白色；喙橘黄色，胫、蹼橘红色；喙豆褐色，爪白色；虹彩灰蓝色；皮肤黄色。WH系公鸭全身羽毛深褐色，头、颈上的羽毛墨绿色，具有光泽；主翼羽白色，腹中下部的羽毛纯白色；喙、胫、蹼的颜色与母鸭相同。RE系母鸭全身羽毛深褐色，颈中部无白羽颈环，镜羽墨绿色，有光泽；腹部褐麻色；喙灰黄色，喙豆黑色；胫、蹼橘红色，爪黑色；虹彩褐色，皮肤黄色。RE系公鸭全身

羽毛深褐色，从头部至颈部均为墨绿色，有光泽；镜羽墨绿色；喙橘黄色，胫、蹼橘红色。

绍兴鸭72周龄产蛋量为250～300个，300日龄蛋重67～70 g，料蛋比（2.6～3.0）:1。蛋壳为玉白色，少数为白色或青绿色。绍兴鸭体型小，30日龄体重0.45 kg，90日龄体重1.12 kg。红毛绿翼梢公鸭成年体重1.30 kg，母鸭1.26 kg；带圈白翼梢公鸭成年体重1.43 kg，母鸭1.27 kg。在限制饲养的情况下，母鸭开产日龄100～120 d，140～150日龄群体产蛋率达到50%。公鸭性成熟日龄110 d左右，公鸭每天平均交尾24.6次。公母鸭配种比例早春1:20，夏秋1:30，受精率90%，受精蛋孵化率90%以上。母鸭可利用1～3年，公鸭只能利用1年。绍兴鸭成年公鸭半净膛屠宰率82.5%，全净膛率74.5%；成年母鸭半净膛屠宰率84.8%，全净膛率74.0%。

在浙江省绍兴市有国家绍兴鸭原种场，浙江省农业科学院畜牧兽医研究所等单位经过多年努力，培育了"国绍I号蛋鸭"配套系，于2015年通过了国家畜禽遗传资源委员会审定。"国绍I号蛋鸭"配套系商品代蛋鸭具有周期短、开产早，饲料消耗少、育成成本低，产蛋高峰持续时间长、产蛋量高、青壳率高、蛋壳质量好、破损率低等特点，深受加工企业的欢迎；改变了蛋鸭老品种的体型外貌特征，更加符合消费需求。72周龄平均产蛋数为327个，总蛋重22.54 kg，产蛋期料蛋比2.65:1，入舍母鸭成活率98.2%，青壳率98.2%。

（二）金定鸭（Jinding duck）

原产于福建省龙海市紫泥乡金定村，故名金定鸭，是我国高产蛋鸭品种之一。厦门市郊区及闽南沿海各地均有分布。金定鸭属小型鸭，体躯较长，外貌清秀。公鸭的头、颈部羽毛呈蓝绿色且有光泽，故有绿头鸭之称（图13-4）。成年公鸭比母鸭轻，平均体重1.1～1.2 kg，生长较慢。金定鸭体格强健，行动敏捷，觅食力强，尾脂腺较发达，羽毛防湿性强，适宜海滩放牧和在河流、池塘、

图13-4 金定鸭

稻田及平原放牧，也可舍内饲养。

金定鸭公鸭胸宽背阔，体躯较长。喙黄绿色，虹彩褐色，胫、蹼橘红色，爪黑色。头部和颈上部的羽毛具有翠绿色光泽，无明显的白羽颈环；前胸红褐色，背部灰褐色，腹部为细芦花斑纹；翼羽深褐色，有镜羽，尾羽黑色。母鸭身体细长、匀称、紧凑，头较小，胸稍窄而深；喙古铜色，虹彩褐色，胫、蹼橘红色。背面体羽绿棕黄色，羽片中央有椭圆形褐斑，羽斑由身体前部向后逐渐增大，颜色加深；腹部的羽色变浅，颈部的羽毛纤细，没有黑褐色斑块，翼羽黑褐色。

金定鸭是适应海滩放牧的优良蛋用鸭种，年产蛋量240～260个。经选育的高产鸭在舍饲条件下，年平均产蛋数可达300个以上，蛋重73 g左右。经选育的品系，青壳蛋占95%左右。该鸭可边产蛋边换羽，产蛋周期也较长。母鸭开产日龄110～120 d，公鸭性成熟日龄100 d左右。公母配种比例1∶25，受精率90%左右，受精蛋孵化率85%～92%。初生雏鸭体重47 g，3月龄体重1.47 kg，成年公鸭体重1.78 kg，母鸭1.70 kg。成年鸭半净膛屠宰率为79%，全净膛率72%。

金定鸭与其他品种的鸭进行生产性杂交，所获得的商品鸭不仅生命力强，成活率高，而且产蛋、产肉、饲料报酬较高。

（三）连城白鸭（Liancheng White duck）

连城白鸭又名白鹜鸭，中心产区位于福建省西部的连城县，分布于长江、上杭、永安和清流等县。连城白鸭是中国麻鸭中独具特色的小型白色品种，属于蛋用和药用型。

连城白鸭体型狭长，头小，颈细长，前胸浅，腹部下垂，觅食力强，行动灵活，富于神经质；体羽洁白，喙黑色，胫、蹼灰黑色或黑红色，雄性有性羽2～4根。公母鸭的全身羽毛都是白色（图13-5）。

图13-5　连城白鸭

连城白鸭第1年产蛋220～230个，第2年产蛋250～280个，第3年产蛋230个，平均蛋重58 g，白壳蛋占多数。母鸭开产日龄为120～130 d，公母鸭配种比例1∶（20～25），种蛋受精率90%以上。公鸭利用年限为1年，母鸭3年。全净膛屠宰率公鸭70.3%，母鸭71.7%。该鸭富含18种人体必需氨基酸和十余种微量元素，口味独特，肉质鲜美。

（四）苏邮1号蛋鸭（Suyou-1 egg-type duck）

"苏邮1号"蛋鸭是由江苏高邮鸭集团等单位联合培育的我国第一个蛋鸭配套系，2011年通过国家畜禽遗传资源委员会家禽专业委员会审定，获得国家级新品种（配套系）证书。

配套系商品代蛋鸭（母鸭）全身羽毛浅麻色，喙黄色，喙豆黑色，胫和蹼橘黄色，爪黑色。商品代具有产蛋量高、青壳蛋比例高、抗病力强、耐粗饲等特点，商品代蛋鸭青壳率达到95%以上，72周产蛋数在300个以上，平均蛋重72.0 g以上。

（五）褐色菜鸭（Brown Tssiya duck）

台湾褐色菜鸭简称褐色菜鸭，是在我国台湾选育成功的高产青壳蛋鸭品种。褐色菜鸭体型小，产蛋多，蛋壳硬，适合加工咸蛋、皮蛋等。公鸭颈部暗褐色（有的颈中

图 13-6　褐色菜鸭

部有白色颈圈），背部灰褐色，前胸呈葡萄栗色，腹部为灰色或灰褐色，喙黄绿色、黄色或灰黑色不一，脚橙黄；母鸭全身淡褐色，头颈部羽毛不呈暗褐色，喙及脚颜色如公鸭（图 13-6）。蛋壳颜色全为淡至深青色。

褐色菜鸭成年体重 1.4 kg，1 岁龄可产蛋 228 个，蛋重 65 g 左右。

三、蛋鹌鹑

鹌鹑属鸟纲、鸡形目、雉科、鹑属。染色体 2n = 78，其中 6 对大染色体，6 对中型染色体，27 对微小型染色体，性染色体为大染色体，Z 染色体具有中央着丝粒，W 染色体具有近端着丝粒。鹌鹑具有较高的经济价值，鹑肉和鹑蛋中含有丰富的蛋白质，其中必需氨基酸成分全面且含量高。鹌鹑主要有野生鹌鹑和家养鹌鹑两类。

鹌鹑在我国驯养历史悠久，早在西周就有养鹑记载。目前，全世界鹌鹑存栏数量超过 10 亿只。我国是世界上第一养鹑大国，鹌鹑饲养量约 2 亿只，饲养量仅次于鸡，除了西藏外，各省市都有饲养。目前，全世界共有鹑属 20 个野生种，家养鹌鹑主要有商品鹑和实验用鹑两种。商品鹑按经济用途分为蛋用鹑和肉用鹑。蛋用鹑主要有日本鹌鹑、朝鲜鹌鹑、中国白羽鹌鹑、黄羽鹌鹑、自别雌雄配套系鹌鹑等。鹌鹑是性成熟最早的家禽，蛋用鹌鹑最早 35 d 即可见蛋，45 d 左右产蛋率可达到 50%，母鹑成年体重约 150 g，年产蛋在 250 个左右。

（一）朝鲜蛋鹑（Korea egg-type quail）

朝鲜蛋鹑原产朝鲜，在我国多年繁育，纯度和生产性能有所提高。体型中等，羽色多呈栗褐色，头部黑褐色，中央有淡色直纹三条。背部为赤褐色，均匀散布着黄色直条纹与暗色横纹，腹羽灰白色。公鹑脸、下颌及喉部为赤褐色，胸羽为砖红色；母鹑脸为黄褐色，下颌灰白色，胸羽黄褐色，其上有粗细不等的黑点（图 13-7）。

图 13-7　朝鲜鹌鹑

成年公鹑 125 ～ 130 g，母鹑 150 ～ 180 g，6 周龄左右开产，年产蛋 270 ～ 280 个，蛋重 11 ～ 12 g，蛋壳为棕色或青紫色的斑块或斑点。产蛋鹑日耗料 23 ～ 25 g，料蛋比 3∶1。

朝鲜鹌鹑适应性好，生产性能高。朝鲜鹌鹑的栗羽性状为野生型，白羽和黄羽性状是 Z 染色体基因座位上出现的 2 个突变位点，栗羽对于白羽和黄羽表现显性，因此朝鲜鹌鹑常作为蛋用鹌鹑配套系的母系母本，达到羽色自别雌雄。

（二）黄羽鹌鹑

黄羽鹌鹑是我国从朝鲜鹌鹑群体中发现并培育出的一个蛋用品种。其特征是以栗色为底色，在背部正常羽丛中着生数根黄羽（主要集中在颈后部），黄羽特征明显，与正常栗羽容易区别，幼鹑出雏时即可辨认。

黄羽鹌鹑体型中等，成年公鹑体羽淡黄色，夹杂些褐羽丝纹，体重约 130 g；母鹑体羽亦为淡黄色（图 13-8），体重约 160 g，6 周龄左右开产，年平均产蛋 260 ～ 300 个，高峰期产蛋率达 90% 以上。蛋重 11 ～ 12 g，蛋壳色同朝鲜鹌鹑。

图 13-8　黄羽鹌鹑

黄羽鹌鹑体重产蛋率水平与朝鲜鹌鹑相近。但其产蛋率和抗病力超过朝鲜蛋鹑。年平均产蛋率超过 83% 以上，高峰期产蛋率达 93% ～ 95%。该品种适应性广，成活率高，耐粗饲，生产性能稳定，已推广到全国 25 个省（自治区、直辖市），享有较高声誉。

黄羽鹌鹑是朝鲜鹌鹑发生隐性突变的结果，最早见于南京农业大学的岳根华等（1994）的报道，证明黄羽相对于栗羽为隐性，符合伴性遗传规律，并培育了黄羽鹌鹑。河南科技大学的庞有志等（2008）报道，他们于 1992 年发现黄羽鹌鹑突变体，证实黄羽相对于栗羽为隐性，遵循伴性遗传规律，并进行"蛋用黄羽鹌鹑自别雌雄配套系的培育"研究。两个单位培育的黄羽鹌鹑均未进行品系鉴定，但都在蛋用鹌鹑生产中得到广泛的推广。黄羽鹌鹑为自别雌雄配套系中父系，与以朝鲜鹌鹑作为母系杂交，杂一代雌雏为浅黄色，雄雏为栗褐色，鉴别率 96% ～ 100%。商品代产蛋量高，成活率高。

（三）神丹 1 号鹌鹑（Shendan 1 quail）

"神丹 1 号鹌鹑"配套系是由湖北神丹健康食品有限公司与湖北省农业科学院畜牧兽医研究所共同培育的蛋用鹌鹑配套系，于 2012 年获得国家新品种（配套系）证书，是我国首个鹌鹑新品种配套系。

"神丹 1 号鹌鹑"以引进的朝鲜鹌鹑为育种素材，采用闭锁群家系选育结合计算机辅助育种，选育专门化的父系和母系，父系和母系配套生产商品鹌鹑。父系（H 系）为黄羽，以蛋重为主选指标；母系（L 系）为栗羽，以产蛋数为主选指标。父系和母系配套生产商品代"神丹 1 号"（图 13-9），商品代根据羽色自别雌雄，黄羽为母雏，栗羽为公雏。

图 13-9　神丹 1 号鹌鹑配套系商品代
（李成凤　供图）

"神丹 1 号鹌鹑"配套系具有体型小、日耗料少，产蛋率高，蛋品质好适合加工，品种性能遗传稳定，群体均匀度好等特点，其商品代鹌鹑育雏成活率 95%，开产日龄 43 ~ 47 d，35 周龄入舍鹌鹑产蛋数 155 ~ 165 个，平均蛋重 10 ~ 11 g，平均日耗料 21 ~ 24 g，饲料转化率 2.5 ~ 2.7，35 周体重 150 ~ 170 g。

第二节
蛋禽的选择性状及遗传特征

一、外貌特征

外貌特征多数为质量性状，本来经济意义不大；但由于遗传学研究的发展，通过杂交试验，逐步揭示了某些性状的遗传规律，发现了一些伴性遗传的性状，在生产中可用于初生雏鸡的自别雌雄。另外，由于消费者对蛋禽活体或产品某些外部特征的喜好性，因此羽色、胫色、肤色等外貌性状直接或间接与经济效益相关，在蛋禽育种中受到重视。

（一）羽色

自然界中鸟类羽色各种各样、丰富多彩，是经过亿万年进化的十分完美的保护色。羽色是禽类的一种重要遗传标记，是一个品种的重要外貌特征，人们利用伴性羽色基因可以培育出自别雌雄的家禽品系。

1. 鸡羽色

鸡的羽色具有多样性，其遗传机制的研究与应用是育种工作者关注的热点之一。通过生物化学与组织学分析，可分为有色羽和无色（白色）羽两类。羽色产生的根源是色素原基因 CC 和氧化酶基因 OO 相互作用的结果。黑色素是色素原氧化反应的最终产物，红、黄、蓝等则为色素原氧化反应的中间产物，而无色羽出现的原因之一是缺乏色素原基因 CC 或氧化酶基因 OO。各种羽色性状均受一对或多对基因所控制，主要涉及以下基因位点：

（1）白羽　鸡白羽有显性白羽和隐性白羽两种类型，显性白羽主要存在白来航、白洛克和考尼什等品种中，其他品种多是隐性白羽。控制鸡白羽性状的基因主要有5对，其显性基因分别为：I（抑制色素形成基因）、C（色素原基因）、O（氧化酶基因）、P（色素表现基因）、A（非白化基因），对应的隐性基因分别为i（无抑制色素形成作用）、c（无色素原）、o（无氧化酶）、p（制止色素表现）、a（引起白化）。基因型为IICCOOPPAA、iiccOOPPAA、iiCCooPPAA、iiCCOOppAA 和 iiccooPPaa 者表现为白羽。这几种白羽基因型遗传方式各不相同，第一种类型为显性白羽，其余虽然都是隐性白羽，但只有最后一种才是生产上统称的隐性白羽。

显性白羽起主要作用的是 I 基因。根据研究，I 基因对黑色素完全抑制，对红色、黄色为不完全显性。如它对公鸡的肩部、颈部与鞍部和母鸡的胸部的红色羽毛不能完全抑制。PMEL17 蛋白（pre-melanosomal protein）是一个色素细胞特有的糖蛋白，在黑素体的前体的发生中有决定性作用，可促使真黑素前体由近似圆球形发育成椭圆形（Kushimot 等，2001）。鸡的 PMEL17 基因的突变与鸡显性白、黄褐色、烟灰色羽色表型相关。显性白基因是由外显子6的1 836 位碱基的同义突变和外显子10的9 bp 的插入引起的。黄褐色的位点与显性白色位点不同，该突变在外显子10有15 bp 的缺失。这些突变阻断或抑制黑色素的合成，但对红色色素的生成无影响（Kerje 等，2004）。酪氨酸酶（tyrosinase, TYR）是动物体黑色素细胞中黑色素合成的限速酶。研究发现，TYR 基因的内含子4中一个长度为7.5 kb 的完整禽类逆转录病毒的反向插入，插入片段造成 TYR 的 RNA 加工出现异常，第4内含子部分片段滞留，第5外显子没有出现在转录本上，导致细胞内 TYR 酶活性降低，是鸡隐性白羽突变形成的原因（Chang 等，2006）。胚胎期隐性白羽鸡与野生型在 TYR 表达量上不存在显著差异，但当鸡生长到10 周龄时，隐性白羽鸡与对照野生型鸡在 TYR 表达量上出现极显著差异（Chang 等，2007）。

（2）黑羽　黑羽的形成除需要色素生产基因外，还要黑色素扩散基因（E），该基因能促进黑色素的扩散，使黑色素均匀分布于羽毛的各个部分。在遗传上，黑羽对白来航的白羽为下位，对隐性白羽为上位。黑羽基因座位有7个等位基因，即 E、e^{wh}、e^{+}、e^{p}、e^{s}、e^{be} 和 e^{y}。基因 e^{wh} 使初生雏为黄白色，成年雌性小麦色，雄性则为野生羽色。基因 e^{+} 使羽毛表现为原鸡型的野生色，幼雏为条斑色，成年雌性有黑斑点，雄性为野生羽色。基因 e^{p} 使初生雏为暗褐色，成年雄性为野生羽色，雌性为暗赤色斑点。基因 e^{s} 使个体表现为不规则的条纹。携带基因 e^{be} 的初生雏为黄色，成年雄性为野生色，雌性为黄色有黑斑点。基因 e^{y} 的作用同 e^{wh}。上述7个复等位基因的显隐性关系：$E>e^{wh}>e^{+}>e^{p}>e^{s}>e^{be}>e^{y}$。全身黑羽的基因型为 CCOOEE。在生产中常见两种白羽鸡交配出现一定比例的黑羽，原因可能是因为 ccOOEE 基因型的鸡跟 CCooee 基因型的鸡交配。出现这种情况时，应将亲代的公母鸡都淘汰，才能培育出真正的隐性白羽纯系。鸡的 E 基因位点为 11 号染色体上的黑色素皮质激素受体 1（MC1R）的编码基因，Glu92Lys 替换是导致黑色素扩散基因 E 的突变（Kerje 等，2003）。另外，鸡 MC1R 基因编码区突变与鸡的肤色性状、胫色性状和肉色性状等显著相关，可能是鸡黑色素性状的主效基因或者与鸡控制黑色素性状的主效基因连锁（杨永升等，2004）。

（3）红羽　红色羽毛鸡如洛岛红、新汉夏等。红色的深浅不等决定于色素原的氧化程度，氧化程度低则色泽浅，氧化程度高则色泽深。红色的种类及色泽的深浅受 G（生姜色基因）、e 基因群等的影响。

（4）浅花或哥伦比亚羽色　浅花羽鸡如浅花苏塞克斯、浅花洛克、浅花来航等，因含有 e 基因而表现出颈、翼、尾羽部分为黑色，其他部分呈一致的白色或某单一羽色。

（5）浅黄色　浅黄色鸡如浅黄澳平顿、浅黄来航、浅黄洛克、浅黄九斤鸡。浅黄色的形成受到 D（羽色冲淡基因）、G、C、e 等基因及其互作的影响。

（6）横斑（或芦花）　横斑品种包括芦花洛克、多明尼克、汶上芦花鸡等。芦花性状属显性伴性遗传，控制该性状的基因为 B。B 基因只存在 Z 染色体上，W 染色体不携带此基因。该基因限制黑色和红色形成有规则的横斑，能冲淡羽色色素形成黑白相间的芦花状斑纹，其隐性等位基因 b 为非横斑基因。在 20 世纪 30 年代至 50 年代，横斑羽雌、雄的鉴别广泛应用于褐壳蛋鸡产业，至今部分市场仍用横斑羽鉴别雌、雄雏鸡。B 基因具有重要的应用价值，也是羽色基因的研究热点。Bitgood 等（1980，1988）将 B 基因定位到 Z 染色体长臂，与真皮黑色素抑制基因（Id）、隐性白肤色基因（y）及 Z 染色体易位断裂点（Tb）位点相距不远。Dorshorst 和 Ashwell（2009）把 B 基因定位在染色体长臂末端的 355 kb 的范围内。Hellstrom 等（2010）进一步把 B 基因最终定位在 CDKN2A/B 座位上，且鉴定到 4 个与横斑表型连锁紧密的位点：1 个位于 CDNK2A 的启动子区域，位于转录起始位点上游 265 bp 处（A>G），1 个位于 CDNK2A 基因第一内含子 385 bp 处（C>A），这两个 SNP 位点紧密连锁，构成一个横斑表型完全相关的单倍型；另外 2 个 SNP 位点都位于 CDKN2A 的编码区，均为错义突变 V9D 和 R10C。Thalmann 等（2017）研究证明与横斑表型相关的 4 个突变形成了 3 个不同等位基因 B0、B1 和 B2，B0 等位基因仅包括这 2 个非编码突变，B1 和 B2 等位基因是在包含 2 个非编码突变的基础上，分别含有 V9D 和 R10C 错义突变（图 13-10）。

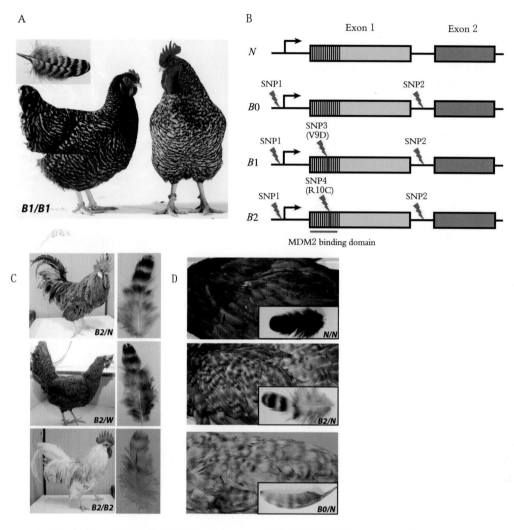

图 13-10 鸡伴性横斑基因（*CDKN2A*）等位基因和表型（Thalmann 等，2017）

（7）银白色和金黄色羽 银色羽 S（silver）位于 Z 染色体上，对应的隐性基因 s 为金色羽。另一个等位基因为不完全白化基因 s^{al}，伴性隐性遗传，为有色素形成的不完全白化，显隐性关系为 $S > s > s^{al}$。

（8）麻羽 麻羽的表现有黄麻、褐麻和棕麻等类型。麻羽属于野生羽色，在中国地方鸡品种羽色中常见，公鸡的羽色十分接近红色原鸡的羽色。控制野生羽色的基因目前还没有完全清楚。根据杂交试验，初生绒毛有条纹（麻羽的幼龄表现）对黑羽是隐性，对其他淡色非条纹（如黄色）是显性。有人据此认为条纹由 St 基因控制，也有人认为麻羽有可能是由黑羽基因 E 的等位基因 e^{wh}、e^+、e^p、e^s、e^{be} 等决定。麻羽可能由 2 个以上的等位基因决定，因而会有黄麻、褐麻和棕麻等表现。

（9）深棕羽 深棕羽鸡外貌类似于以哥伦比亚羽修饰的黑尾红鸡，公鸡胸部以红色或棕色羽为主，母鸡为橙褐色或深橙色。Gunnarsson 等（2011）将深棕羽突变型定位到 *SOX*10 基因变异，通过 QTLs 扫描结果发现，*SOX*10 基因上游调控区删除 8.3 kb 基因组 DNA 与深棕羽性状完全相关（图 13-11）。由于删除的 DNA 片段含有增强子等调控元件，故 *SOX*10 基因表达量下降，导致酪氨酸酶下调表达，使色素转换开关偏向褐黑素上调表达。

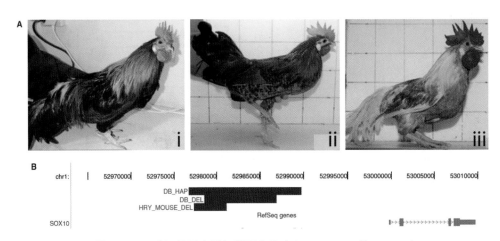

图 13-11 鸡深棕羽表型与基因定位（Gunnarsson 等，2011）

A(i). 红色原鸡公鸡代表野生型，胸部黑羽　A(ii). 深棕羽公鸡，胸部红火橙色　A(iii). 显性白羽背景下的深棕羽公鸡，胸部呈红色或橙色　B.*SOX*10 基因上游的 8.3 kb 缺失（DB_DEL）定位

（10）黄羽　黄羽是中国地方鸡品种中常见的羽色，如惠阳胡须鸡。在我国南方优质肉鸡市场中，黄羽颇受欢迎。Zheng 等（2020）分析惠阳胡须鸡与白来航杂交后代羽色表现规律，发现黄羽不受显性白羽基因抑制，在黄羽粉壳蛋鸡或黄芦花鸡培育中具有应用价值。毛囊组织切片观察，发现黄羽毛囊中分布着很多褐色素颗粒。Zheng 等（2020）对 7 和 11 周龄鸡的黄羽和白羽毛囊组织进行转录组分析，鉴定了 27 个差异表达基因（DEGs），提出 *TYRP*1、*DCT*、*PMEL*、*MLANA* 和 *HPGDS* 的下调可能是导致黄色羽毛中真黑素减少和褐黑素合成增加的原因（图 13-12）。

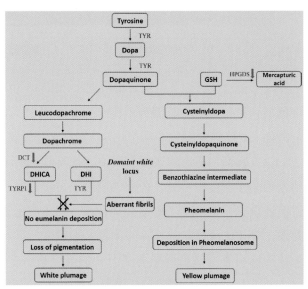

图 13-12 黄羽鸡毛囊中褐黑素形成的过程
（Zheng 等，2020）

2. 鸭羽色

鸭的羽色种类较多，通过生物化学和组织学分析，羽色可分为无色（白色）和有色两种。对于有色羽来说，按色泽深浅不同，又可分为浅黄、灰白、深黑多种颜色。麻鸭是我国饲养量最多的鸭，公鸭头颈墨绿色或深褐色，有些带白颈圈，镜羽墨绿色或紫蓝色带金属光泽，母鸭全身羽毛褐色带黑色条斑，有红褐麻、灰褐麻、黄褐麻、深褐麻、浅褐麻等多种类型。除了白羽鸭和麻羽鸭之外，我国还有黑羽鸭，其全身羽毛为黑色，有亮光。一般认为家鸭羽色遗传主要由 9 个基因座控制，其中包括复等位基因，这些基因座交互作用，由此产生了多种多样的羽色。目前知道的控制鸭羽色的候选基因主要有酪氨酸酶基因家族、黑色素皮质激素受体基因（$MC1R$）、鼠灰色基因（Agouti）、前黑素体蛋白（$PMEL17$）、显性白毛调控基因（KIT）、表皮黑色素抑制因子（ID）、干细胞因子（SCF）、小眼相关转录因子（$MITF$）等。

羽色是种鸭选择时的一个非常重要的外貌选择性状。羽色较一致，表明种质相对较纯，也是区别于其他鸭种的重要标志。通过羽色进行雏鸭性别鉴定的研究较少，不像鸡的羽色自别雌雄机制那样完善，利用也不广泛。

3. 鹌鹑羽色

鹌鹑的羽色主要有栗羽、白羽和黄羽，白羽和黄羽对于栗羽为隐性，且遵循伴性遗传规律。自从在栗色的朝鲜鹌鹑中发现白色个体以来，有关鹌鹑羽色遗传的研究与应用引起许多学者关注。研究证明鹌鹑的栗羽、黄羽和白羽不是由同一基因座位上的复等位基因控制的性状，而是由位于 Z 染色体上的 2 个有连锁关系的基因座 B/b 和 Y/y 相互作用的结果。B 和 b 为 1 对等位基因，b 为白化基因，B 对 b 为显性，公母鹌鹑只要含有 B 基因即表现有色羽。Y 和 y 为另一对等位基因，分别控制栗羽和黄羽，Y 对 y 为显性，栗羽和黄羽的表现取决于有色基因 B 的存在，B 与 Y 相互作用产生栗羽，B 与 y 相互作用产生黄羽，白羽是 b 对 Y 或 y 上位作用的结果。公鹑 b 基因隐性纯合时，抑制 Y 和 y 的表达，产生的后代为白羽；母鹑存在单个 b 基因时即抑制 Y 和 y 的表达，产生白羽后代。

基于 2 对伴性遗传的基因互作和鹌鹑的 ZW 染色体构型，在蛋用鹌鹑生产中研究出了多个羽色自别雌雄的配套生产模式：

白羽♂ × 栗羽♀ → 栗羽♂：白羽♀

黄羽♂ × 栗羽♀ → 栗羽♂：黄羽♀

白羽♂ × 黄羽♀ → 栗羽♂：白羽♀

黄羽♂ × 白羽♀ → 栗羽♂：黄羽♀

白羽♂ ×（黄羽♂ × 栗羽♀）♀ → 栗羽♂：白羽♀

黄羽♂ ×（白羽♂ × 栗羽♀）♀ → 栗羽♂：黄羽♀

经实践检验，以上配套生产方式公母性别比为1:1，自别雌雄准确率可达100%，同时在适应性、生产性能方面也有较好表现。

另外，在朝鲜鹌鹑与黄羽鹌鹑配套系杂交群体中发现一种新的羽色突变体，为黑羽鹌鹑，可以与白羽鹌鹑和黄羽鹌鹑组成自别雌雄配套系。控制黑羽性状的基因h相对于野生型为常染色体不完全隐性遗传，当Z染色体隐性黄羽和隐性白羽座位为野生型（栗羽）时，黑羽基因座杂合（Hh）鹌鹑表现为不完全黑羽，隐性纯合（hh）鹌鹑为黑羽，显性纯合（HH）鹌鹑表现为野生型羽色。该基因座与性染色体上的两个白羽基因（B/b）和黄羽基因（Y/y）有互作关系，三基因座互作产生栗羽、黄羽、黑羽、白羽和深灰色羽等多种羽色（图13-13）。

目前已发现大约26个基因座与鹌鹑的羽色有关。这些基因座多数位于常染色体上，5个基因座位于Z染色体上，4个基因座存在复等位基因。多数基因座的等位基因呈显隐性关系，少数表现为等显性或不完全显性。有5个基因座的显性羽色突变基因，如黄羽、银色羽、白羽、出雏黑羽和亮绒羽在纯合状态下具有致死或半致死效应。

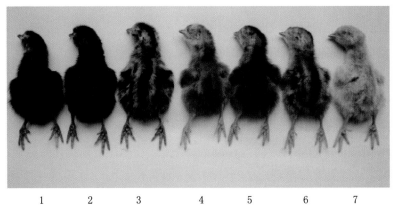

图13-13　1日龄蛋用鹌鹑的羽色（庞有志等，2015）
1. 黑羽　2. 不完全黑羽　3. 栗羽　4. 浅灰羽　5. 深灰羽　6. 黄羽　7. 白羽

（二）羽速

雏鸡在初生时，一般只有主、副翼羽及其覆翼羽生长出来，其余部分均为绒毛。翼羽的生长速度有较大差异，这种差异主要由一个位点上的等位基因决定的。主翼羽生长速度快，初生时明显长于覆主翼羽者称为快羽，相应的快羽基因为隐性，用k表示；而在初生时主翼羽长度等于或短于覆主翼羽者为慢羽，相应的基因为显性，用K表示。K和k是羽速基因位点上的主要等位基因，此后又发现了延缓羽毛生长基因K^n（带这种基因的个体羽毛生长速度极慢）和另一个等位基因K^s。这4个等位基因的显隐性关系为$K^n>K^s>K>k$。用快羽公鸡与慢羽母鸡杂交，产生的雏鸡可根据羽速自别雌雄，快羽为母雏，慢羽为公雏。羽速基因是白来航型白壳蛋鸡及白羽肉鸡中目前唯一可以用来作雌雄自别的性连锁基因。在褐壳蛋鸡中，可用羽速基因实现父母代的雌雄自别。

已知鸡的快慢羽基因与 Z 染色体上的内源性反转录病毒 ev[21] 连锁。在快羽鸡中，唯一的 ev[21] 插入位点位于催乳素受体基因（PRLR）和精子鞭毛编码蛋白 2（SPEF2）基因序列之间。而在慢羽鸡中，有两个 ev[21] 插入位点，在两个插入位点之间为部分重复的 PRLR（duplicated PRLR，dPRLR）和 SPEF2（duplicated SPEF2，dSPEF2）所形成的融合基因（dPRLR/dSPEF2），在两个 ev[21] 插入位点的两侧仍为 PRLR 和 SPEF2 基因序列。融合基因的拼接序列可能存在品种特异性，融合基因仅在慢羽鸡皮肤中转录，可形成一个双链 RNA 分子，可能通过双链 RNA 分子来调控临近基因的表达，从而影响鸡羽毛生长的速度。

鸭的羽速研究相对较少，目前仅在番鸭的羽速研究上有一些进展，尚未用于蛋鸭早期性别鉴定中。

（三）矮小

自然群体中，某些鸡群体或个体具有矮小性状。到目前为止，在鸡体中已经发现了 8 种矮小基因，它们分别位于常染色体和性染色体上。其中鸡性连锁矮小基因（sex-linked dwarf gene，dw 基因）是由基因隐性突变产生的，是一个对鸡健康无害而对禽类生产有利的矮小基因，可以在生产中应用的隐性突变基因，因而也是最受关注、研究最广的矮小基因。

1935 年 Behtank 首次发现了 dw 基因。Hutt 于 1959 年在矮小来航鸡中将 dw 基因定位于鸡的 Z 染色体上，在肝坏死基因 in 和无翅基因 wl 之间，靠近金银羽基因（s, S）位点和快慢羽基因（k, K）位点。dw 基因与银色基因和慢羽基因的交换值分别为 7% 和 6.6%。正常基因（DW）对 dw 显性，因而只有矮小型纯合子的公鸡和携带 dw 基因的母鸡才表现矮小。鸡性连锁矮小是由于生长激素受体（GHR）基因突变造成的。不同的矮小鸡群体 GHR 基因具有不同形式的突变，这些突变可造成 GHR 基因转录异常和蛋白功能的丧失，使生长激素（GH）不能与 GHR 有效结合，阻碍了 GH–GHR–IGF 信号传导通路导致 IGF-1 表达受阻，不能发挥正常的生理功能，从而使鸡的生长受到抑制。

最常见的 GHR 突变形式为缺失突变，在多个矮小品系中都检测到。Agarwal 等（1994）发现矮小鸡中 GHR 基因的 3' 非翻译区（3'UTR）存在 1 773 bp 的缺失，并且包含了编码区 27 个高度保守的氨基酸。戴茹娟等（1996）通过构建基因文库，克隆了农大褐矮小鸡的 GHR 基因，对正常型和矮小型鸡进行 RFLP 分析发现，6.0 kb 片段在矮小鸡中的表型为 4.1 kb，差异发生在 GHR 序列的 3' 端。另外，Hull 等（1999）在对正常和矮小来航鸡品系中检测出 GHR 基因一个 T 到 C 的转换，导致胞外区一个丝氨酸被色氨酸替换。GHR 上各种不同的突变所造成的影响可能发生在转录水平或翻译水平，但共同点是导致 GHR 与 GH 结合活性丧失，阻断细胞合成和释放 IGF-1 的信号转导通路，从而抑制鸡孵化后的生长。

矮小基因对鸡的生长和体型发育影响极其显著，而这种影响随着生长发育过程逐步表现出来。初生时，矮小型鸡和正常型鸡的体重和骨骼长度方面没有明显差异。因此，dw 基因不能被用来实现初生雏的自别雌雄。到成年后，矮小型母鸡体重减少约30%，公鸡体重减少更多。在骨骼方面，主要是长骨受影响而变短，其跖骨长度比正常型短 25% 左右，因而表现出典型的矮小型体型。鸡的腹脂含量也受 dw 基因的影响。在生长过程中矮小型鸡的脂肪含量比正常鸡高得多，但在成年后反而比正常型要少。由于体重及体组成的变化，dw 基因可使耗料量减少 20% 左右。

研究发现，肉用矮小型鸡成年体重只有正常鸡的 60% ～ 70%。矮小基因杂合子鸡的成年体重大约是正常鸡的 90%。蛋用矮小型母鸡成年体重比正常型低 20% ～ 25%。肉用矮小鸡比正常型低 30% 以上。矮小型鸡做母本的商品鸡与父母都是正常型的商品鸡相比，母鸡体重减少 10% ～ 14%，公鸡减少 4% ～ 5%，存活率提高 2% ～ 3%。通过对 dw 后代肉鸡屠宰性状的研究发现，矮小型公鸡的屠宰率、全净膛率、半净膛率均大于 DW 公鸡，而胸肌率和腿肌率均小于 DW 公鸡。矮小型母鸡表现为胸肌较好，腿肌较差，胫部较细，存活率较高。基因对肌肉生长的影响体现在肌纤维数目的减少，而不受肌纤维的直径或长度的影响。矮小型鸡的脂肪沉积能力高于正常型，育肥效果好，肉质优良。对于肉用种鸡，引入 dw 基因的作用要比蛋鸡明显，因为肉用种鸡体重大，体脂多，产蛋率低，受精率差。引入 dw 基因后一般认为母鸡的产蛋率会上升，减少畸形蛋和裂纹蛋，大幅度地提高合格种蛋数和孵化率。矮小型鸡的饲料报酬均高于同品种正常型 15% 左右，矮小型鸡饲料转化率高的原因可能有 2 个方面：矮小型鸡体型小，新陈代谢低，耗能少；消化系统发达，对食物的消化较完全。

鸡 dw 基因对产蛋性能的影响较大。在不同的遗传背景下，dw 基因的效应表现出较大差异。轻型蛋鸡（来航鸡）所受影响最大，产蛋量减少可达 14%。中型褐壳蛋鸡受到的影响要轻一些（-7%），因而在饲料转化率上得到的好处较多（+13%）。在肉用种鸡，产蛋量在多数情况下还有增加（+3%），加上因体重减少而得到饲料消耗量减少的好处，饲料转化率有显著的改进（+37%）。

矮小鸡在生产上的另一好处是体型变小后，不但可以加大饲养密度，而且可以使用更矮小的鸡笼，因而节约材料和饲养空间。研究证明，dw 基因对鸡的存活率、受精率和孵化率等均无不良影响，而且在对马立克氏病的抗性、耐高温能力方面还有优势。

目前，dw 基因在蛋鸡育种中应用较为成功。矮小型褐壳蛋鸡和浅褐壳蛋鸡在饲料转化率方面具有突出优势，通过适当的育种措施，可以在一定程度上弥补蛋重和产蛋量受到的不利影响。在饲料资源紧缺的我国，培育饲料效率高的矮小型蛋鸡有重要意义。中国农业大学已在这方面率先开展了育种工作，并培育出饲料转化效率突出的节粮小型蛋鸡。

（四）冠型

鸡冠为皮肤衍生物，位于头部，冠型是品种的重要特征，主要有单冠、豆冠、玫瑰冠、胡桃冠、杯状冠及V形冠等。单冠是最主要的冠型，现代鸡种几乎所有蛋鸡都是单冠，冠体为单片状，上端有数目不等的冠齿。最典型的单冠有5个冠齿。单冠的大小在不同品种间差异较大，而品种内则比较一致。以单冠白来航的冠最大，有人测定其面积达 12.21 cm^2，而洛岛红的单冠面积仅 3.89 cm^2。玫瑰冠较宽厚，在扁平的冠体上有许多规则的乳头状小突起，冠尾似刀尖直指后方。纯合型玫瑰冠公鸡的受精率很低。豆冠是科尼什、婆罗门等品种的特征，其形状一般是在椭圆形的冠体上带有三条纵向突起，中间一条最高、最显眼。胡桃冠（也称草莓冠）一般小于玫瑰冠和豆冠，有一条横向浅沟把冠前后分开。

对冠型遗传基础的认识很早，其互补效应已成为经典遗传学的范例。冠型主要涉及2个基因，玫瑰冠基因为R，豆冠基因为P，均为显性。当这两个位点均为隐性纯合子（rrpp）时，表现为单冠；而当R和P同时存在时，由于基因的互补作用表现为胡桃冠（图13-14）。因此，当纯合玫瑰冠与纯合豆冠鸡杂交时，F1代均为胡桃冠，横交F2代出现的胡桃冠、玫瑰冠、豆冠和单冠四种类型，比例为9:3:3:1。

图 13-14 鸡的冠型（Imsland 等，2012）
A. 野生型单冠（rrpp） B. 玫瑰冠公鸡（R-pp） C. 豆冠公鸡（rrP-） D. 胡桃冠公鸡（R-P-）

从遗传学角度看，单冠是野生型性状，其余则为突变性状。Dorshorse 等（2010）通过分离群体的连锁分析，将玫瑰冠性状连锁的区域定位在7号染色体 14.4～24.2 Mb 的区域内。Wragge 等（2012）以多个品种为材料，以全基因组关联分析方法将玫瑰冠相关的区域进一步缩小至鸡的7号染色体的 18.41～22.09 Mb 区域内。Imsland 等（2012）

通过重测序确认了玫瑰冠突变为 7 号染色体上的倒位片段（16 499 781 ～ 23 881 384 bp，galGal3），另外还发现了导致玫瑰冠性状的第 2 个等位基因 R2，其对应的突变同样是片段倒位，倒位区间为 GGA7: 23 790 414 ～ 23 881 384 bp；并比较了携带 R2 等位基因的玫瑰冠公鸡个体与单冠公鸡生育能力的差别，表明携带 R2 等位基因的公鸡生育能力与单冠公鸡没有区别；导致玫瑰冠公鸡生育能力降低的突变发生在 23.8 Mb处，该处的突变导致了鸡蜷曲螺旋结构域 108（Coiled-Coil Domain Containing 108，CCDC108）基因的转录本缩短，从而导致生育能力低下。

20 世纪 90 年代就已经把豆冠定位于 1 号染色体的连锁群 III。Wright 等（2009）通过连锁分析将区间缩小至 1 号染色体的 67 831 796 ～ 68 456 921 bp 区域内，该区间仅存在 SOX5 基因。然后，Wright 等（2009）通过对目标区域重测序、Southern blot 和实时荧光定量 PCR 的方法确认了该基因进化保守区域的重复导致了豆冠的形成。对胚胎期基因表达分析，发现进化保守区的重复导致豆冠个体的间充质细胞中存在 SOX5基因的异位表达，而异位表达的 SOX5 基因又改变了 SSH 基因表达，从而导致了豆冠的形成（Boije 等，2012）。

现代鸡种已突破了标准品种对冠型的限制，加上合成系的广泛应用，冠型已不是鸡种的固定特征，一个鸡种有可能出现几种冠型。

二、产蛋性状

（一）产蛋量

产蛋量是蛋禽最重要的生产性能，对肉禽则决定种禽的繁殖性能。产蛋量可用不同的数量指标表示，主要有产蛋数（egg number）、产蛋总重（egg mass）和产蛋率（laying rate）。

蛋鸡育种最有意义的指标是个体产蛋数，这是对产蛋性能做选择的基础。记录这一性状的方法最早是用自闭产蛋箱，现在在蛋鸡育种和部分肉鸡育种中，采用更方便、准确的单笼测定来记录个体产蛋数。在表示产蛋数时，必须指明记录的时间范围。如 40 周龄产蛋数，表示从开产至 40 周龄的产蛋数。

在种鸡场及商品鸡生产中，只能得到群体的平均产蛋记录。有两个指标用于表示群体产蛋数，即饲养日（H.D.）产蛋数和入舍鸡（H.H.）产蛋数，计算公式分别为：

饲养日（H.D.）产蛋数 = 饲养天数 × 产蛋总数 / 饲养日内累积饲养日鸡总数

入舍鸡（H.H.）产蛋数 = 产蛋总数 / 入舍鸡总数

在这两个指标中，饲养日产蛋数反映实际存栏鸡的平均产蛋能力。而入舍鸡产蛋数则不受鸡群存活及淘汰状况的影响，综合体现了鸡群的产蛋能力及存活率高低，更加客观和准确地在群体水平上反映出鸡群的实际生产水平及生存能力。

产蛋率是群体某阶段（周、期、月）内平均每天的产蛋百分率，一般在饲养日基础上计算，表示该群体的产蛋强度。

产蛋总重也称总蛋重，是一只家禽或某群体在一定时间范围内产蛋的总重量。我国主要以重量单位作为商品蛋计价的基础，所以产蛋总重代表产品生产量，这一指标具有重要价值。而在世界上其他多数国家，虽然商品蛋在分级的基础上按数量销售，但产蛋总重仍是计算饲料转化率的基础。

对于群体而言，这一指标也分为饲养日产蛋总重和入舍鸡产蛋总重两种表示方法，其含义与前述相同。个体产蛋总重一般表示为个体产蛋数和平均蛋重的乘积，如要求更准确些，可每周或每期测定一次平均蛋重，乘上本周或本期的产蛋数后累加而得。

产蛋量的遗传受多基因控制，但受环境影响的因素较大，遗传力估计值较低（0.12左右）。影响产蛋量的主要生理因素有性成熟期、产蛋强度、就巢性、休产期和产蛋持久性等。外界环境和饲养管理条件对产蛋量有重要影响，公鸡对后代的产蛋量、初产日龄和就巢性影响很大。产蛋量与初产日龄呈负相关（-0.3左右），与蛋重呈较高的负相关，与鸡生长速度也成强负相关。绝大多数阶段产蛋量之间的遗传相关都很高，属于部分之间或部分与整体的关系。其中蛋鸡终身产蛋量与40周龄产蛋量相关性大，且随周龄增加（如52周龄、60周龄、72周龄、80周龄），正相关增加。产蛋量不同阶段记录之间的强相关是对产蛋量进行早期选择的理论依据。

蛋鸭的产蛋量是指母鸭在一定时间内的产蛋数量，一般计算从出壳到72周龄蛋鸭的产蛋数。产蛋数受多基因控制，遗传力较低（0.10～0.15），受饲料、营养、环境、管理等因素影响较大。产蛋数有近交衰退和杂种优势现象，近交时产蛋数降低，而品种、品系间杂交时，产蛋数增加。

（二）蛋重

蛋重不但决定产蛋总重的大小，同时也与种蛋合格率、孵化率等有关，因而在蛋鸡和肉鸡育种中都受到重视。蛋重不是一个恒定值，主要受产蛋母禽年龄的影响，同时也与母鸡体重、开产日龄、营养水平、气温、光照时间、湿度、疾病等因素有关。蛋重的一般变化规律为：刚开产时蛋重较小，随着年龄的增加，蛋重迅速增加，经过约60 d的近似直线增长过程后，蛋重增长率下降，在约300日龄以后蛋重转为平缓增加，蛋重逐渐接近极限。

因此，测定蛋重从300日龄开始，个体记录时连续称取3个以上的蛋，取平均值；群体测定时，连续称取3 d的总产蛋数，求平均值。蛋重的遗传力估计值较高，一般在0.5左右，重复力高达0.7左右。产蛋期内某一蛋重测定值与其他各时间点蛋重都有较强的正相关，对一只母禽来说，其蛋重相对大小在群体内是比较稳定的。蛋重测定时间点相距越近，则相关程度一般越高（0.8～0.9），而间隔较远的蛋重测定值之间相关程度降低（0.5～0.6）。所以在常规育种实践中，一般只针对某一时间点蛋重进行选择，期望利用其余产蛋期内蛋重的高度遗传相关，使整个产蛋期内的蛋重均有相应改良，从而达到改善全程蛋重的目的。

蛋重与其他重要性状之间的相关较高。蛋重与产蛋数的遗传相关为 -0.4 左右，所以要在同一群体中对蛋重和产蛋数同时选择提高是很困难的。必须进行深入的遗传分析，采取合理的育种方案来保持这两个遗传对抗性状之间的平衡。蛋重和体重之间相关程度也很高，遗传相关 0.5 左右。而体重过大不利于减少维持消耗和提高饲料转化率，所以适当降低体重是蛋鸡育种的基本目标之一。但必须把这种改变对蛋重的不利影响综合起来考虑。此外，蛋重与孵化率、蛋品质等性状间的遗传关系也要加以考虑，在一个综合的平衡育种体系内，保证商品蛋鸡主要生产性能的全面提高或维持在适宜水平。

（三）开产日龄

育种群中个体记录以产第一个蛋的平均日龄作为开产日龄；群体记录时，蛋鸡、蛋鸭按日产蛋率达 50% 的日龄计算，肉种鸡、肉种鸭和鹅按日产蛋率达 5% 时日龄作为群体开产日龄。开产日龄是繁殖周期启动标记，是蛋禽重要经济性状。在人工及自然选择下，家禽性成熟年龄逐渐提前，如白来航鸡的开产日龄在 19.9 周，家鸡野生种红色原鸡开产日龄在 24.9 周，驯化使性成熟年龄提前 20%。

开产日龄属于数量性状，除受遗传因素影响外，光照、营养、温度、通风、饲养密度、有无公鸡等均影响开产日龄。鸡的开产日龄遗传力变化范围较大，最小的估计值是 0.06，最大的估计值是 0.55。遗传力的差异或许与计算方法、样本量、遗传背景及饲养条件有关。开产日龄属于生命史性状，生命史性状（包括性成熟、成年体重及生殖周期）是生物个体适应生态环境的关键，因此这些性状遗传力较高、可塑性较强，且对环境敏感。开产日龄与产蛋数存在中等程度负相关。据 Kinney 等（1967）研究，开产日龄与 300 和 450 日龄产蛋数遗传相关系数分别为 -0.74 和 -0.73。白来航鸡开产日龄与 17～30 周龄产蛋数遗传相关系数为 -0.85，与 30～70 周龄产蛋数遗传相关系数为 0.06（Savegnago 等，2011）。可见，开产日龄与产蛋初期产蛋数成中、强度负相关，但随着日龄增加，相关程度趋向减弱。

近年来，鸡的开产日龄遗传调控越来越受到育种工作者关注。由于开产日龄与下丘脑-垂体-性腺调控有关，因此下丘脑、垂体激素及内分泌因子可能是开产日龄的遗传基础。据报道，催乳素、催乳素受体、促卵泡生成素受体、褪黑色素受体、生长激素释放激素受体等基因与开产日龄调控有关。随着基因芯片技术、生物信息分析技术及基因组学的不断发展，越来越多的开产日龄标记被报道。

三、蛋品质

蛋品质是影响商品蛋生产效益的重要因素,近年来越来越受重视。影响蛋品质的因素很多,遗传是主要因素之一。

（一）蛋壳颜色

蛋壳颜色主要有白色、褐色、浅褐色和绿色等几种。白色和褐色属于多基因控制。因此白壳蛋和褐壳蛋间的杂种鸡产浅褐壳蛋。绿壳蛋主要受一个显性基因（O）控制,绿壳基因位于 1 号染色体上。褐壳蛋蛋壳颜色遗传力较高,一般在 0.3 左右。因此,可以通过选择加深蛋壳颜色,减少蛋壳颜色的变异,以满足消费者对蛋壳颜色的要求。母鸡年龄、应激、喂药等因素也会影响蛋壳颜色。

青壳蛋鸭的蛋壳厚度和强度优于白壳蛋,同时由于消费习惯的原因受到绝大多数地区的欢迎,价格优势明显。鸭蛋壳颜色受一对等位基因控制,白壳蛋对青壳蛋而言,白色为隐性,青色为显性。李慧芳等（2005）应用荧光扩增片段长度多态性（AFLP）标记技术,筛选到 1 个引物组合,可用于早期青壳蛋性状的鉴定。袁青妍等（2010）建立了鸭青壳蛋性状的微卫星标记辅助育种技术,仅 1 个世代的选择,可以把青壳蛋率提高到 100%。

（二）蛋形指数

用蛋形指数测定仪或游标卡尺测量蛋的纵径与最大横径,以毫米为单位;纵径与横径的比值为蛋形指数。鸡蛋正常蛋形指数是 1.30～1.35,大于 1.35 者为长蛋,小于 1.30 者为偏圆蛋。鸭蛋的最佳蛋形指数为 1.20～1.32,鹅的最佳蛋形指数为 1.30～1.45。最佳蛋形指数的种蛋孵化率和健雏率高。

蛋形指数属于较为稳定的性状,它受种禽的遗传基因和环境条件影响,遗传力较高（0.40～0.45）。

（三）蛋壳质量

在现代养禽生产中,为了减少蛋在产出后收集及运输过程中造成的破损,要求蛋壳质量高。蛋壳质量主要指蛋壳强度和厚度,蛋壳强度以抗击力表示,用蛋壳强度测定仪测定,单位是 kg/cm^2。蛋壳强度与蛋壳厚度和致密性有关。测定蛋壳厚度是分别测量蛋壳的钝端、中部和锐端三个厚度,取平均值。测量时剔除内壳膜,精确到 0.01 mm。蛋壳强度和蛋壳厚度无论在商品蛋还是在种用蛋方面都非常重要。就商品蛋而言,蛋壳强度大、厚度大,运输过程中不易破损;就种用蛋而言,蛋壳厚薄适度或稍厚的蛋孵化率高,但蛋壳过厚的钢皮蛋、蛋壳过薄或软壳蛋都不宜用来孵化。

鸡蛋壳强度遗传力在 0.3～0.4 之间,蛋壳厚度的遗传力为 0.3 左右,蛋壳厚度与强度呈正相关（0.73）。所以只要在选育计划中施以足够的选择后,就可以使蛋壳强度得到迅速提高。直接选择蛋壳强度的后果之一是蛋壳厚度提高,有可能带来产蛋量和孵化的不利变化。因此在选育时应考虑到这些相关反应。从另一角度出发,在保证足够蛋壳厚度的前提下改善一个蛋不同位置蛋壳厚度的均匀一致性,也可以使蛋壳强度得到提高,相应的不利影响较小。

蛋壳质量受气候、营养水平、疾病的影响较大,在选择时要考虑到遗传与环境的互作效应对选择效率的影响。

(四)蛋白品质

蛋白品质是鸡蛋的重要特征,消费者常用浓稠度来衡量蛋的新鲜程度。蛋白品质取决于蛋内浓蛋白的含量,浓蛋白多,营养价值高,保存时间长,孵化率也高;反之,易造成死精或死胚,孵化率低。蛋白品质用哈氏单位表示,用蛋白高度测定仪测量蛋黄边缘与浓蛋白边缘的中点,避开系带,测3个等距离中点高度的平均值表示蛋白高度。蛋的保存时间对哈氏单位的影响很大,随保存时间的延长,哈氏单位减小。饲料和环境温度也影响哈氏单位。哈氏单位的遗传力为 0.4~0.5,蛋白高度的遗传力为 0.11~0.55。因品种、群体结构、测定年龄及气候等不同而有较大变异。通过选择可以有效地改变蛋白品质。

(五)蛋黄色泽

蛋黄色泽是由脂溶性色素在卵形成期间沉积到蛋黄中形成的。鸡没有合成这些色素的能力,蛋黄中的色素是由于在饲料中摄入的缘故。按罗氏比色扇的15种不同黄色色调等级比色,统计每批蛋各级色泽的数量和百分比。蛋黄颜色的遗传力为0.15。蛋品加工业喜欢蛋黄颜色深的蛋,优质蛋黄的比色值应在12以上。饲料原料质量、饲养方式、是否添加着色剂、健康状况等都影响蛋黄颜色。

(六)血(肉)斑率

蛋中的血斑和肉斑影响蛋品质。统计含血斑和肉斑的蛋在总蛋数中的百分比为血(肉)斑率。正常情况下,蛋内应无血斑或肉斑,种蛋血斑和肉斑的容许率在2%以下,超过2%则予以淘汰。据研究,白壳蛋的血斑率一般要比褐壳蛋高,而肉斑率要比褐壳蛋低。血(肉)斑率的遗传力估计值为0.25左右,可以通过选择有效地降低其发生率。但要完全去除血斑和肉斑是几乎不可能的,在饲养管理不善、应激多的条件下,血(肉)斑率会升高。

四、饲料转化率

(一)料蛋比

饲料转化率也称饲料利用率,是指利用饲料转化为产蛋总重的效率。蛋禽中特称为料蛋比,为某一年龄段饲料消耗量与产蛋总重之比。由于饲料成本占养禽生产总成本的 60% ~ 70%。单位成本与饲料消耗量和产蛋重有关，而饲料消耗量与产蛋重之间又有直接关系，因此常用料蛋比来表示饲料转化率，即每千克蛋耗料量。

料蛋比本身的遗传力为中等，平均在 0.3 左右，范围为 0.16 ~ 0.52。因此，直接选择即可获得一定的选择反应。由于料蛋比是由产蛋总重与耗料量两个性状确定的，而产蛋总重始终是蛋鸡育种的首要选育性状。因此，在长期育种实践中，料蛋比一直是作为产蛋总重的相关性状而获得间接选择反应，使料蛋比得到一定的遗传改进。

近来的研究表明，完全依赖间接选择并不能使饲料转化率得到最佳的遗传改进。首先，产蛋量正向生理极限靠近，其改进速度正在逐步下降，因而料蛋比的相关反应也会越来越小。其次，在料蛋比中包含着另一个性状耗料量，这一性状本身存在一定的遗传变异，从这一角度出发也可使料蛋比得到改进。利用一些主效基因，如伴性矮小型 dw 基因，可以在对产蛋量影响不大的前提下大幅度降低体重，减少采食量，从而提高饲料转化率。

（二）剩余采食量（RFC）

在研究饲料利用的过程中，人们很早就知道每日采食量的最大部分是用于身体的维持需要。很多研究表明，母鸡个体采食量之间的差异，大部分是由体重、增重和每日产蛋重等的差异来解释。由此便产生了"剩余采食量"（residual feed consumption，RFC）这一概念。RFC 是饲料消耗量的观察值与预测值之间的差异，预测值是由一个结合了体重、体增重和每日产蛋总重的模型计算而得。也就是说，结合维持、生长和产蛋所需的饲料量来预测母鸡的采食量，然后测定实际采食量，二者之差即 RFC。

RFC 可以是正值，也可以是负值。如果是负值，说明母鸡实际采食量少于预测采食量，其效率高于平均值。如果是正值，则说明效率低于平均值。RFC 越低，说明其饲料利用率越高。

RFC 与饲料消耗正相关，但与蛋总重、产蛋数、蛋重、开产日龄、体重、体增重之间遗传相关接近零。进一步研究确认 RFC 与饲料消耗遗传相关 0.5，与体重和产蛋量无显著相关性。

RFC 遗传力较高（0.42 ~ 0.62），对生产性能无显著负影响，通过选择能够取得遗传进展（Liuting 等，1991）。不同个体的母鸡，即使体重、产蛋量和增重率均相同，其RFC 也会有差异。因此，在选择低体重和高产蛋率时如果进展慢下来，就可以将 RFC 作为一个非常有用的新选择指标。

RFC 的估计极其复杂，不仅要测定每只鸡的采食量，还要测定产蛋量、蛋重、体重以及体重的变化率。但是，除采食量外，其他指标都是系谱鸡群的常规测定项目。一旦测定记录齐备，就可以进行复杂的计算来预测采食量，然后将此预测值与采食量的实际测定值进行比较，计算每只母鸡的 RFC 值。尽管需要处理大量的数据，但对于计算机系统来说这很容易，这样就可以为商业育种者提供一个可行的方案。

基于 RFC 选育 14 代后，采食量差异达 41 g/d，但对产蛋总重、产蛋数、蛋重、开产日龄和体重没有影响（Bordas 等，1999）。

五、行为性状

（一）就巢性

就巢，也叫"抱窝"，是禽类一种母性行为，具体表现为产蛋一段时间后，体温升高，被毛蓬松，抱蛋而窝，停止产蛋。就巢行为是禽类为适应多变的环境，在漫长的自然选择中形成的一种利于繁衍后代和扩大群体规模的本能行为。如果禽类长期处于典型就巢状态，会引起输卵管和卵巢发生萎缩，严重降低产蛋量甚至休产。禽类的就巢性是一种由多基因控制的低遗传力性状，影响就巢的因素主要分为环境因素、内分泌因素和遗传因素。环境因素中光照和温度对就巢行为的影响较大，阴暗和高温环境会诱导禽类产生就巢行为。繁殖激素等内分泌因子直接参与禽类就巢的调控，其中催乳素（PRL）是引起和维持家禽就巢行为的主要激素。遗传因素是导致禽类产生就巢行为的根本原因，对于就巢性的遗传规律有多种解释，有研究推测白来航鸡 PRL 基因启动子中的一段 24 bp 的纯合插入序列可能会影响白来航鸡体内 PRL 的表达，进而影响白来航母鸡的就巢性。

开展就巢性相关候选基因的研究有助于确定控制就巢性的主效基因，深入了解就巢性的遗传基础和分子机制，最终通过遗传育种的方法培育无就巢性的禽类品种，提高家禽繁殖性能。近年来，在环境和内分泌研究的基础上，研究人员从分子层面进一步揭示了调控禽类就巢性的因素，对抑制和消除就巢性的方法进行了探索。据研究报道，PRL、PRLR、FSHβ、LH、FSHR、GnRH 等基因都参与禽类就巢性调控，另外还有多巴胺 D1/D2 受体基因（DRD1/2）、血管活性肠肽（VIP）及其受体（VIPR）等基因也与就巢性有关，褪黑素受体（Mel-1C）、抗缪勒氏管激素受体（AMHR II）、雷帕霉素靶蛋白基因（mTOR）、核受体辅激活蛋白 1（NCOA1）、胆固醇调节元件结合蛋白 2（SREBF2）等基因也被证实参与禽类就巢性的调控。近期的研究表明，一些 microRNAs 参与调控卵巢类固醇激素合成，调控就巢性相关信号通路。

（二）啄羽性

啄羽指产蛋母鸡表现出的一系列啄羽行为，从轻柔啄羽一直到剧烈啄羽行为。剧烈啄羽行为会导致组织损伤，可发展为同类相残，导致受伤鸡被啄致死。啄羽行为与攻击性啄击行为不同，后者主要攻击头部。啄羽除了会造成鸡的福利问题外，还会造成经济损失。啄羽的原因，一直存在争议。有人认为啄羽可能是由采食行为发展而来的，或者是因沙浴行为被错误引导而来的。另一种看法是：轻柔啄羽可能是一种社交探究行为，在建立和保持雏鸡之间的社交关系中起着重要作用。成年时的啄羽倾向是从幼龄时轻柔啄羽的基础上发展起来的。啄羽导致鸡群的死亡率上升、饲料消耗增加，鸡群一旦部分出现啄羽现象就很容易蔓延到整个鸡群，形成啄羽癖，给禽类饲养业带来巨大的经济损失。鸡群严重的啄羽行为可造成鸡只羽毛覆盖减少，羽毛损伤脱落的鸡，热量散失加快，为了维持正常体温，采食量增加，更严重的可导致鸡只疼痛，甚至死亡。

啄羽行为的影响因素包括遗传、营养、光照、鸡群规模和饲养密度、地面材料、恐惧和应激等。蛋鸡啄羽的遗传力估计值在 0.07～0.56 之间，被啄的遗传力估计值在 0.15～0.25 之间，变异较大。Van der Poel 等（2010）研究报道，4 号染色体上的 *HTR2C* 基因的 SNP 与鸡啄羽行为直接相关。蛋鸭的进攻性啄羽行为与 *DEAF*1 基因的遗传变异有关。随着分子生物学技术和鸡基因组研究的飞速发展，从分子生物学角度研究鸡啄羽行为的机理，研究候选基因和分子遗传标记，运用标记辅助选择的方法可以快速、高效的降低啄羽行为的发生。

六、抗病抗逆性状

生存与健康是进行高效生产的基础，而死亡率高一直是困扰养鸡生产顺利发展的主要因素。因此，提高鸡的生活力，增强抗病抗逆能力，保持良好的健康状态也是育种目标之一。长期以来，家禽育种的目标集中在提高经济性状上，家禽生产性能提高的同时，对疾病越来越敏感，给家禽业带来了不小的威胁。尽管治疗药物、疫苗等不断创新，但还是不能从根本上解决问题，仍需从育种着手。

蛋鸡成活率受环境因素的影响非常强烈，其遗传力估计值几乎没有超过 0.10 的。因此，单纯对成活率进行选择很难收到显著的效果。这方面的研究主要集中在如何提高遗传抗病力。

抗性基因是指能使动物体内产生抗体，在外来环境的刺激下能抵御疾病的侵袭，使动物对疾病产生抗性的基因。抗性基因按效应大小分为 3 类：一是单一主基因，这种基因主要控制抗性性状的表达；二是微效多基因，这种基因控制的抗病力性状有多个基因共同作用，单个基因效应小；三是独立的多基因，与微效多基因不同的是基因数量少，每个基因的作用大，可以相互区别。

多数疾病的发生或多或少受遗传因素的控制或影响，即使由特定病原体侵袭所致的传染病或寄生虫病，在不同种群、不同个体间的易感性也是不同的，这种易感性的高低决定于遗传与环境的共同影响。不同种群、不同个体对疾病的抗性大小也同样受遗传和环境两方面的制约。个体对疾病的抗性体现在机体对疾病的防御功能和免疫应答能力，这种抗病能力的大小受遗传和环境的共同影响，其中受遗传因素影响的程度可用遗传力来表示，即疾病抗性的遗传力。Pinard 等（1993）研究发现鸡对马立克氏病、罗斯肉瘤、球虫病以及纽卡斯病的抗性遗传力分别为 0.40、0.28、0.28 和 0.07 ～ 0.77。

抗病力按遗传机制不同可分为特殊抗病力和一般抗病力。特殊抗病力指畜禽对某种特定病原体的抗性，这种抗性主要受 1 个基因位点控制，也可不同程度地受其他多个位点及环境影响。研究表明，特殊抗病力的内在机理在于宿主体内存在或缺少某种分子或其受体。一般抗病力不限于抗某一种病原体，它受多基因和环境的共同影响。Bumtead（1991）曾用 8 个近交鸡品系试验检测其对 7 种不同球虫、沙门氏杆菌、大肠杆菌、马立克氏病、传染性支气管炎病毒以及 5 种禽白血病毒的抗性。结果表明，各种近交系对几种抗原的抗性均存在差异，没有一个近交系对上述所有疾病都有抗性，可以说不存在一般抗病力的单基因，一般抗病力受多基因及环境影响。因此，抗病遗传力的高低决定了抗病育种的途径，通过选择抗病动物，育成抗病品系。

禽类免疫的基因组学研究，表明鸭和鸡对禽流感的敏感性不同，鸭通常是禽流感的无症状携带者，而禽流感对鸡通常是致命的。对鸭和鸡的基因构成进行比较，可以揭示其对禽流感易感性差异的分子基础。MacDonald 等（2007）克隆了鸭特异性免疫相关基因，其中包括免疫球蛋白基因、*MHC* I 类基因区域、白细胞受体复合物基因、凝集素样免疫受体和 Toll 样受体等。

第三节 蛋禽的育种目标

育种目标从广义上讲是使畜禽生产获得最大的经济效益。具体讲，育种目标就是在育种中改进哪些性状，这些性状的发展方向是什么，改进量是多少。合理的育种目标将为整个育种工作起着导航作用。一个优良的蛋鸡品种不仅要求有高的产蛋量，还要求有一定的生长速度、适宜的体重及蛋重。

一、育种目标规划

育种目标规划是一项综合性的工作，必须对多方面要素做全面分析后进行大胆决策。育种目标通常要考虑三大要素：市场需求，育种群的现状和潜力，竞争对手的产品性能。

（一）市场需求

由于家禽育种的商业化特点，育种工作必须以满足市场需求为出发点。为此，首先必须深入市场，同客户建立密切联系，了解市场需求。要以全球市场的观点来看待蛋禽生产，考虑到西方育种机构对中国市场的重大影响，分析生产系统与育种目标的关系尤其重要。

育种成果具有一定的滞后性，即育种群的遗传进展要经过扩繁体系的多级传递，经过2～3年才能在商品代中表现出来，而且每代的遗传进展有限。因此，育种目标规划决策者必须具备对市场需求的预测能力，分析判断近期、中期和长期市场需求。目前蛋鸡消费市场趋向多元化，需要各种各样的蛋鸡，有些市场需要白壳蛋鸡，有些需要有褐色蛋鸡，有些需要大蛋，有些则需要小蛋，特定的市场需要特定类型的蛋鸡品种。衡量育种工作成效的标准，不但要看每年遗传进展的大小，而且要看这种遗传进展满足市场需求的程度。

蛋鸡育种还可以考虑产业化运作，以"公司＋农户"的形式，按优势分工，实现优势互补、互利互惠，形成策略统一、抗风险能力强的经济联合体。农户可以从大型育种行业得到优秀品种的雏鸡，以及先进的技术、专业的指导、完善的服务。可使养殖信息在大型育种行业和养殖行业之间流动。让科技创新与信息反馈有机结合，使养殖行业能够更准确地把握市场机遇，分析自己的优势与劣势所在，确定自己的发展方向。

（二）现有育种群的状况

明确了市场需求，还必须有能够满足这种需求的物质基础——育种素材，优良的育种材料是品种选育的前提。因此，必须对育种群的现状和发展潜力有全面的认识，包括各个纯系的性状均值、遗传参数（遗传变异和性状间的关系）、单基因性状特点（如快慢羽）、群体大小和结构、近交程度及纯系间的配合力等。通过对这些信息的综合分析，判断哪些系有潜力能满足市场需求。如果在现有育种群找不到合适的素材，则要想办法引进外来育种素材。在确定育种素材之后，再根据群体的遗传特点和性状间的遗传关系，预测可能获得的遗传进展大小，使选育目标建立在可靠的基础之上。

我国家禽遗传资源十分丰富，在国内外市场很受欢迎，有较好的肉蛋品质。从维持生物多样性的观点出发，考虑到中国传统消费习惯和消费结构，在中国生产环境下地方品种与育种目标的特殊性的关系，亦有助于促进我国自主家禽育种业的发展。

（三）竞争对手的产品性能

在竞争性的市场中，必须发挥自己的长处，克服自己的不足，才能在竞争中占据优势。因此，必须对国内与国际上主要竞争对手的产品性能和发展趋势作及时、全面、准确的了解，在比较的基础上明确自己的长处和不足。蛋禽育种竞争中的一个基本原则是主要生产性能上不能明显落后于竞争对手，在有差距的性状上力争更大的遗传进展。

二、育种目标制定

（一）充分利用加性和非加性效应

1. 加性遗传效应的利用

基因的加性效应值，即性状的育种值，是性状表型值的主要成分。在基因的传递过程中，加性遗传效应是相对稳定的。任何一个育种计划的中心任务就是通过选择来提高性状的加性效应值（育种值），产生遗传进展。选择获得遗传进展有三个基本条件：

（1）性状有变异，即育种群内不同个体的性状值要有一定的差别。只有针对有变异的群体做选择，才有可能获得遗传进展，而对一些所有个体都表现相同的性状（如一些质量性状），是不能通过选择来加以改变的。对遗传力相同或相近的性状来说，群内变异越大，获得选择反应也越高。

（2）变异是可以度量的，选择必须建立在准确度量性状值的基础上。对于一些确有遗传变异，但无法直接度量或度量后造成个体死亡的性状（如屠体性状），是不可能作直接选择的。但可以通过一些相关性状进行间接选择。

（3）变异是可以遗传的。如果表型值的变异仅仅是由环境因素造成的，而与遗传因素无关，则选择也不会产生作用。表型变异中遗传因素所占比例越高，即遗传力越高，选择反应就越大。同时，选择的成效在很大程度上取决于利用表型值估计育种值的准确性。因此，选择方法的好坏在育种中起着关键作用。

蛋鸡育种的长期实践证明，以人工选择来充分利用基因的加性遗传效应，是实现鸡种主要生产性能持续提高的主要手段。

2. 非加性遗传效应的利用

在表型变异中，除了加性遗传效应外，还有两种重要的非加性遗传效应，即显性效应和上位效应。显性效应是相同位点不同等位基因之间的效应；上位效应是不同位点基因间的互作效应。研究表明，鸡的部分数量性状具有很显著的非加性遗传效应，如产蛋量的显性方差占表型方差的比例可达 15% ～ 18%，其遗传力为 0.12 ～ 0.36；蛋重和蛋比重的显性方差占比分别为 2% ～ 6% 和 1% ～ 5%，其遗传力分别为 0.48 ～ 0.63 和 0.32 ～ 0.39。这表明，显性遗传效应对产蛋数等低遗传力性状影响较大，而对高遗传力性状（蛋重和蛋比重）则影响较小。研究证实，显性效应是构成杂种优势的主要因素。上位效应也与杂种优势的大小有密切关系，但其稳定性和可预见性比显性效应低。

由于产蛋量等性状的非加性效应显著，可以获得显著的杂种优势。因此，通过杂交生产商品鸡已成为现代育种的基本特征。商品鸡的遗传性能等于加性遗传效应值与杂种优势之和。因此，育种工作不仅应重视提高纯系性能（加性遗传效应）值本身，同时也应当最大限度地利用杂种优势，即非加性遗传效应。

（二）高强度选择计划

在现代家禽育种中，选择强度之高是任何一种家畜所不可比拟的。高强度选择是保证家禽育种高速发展的基本条件之一。家禽的特点是繁殖力高，一个育种群种母鸡在留种时，产蛋率一般可在80%以上，以留种3周计，可获得初生母雏5只。在存活率正常、饲养充足的情况下，母鸡的平均留种率可达30%左右。如果延长留种期，则留种率还可进一步降低。在公鸡选育方面，由于每只公鸡的与配母鸡可在10只以上，留种率一般可控制在5%以内。家禽的饲养成本相对较低，所以可以保持很大的观察群，作为选择的基础。一般情况下一个纯系观察群在3 000只以上，多的可达10 000只左右，从而为提高选择强度打下基础。

（三）保持性状间的综合平衡

蛋禽的性状众多，但本身是一个整体。因此，在性状之间形成了各种表型和遗传相关。育种者通过选择使某性状发生变化时，在同一遗传基础和生理背景的作用下，其他一些性状也会发生关联反应，其变化量大小取决于性状的遗传力及性状间的遗传相关等。

在育种中必须考虑到生物体的这种关联性，保持性状间的合理平衡，即所谓平衡育种。保持性状间的平衡，一方面是针对选择性状间的遗传对抗（负遗传相关），另一方面是克服自然选择的阻力。在选择性状时必须做全面分析，如果过于强调某一性状，则与之负相关的性状会获得不利的间接选择反应，有时间接反应甚至会超过直接反应，使净选择反应为负值。在确定选种计划时，要综合考虑性状之间的关系，在整体上保持育种群的最佳遗传改进。在蛋鸡育种中，因产蛋量过高可能导致骨质疏松，发生产蛋疲劳综合征。因此，需要通过平衡育种方案来保持性状间的协调发展。

在育种过程中自然选择的干扰也是一个不可忽视的因素。自然选择是使家禽更好地适应环境的一种力量，而人工选择是以人类需求为目标的。自然选择和人工选择有时方向一致，有时则相反。当方向相反时要尽量排除自然选择的干扰。

（四）创新育种思路，培育特色蛋鸡

随着消费者生活水平不断地提高，人们越来越重视生活的质量和品位。蛋鸡育种要满足社会的需要和经济的发展，既要考虑提高产量，也要重视产品质量。蛋鸡育种的产蛋数经过多年的努力，每只入舍鸡的平均产蛋数已提高到340个以上。现代蛋鸡育种要在增加产蛋数的同时，要延长产蛋持续时间，提高蛋品质量，达到优质、高产、高效的目的。

利用我国地方鸡种的资源优势，研究其种质资源特性，发掘优异性状（基因）。从体型外貌、产蛋数、质量、蛋形、蛋壳颜色、蛋品内在质量、生活力等方面选育，培育特色品系，组建优质高产配套系。我国蛋鸡育种应注重培育具有中国特色的蛋鸡新

品种，具有生态型地方良种蛋鸡的特征、特性、特色，体质外貌美观，结构匀称，鸡蛋、鸡肉的风味、口感、营养上乘，成年体重合适，产蛋性能好，繁殖率高，抗逆性和适应性强，蛋壳颜色美观，蛋黄相对较大，色泽鲜黄红、浓蛋白高。这类蛋鸡称为生态型优质蛋鸡。

我国培育自有的蛋鸡品种，应该有两种类型：一个是以高产为主，适于工厂化饲养，用来代替进口品种；另一个是以特色为主，既可以笼养，也可以散养，以满足消费者对有地方特色的优质蛋的需求。具有地方良种蛋鸡典型外貌特征、特性、特色；母鸡成年体重 1.2 ～ 1.7 kg，65 周龄产蛋数 210 个以上；50% 产蛋周龄在 20 ～ 22 周，料蛋比（2.5 ～ 2.7）：1，43 周龄蛋小于 53 g，蛋形指数＞ 1.33；蛋壳为粉色或绿色，蛋黄色深，比例大；抗逆性强、适应性好，受市场欢迎。高产型的不能背离引入品种的共性，因为实践证明这是成功的经验。特色型的不能背离地方品种共性，否则不会被市场接受。

（五）把疾病、环境和饲料营养同时列入育种计划

引进的外来品种对白痢比较敏感，我国地方品种对呼吸道疾病比较敏感。体重大的对高温比较敏感，体重小的对低温比较敏感。开产早的育成期喂料不足时，可能早产早衰，而开产迟的影响不大。选育时鸡舍环境若并非完全一致，也会影响选择的准确度。某些遗传素材的遗传潜力很好，但感染了很难净化的疾病，也会失去种用价值。在育种规划制定和实施过程中，应把疾病、环境和饲料营养同时加以重视。

蛋鸡育种要注重抗病力和应激耐受力等次级性状，这些性状影响蛋鸡生产性能。鸡的疾病种类很多，在育种过程中要注重提高一般抗病力，也可采用分子抗病育种手段，提高鸡抗禽流感、新城疫和白血病等免疫抑制性疾病的抗性，提高其特殊抗病力，保证蛋鸡产品健康安全。

三、蛋禽育种面临的挑战和存在问题

蛋禽育种，尤其是蛋鸡的育种已经取得了较大的成就，但从发展的情况来看，面临着各种挑战。首先选育指标正接近生理极限，蛋鸡正在接近每天产一个蛋的极限，在这种情况下，通过常规选育进一步改良提高的难度加大，迫切需要更好的选育方法。福利养殖模式给蛋鸡育种也提出新问题和新方向。中国蛋鸡产业巨大，占世界蛋鸡饲养总量的 40%，因此在设定育种目标、制定育种方案时要充分考虑国内蛋鸡生产的条件和实际需要。

在蛋禽育种竞争日益加剧情况下，不断出现育种公司的倒闭或公司兼并重组，目前在世界上蛋鸡的育种已基本垄断在屈指可数的几个大集团手上。这些大公司实力雄厚，有能力推动家禽育种的技术进步和产品质量提高，但也存在一些现实问题。育种

公司强烈的商业化色彩限制了育种技术交流，对推动技术进步有不利影响。蛋鸡育种商业化可能对世界家禽遗传资源的保存和利用带来负面影响，这一问题近年来受到国际上许多国家的关注，数亿的商品鸡同质化，遗传基础变得狭窄，抗病力也显著下降，一旦发生某一特异性的传染性疾病，可能造成灾难的后果。

培育一个蛋禽品种，不是一朝一夕的事；一个商业品种的鉴定，也不是这一品种培育的终结。品种也要与时俱进，否则就会昙花一现。培育中国特色的优质、安全、高效、省饲料的生态型蛋禽品种（系）是我国家禽育种方向。在对地方品种禽保种选育的基础上，通过育种制种，以我国优质家禽血缘为素材，吸收外来血缘，繁育特色蛋禽良种，生产无公害或绿色有机蛋产品。我国几乎引进过国外所有著名育种公司的高产蛋鸡，我国的鸡、鸭、鹅饲养量和产品消费量长期居于世界第一。家禽育种需要长期的积累，包括素材、技术、资本、市场等。但我国现代蛋禽育种起步较晚，经历了以高等农业院校、科研院所为主体；以企业为主体，高等农业院校、科研院所为技术支撑两个阶段。前一阶段常被称为实验室育种阶段；后一阶段被称为商业化育种阶段，表现为追求市场需求，有短视性、目标易变、选育工作常因企业兴衰不能持续等不足。

第四节
蛋禽的育种技术与方法

一、育种技术

（一）个体选择

也称大群选择（mass selection），是根据个体表型值进行选择。这种方法简单易行，适用于遗传力高的性状，如体重、蛋重等。但对于产蛋量，个体选择效果差。产蛋量是限性性状，只有母鸡才能测定表型，因此个体选择只能对母鸡进行选择，不能选择公鸡，这样至少失去了一半的选择效应。公鸡虽然不产蛋，但其对后代产蛋量的贡献高于母鸡，再加上公鸡可以实现更强的选择压，所以仅对母鸡进行产蛋量的个体选择，选择进展很慢。另外，鸡产蛋量性状的遗传力很低，受鸡个体的微观环境影响很大。由于环境的影响超过遗传力的比例，根据表型值来选择，遗传的影响大大地被环境所掩盖了。所以，产蛋量要按照基因型值来进行选择，也就是按照数量性状的育种值来进行选择。

（二）家系选择

根据家系均值进行选择，选留和淘汰均以家系为单位进行。这种方法适用于遗传力低的性状，并且要求家系大、由共同环境造成的家系间差异小。在这一条件下，家系成员表型值中的环境效应在家系均值中基本抵消，家系均值基本能反映家系平均育种值的大小。对产蛋量作选择时都采用此法，但必须注意保证足够大的家系（>30 只），而且家系成员要在测定鸡舍内随机分布。

家系在鸡育种中特指由 1 只公鸡与 10 只左右母鸡共同繁殖的后代。这实际上是一个由全同胞和半同胞组成的混合家系。同一母鸡的后代构成全同胞家系，不同母鸡的后代间为半同胞关系。因此，鸡的家系选择又可分为全同胞家系选择和混合家系选择。一般把公鸡女儿平均产蛋量高的家系成员全部留种，而将女儿平均产蛋量低的家系成员全部淘汰。当然为了避免近亲交配要多留几个家系，以便在它们的后代中交换公鸡。从理论上说，公鸡女儿平均产蛋量是一个育种值，它消除了环境效应，因此是基因型选择的效果。从数字上来说，如果一只公鸡在孵化季节留下 50 个女儿，这 50 个女儿年产蛋量的资料就比每只母鸡产蛋量的资料大 50 倍，当然其准确性就要比按母鸡个体记录选择要可靠的多。按半同胞平均数选择也同样如此，这说明对鸡的产蛋量这一数量性状，家系选择要明显优于个体选择。

与家系选择有关的是同胞选择。两者的区别是，家系选择的依据是包括被选者本身成绩在内的家系均值，而同胞选择则完全依靠同胞的测定成绩。因此，对产蛋量这一限性性状，公鸡用同胞选择，母鸡用家系选择。两种方法对选择反应的影响几乎相同，特别是在家系含量大时。

（三）合并选择

兼顾个体表型值和家系均值进行选择。从理论上讲，合并选择利用了个体和家系两方面的信息，选择准确性较高。这种方法要求根据性状的遗传特点及家系信息制定合并选择指数。合并选择还可综合亲本方面的遗传信息，制定一个包括亲本本身、亲本所在家系、个体本身、个体所在家系成绩等在内的合并选择指数，用指数值来代表个体的估计育种值，即综合育种值选择。数量遗传学的发展为准确估计育种值提供了有效的方法。

（四）分子育种

蛋鸡育种的本质是将种鸡优良的基因集中在一个品种中，并使得这个品种的个体能够稳定的表达优良基因的过程。传统育种技术是通过种鸡自己的性能，结合其所有亲属的表现来推测它后代的性能。在确保收集大量准确的表型记录后，分析各品系主要性状的遗传力和遗传相关，科学地评估各性状的遗传规律，将育种值和表型值相结合指导品种选育，这种方法对遗传力高的性状改良起到了很大作用。随着 2004 年第一张鸡基因图谱的成功绘制，以及分子生物学的不断发展，分子育种逐渐应用到蛋鸡育种中来，为改良低遗传力性状、难以测定性状以及限性性状的选育提供了新的工具。

近年来，家禽的品种品系鉴定、遗传多样性研究、重要经济性状候选基因研究、遗传距离的估测、基因图谱制作、基因组育种值评估、新品种培育等许多方面都应用了分子生物学技术。蛋禽的分子育种主要包括：以功能基因定位为基础的分子标记辅助选择、基因组效应分析为基础的基因组选择和以转基因技术为基础的转基因育种。

1. 分子标记辅助选择（MAS）

利用分子标记技术加速家禽品种的遗传改良和专门化品系的培育是未来畜牧业发展的趋势。随着分子标记手段的不断更新和完善，其应用的深度和广度也在不断推进，并出现大量的特异的现代标记技术。在重要经济性状分子遗传机制研究基础上，应用基因定位和基因诊断技术，有效应用 DNA 分子标记技术，加速家禽专门化品系的培育，以提高养蛋禽的经济效益。

分子标记辅助选择在蛋禽的限性性状选择、选择强度、早期选择、选择准确性等方面发挥作用。目前已经有大量的蛋鸡重要经济性状相关基因被克隆和定位，例如，产蛋性能相关基因：*PRL*、*FSHβ*、*ESRα*、*GnRH*、*TSH* 等；饲料转化率相关基因：*IGF*1、*IGF*2、*dw*；蛋品质相关基因：*FMO*3、绿壳蛋基因；抗病相关基因：*Mx* 等。家禽中的矮小基因（*dw*）是能影响体型大小、饲料消耗、产蛋量、抗寒抗热能力等众多数量性状的主效基因。

在 QTL 的研究中，1993 年 Dunington 等发现了鸡体长和胫长相关的 QTLs；1996 年 Lamont 等发现了鸡的产蛋量与蛋品质性状 QTL，但这些报道大多只涉及 QTL 与分子标记的关联检测。深入到 QTL 定位及效应分析的研究报道，最早为 Vallejo 等（1997）发现有 8 个 QTL 对鸡的马立克氏病（MD）的易感性有显著影响，并且大多数 QTL 对 MD 易感性呈现出隐性特征，极少数为显性。1999 年，Vankaamdeng 等发现了影响鸡饲料转化率与生长速度及影响鸡胴体性状的 QTL，并将这些 QTL 定位于鸡的遗传连锁图谱上。此外，在家禽中发现的主效基因还有鸡卵清蛋白 y 基因、β‑半乳糖苷结合凝集素基因、鸡胚胎肌球蛋白重链基因、热激因子 3 基因等。

目前，在鸡 QTL 数据库（ChickenQTLdb, Release 40, Dec 29, 2019; https://www.animal genome.org/cgi-bin/QTLdb/GG/summary）收集了 11 818 个鸡 QTLs 信息，这些数据来自 318 篇出版物，涵盖鸡 420 种性状（表 13-1）。

表 13-1　鸡 QTL 数据库中 QTL 数量（ChickenQTLdb，Release 40, Dec 29, 2019）

性状类型	QTL 数量
生长	3 789
蛋品质	2 509
疾病敏感性	729
外貌性状	671
脂肪性状	438
饲养	834
产蛋量	600
繁殖器官	382
血液指标	294
行为	338
其他生产性状	144
肉品质	270
其他健康性状	91
消化系统	151
色素沉积	537
身体结构	32
排泄物	9
总计	11 818

　　虽然已经鉴定了大量的 QTL，但真正用于蛋鸡育种实践的 QTL 或分子标记并不多。常见有剔除鱼腥味敏感基因、矮小基因和羽速基因等分子标记的应用。

　　剔除鱼腥味敏感等位基因：有些鸡蛋中有很浓重的鱼腥味，严重影响鸡蛋的销售，降低经济效益。研究发现鸡的 *FMO3* 基因 cDNA 自起始密码子 ATG 开始第 985 位碱基处有单核苷酸多态性位点（SNP），发生了 A 到 T 的碱基转换，相应的第 329 位氨基酸残基从苏氨酸（T）转变为丝氨酸（S），该基因突变为鸡蛋鱼腥味敏感基因。如果饲料中含有三甲胺成分，则会导致蛋黄中产生浓重的鱼腥味。*FMO3* 基因的这个 SNP 位点可作为遗传标记对鸡蛋鱼腥味性状开展标记辅助选择育种，通过对该位点的选择可以有效剔除鱼腥味突变基因，改善鸡蛋风味。通过利用 PCR-RFLP 分子遗传检测技术对北京市华都峪口禽业有限责任公司所有育种核心群品系中 *FMO3* 基因 T328S 突变分布情况进行逐一筛查，直接剔除纯合型的鱼腥味易感个体和杂合性的携带个体，确保其后代无导致鱼腥味敏感的不利等位基因，有效地解决了蛋鸡中的鸡蛋鱼腥味问题，例如在京红、京粉蛋鸡配套系中均有应用。

在现代蛋鸡育种中，羽速自别雌雄技术的广泛应用，在很大程度上减少了翻肛鉴别对鸡群的伤害，可以为蛋鸡饲养者提供优质雏鸡。目前，影响鸡快慢羽的主效基因尚未定位，通过检测 ev^{21} 内源病毒插入的鉴别方法，在不同品种中也存在很大差异，因此造成鉴别不准确。研究发现，对 Z 染色体上与羽速基因距离相近区域的 DNA 序列进行分析，构建系统发生树，通过对比不同品系不同区域进化距离远近，来判断羽速基因可能存在的区域，为进一步精细定位奠定基础。同时利用所发现的品系特异的突变位点，采用特定的分子标记对纯系中快慢羽速不明显的个体进行检测，确定个体羽速及性别，减少因性别误判带来的损失。

2. 基因组选择（GS）

为了克服 MAS 只利用少量标记进行选择的不足，Meuwissen 等（2001）提出利用覆盖全基因组的标记对个体的育种值进行预测，由此得到的估计育种值称为基因组育种值（GEBV），在此基础上进行选种，称为基因组选择（GS）。基因组选择是动物育种领域的一项前沿的选种技术，在家禽育种中的研究和应用正在积极开展。Wolc 等（2013）在蛋鸡的研究中发现，基因组选择在早期蛋品质和产蛋重准确性能提高 100%；在后期性状中，准确性能提高 80% 左右。Yan 等（2018）在蛋鸡育种核心群中比较了一步法 GBLUP、BayesA 和基于系谱等不同模型对 38 周龄产蛋率、28 周龄体重、28 周龄蛋重和 36 周龄哈氏单位预测的准确性，发现一步法基因组选择模型的准确性比基于系谱的选择准确性平均提高了 16%。此外，一些传统方法选育效率较低的性状，如存活率、采食量、饲料效率、屠体等，基因组选择能体现出较高的优势（Wolc 等，2018）。

分子标记之间连锁不平衡会随着世代的增加而衰减，这给基因组选择的连续实施提出了挑战。Wolc 等（2011）发现使用基因组选择进行预测多个世代，其准确性下降幅度要低于系谱，表明基因组选择能够利用亲缘关系之外的信息来增加准确性。但尽管如此，为了保证基因组选择较高的准确性，仍然需要进行每个世代更新参考群。Weng 等（2016）比较了参考群规模对基因组选择的影响，发现对于高遗传力性状，当参考群中包含 4 个以上的世代数据时准确性最高；对于低遗传力性状，当参考群包含少于 4 个世代的数据时准确性较高。

蛋禽育种中往往涉及多个专门化品系，一个自然的问题是多个群体能否通过共享参考群来进行基因组选择。Simenone 等（2012）使用两个鸡品系合并群体进行基因组选择研究，发现构建 G 阵时使用的基因频率对基因组预测的效果有较大影响。Calus 等（2014）发现当各个群体的亲缘关系较近时，使用合并群体对各个系的预测准确性至少不比使用单个品系做参考群时的效果低，而当各个群体的亲缘关系较远时，使用合并群体对各个系的预测准确性不会比使用单个品系做参考群时的准确性高。Huang 等（2014）使用相同的群体和数据发现使用非线性回归模型的预测准确性和使用线性模型的准确性相当，但非线性模型能够提供和线性模型互补的信息，从而能够更好地反应各个品系之间的遗传异质性。

遗传进展受选择强度、选择准确性、遗传方差和世代间隔的影响，而基因组选择能够增加选择的准确性，进行早期选种从而缩短世代间隔，可以加快遗传进展。Wolc 等（2015）模拟了蛋鸡群体基因组选择与传统选择方法的比较，发现基因组选择可以缩短世代间隔 50%，可以明显提高蛋鸡遗传进展，但近交系数也一定程度增加（图 13-15）。

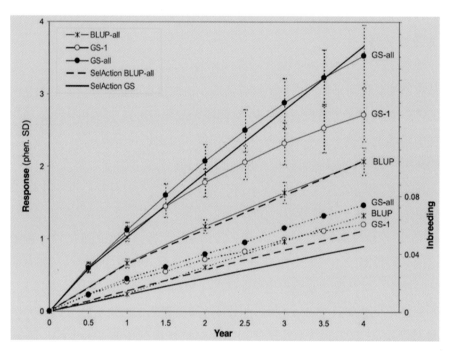

图 13-15　传统选择和基因组选择的期望选择反应和近交系数（Wolc 等，2015）

我国开展基因组选择的研究和应用相对较晚，但近年来蛋鸡育种在基因组选择的应用上取得了一定进展。2018 年，国产蛋鸡育种专用基因芯片"凤芯壹号"研发成功，是专为国产蛋鸡育种量身打造、我国第一款具有自主知识产权的蛋鸡基因芯片，与美国现有商业化芯片相比，基因组选择准确率平均提高了 20% 以上。"凤芯壹号"降低了基因组分型成本，为芯片的规模化应用奠定了基础。既可用于全基因组选择，又可用于全基因组关联分析、绘制遗传图谱、遗传多样性、选择信号分析、亲缘关系鉴定等群体遗传学研究，为基因组技术在国产蛋鸡中的应用铺平了道路。

基因组选择技术有诸多优点，已在奶牛遗传选育中广泛应用，并取得了显著的效果，但在家禽育种中的应用还面临着很多挑战，其中基因型测定成本是一个首要因素。以培育一个三系配套系为例，在纯系群体中实施基因组选择。假设每个品系参考群规模为 5 000 个个体、每个世代构建 3 000 个个体组成的候选群，连续选择 3 年，每个

DNA 芯片以 200 元人民币（参考"凤芯壹号"价格），则培育一个新的三系配套系需要投入的芯片测试费为：（5 000 + 3 000×3）×200×3 = 840 万元。可见，尽管基因组测序的单位成本一直在下降，培育一个三系配套的品种需要大量测定个体，因此总的基因型测定成本仍然十分高昂。为了提高选择效率，降低研发投入，可在参考群体使用中高密度芯片进行基因型测定，候选群体采用低密度芯片进行基因型测定，然后利用基因型填充技术将低密度数据填充到高密度数据，这是降低基因组选择中基因型测定成本的方法之一。通过简化基因组测序和大量样本低深度测序来进行基因型测定也是一种节省成本的方法。随着 DNA 芯片检测和基因组测序技术成本的逐渐降低，以及基因组选择策略的不断优化，基因组选择将在我国蛋禽育种中得到广泛应用，加速国家蛋禽品种的培育进程。

3. 转基因技术

转基因技术虽然备受争议，但其具有广泛的应用前景，近年来发展迅速。与哺乳动物相比，禽类具有特殊的生殖系统，因而家禽的转基因研究相对滞后。转基因鸡制备成功的报道较少，其中有些报道仅限于在胚胎中，未能出雏；还有的是嵌合体鸡。目前利用逆转录病毒法制作转基因鸡的研究最为多。Mizuarai 等（2001）利用一种泛噬性复制缺陷型逆转录病毒成功制作了嵌合体鹌鹑。McGrew 等（2004）利用类似的病毒载体直接注射新鲜鸡胚，获得了高效的生殖系转基因嵌合体鸡。随后，Kown 等（2004）用复制缺陷型逆转录病毒在转基因鸡中成功表达了增强绿色荧光蛋白（*EGFP*）基因。

转基因鸡能够改良鸡的种质品质，不仅可以改善鸡的机体性能，还可以提高新品种的培育速度，提高饲料转化率，增加蛋鸡产蛋量等。转基因鸡作为生物反应器，主流的应用方向是生产药用蛋白。与其他作为生物反应器的家畜相比，鸡具有养殖成本低、繁殖周期短、便于规模管理等特点，鸡的产蛋数量多、蛋白含量高，鸡蛋内部有天然无菌环境，蛋白分离提纯简单。对生物制药业来说，鸡输卵管生物反应器可以作为临床医学药用蛋白高效生产的理想途径。

转基因鸡可以用来提高鸡对疾病的抵抗力，一方面可以通过将抗病基因导入受体中获得抗病品种，不仅能打破物种隔阂，还可以定向诱导培育；另一方面可以通过基因敲除的手段将内源的病毒受体基因破坏，从而达到抗病的效果。转基因技术现已是科学研究中常用的手段，为解决动物疾病问题开辟了新途径。例如，在 2011 年国外已研发出对禽流感有一定抵抗力的转基因鸡（Jon 等，2011）。转基因鸡可以应用于基础科学研究。鸡是重要的生物模型，尤其在肢的发育、体节分化、眼的发育等发育生物学领域，转基因鸡可充当重要角色，加快研究进程。

二、育种综合措施

（一）外貌体质选择

毛色和体型的一致性是一个品种的重要特点。在 6～8 周龄时进行初选，选留羽毛生长迅速、体重不过大的个体，淘汰所有生长缓慢、外貌和生理有缺陷的雏鸡。在 20～22 周龄时再选择，选留体型结构、外貌特征符合品种要求、身体健康、生长发育健全的育成鸡，淘汰发育不全和消瘦的个体。

（二）生产性能成绩选择

为了能准确地选优去劣，应依据生产性能记录进行选择。对于雏鸡和育成鸡可进行系谱鉴定；对于成年鸡，遗传力高的性状，可进行个体表型选择；对于种公鸡，可采用同胞成绩或半同胞成绩选择；要证实是否能把优良品质真实稳定地传给下一代，可进行后裔测定。

后裔测定在同是限性性状的奶牛产乳量的种公牛选择中普遍采用，且取得了很好的效果。但蛋用公鸡一般不做后裔测定，其原因是鸡的利用年限短，一般只利用一个产蛋期（72～78 周龄），而且群体数量大，选出优秀青年公鸡的选择压也大，所以都是根据"全同胞－半同胞"混合家系的成绩选当年的公鸡和母鸡留种。当然，母亲的产蛋成绩也可以予以考虑，但产蛋数的遗传力低，个体选择的可靠性远不如家系选择高。蛋鸡不做后裔测定还有兽医学上的原因。由于鸡群防疫的需要，养鸡生产都采用整栋鸡舍（甚至一个小区）"全进全出"的饲养工艺，不可能留一部分后裔成绩好的老公鸡与下一代新母鸡配种。但是从育种学的观点看，有相当一部分老公鸡产蛋的遗传性能要比留种的小公鸡的平均水平高，如能留一部分女儿成绩好的老公鸡（一般不超过 10%）再利用 1 年，对提高后代鸡群的产蛋性能是有好处的。至于"全进全出"问题，解决的办法是要增加一栋鸡舍，专门用来饲养经过后裔测定成绩优秀的老公鸡。在鸡舍进行严格消毒后，不同品系的优秀老公鸡可以饲养在一起，便于管理和采精。

（三）多性状选择

在蛋鸡育种实践中，需要对多个性状进行选择，使蛋鸡主要生产性能全面提高。多性状同时选择可采用方法有：

1. 顺序选择法

这种方法对某一性状来说，遗传进展相对较快，但要提高多个性状，则要花很长时间，尤其是未考虑到性状间的相关，违背平衡育种的原则，很可能顾此失彼。若能改进为在空间上分别选择，即在不同纯系内重点选择不同的性状，然后通过杂交把各系的遗传进展综合起来，则更为合理。

2. 独立淘汰法

在蛋鸡育种中，独立淘汰法有一定的实用价值，通常对一些不是最重要的、但必须加以改进的性状采用这种方法，如对受精率、孵化率、成活率等性状的选择，根据选育目标和纯系的特点制定一个基本的标准，达不到此标准的家系在其他性状选择之前就彻底淘汰。利用这种方法可以有效地克服自然选择对人工选择的抵抗，保持这些性状基本稳定或略有改进。

3. 综合选择指数法

对多个性状选择的常用方法是制定综合选择指数进行选择。选择指数对平衡育种的实施、不同选择方案下选择反应的预估和优化选择等方面都具有重要价值。但由于遗传参数估计的误差、性状分布偏态、近交程度增加等原因，在实际应用上会有一定的障碍。采用先进的统计方法来估计遗传参数及近交效应，利用系统分析方法建立整个杂交繁育体系下各个纯系的选择指数，将会使这种方法更加完善。

（四）家系育种法

按照初鉴、复鉴和新家系世代重建三个步骤进行家系繁育。开始时，根据系谱记录估计育种值，组建若干新家系，所有家系后代饲养在相同的环境条件下，严格做好生长发育、开产日龄、开产体重、产蛋量、蛋重、料蛋比等测定和记录。在40周龄以前，根据个体综合指数计算出各家系平均值，按照优劣进行选择和淘汰，并初步确定家系排列顺序，此为初鉴。60周龄时，根据全程产蛋记录，进行家系复鉴。在初鉴和复鉴成绩均优秀的15～20个家系的后裔中选留种公鸡，与配母鸡先在优秀家系内选，不足时可以在其他家系内选优者，按1∶（8～15）配比重建新的家系。如此经4～5个世代选择，即可形成几个性能特点突出的优良品系。

在家系育种中，如果几个家系表现特别优秀，可以只留下少数几个家系的公鸡，然后采用系祖选育的方法，逐步扩大优秀品系的家系数。如果近交比较严重，适当补充母鸡数量。这样选择强度大，遗传进展快。如果各家系主要性能差距不大的话，则适当多留家系。灵活掌握不同世代的家系个数，可加快育种进度，也不致过度近交。

（五）早期选择

产蛋数是蛋鸡育种中最重要的性状。与实际生产要求相吻合的产蛋数性状是72周龄（或更长）产蛋数。但如果等到完整记录了72周龄产蛋数以后再做选择，不但世代间隔长，而且母鸡已进入产蛋低谷，蛋品质下降，受精率和孵化率均大幅度降低，严重影响育种群的继代繁殖。由于产蛋数是一个累计数量，早期记录与完整记录是部分与整体的关系，它们之间的遗传相关较高（0.6～0.8）。因此，在蛋鸡育种实践中，可以采用40或43周龄的早期产蛋成绩作为选择依据，通过早期选择来间接改良72周龄产蛋数。理论研究和长期育种实践都证明，对产蛋数做早期选择是成功的。对产蛋数的早期选择决定了对蛋重、蛋品质等性状也必须采用早期选择。早期选择可以缩短世代间隔，留种时公母鸡均处于繁殖旺盛期，可在较短时间内留取足够的种蛋，以保证有较高的选择压。但早期选择使鸡的开产日龄提前，产蛋数增加，蛋重降低，成年鸡体重下降。在选择的前几个世代由于蛋数增加较快而总蛋重有所提高，但经过4～5个世代的选择，由于体重和蛋重降低，使总蛋重的提高相当困难。

（六）"先选后留"和"先留后选"相结合法

常规早期选种时，产蛋量的选择准确率只有60%左右，即使是改进方法，准确率也很难超过70%。早期选择的准确率低，是影响产蛋量遗传改进的重要因素。延长产蛋量记录期、推迟选种周龄，可以提高选种准确率，但世代间隔延长，每年遗传进展反而没有增加。为解决产蛋量选择中世代间隔与选择准确率的矛盾，可采用"先选后留"（公鸡）和"先留后选"（母鸡）相结合的两阶段选择法。该方法的具体操作是：①在母鸡40周龄时入孵种蛋，出雏时母鸡已有43周龄的产蛋记录；②根据43周龄母鸡及其半同胞姐妹的产蛋成绩选留公雏；③当小母鸡育成至17周龄时，老母鸡及其半同胞姐妹已有60周龄的产蛋成绩，以此作为小母鸡留种的根据。这种方法过程中实施了2次选择，其核心是利用早期产蛋记录做第一次粗选之后，一方面继续做产蛋量的个体记录，另一方面组建新家系繁殖下一代育种群。在空间上把中后期产蛋量记录期与后代育雏育成期重叠起来，等到下一代转入产蛋鸡舍前，亲代育种观察群已有60周以上的产蛋测定成绩。根据这一成绩对育种群作第二次选择，只有来自中选家系的后备鸡才能进入下一代育种观察群，作个体产蛋成绩测定。这样，可以在保持早期选择优越性的前提下，大幅度提高选择准确性。在北京白鸡的选育中采用此法，获得了很好的选择效果。

"先选后留"和"先留后选"相结合法中一个重要的问题是选择压在两次选择上的分配。如果第一次选择留种率过大，则使孵化和育雏育成数量增加很多，大幅度提高了育种成本；而当第一次选择留种率很低、第二次选择的留种率很高时，则由延长产蛋记录期带来的好处有限，很难有效地提高选种准确率。因此，在实际应用时需要结合育种群的实际情况、育种成本鸡饲养条件的限制等因素做具体计算分析。该方法除有利于产蛋量的选择外，也可在选择中考虑产蛋中后期的蛋重、蛋品质、耗料量、体重等性状，使这些性状的改良向着更符合育种需要的方向发展。这一方法的不足之处是增加了种蛋的孵化数和母雏的育雏数，但在提高选种准确率方面的收益应当大于这种支出，而且这些未中选的育成鸡可更新繁殖群的种鸡或出售给祖代鸡场。

（七）纯系选育

纯系（pure line）这一概念首先由Johnson（1909）提出来的，指植物经过多代自交后形成的基因基本纯合的种群。家禽是异交动物，因而不可能达到植物纯系的要求。

在蛋禽育种中，育种群在闭锁继代选育 4 代以后，有利基因的频率增加，不利基因的频率逐渐减少，形成了遗传上比较稳定的种群，就可称为纯系，简称为系。纯系由许多家系组成。因此，家系是纯系的基本构成单位，决定纯系的规模和遗传结构。通过选择提高性状的基因加性效应值（即育种值）是育种工作的基础。纯系获得的遗传进展通过杂交繁育体系传递到商品代，成为商品鸡生产性能持续改进的动力。提高纯系的基因纯合度，可以增加杂种优势。在杂交繁育体系中，需要多个纯系配合在一起使用。不同纯系的杂交组合可以组成不同的商品代类型，不但生产性能不同，而且在能否自别雌雄、自别方式等方面也有差异。

纯系选育首先要高起点选择育种素材，其有利基因种类和频率决定着纯系遗传进展的方向和速度。目前可用的育种素材有纯系（包括曾祖代）、祖代、父母代和商品代鸡。纯系来源较少，引进价格非常高，而且不论从商业规律还是育种实际需要，育种者都不会把优秀的纯系个体作为曾祖代、祖代卖出去，一般都留下自用。祖代和父母代是非常重要的育种素材，其引进成本低，遗传基础好，通过合理的选育，可以较快地培育出纯系。尤其是利用祖代鸡培育纯系，在三系配套时第二父系可以直接获得，第一父系和母系可以用不同鸡种的祖代鸡分别选出。商品代在培育纯系中的利用价值较低，特别是褐壳蛋和粉壳蛋鸡，商品代为品种间杂交，分离严重，毛色、体型等特征很难提纯。白来航型蛋鸡商品代为品种内纯系间杂交，容易提纯。目前世界上所有高产优质的蛋鸡品种，我国都有引入，因此把优良基因引入到育种素材，然后通过纯繁、杂交、选择，取其精华去其糟粕，使培育的新品种达到或超过国外现有品种的水平。特色蛋鸡品种可适当引进外血，但比例不能过大，否则会降低蛋和鸡的品质，增加蛋重或鸡的体重。

纯系的选择方法是闭锁群继代选择，群体规模取决于纯系内家系的数目及每个家系的大小。理论上证明纯系规模越大，每代的遗传进展相对越高，但规模达到一定程度后，遗传进展的增量很有限。而且纯系规模过大，育种工作量随之增加。因此，在实际育种中，纯系规模应根据育种需求和育种成本来合理确定。一般情况下，每个纯系应有 60～100 个家系，每个家系按 1:（10～12）的公母比例组配，每只母鸡留下 4～6 只母雏、2～3 只公雏，产蛋观察群的规模为 2 000～5 000 只母鸡、后备公鸡 1 000 只以上。公鸡的留种率可达到 10% 以下，母鸡留种率在 30% 以下。在一些大型育种公司，公鸡留种率可达 1% 以下，母鸡为 10% 以下。

纯系内家系数目也受到选育程度的影响。在纯系选育初期，由于群内变异较大，为了尽快提高群内的遗传一致性，家系数目应少一些，家系含量大一些。而当选育程度较高、群内一致性较高时，为了提高判别遗传变异的准确性，减少近交增量，可以多建一些家系，家系含量相应减少。家系选择过程中，灵活选留各世代的家系，如果各家系主要性能差异较大，可以只留下少数家系的公鸡，如果近交比较严重，适当补充母鸡数量。这样选择强度大，遗传进展快。如果各家系主要性能差距不大的话，则适当多留家系。灵活掌握不同世代的家系个数，可加快育种进度。

一般情况下的纯系选育，纯系规模及家系数基本稳定，留种率大小主要取决于留种期的长短和产蛋率高低。如果留种期为30 d，平均产蛋率80%，则每只母鸡可产24个种蛋，孵化后可得8只母雏，育成后备母鸡6只，则留种率为17%左右。

（八）合成系选育

合成系是指两个或两个以上来源不同、但有相似生产性能水平和遗传特征的系群（可以是纯系，也可以是祖代或父母代等）杂交后形成的种群，经选育后可用于杂交配套。合成系育种重点突出主要的经济性状，不追求血统上的一致性，因而育成速度快。由于现代鸡种的生产水平已很高，特别是国际著名鸡种都经历了几十年长期系统的选育，有许多高产基因已固定。把不同来源的种群合成后，有可能将不同位点的高产基因汇集到一个合成系中，提高性状的加性基因效应值，增加遗传变异。

合成系育种体现了一种开放的育种思想。在一个长期的育种计划中，不仅应当通过闭锁群选择来利用群体内已有的遗传变异，产生遗传进展，而且还要在适当的时候通过合成，把分散在不同的群体中的优秀基因组合在一起，增加新的遗传变异，为进一步的闭锁选择打下基础。因此，育种中的"合成"和"闭锁"不是完全对立的，而是两个相辅相成的环节。合成为闭锁提供遗传变异来源，闭锁则巩固和发展合成的成果。所以，纯系和合成系并不是截然不同的两种育种形式，而是出于长期选育动态过程中的不同阶段而已。纯系不可能永远闭锁下去，当选育达到一定程度，群内遗传变异减少，遗传进展放慢，此时应考虑利用与本系相同选育目标和遗传特征的高产系群进行合成。而合成系通过选育，在提高生产性能的同时，也提高了纯度，经过4~5代系统选育，也可能发展成为纯系。

在鸡现代育种的早期，合成系的方法被大量采用，目前世界上的主要褐壳蛋鸡父系和母系起初基本上都是合成系。在随后的育种过程中也在必要时采用合成系。

（九）正反交反复选择法

这是一种纯系育种与杂交组合试验相结合的选育方法。这种方法是先从基础鸡群中依性状特点和育种目的选出两个种群，进行正、反杂交；根据正、反杂交后代的生产性能选留亲本，进行纯繁；纯繁后代再进行正、反杂交。这样"杂交－选种－纯繁"循环反复进行。在对两个品系选优提纯的同时，也使两个品系间的特殊配合力不断提高。

为了降低育种过程的杂交试验成本，可以针对不同的品系采用不同方法，例如蛋鸡配套系中的母系只进行纯系繁育、不杂交，根据纯系繁育的成绩选留优良家系。配套系中的父系既纯系繁育，又与母系中的随机个体杂交，根据纯繁性能和杂交性能选留优良家系。这样做可减少 90% 以上的杂交试验，大大节省育种成本。而且在理论上也是说得通的：受加性基因的影响，与同一父系杂交，高产家系的后代产蛋率比低产家系高；而受非加性基因的影响，杂交优势可以通过父系中不同家系的杂交选择而得到体现。

（十）矮小基因的应用和节粮型蛋鸡培育

我国是世界上最大的鸡蛋生产国和消费国，蛋鸡饲养量长期位居世界第一。由于我国饲料资源短缺，培育具有突出饲料转化效率的蛋鸡新品种具有重大的战略意义和社会经济价值。褐壳蛋鸡体重比白来航高 20% 左右，具备培育新的矮小蛋鸡品系的条件。中国农业大学动物科技学院引进了法国 ISA 公司的明星父母代肉用种鸡，将 dw 基因导入高产褐壳蛋鸡中，经过 3 代连续回交得到基因纯合的"矮小型"公鸡和"矮小型"母鸡（褐壳蛋鸡的血统在 90% 以上），以"节粮"和"优质"为主要育种目标，采用创新的育种技术选择体重、蛋重为主要性状，并对鸡群进行闭锁选育，以提高群体的均匀程度，同时也要给予蛋品质、受精率和孵化率等次级性状一定的选择压，避免退化。经过近 10 年的育种实践，育成一个矮小、花白羽色、快羽、产褐壳蛋的专门化父系（W 系）。用 W 系与正常型高产蛋鸡母系（褐壳或白壳）配套，培育出"农大 3 号"节粮小型（褐壳或粉壳）蛋鸡配套系，并在各地推广。新配套系具有节粮、高产和优质等突出优点，通过了国家畜禽新品种审定。经过 10 余年的持续选育，商品代蛋鸡在性能测定的条件下，饲养日年产蛋数达 306 个，产蛋期成活率 95.4%。"农大 3 号"小型蛋鸡配套系选育过程中，构建了集精细化育种流程、高效选择方法和特色功能基因利用为一体的优质高效蛋鸡育种技术体系。开发了包括生产性能数据采集和遗传分析的育种管理软件，建立了"先选后留"与"先留后选"相结合的选育技术，提高了选择准确性。利用分子育种技术，在"农大 3 号"小型蛋鸡育种核心群中彻底剔除了鱼腥味敏感等位基因，形成了无鱼腥味遗传背景的蛋鸡，改善了鸡蛋风味。

"农大 3 号"节粮型蛋鸡成年鸡体重 1.6 kg，身高比普通蛋鸡矮 10 cm 左右，胫骨短，脂肪沉积能力强，运动量小，可提高 33% 的饲养密度。产蛋鸡高峰期日采食量 80～90 g/只，比普通蛋鸡节省 10～12 g 饲料。腺胃乳头比普通蛋鸡多 36% 左右，可提高饲料利用率 25%。其商品代蛋鸡产蛋率最高可达 98%，93% 产蛋率可达 3～5 个月，全期平均蛋重 55 g。肉质鲜美，风味佳，与土鸡极其相似。适应性和抗病力强。还具有普通蛋鸡不可替代的优势，即料蛋比低，普通蛋鸡产蛋期料蛋比为（2.3～2.5）∶1，农大 3 号小型蛋鸡产蛋期料蛋比仅为（1.89～2.00）∶1。矮小鸡性情温顺，相互之间很少发生啄斗，便于管理。

（十一）抗病育种措施

随着家禽遗传育种技术的发展，抗病育种已经引起了人们的广泛关注。抗病育种始于 1932 年，英国人 Roberts 给雏鸡口服白痢杆菌，将存活的鸡传种 4 代，到 1935 年做攻毒实验，结果实验组的存活率为 70%，而对照组为 28%。这说明抗白痢基因是存在的，证明了抗病育种的可行性，自此人们开始了抗病育种的研究。动物抗病品系的筛选和培育就是其中一个重要的研究方向。

选择抗病力的方法有：①观察育种群的死亡鸡病因，通过遗传分析找到死亡率低的家系，进行家系选择。此时的死亡多为环境因素造成，由于遗传抗病力没有充分表现，因此选择效果并不理想。②将育种群个体的同胞或后裔暴露在疾病感染环境中，使个体的抗病力成分表现出来，进行同胞选择或后裔测定。选择效果较好，但费用很高，而且需要专门的鸡场和隔离设施，以防疾病传播。在马立克氏病疫苗研制成功以前，育种公司常用此法来提高对马立克氏病的抵抗力。③利用与抗病力有关的标记基因或单倍型对抗病力进行间接选择。其费用比前一种方法低很多，效果较好，是目前较常采用的方法。研究最多的是关于主要组织相容性复合体（MHC）与抗病力的关系。大量资料显示，B21 单倍型具有很强的抗马立克氏病（MD）的能力，B2 与一般抗病力高有关，而 B3、B5、B13、B19 等单倍型则易感马立克氏病，B5/B5 个体还易感淋巴白血病。因此，在育种群中淘汰易感类型的个体，提高抗性类型的比例，可在一定程度上改善鸡的遗传抗病力。

抗病育种是一项复杂的系统工程，应从分辨和选择抗性基因型、提高机体免疫应答能力、提高抗病力等方面着手。随着分子生物学、分子遗传学和转基因技术的发展，提高家禽对疾病的抗性途径包括：直接选择法、间接选择法和基因工程抗病育种。

1. 直接选择法

直接选择法主要包括观察种畜法、攻击种畜及种畜的后裔和同胞法、攻击克隆 3 种选择法。观察种畜法是根据禽场疾病记录，当有病原攻击家禽时，在相同感染条件下有的个体不发病，有的个体发病。不发病的个体表明具有抗性遗传基因，将这些个体选出进行大量繁殖，久而久之，可使抗病个体增多，抗病基因频率增加。这种传统的表型选择法具有直接、简便、准确等优点，而且可以提高一般抗病力。攻击种畜选择法在家禽抗病育种上较成功的例子是对鸡卡氏住白细胞原虫病的研究。Okada 等（1988）发现不同品种的鸡对卡氏住白细胞原虫病的抵抗力存在天然的差异，通过对鸡卡氏住白细胞原虫病的抗体相异选择法对白来航鸡连续 5 代，洛岛红鸡连续 4 代选择。随着选择代次的增加，抗体滴度最大值和最小值之间的差异越来越大，测得白来航鸡和洛岛红鸡的遗传力分别为 0.17 和 0.15。在夏季当 90% 以上的鸡感染本病时，低滴度抗体鸡的产蛋量显著高于高滴度鸡，这说明高滴度抗体鸡对卡氏住白细胞原虫病的易感性比低滴度抗体鸡强。通过对低滴度抗体鸡的选择及扩群繁殖，就可以培养出抗卡氏住白细胞原虫病的鸡群。同样，Rosenberg（1948）和 Champion（1951）以相同的方法，从威斯康星大学保留的鸡种中选择受标准耐受的家禽作为抗病系，培育出了抗艾美尔球虫病的 R 系。攻击克隆选择法在家禽抗病育种中报道的不多，有待进一步研究。

2. 间接选择法

间接选择的关键是要找到与疾病或抗病性状相关联的标记基因或标记性状，实行标记辅助选择。这些标记可以是与疾病有关的候选基因或数量性状基因座（QTL），也可以是与免疫关系极其密切的主要组织相容性复合体（MHC）单倍型。马立克氏病（MD）的抗病育种是现代家禽抗病品系选育的研究热点，虽然现用的疫苗效果不错，但由于 MD 野外毒株的毒力不断增强，疫苗保护力正面临下降的危险。为避免家禽业将来遭到更高毒力的 MD 病毒侵害，许多研究者开始了 MD 抗病育种的研究，取得了较多的成果，找到了 MHC 中与 MD 抗性相连锁的基因。对 MD 高抗性的基因进行选择培育，将成为控制 MD 的重要途径。

3. 基因工程抗病育种

基因转移是降低家禽疾病易感性的免疫策略之一。首先获得抗病基因并克隆，再将克隆的抗病基因导入动物胚细胞，在染色体中正确整合后获得能遗传的抗病个体，然后通过常规育种技术扩群，最终育成抗病品系。近年来，人们利用病毒致病基因的反义核酸来抑制病毒复制的基因治疗技术，或将基因治疗核酸和核酶高效结合，对外源致病基因既能阻止其表达，又有切割作用，从而大大提高家禽抵抗力。另外，从其他动物引入抗病基因，也为从基因水平控制禽病提供了良好思路。例如将被修饰的禽类白血病毒基因（ALV）导入鸡中，提高了鸡的抗性。

常规选择、遗传标记辅助选择和基因工程等技术可以加速抗病育种的进程，但抗病育种仍存在一些不确定因素。如抗病性的遗传机制极其复杂、病原体易发生变异形成多种不同的抗原性和血清型、抗性性状与生产性状之间存在遗传拮抗，两者表现为负相关，增加了抗病育种的难度，对一种疾病的抗性选择可能导致对另一种疾病的易感性增高等，都在某种程度上制约了抗病育种的进展。但随着动物基因组计划研究的深入，有关疾病的致病基因、候选基因、QTL 不断被解释，抗病育种将从遗传本质上提高家禽的抗病力，加强免疫功能，筛选出动物抗病系和抗病动物，从而生产出无公害动物产品，给社会带来巨大的经济效益。

现代分子技术在蛋鸭的疾病防控上的应用也越来越多，诸如对黄病毒、鸭肝炎病毒等禽病的诊断研究具有现实意义。

目前，对家禽抗病抗逆的提高趋向于采用综合措施。由于防疫研究的开展，已针对主要的烈性传染病研制出有效的疫苗及相应的免疫程序，使主要传染性疾病得到有效的控制。而白血病、鸡白痢、支原体病已在育种群中彻底或基本彻底地净化。因此，在目前的育种计划中，很少再有专门针对特定疾病的抗病力育种，而转向对一般抗病力的选育，使鸡增加对多种疾病的普遍抵抗力。主要措施有提高某些（如 B2）MHC 类型的比例，并增强对多种疫苗的免疫应答能力，使家禽在免疫接种后迅速地建立较高的抗体水平，增强抵抗疾病感染的免疫力。

（十二）育种工作的非遗传措施

蛋鸡很多重要的选育性状是低遗传力性状，易受环境条件的影响。常规选择必须依靠表型值估计育种值。因此，良好而稳定一致的环境条件有利于个体充分表现遗传潜力，提高选择的准确性。在育种中必须采取一系列非遗传措施，为鸡的生长发育和生产性能发挥提供最佳的营养和环境条件。此外，还必须控制经蛋传播的疾病，以减少种鸡和商品鸡的患病和死亡。对育种鸡群采取疾病净化措施，应当彻底净化鸡白痢、白血病和支原体病等。要制定严格的防疫条例，认真执行免疫程序；要严格执行消毒制度，切断一切可能的疾病传染途径。从育种场选址到设计布局都要符合环境卫生学要求。种鸡舍应当有良好的环境控制能力，保证提供符合鸡正常生理要求的温度、湿度、光照和通风条件。为育种鸡群提供高质量的全价营养饲料和精准饲养，这也是育种工作的重要保障措施之一。

第五节
蛋禽的繁育体系

20 世纪 70 年代以来，在蛋鸡育种上先利用基因的加性效应培育专门化的品系，然后利用基因的非加性效应进行杂交，培育出生长发育快、生产性能高的配套系，再经过多品系的筛选，最后选出优秀的配套蛋鸡品系。蛋鸡良种繁育体系是将纯系选育、配合力测定以及种鸡扩繁等环节有机结合起来形成的整体。在繁育体系中，将育种工作和杂交扩繁任务划分给相对独立而又密切配合的育种场和各级繁殖场来完成，杂交配套方式从最早的二元杂交，逐步发展到三元杂交和四元杂交。在现代蛋禽生产中已经形成了由育种体系、制种体系和随机抽样性能测定体系组成的层次分明的良种繁育体系。

一、育种体系

包括品种资源场、育种场和配合力测定站三部分。

（一）品种资源场

品种资源场的任务是收集、保持各种蛋鸡品种、品系，包括优良地方品种和引入品种，进行纯系繁育，研究它们的特性和遗传状况，发掘可能利用的基因，为育种场提供选育和合成的新品种、品系的素材。资源群必须带有育种目标所需的理想性状，是育种的基因库。

（二）育种场

育种场的任务是利用品种资源场提供的素材，采用现代化育种方法，选育和合成具有一定特点的专门化高产品系，育成多个纯系。还可以根据育种进程的需要，开展系间配合力测定工作或为繁殖场提供经过配合力测定的曾祖代或祖代鸡，筛选杂种优势强的杂交组合，供生产上使用。育种场是现代养鸡业繁育体系的核心，要有严密的组织领导，各相关专业要密切配合工作，采用先进的育种技术，力争培育出高质量的原种。

（三）配合力测定站

测定站的任务是测定由育种场生产的纯系和二系、三系、四系杂交组合；把测定结果提供给育种场，筛选出配合力好的纯系进行配套。测定的目的一方面是了解育种场培育的纯系是否可以用来生产高产的商品代杂交鸡，另一方面是要确定各系在配套生产中的制种位置。测定站应保证饲养管理条件一致，对可能的杂交组合进行对比试验。

二、制种体系

高产蛋鸡制种体系包括原种场、一级繁殖场、二级繁殖场等。

（一）原种场（曾祖代场）

原种场为制种体系的中心，其任务是根据育种场和测定站的测定结果，将最优组合的亲本（由育种场培育而来）进行扩群纯繁制种。若为四系配套，则纯繁制种生产单性别祖代鸡为 A 公、B 母和 C 公、D 母；若为三系配套，则纯繁制种生产单性别的祖代鸡为 C 公、D 母和纯繁的 A 公、A 母；若为二系配套，则纯繁制种生产单性别父母代鸡为 A 公、B 母。原种场除纯繁制种外，还要对原种配套系的纯系进行保种。因此，要对各纯种进行选育、提高，否则纯系优秀的生产性能就不能保持。

（二）一级繁殖场（祖代场）

祖代场的任务是由原种场引入的纯系单性别种鸡（祖代鸡）进行系间杂交，培育出单交系鸡，为二级繁殖场供种。如四系配套，则杂交后产生父母代的 AB 公和 CD 母种鸡；如三系配套，则杂交后产生父母代 CD 母和 A 公。繁殖场进行的杂交制种，除淘汰生长发育不良或病弱种鸡外，一般不进行个体选育工作，也不进行个体记录。

（三）二级繁殖场（父母代场）

父母代场饲养从一级繁殖场引入的父母代种鸡，进行杂交制种。若四系配套则 AB

公×CD 母四元杂交；若三系配套则 A 公×CD 母三元杂交；若二系配套则繁殖场不区分一级和二级，只需要从原种场接收 A 公和 B 母，进行杂交制种，生产商品鸡。繁殖场生产的商品鸡不能再做种用，应全部供商品场饲养，生产商品蛋供应市场。

三、随机抽样性能测验体系

随机抽样性能测验在美国和加拿大率先开展，并起到了很好的推动育种工作的作用。蛋鸡测验项目有：育成期的死亡率、产蛋期的死亡率、开产期体重、停产期体重、开产日龄、产蛋量（141～500 日龄）、蛋料比等。

我国随机抽样性能测验体系分为两级，即地方随机抽样性能测验站和中央随机抽样性能测验中心。我国家禽生产性能测定分为强制性测定和委托测定，强制性测定是根据国家要求必须进行的测定。农业系统或其他政府主管部门指定的家禽品种及其产品质量监督抽查检验，如全国家禽生产性能质量抽查，受农业农村部或有关部门的委托，对实施证书管理（如畜禽生产许可证、进出口登记、推广许可证、产品登记证、质量认证等）的家禽品种进行测定，由国家家禽生产性能测定站现场抽样。委托测定是指名牌产品的评比、优质荣誉产品的评选、复查、跟踪测定，生产经营许可证的发放、验收、年检，农业系统（或受其他部门委托）对企业的家禽产品质量考核测定和产品质量分等分级的测定，成果鉴定、品种审定以及广告宣传等需要的性能数据的委托测定，由用户送样测定或测定站现场抽样。测定工作采用双盲实验方法，由测定站和当地公证部门对测定品种（配套系）进行随机编号，送测单位在每个种蛋上用铅笔写清测定号和抽样日期。测定号对应的品种（配套系）名称对测定工作人员保密。我国目前蛋鸡生产性能测定项目有：0～18 周龄成活率、18 周龄体重、达到 50% 产蛋率的日龄、19～72 周龄入舍鸡饲养日产蛋数、产蛋总重、平均蛋重、产蛋期成活率、43 周龄蛋品质（包括蛋壳强度、蛋黄颜色和蛋壳厚度）、鸡蛋破损率、产蛋期料蛋比、72 周龄体重、供测种蛋受精率和孵化率等。

四、蛋禽配套系繁育模式

蛋禽的繁育体系模式有纯种繁育体系和杂交配套系繁育模式。纯种繁育是在同一品种内进行选育、扩繁和商品生产，这种繁育模式能保持一个品种的优良性状。这种繁育模式利用了育种中的加性效应，但未利用杂种优势，是一种传统的畜禽繁育模式，在多数蛋鸭、地方土鸡和少数蛋鸡品种中仍在利用这种模式。

杂交配套系繁育是由两个或两个以上的品种（或纯系）间杂交，获得的后代具有亲代品种的某些特性和性能，既利用各纯系的基因加性效应，又充分利用基因非加性效应带来的杂种优势，是经济而有效的。蛋禽杂交配套系繁育模式还可以利用一些伴性性状实现父母代和商品代雏禽自别雌雄，因此广泛应用于现代蛋鸡、蛋鹌鹑和蛋鸭等生产体系中。

（一）配套系中的自别雌雄

现代蛋鸡品种已高度专一化，初生雏鸡的雌雄鉴别是现代养鸡业的重要环节，在生产上具有重要经济价值。商品代鸡场只养母鸡产蛋，不要公雏。所以，父母代种鸡场孵化出来的雏鸡，必须把公母雏分开，母雏出售给商品代鸡场饲养，公雏全部淘汰。祖代鸡场以父系的公雏与母系的母雏配套组成父母代种鸡，出售给父母代种鸡场。这样，祖代场也必须把父系的母雏和母系的公雏淘汰才行。因此在蛋鸡生产中，不管是祖代场或是父母代种鸡场，均要对出壳雏鸡进行性别鉴定。翻肛可以鉴别雏鸡性别，但技术难度高，易损伤鸡体，且有传染疾病等缺点。近年来，世界各国培育的商品蛋鸡多为初生雏自别雌雄配套品系。初生雏自别雌雄是根据鸡的某些性状受伴性遗传基因的控制，使雌雄雏在初生时由于性别的不同而产生明显的差别。常用于鸡初生雏自别雌雄的伴性基因有金银色羽、快慢羽、芦花羽色等，通过建立自别雌雄体系根据伴性基因的特征"自动"分辨出性别。

1. 金银羽自别雌雄

由于银色羽基因 S 和金色羽基因 s 是位于性染色体 Z 的同一基因位点的等位基因，银色羽 S 对金色羽 s 为显性，所以用金色羽公鸡和银色羽母鸡交配时，F1 的公雏均为银色，母雏为金色，鉴别率就可以达到 99％以上。绝大部分褐壳蛋鸡商品代都可以羽色自别雌雄。注意，用银色羽公鸡和金色羽母鸡交配，后代不能自别雌雄。因此，配套系育种中需要培育金色羽纯系作为杂交配套的父系和银色羽纯系作为杂交配套的母系。

2. 快慢羽自别雌雄

决定初生雏鸡翼羽生长快慢的慢羽基因 K 和快羽基因 k 位于性染色体 Z 上，而且慢羽基因 K 对快羽基因 k 为显性，属于伴性遗传性状。快慢羽的区分主要由初生雏鸡翅膀上的主翼羽和覆主翼羽的长短来确定。主翼羽明显长于覆主翼羽的雏鸡为快羽。慢羽的类型比较多，主要有 4 种类型：①主翼羽短于覆主翼羽；②主翼羽等长于覆主翼羽；③主翼羽未长出；④主翼羽等长于覆主翼羽，但是前端有 1～2 根稍长于覆主翼羽，这种类型最容易出错。用快羽公鸡和慢羽母鸡杂交，所产生的子代公雏全部为慢羽，而母雏全部为快羽。因此，育种中需要培育快羽型纯系作为杂交配套的父系和慢羽型纯系作为杂交配套的母系。

3. 横斑（芦花）自别雌雄

横斑（芦花）羽色由性染色体 Z 上显性基因 B 控制。公鸡两条性染色体上各有一个 B 基因，母鸡只在一条性染色体上有一个 B 基因，两个 B 基因的影响更大，所以基因型纯合的横斑公鸡羽毛中的白横斑比母鸡宽。B基因对初生雏鸡的影响是：芦花鸡的初生绒毛为黑色，头顶部有一白色小块（呈卵圆形），公雏大而不规则，母雏白斑比公雏小得多；腹部有不同程度的灰白色，身体黑色母雏比公雏深；初生母雏脚的颜色比公雏深，脚趾部的黑色在脚的末端突然变为黄色，能显著区分开，而公雏跖部色淡，黑黄无明显分界线。经过选种的纯横斑鸡，根据以上三项特征区分初生雏鸡的雌雄，准确率可达96%以上。

横斑基因B对非横斑b显性，用非横斑公鸡（白来航等显性白羽鸡除外）与横斑母鸡交配，其子F1代呈交叉遗传，即公雏全部是横斑羽色，母雏全部是非横斑羽色。例如用洛岛红公鸡和横斑母鸡交配，F1公雏皆为横斑羽色（黑色绒毛，头顶上有不规则的白色斑点），母雏全身黑色绒毛或背部有条斑。

4. 羽速和羽色结合双自别雌雄

为了实现父母代和商品代均能自别雌雄，避免父母代初生雏鸡翻肛鉴别，有时将两种方法结合起来使用。在一些褐壳蛋鸡已实现父母代羽速自别雌雄，商品代羽色自别雌雄的双自别体系。具体配套模式见图13-16。

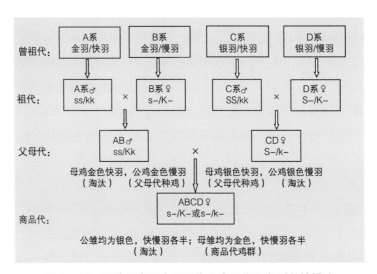

图13-16 蛋鸡配套系中父母代和商品代双自别雌性模式

（二）配套系中的优化结构

现代化蛋鸡生产按繁育体系为商品鸡场制种，需要考虑各世代群体规模的优化结构。以4系配套为例说明一个年生产1 000万只商品蛋鸡繁育体系的优化结构，可以由1 331只曾祖代鸡，在三年内即可达到商品鸡群规模，这一数量基本能满足1 000万人口城市的全年鸡蛋供应。

曾祖代鸡（GGP）与祖代鸡（GP）实际上属于同一群体，原种场若按10%的比例来选留曾祖代母鸡用于自繁和选育，以便维持纯系和持续育种工作，则可以得到各系 GP 所需要的公、母鸡数。由图可见，原种场为满足蛋鸡生产需求，需饲养 GGP 鸡 1 331 只，GP 鸡 12 100 只，父母代 220 000 只（图 13-17）。

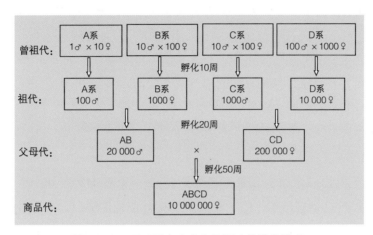

图 13-17　四系配套生产商品蛋鸡的结构模式

（三）配套系中亲本的数目

现代蛋鸡配套系的杂交亲本数目，常见的有二系、三系和四系杂交配套系。目前，人们习惯用 A♂、B♀、C♂、D♀ 的 4 系配套方式，认为这是一种成熟的体系。

1. 二系配套

由一个父本品系和一个母本品系构成，如图 13-18 所示。优点是二系杂交产生的子 1 代（F1）有最大的杂种优势，而且从亲代到商品代的遗传改进传递的途径最短。所以从商品代饲养者的角度来看，在供种单位的育种技术和种禽质量基本相同的情况下，从二系配套的育种场购买父母代生产商品代是最有利的。可是从供种者的角度来看，虽然二系配套有便于制种的优点，但是纯系种畜禽的数量少，不能满足需要量大的客户。当然这可以通过建立纯系的扩繁来提高供种能力，但这样做又增加了遗传改进的传递代数。我国在早期的蛋鸡配套系培育中多采用二系配套，如"京白 823"和"滨白 42"商品蛋鸡。福建和浙江等地蛋鸭生产也有采用二系配套杂交，例如莆田黑鸭配套系是采用品种内两个品系杂交，500 日龄总产蛋可达 305.7 个（近交系 × 高产系）、296.8 个（近交系 × 蛋重系）；国内培育了"苏邮 1 号""江南 II 号""江南 I 号"等二元蛋鸭配套系，取得了较好的效果。在蛋鹌鹑生产体系中也广泛采用二系配套，商品代可以通过羽色自别雌雄。如，白羽鹌鹑♂ × 栗羽鹌鹑♀→栗羽鹌鹑♂，白羽鹌鹑♀；黄羽鹌鹑♂ × 栗羽鹌鹑♀→栗羽鹌鹑♂，黄羽鹌鹑♀；白羽鹌鹑♂ × 黄羽鹌鹑♀→栗羽鹌鹑♂，白羽鹌鹑♀；黄羽鹌鹑♂ × 白羽鹌鹑♀→栗羽鹌鹑♂，黄羽鹌鹑♀等。

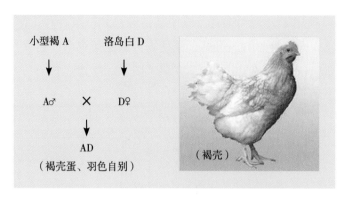

小型褐 A　　　　洛岛白 D

↓　　　　　　　↓

A♂　　×　　D♀

↓

AD

（褐壳蛋、羽色自别）

（褐壳）

图 13-18　矮小型褐壳蛋鸡的二系配套模式

2. 三系配套

三系配套通常由一个父本父系（终端父本）、一个母本父系和一个母本母系构成（图 13-19）。优点是杂交母本（F1）畜禽本身具有杂种优势，如产蛋数、存活力等性状都比亲本要好，而且 F1 群体大可以满足供种需求。三系配套在父母代和商品代均利用了杂种优势，实践证明有较高的杂交效果，而且杂交制种简单，因此是蛋鸡繁育体系较好的模式。我国自主培育的"农大 3 号"小型蛋鸡、"京红 1 号""新杨褐""京粉 1 号"蛋鸡配套系等均是三系配套模式。目前我国蛋鸭生产也向三系配套模式发展，近年来培育了三系配套的"国绍 I 号"青壳蛋鸭配套系。蛋鹌鹑也可以采用三系配套模式实现商品代羽色自别雌雄，如白羽鹌鹑♂×（黄羽鹌鹑♂×栗羽鹌鹑♀）♀→栗羽鹌鹑♂，白羽鹌鹑♀；黄羽鹌鹑♂×（白羽鹌鹑♂×栗羽鹌鹑♀）♀→栗羽鹌鹑♂，黄羽鹌鹑♀等。

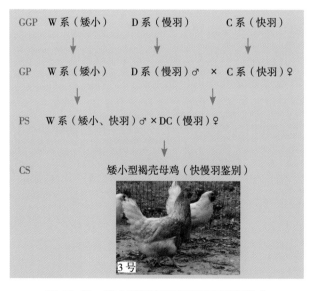

GGP　W 系（矮小）　　D 系（慢羽）　　　C 系（快羽）

↓　　　　　↓　　　　　↓

GP　W 系（矮小）　　D 系（慢羽）♂　×　C 系（快羽）♀

↓　　　　　　　　　↓

PS　W 系（矮小、快羽）♂×DC（慢羽）♀

↓

CS　　　　矮小型褐壳母鸡（快慢羽鉴别）

3 号

图 13-19　矮小型粉壳蛋鸡的三系配套模式

3. 四系配套

四系配套各有一个父本父系、父本母系、母本父系和母本母系。这一配套方式最初是由蛋鸡仿照玉米双杂交的形式制种。但由于建立近交系的成本太高，所以改用闭锁群家系选择，甚至用更快的合成系选育的方法育成纯系作为杂交亲本。四系配套对育种公司来说有便于控制种畜禽的好处，因为他们每个系只提供单一性别的个体，如 A♂、B♀、C♂、D♀。目前国际三大蛋鸡育种公司（德国 Lohmannjituan、法国 Hubbard/ISA 集团和荷兰 Hendrix 集团）拥有罗曼（Lohmann）、海兰（Hy-Line）、尼克（H&N）、伊莎（ISA）、哈宝德（Hubbard）、迪卡（Dekalb）等系列蛋鸡配套系多数是四系配套模式。目前在蛋鸭和蛋鹌鹑生产中，还未见四系配套模式。

4. 五系配套

有的猪和鸡育种公司在他们的产品介绍中，说是五系配套（母本母系 D 又由 E 和 F 系杂交而成）生产商品家畜会有更好的效果。我国也引进过 5 系配套的猪和肉鸡，后来在肉鸡生产中发现五系配套的制种成本高，商品鸡整齐度差。这从遗传育种的角度看，是很容易解释的，因为五系配套的制种体系需要保持 5 个纯系，2 个二系杂交群，1 个三系杂交群，这样既提高了制种成本，又减慢了育种群中的遗传改进传递到商品群的速度，更有甚者，参加配套的系太多，不但降低了杂种优势，而且造成了终端产品的不一致。

通过以上分析，不难得出这样的结论，即在用配套系生产商品畜禽时，采用三系配套的制种体系是比较有利的。四系杂交的商品家畜的生产性能并不比三系杂交的更好，因此有的制种公司使用三系配套，但出售时仍以四系报价和供种，这就是所谓的"真三假四"现象。至于说用五个系或更多的系来进行配套生产商品畜禽，这只能看成是欺人之谈了。

参考资料

1. 国家畜禽遗传资源委员会. 中国畜禽遗传资源志·家禽志. 北京：中国农业出版社, 2010.

2. 陈国宏, 王克华, 王金玉, 等. 中国禽类遗传资源. 上海：上海科学技术出版社, 2004.

3. 刘博, 黄炎坤, 杜垒. 家禽的抗病育种研究. 畜牧与兽医, 2005, 37（10）：47-49.

4. 刘文利, 李辉. 转基因鸡的制作及研究展望. 中国家禽, 2013, 35（18）：2-5.

5. 慎伟杰, 黄大桥, 刘梅, 等. 隐性白羽鹌鹑伴性遗传的发现与研究. 中国家禽,

1988,（3）：20-21.

6. 宋卫涛，李慧芳，朱文奇，等.高产青壳蛋鸭配套系——苏邮1号蛋鸭的选育.江苏农业科学，2013，41（9）：179-181.

7. 束婧婷，高玉时，陈宽维.分子标记在家禽研究中的应用进展.中国家禽，2009，31（10）：37-40.

8. 孙思维，王德前，卢立志.现代分子育种技术及其在蛋鸭选育中的应用.安徽农业科学，2013，41（2）：609-610，624.

9. 王生雨.中国水禽学.济南：山东科学技术出版社，2014.

10. 杨宁.家禽生产学.北京：中国农业出版社，2002.

11. 杨宁.我国家禽品种国产化的成就、挑战与机遇.中国畜牧杂志，2017，（1）：119-124.

12. 杨宁，姜力.动物遗传育种科学百年发展历程与研究前沿.农学学报，2018，（1）：55-60.

13. 杨山.李辉.现代养鸡.北京：中国农业出版社，2001.

14. 吴常信，张浩.对"蛋鸡100周龄生产500个蛋"问题的思考.中国家禽，2014，36(11): 2-4.

15. 吴常信.鸡的遗传育种(3).中国畜牧杂志，1989(03): 60-62.

16. 吴常信.鸡的遗传育种(4).中国畜牧杂志，1989(04): 57-59.

17. 张浩."动物比较育种学"课程讲稿（PPT），蛋禽育种.

18. Bordas A, Minvielle F. Patterns of growth and feed intake in divergent lines of laying domestic fowl selected for residual feed consumption. Poult Sci, 1999, 78(3) : 317-323.

19. Calus P M L, Huang H Y, Vereijken A, et al. Genomic prediction based on data from three layer lines: A comparison between linear mothods. Genet Sel Evol, 2014, 46(1): 57.

20. Huang H, Windig J J, Vereijken A, et al. Genomic prediction based on data from three layer lines using non-linear regression models. Genet Sel Evol, 2014, 46(1): 75.

21. Liu T, Qu H, Luo C, et al. Genomic selection for the improvement of antibody response to Newcastle disease and avian influenza virus in chickens. Plon One, 2014, 9(11): e112685.

22. Luiting P, Urff E M. Residual feed consumption in laying hens. 2. Genetic variation and correlations. Poult Sci, 1991, 70(8): 1663-1672.

23. Meuwissen TH, Hayes BJ, Goddard ME. Prediction of total genetic value using genome-wide dense marker maps. Genetics, 2001, 157(4): 1819-1829.

24. Simeone R, Misztal I, Agrular I, et al. Evaluation of a multi-line broiler chicken

population using a single-step genomic evaluation prodedure. J Anim Breed Gnet, 2012, 129(1): 3-10.

25. Thiruvenkadan A K, Panneerselvam S, Prabakaran R. 蛋鸡育种策略的回顾与展望 . 中国家禽 , 2011, 33(21): 33-39.

26. Van der Poel, et al. Across-line SNP association study for direct and associative effects on feather damage in laying hens. Behavior Genetics, 2010, 40(5): 715-727.

27. Weng Z, Wolc A, Shen X, et al. Effects of number of training generations on genomic prediction for various traits in a layer chicken population. Genet Sel Evol, 2016，48(1):22.

28. Wolc A, Aroango J, Settar P, et al. Presistance of accuracy of genomic estimated breeding values over generations in layer chickens. Genet Sel Evol, 2011, 43:23.

29. Wolc A, Drobik-Czwarno W, Fulton J E, et al. Genomic prediction of avian influenza infection outcome in layer chicken. Genet Sel Evol, 2018, 50(1):21.

30. Wolc A, Stricker C, Arango J, et al. Breeding value prediction for production traits in layer chickens using pedigree or genomic relationships in a reduced animal model. Genet Sel Evol, 2011, 43:5.

31. Wolc A, Zhao H H, Arango J, et al. Response and inbreeding from a genomic selection experiment in layer chickens. Genetics Selection Evolution,2015，47: 50.

32. Yan Y, Wu G, Liu A, et al. Genomic prediction in a nuclear population of layers using single-step models. Poult Sci, 2018, 97(2): 397-402.

33. Zhang H, Wang X T, Chamba Y, et al. Influences of hypoxia on hatching performance in chickens with different genetic adaptation to high altitude. Poultry Science, 2008, 87: 2112-2116.

34. Zheng X, Zhang B, Zhang Y, et al. Transcriptome analysis of feather follicles reveals candidate gene and pathways associated with pheomelanin pigmentation in chicken. Scientific Reports, 2020, 10: 12088.